수학 좀 한다면

디딤돌 초등수학 응용 3-2

펴낸날 [초판 1쇄] 2025년 3월 5일 | **펴낸이** 이기열 | **펴낸곳** (주)디딤돌 교육 | **주소** (03972) 서울특별시 마포구 월드컵북로 122 청원선와이즈타워 | **대표전화** 02-3142-9000 | **구입문의** 02-322-8451 | **내용문의** 02-323-9166 | **팩시밀리** 02-338-3231 | **홈페이지** www.didimdol.co.kr | **등록번호** 제10-718호 | 구입한 후에는 철회되지 않으며 잘못 인쇄된 책은 바꾸어 드립니다.

내 실력에 딱!
최상위로 가는 '맞춤 학습 플랜'

STEP 1 On-line

나에게 맞는 공부법은?
맞춤 학습 가이드를 만나요.

교재 선택부터 공부법까지! 디딤돌에서 제공하는 시기별 맞춤 학습 가이드를 통해 아이에게 맞는 학습 계획을 세워 주세요.
(학습 가이드는 디딤돌 학부모카페 '맘이가'를 통해 상시 공지합니다.
cafe.naver.com/didimdolmom)

STEP 2 Book

맞춤 학습 스케줄표
계획에 따라 공부해요.

교재에 첨부된 '맞춤 학습 스케줄표'에 맞춰 공부 목표를 달성합니다.

STEP 3 On-line

이럴 땐 이렇게!
'맞춤 Q&A'로 해결해요.

궁금하거나 모르는 문제가 있다면,
'맘이가' 카페를 통해 질문을 남겨 주세요.
디딤돌 수학쌤 및 선배맘님들이 친절히 답변해 드립니다.

STEP 4 Book

다음에는 뭐 풀지?
다음 교재를 추천받아요.

학습 결과에 따라 후속 학습에 사용할 교재를 제시해 드립니다.
(교재 마지막 페이지 수록)

★ 디딤돌 플래너 만나러 가기

디딤돌 초등수학 응용 3-2

짧은 기간에 집중력 있게 한 학기 과정을 완성할 수 있도록 설계하였습니다.
방학 때 미리 공부하고 싶다면 주 5일 8주 완성 과정을 이용해요.

공부한 날짜를 쓰고 하루 분량 학습을 마친 후, 부모님께 확인 check ☑를 받으세요.

주	단원						
1주	1 곱셈	월 일 8~10쪽	월 일 11~14쪽	월 일 15~18쪽	월 일 19~22쪽	월 일 23~26쪽	
2주		월 일 27~29쪽	월 일 30~32쪽				
3주		월 일 48~51쪽	월 일 52~53쪽	월 일 54~55쪽	월 일 56~58쪽	월 일 59~61쪽	
4주	3 원	월 일 64~67쪽	월 일 68~70쪽				
5주	4 분수	월 일 81~83쪽	월 일 86~88쪽	월 일 89~92쪽	월 일 93~95쪽	월 일 96~99쪽	
6주		월 일 100~103쪽	월 일 104~106쪽				
7주		월 일 120~123쪽	월 일 124~127쪽	월 일 128~131쪽	월 일 132~134쪽	월 일 135~137쪽	
8주	6 그림그래프	월 일 140~142쪽	월 일 143~147쪽				

MEMO

자르는 선

2 나눗셈		
☐ 월 일 36~39쪽	☐ 월 일 40~43쪽	☐ 월 일 44~47쪽

☐ 월 일 71~73쪽	☐ 월 일 74~77쪽	☐ 월 일 78~80쪽

	5 들이와 무게	
☐ 월 일 107~109쪽	☐ 월 일 112~115쪽	☐ 월 일 116~119쪽

☐ 월 일 148~151쪽	☐ 월 일 152~154쪽	☐ 월 일 155~157쪽

효과적인 수학 공부 비법

X 시켜서 억지로 / O 내가 스스로

억지로 하는 일과 즐겁게 하는 일은 결과가 달라요.
목표를 가지고 스스로 즐기면 능률이 배가 돼요.

X 가끔 한꺼번에 / O 매일매일 꾸준히

급하게 쌓은 실력은 무너지기 쉬워요.
조금씩이라도 매일매일 단단하게 실력을 쌓아가요.

X 정답을 몰래 / O 개념을 꼼꼼히

모든 문제는 개념을 바탕으로 출제돼요.
쉽게 풀리지 않을 땐, 개념을 펼쳐 봐요.

X 채점하면 끝 / O 틀린 문제는 다시

왜 틀렸는지 알아야 다시 틀리지 않겠죠?
틀린 문제와 어림짐작으로 맞힌 문제는
꼭 다시 풀어 봐요.

자르는 선

수학 좀 한다면

디딤돌

초등수학 응용

상위권 도약, 실력 완성

3-2

개념 적용으로 실력을 높이는 공부 비법!

1 교과서 개념

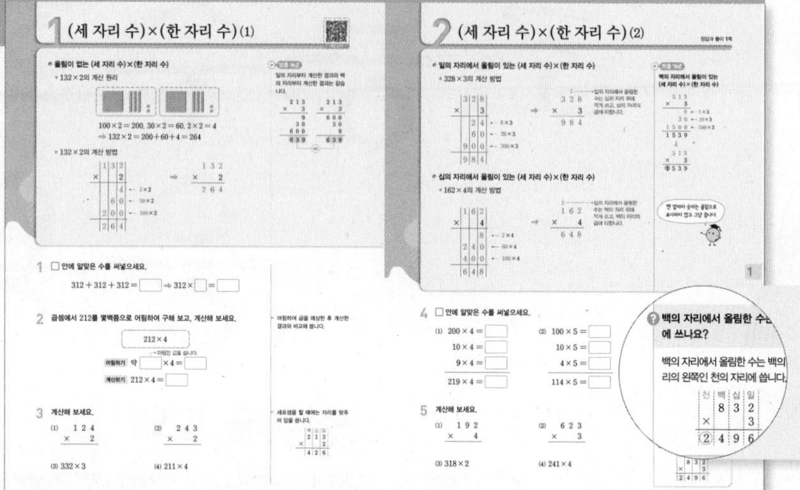

교과서 핵심 내용과 익힘책 기본 문제로 개념을 이해할 수 있도록 구성하였습니다.

교과서 개념 이외의 보충 개념, 연결 개념, 주의 개념을 함께 정리하여 심화 학습의 기본기를 갖출 수 있습니다.

2 기본에서 응용으로

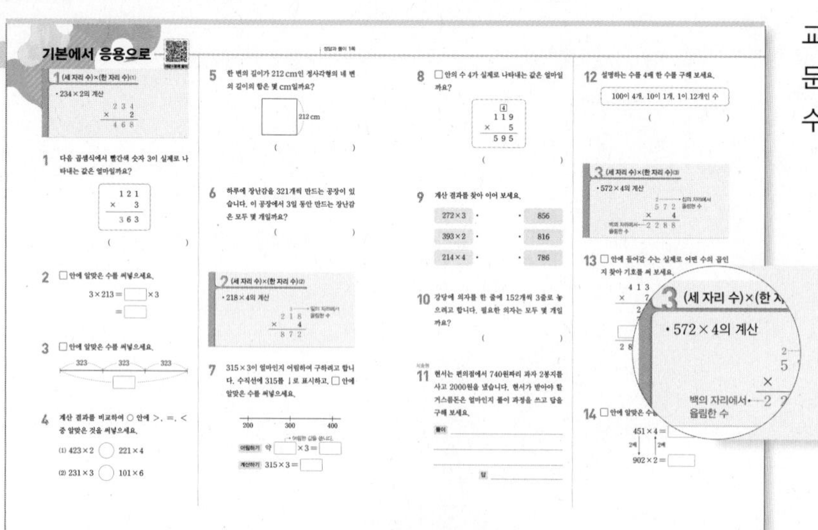

교과서 · 익힘책 문제와 서술형 · 창의형 문제를 풀면서 개념을 저절로 완성할 수 있도록 구성하였습니다.

차시별 핵심 개념을 정리하여 배운 내용을 복습하고, 문제 해결에 도움이 되도록 구성하였습니다.

선생님이 소개하는
응용 공부법

3 응용에서 최상위로

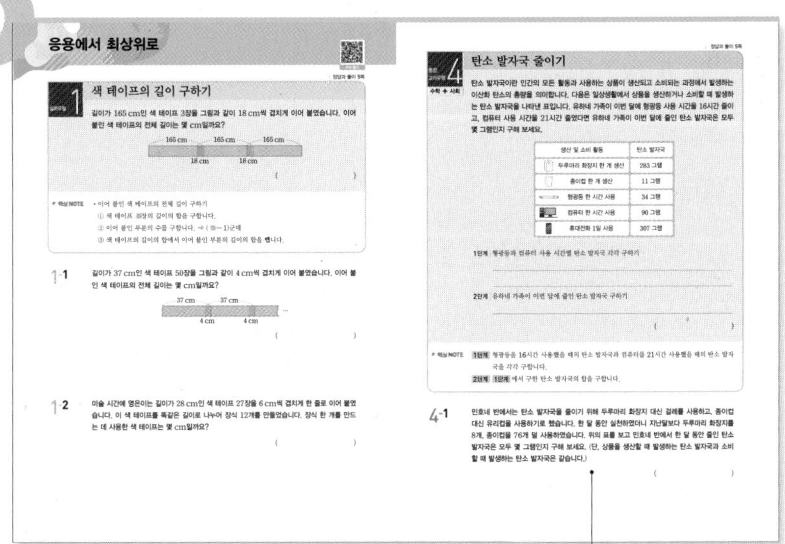

엄선된 심화 유형을 집중 학습함으로써 실력을 높이고 사고력을 향상시킬 수 있도록 구성하였습니다.

탄소 발자국 줄이기

탄소 발자국이란 인간의 모든 활동과 사용하는 상품이 생산되고 소비되는 과정에서 발생하는 이산화 탄소의 총량을 의미합니다. 다음은 일상생활에서 상품을 생산하거나 소비할 때 발생하는 탄소 발자국을 나타낸 표입니다. 유하네 가족이 이번 달에 형광등 사용 시간을 16시간 줄이고, 컴퓨터 사용 시간을 21시간 줄였다면 유하네 가족이 이번 달에 줄인 탄소 발자국은 모두

통합 교과유형 문제를 통해 문제 해결력과 더불어 추론, 정보처리 역량까지 완성할 수 있습니다.

4 단원 평가

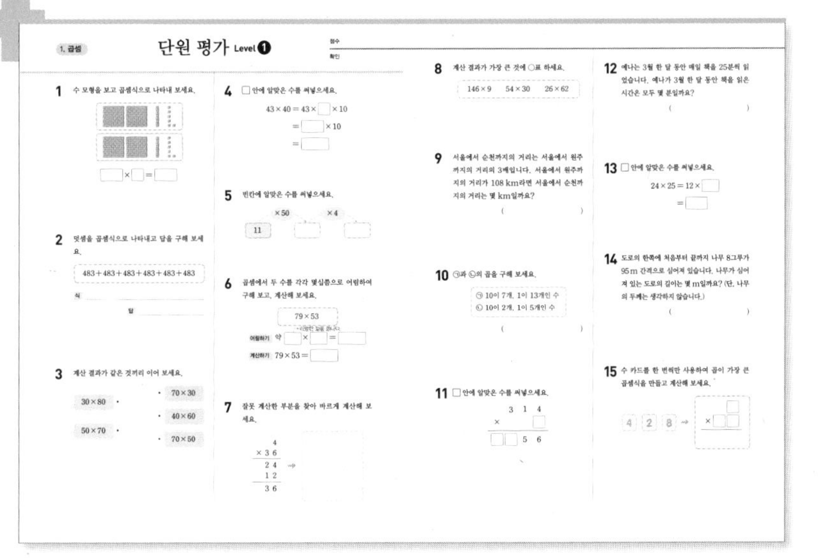

단원 학습을 마무리 할 수 있도록 기본 수준부터 응용 수준까지의 문제들로 구성하였습니다.

시험에 잘 나오는 문제들을 선별하였으므로 수시 평가 및 학교 시험 대비용으로 활용해 봅니다.

이 책의 **차례**

1

곱셈

큰 수의 곱셈도 결국은 덧셈을 간단히 한 것!

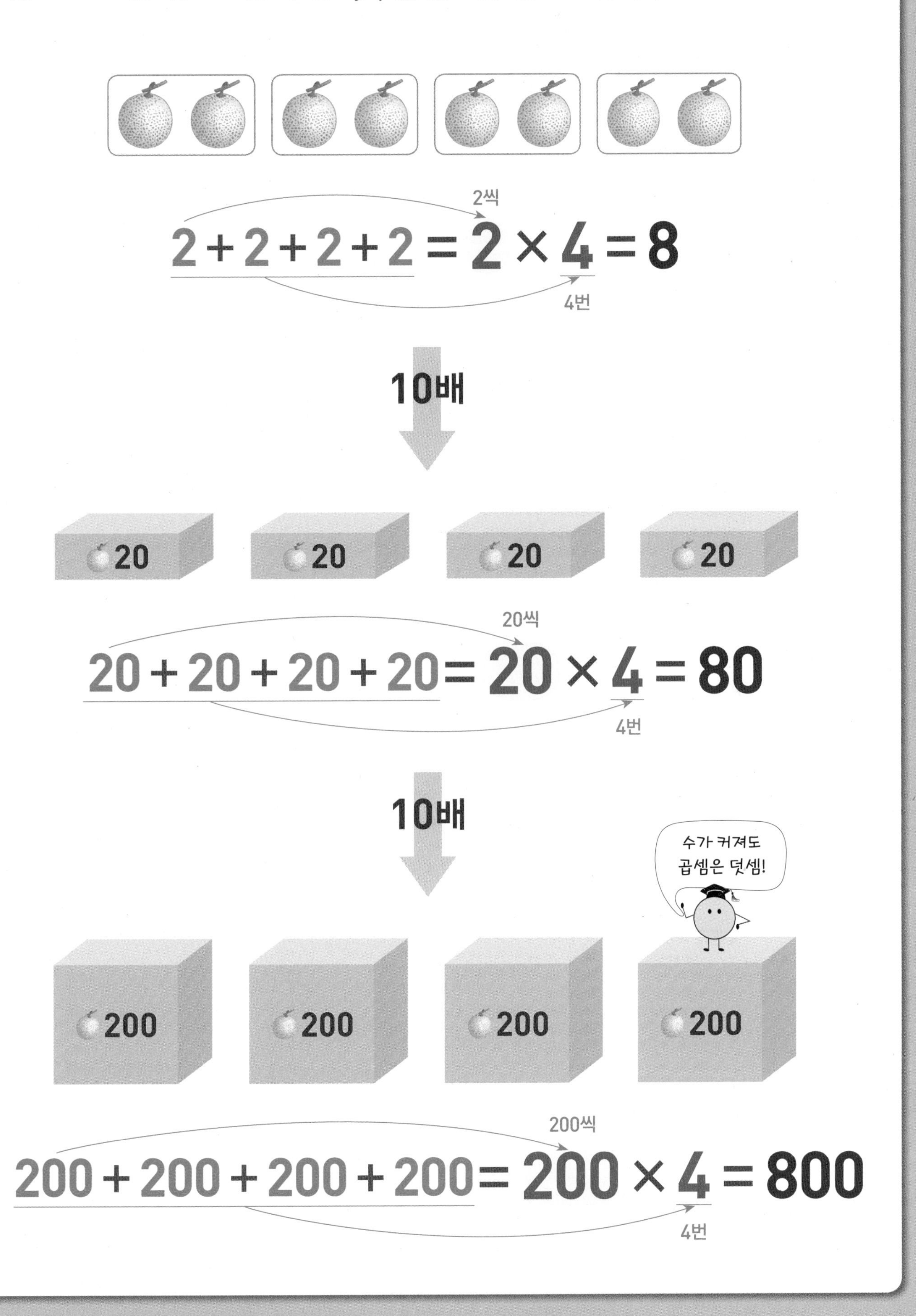

1 (세 자리 수)×(한 자리 수)(1)

● 올림이 없는 (세 자리 수)×(한 자리 수)

• 132×2의 계산 원리

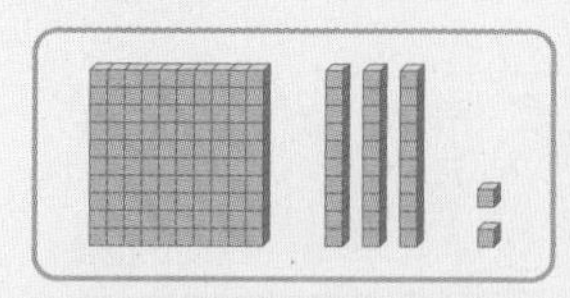 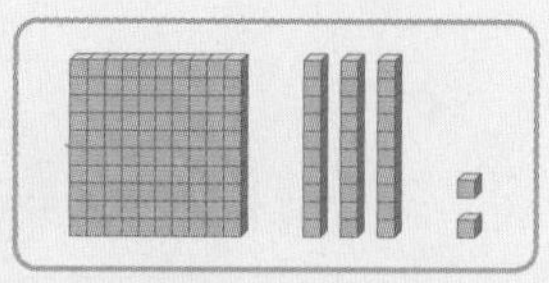

$100\times2=200,\ 30\times2=60,\ 2\times2=4$

➡ $132\times2=200+60+4=264$

• 132×2의 계산 방법

	1	3	2	
×			2	
			4	← 2×2
		6	0	← 30×2
	2	0	0	← 100×2
	2	6	4	

➡

```
   1 3 2
×      2
--------
   2 6 4
```

실전 개념

일의 자리부터 계산한 결과와 백의 자리부터 계산한 결과는 같습니다.

```
   2 1 3        2 1 3
×      3     ×      3
--------     --------
       9        6 0 0
     3 0          3 0
   6 0 0            9
--------     --------
   6 3 9   =    6 3 9
```

1 □ 안에 알맞은 수를 써넣으세요.

$312+312+312=\square$ ➡ $312\times\square=\square$

2 곱셈에서 212를 몇백쯤으로 어림하여 구해 보고, 계산해 보세요.

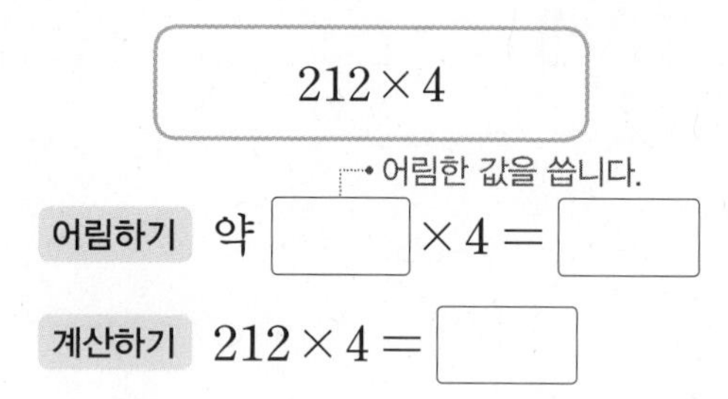

212×4

어림하기 약 □×4=□ (어림한 값을 씁니다.)

계산하기 212×4=□

▶ 어림하여 곱을 예상한 후 계산한 결과와 비교해 봅니다.

3 계산해 보세요.

(1)
```
   1 2 4
×      2
--------
```

(2)
```
   2 4 3
×      2
--------
```

(3) 332×3

(4) 211×4

▶ 세로셈을 할 때에는 자리를 맞추어 답을 씁니다.

	백	십	일
	2	1	3
×			2
	4	2	6

2 (세 자리 수)×(한 자리 수)(2)

정답과 풀이 1쪽

● **일의 자리에서 올림이 있는 (세 자리 수)×(한 자리 수)**

• 328×3의 계산 방법

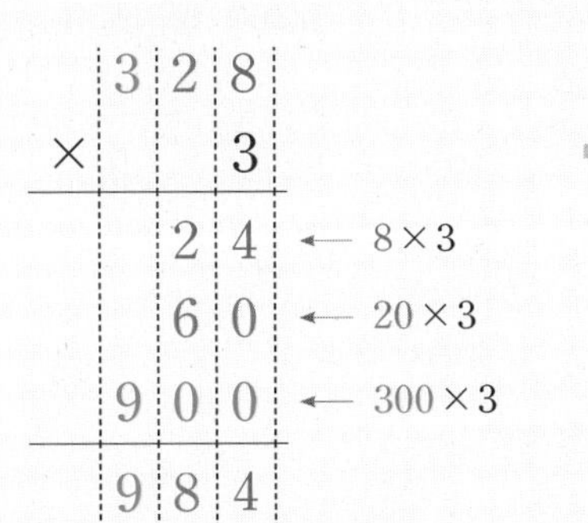

➡

```
    2
  3 2 8
×     3
-------
  9 8 4
```

2: 일의 자리에서 올림한 수는 십의 자리 위에 작게 쓰고, 십의 자리의 곱에 더합니다.

● **십의 자리에서 올림이 있는 (세 자리 수)×(한 자리 수)**

• 162×4의 계산 방법

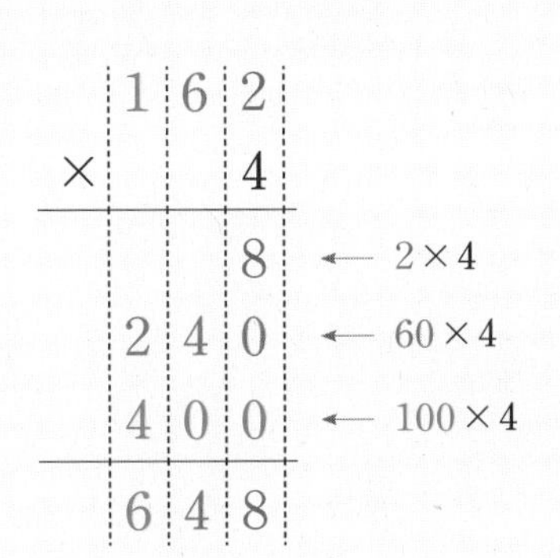

➡

```
  2
  1 6 2
×     4
-------
  6 4 8
```

2: 십의 자리에서 올림한 수는 백의 자리 위에 작게 쓰고, 백의 자리의 곱에 더합니다.

보충 개념

백의 자리에서 올림이 있는 (세 자리 수)×(한 자리 수)

```
      5 1 3
  ×       3
  ---------
          9  ← 3×3
        3 0  ← 10×3
    1 5 0 0  ← 500×3
  ---------
    1 5 3 9
```

↓

```
      5 1 3
  ×       3
  ---------
    ① 5 3 9
```

일의 자리에서 올림한 수는
십의 자리의 곱에,
십의 자리에서 올림한 수는
백의 자리 곱에 더해.

1

4 □ 안에 알맞은 수를 써넣으세요.

(1) $200 \times 4 = \square$
$10 \times 4 = \square$
$9 \times 4 = \square$
$219 \times 4 = \square$

(2) $100 \times 5 = \square$
$10 \times 5 = \square$
$4 \times 5 = \square$
$114 \times 5 = \square$

▶ 곱해지는 수를 분해하여 곱한 후 더해도 결과는 같습니다.

$300 \times 3 = 900$
$20 \times 3 = 60$
$8 \times 3 = 24$
(+)
$328 \times 3 = 984$

5 계산해 보세요.

(1)
```
  1 9 2
×     4
```

(2)
```
  6 2 3
×     3
```

(3) 318×2

(4) 241×4

? 백의 자리에서 올림한 수는 어디에 쓰나요?

백의 자리에서 올림한 수는 백의 자리의 왼쪽인 천의 자리에 씁니다.

천	백	십	일
	8	3	2
×			3
②	4	9	6

3 (세 자리 수)×(한 자리 수)(3)

정답과 풀이 1쪽

● 일의 자리, 십의 자리에서 올림이 있는 (세 자리 수)×(한 자리 수)

• 396×2의 계산 방법

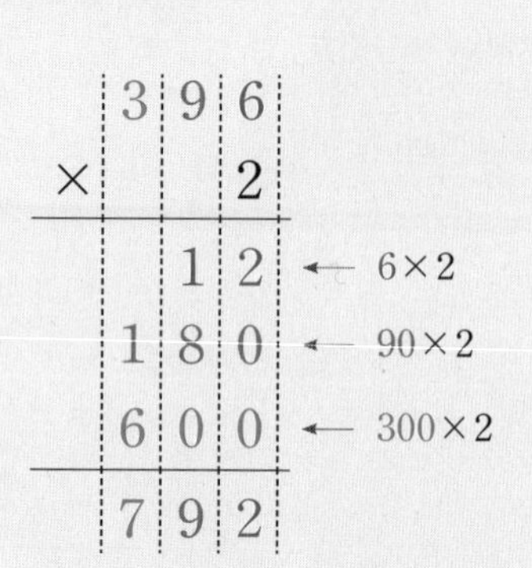

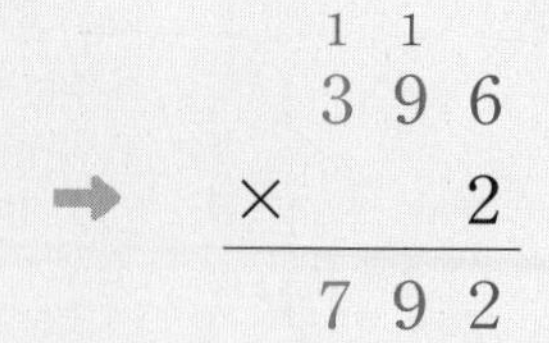

● 십의 자리, 백의 자리에서 올림이 있는 (세 자리 수)×(한 자리 수)

• 831×4의 계산 방법

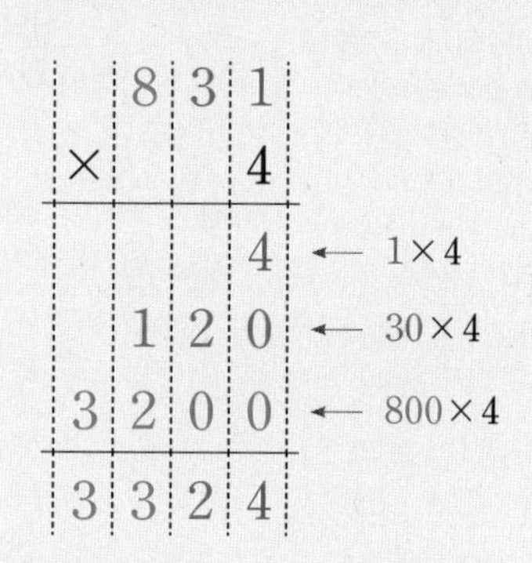

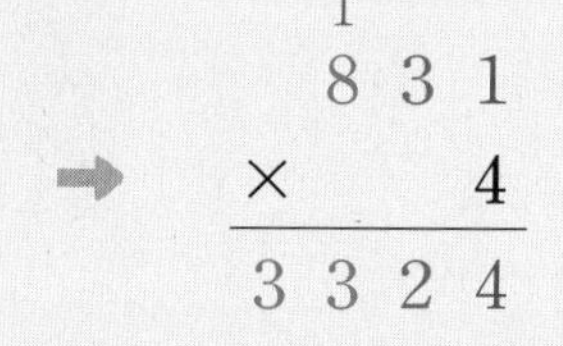

실전 개념

어림하여 곱 예상하기

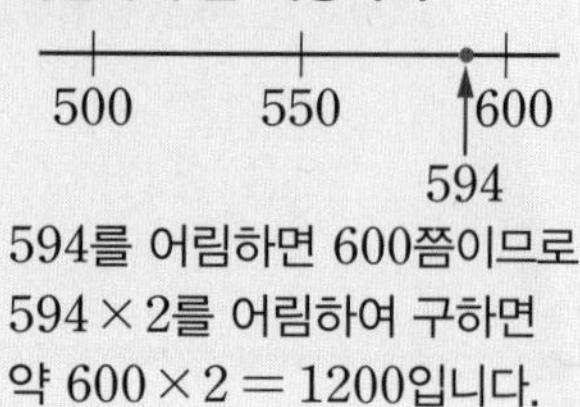

594를 어림하면 600쯤이므로 594×2를 어림하여 구하면 약 600×2=1200입니다.

심화 개념

올림이 세 번 있는 (세 자리 수)×(한 자리 수)

$$\begin{array}{r} {}^{1\ 3} \\ 3\ 2\ 7 \\ \times\quad\ \ 5 \\ \hline 1\ 6\ 3\ 5 \end{array}$$

6 □ 안에 알맞은 수를 써넣으세요.

(1)
$$\begin{array}{r} 2\ 4\ 7 \\ \times\quad\ 4 \\ \hline 2\ 8 \\ \square \\ 8\ 0\ 0 \\ \hline \square \end{array}$$
28 ← □×4, □ ← □×4, 800 ← □×4

(2)
$$\begin{array}{r} 6\ 5\ 2 \\ \times\quad\ 3 \\ \hline 6 \\ \square \\ 1\ 8\ 0\ 0 \\ \hline \square \end{array}$$
6 ← □×3, □ ← □×3, 1800 ← □×3

(세 자리 수)×(한 자리 수)를 가로로 계산하는 방법은?

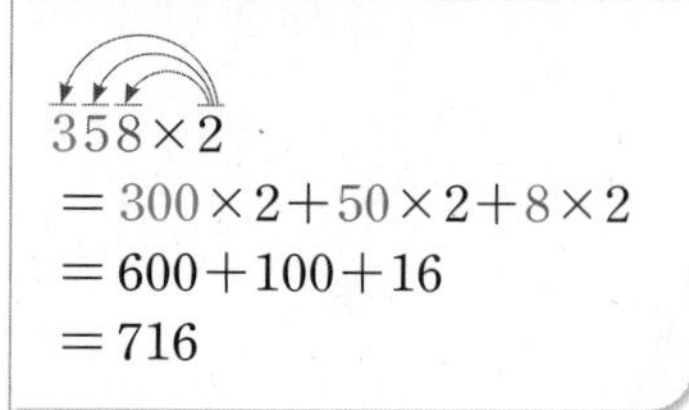

358×2
=300×2+50×2+8×2
=600+100+16
=716

7 계산해 보세요.

(1)
$$\begin{array}{r} 9\ 7\ 4 \\ \times\quad\ 2 \\ \hline \end{array}$$

(2)
$$\begin{array}{r} 4\ 2\ 8 \\ \times\quad\ 6 \\ \hline \end{array}$$

▶ 각 자리의 곱이 10이거나 10보다 크면 바로 윗자리에 올림한 수를 작게 쓰고, 윗자리의 곱에 더합니다.

기본에서 응용으로

1 (세 자리 수)×(한 자리 수)(1)

• 234×2의 계산

$$\begin{array}{r} 2\ 3\ 4 \\ \times \quad\ \ 2 \\ \hline 4\ 6\ 8 \end{array}$$

1 다음 곱셈식에서 빨간색 숫자 3이 실제로 나타내는 값은 얼마일까요?

$$\begin{array}{r} 1\ 2\ 1 \\ \times \quad\ \ 3 \\ \hline 3\ 6\ 3 \end{array}$$

(　　　　　　　　)

2 □ 안에 알맞은 수를 써넣으세요.

$3 \times 213 = \square \times 3$

$= \square$

3 □ 안에 알맞은 수를 써넣으세요.

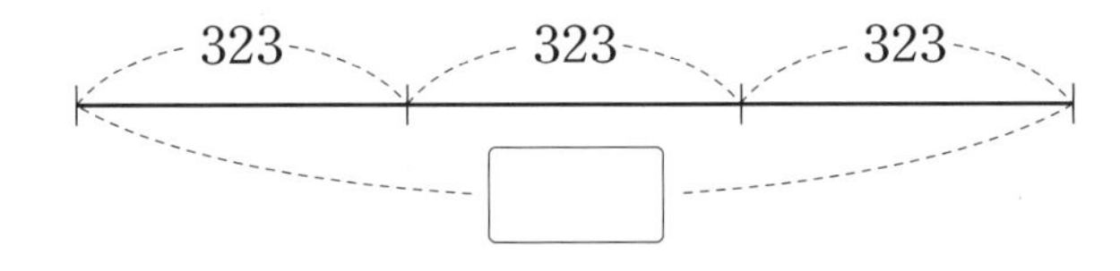

4 계산 결과를 비교하여 ○ 안에 >, =, < 중 알맞은 것을 써넣으세요.

(1) 423×2 ○ 221×4

(2) 231×3 ○ 101×6

5 한 변의 길이가 212 cm인 정사각형의 네 변의 길이의 합은 몇 cm일까요?

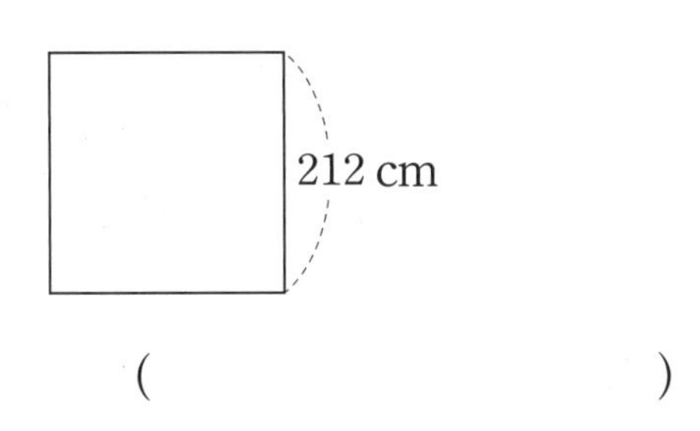

(　　　　　　　　)

6 하루에 장난감을 321개씩 만드는 공장이 있습니다. 이 공장에서 3일 동안 만드는 장난감은 모두 몇 개일까요?

(　　　　　　　　)

2 (세 자리 수)×(한 자리 수)(2)

• 218×4의 계산

$$\begin{array}{r} {}^{3}\quad \\ 2\ 1\ 8 \\ \times \quad\ \ 4 \\ \hline 8\ 7\ 2 \end{array}$$

3 — 일의 자리에서 올림한 수

7 315×3이 얼마인지 어림하여 구하려고 합니다. 수직선에 315를 ↓로 표시하고, □ 안에 알맞은 수를 써넣으세요.

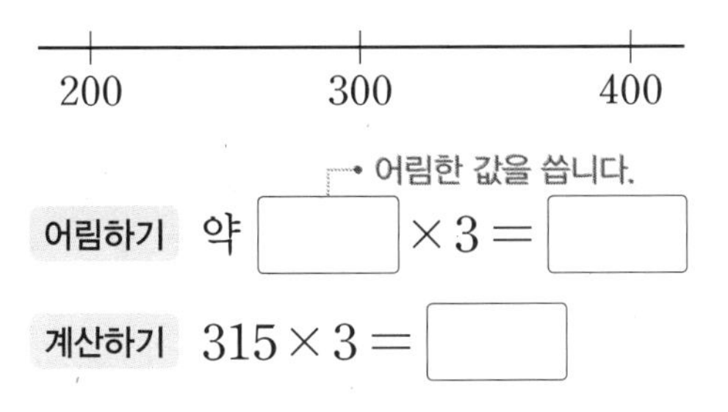

어림한 값을 씁니다.

어림하기 약 $\square \times 3 = \square$

계산하기 $315 \times 3 = \square$

8 □ 안의 수 4가 실제로 나타내는 값은 얼마일까요?

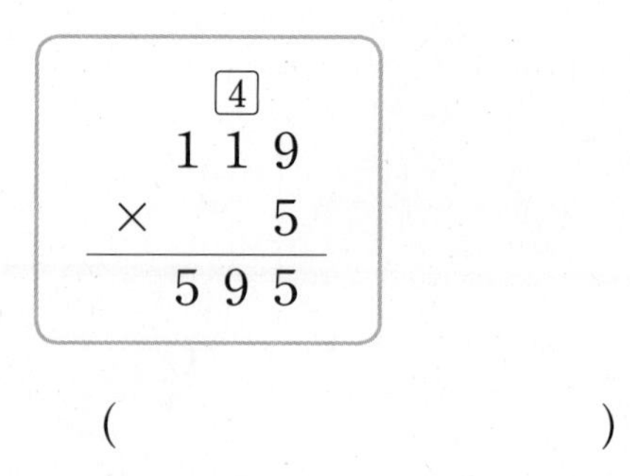

(　　　　　　)

9 계산 결과를 찾아 이어 보세요.

272×3 •	• 856
393×2 •	• 816
214×4 •	• 786

10 강당에 의자를 한 줄에 152개씩 3줄로 놓으려고 합니다. 필요한 의자는 모두 몇 개일까요?

(　　　　　　)

서술형

11 현서는 편의점에서 740원짜리 과자 2봉지를 사고 2000원을 냈습니다. 현서가 받아야 할 거스름돈은 얼마인지 풀이 과정을 쓰고 답을 구해 보세요.

풀이 ....

답 ....

12 설명하는 수를 4배 한 수를 구해 보세요.

100이 4개, 10이 1개, 1이 12개인 수

(　　　　　　)

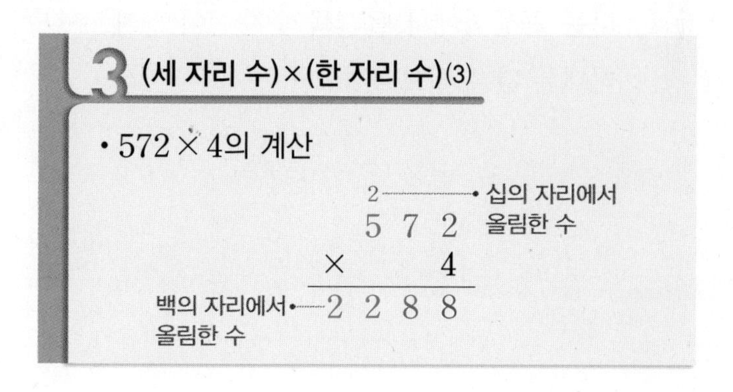

3 (세 자리 수)×(한 자리 수)(3)
• 572×4의 계산
2
5 7 2
× 4
2 2 8 8
십의 자리에서 올림한 수
백의 자리에서 올림한 수

13 □ 안에 들어갈 수는 실제로 어떤 수의 곱인지 찾아 기호를 써 보세요.

```
    4 1 3
  ×     7
  -------
      2 1
      7 0
    [    ]
  -------
  2 8 9 1
```

㉠ 4×7
㉡ 10×7
㉢ 40×7
㉣ 400×7

(　　　　　　)

14 □ 안에 알맞은 수를 써넣으세요.

451×4 = □

2배 ↓　↑ 2배

902×2 = □

15 덧셈을 곱셈식으로 나타내 계산해 보세요.

564＋564＋564＋564＋564

☐×☐＝☐

서술형

16 잘못 계산한 부분을 찾아 까닭을 쓰고, 바르게 계산해 보세요.

$$\begin{array}{r} 754 \\ \times \quad 2 \\ \hline 1408 \end{array}$$

→ ☐

까닭 ....

....

17 삼각형 안에 있는 수들의 곱을 구해 보세요.

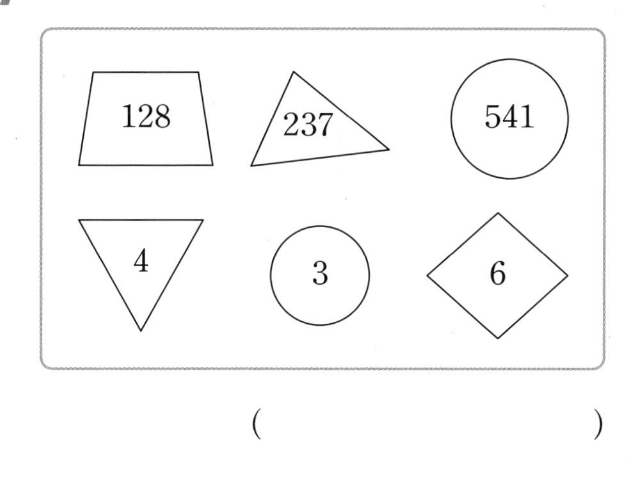

(　　　　　　　　　)

18 계산 결과를 비교하여 ○ 안에 >, ＝, < 중 알맞은 것을 써넣으세요.

(1) 361×5 ○ 432×4

(2) 564×2 ○ 383×3

19 민호네 학교 3학년 반별 학생 수는 다음과 같습니다. 간식으로 젤리를 한 명에게 5개씩 주려고 할 때 젤리는 모두 몇 개 필요할까요?

반	1반	2반	3반	4반	5반
학생 수(명)	23	24	27	26	25

(　　　　　　　　　)

20 나라마다 사용하는 돈은 서로 다릅니다. 어느 날 호주 돈 1달러가 915원이었다면 호주 돈 8달러는 몇 원이었을까요?

(　　　　　　　　　)

21 길이가 135 cm인 파란색 리본 7개와 길이가 236 cm인 초록색 리본 4개를 겹치지 않게 한 줄로 이어 붙였습니다. 이어 붙인 리본 전체의 길이는 몇 cm일까요?

(　　　　　　　　　)

창의+

22 주어진 낱말과 수를 이용하여 알맞은 곱셈 문제를 만들고, 답을 구해 보세요.

줄넘기 | 165 | 5

문제 ....

....

....

식 ....

답 ....

4 □ 안에 알맞은 수 구하기

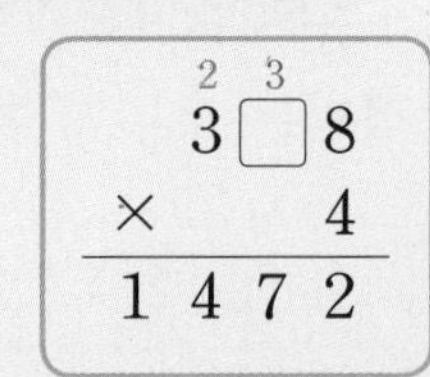

① 일의 자리 계산: $8 \times 4 = 32$
② 백의 자리 계산: $3 \times 4 = 12$
➡ 백의 자리로 올림한 수는 $14 - 12 = 2$
③ 십의 자리 계산: $\square \times 4 = 27 - 3$이므로
$\square \times 4 = 24$, $\square = 6$입니다.
④ □ 안에 6을 넣어 결과가 맞는지 확인합니다.
$368 \times 4 = 1472$ (○)

23 □ 안에 알맞은 수를 써넣으세요.

$$\begin{array}{r} 2\ 1\ \square \\ \times \quad\ \ 4 \\ \hline 8\ 6\ 8 \end{array}$$

24 □ 안에 알맞은 수를 써넣으세요.

$$\begin{array}{r} 2\ \square\ 7 \\ \times \quad\ \ 6 \\ \hline 1\ 4\ 8\ 2 \end{array}$$

25 곱셈식을 보고 ㉠, ㉡에 알맞은 수를 구해 보세요. (단, ㉠과 ㉡은 한 자리 수입니다.)

$$\begin{array}{r} ㉠\ ㉠\ ㉡ \\ \times \quad\ \ ㉡ \\ \hline 1\ 9\ 8\ 9 \end{array}$$

㉠ (　　　　), ㉡ (　　　　)

5 약속한 기호대로 계산하기

• 기호 ◆에 대하여 다음과 같이 약속할 때 247◆2 계산하기

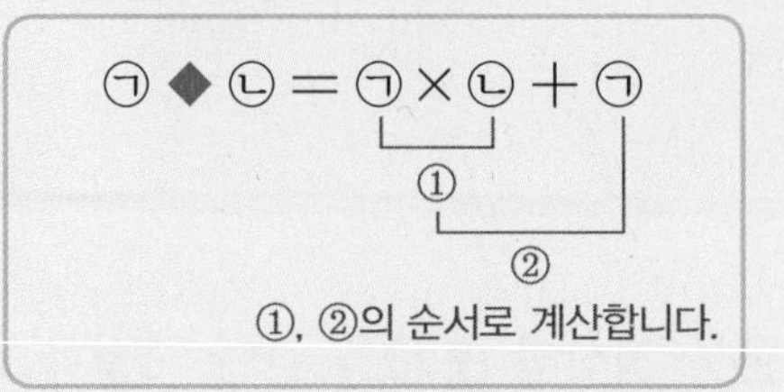

㉠ 대신 247, ㉡ 대신 2를 넣어 계산합니다.
$247 ◆ 2 = 247 \times 2 + 247$
$= 494 + 247 = 741$

26 기호 ★에 대하여 다음과 같이 약속할 때 102★7을 계산해 보세요.

㉠★㉡=㉠×㉡+㉡
└ 곱셈을 먼저 계산합니다.

(　　　　)

27 기호 ◎에 대하여 다음과 같이 약속할 때 115◎9를 계산해 보세요.

㉠◎㉡=㉠×㉡−㉠
└ 곱셈을 먼저 계산합니다.

(　　　　)

28 보기 에서 규칙을 찾아 다음을 계산해 보세요.

보기
6▲7 ➡ 6+7=13, 13×6=78

8▲205

(　　　　)

4 (몇십)×(몇십), (몇십몇)×(몇십)

정답과 풀이 3쪽

● (몇십)×(몇십)

• 40×20의 계산

$40 \times 2 = 80$ (10배↓, ↓10배)

$40 \times 20 = 800$

$$\begin{array}{r} 40 \\ \times\ 20 \\ \hline 800 \end{array}$$

● (몇십몇)×(몇십)

• 43×20의 계산

$43 \times 2 = 86$ (10배↓, ↓10배)

$43 \times 20 = 860$

$$\begin{array}{r} 43 \\ \times\ 20 \\ \hline 860 \end{array}$$

보충 개념

• $40 \times 20 = 4 \times 10 \times 2 \times 10$
$= 4 \times 2 \times 10 \times 10$
$= 8 \times 100$
$= 800$

• $43 \times 20 = 43 \times 2 \times 10$
$= 43 \times 10 \times 2$
$= 430 \times 2$
$= 860$

1 □ 안에 알맞은 수를 써넣으세요.

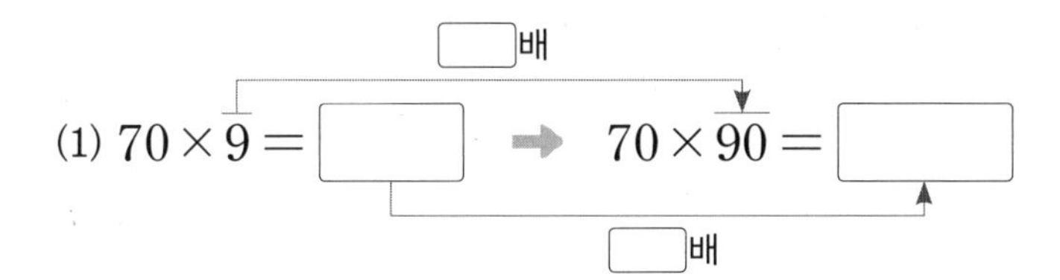

(1) $70 \times 9 =$ □ ➡ $70 \times 90 =$ □ (□배, □배)

(2) $62 \times 7 =$ □ ➡ $62 \times 70 =$ □ (□배, □배)

▶ 곱하는 수가 10배가 되면 곱도 10배가 됩니다.

2 □ 안에 알맞은 수를 써넣으세요.

(1) $30 \times 80 = 3 \times 10 \times 8 \times$ □
$= 3 \times 8 \times 10 \times$ □
$= 24 \times$ □
$=$ □

(2) $52 \times 30 = 52 \times 3 \times$ □
$= 52 \times$ □ $\times 3$
$=$ □ $\times 3$
$=$ □

3 계산해 보세요.

(1) 20×70　　(2) 30×40

(3) 45×30　　(4) 78×60

? 200×40은 어떻게 계산하나요?

(몇백)×(몇십)은 아직 배우지 않았지만 20×40의 계산 방법과 같습니다.
200×40은 2×4에 0을 3개 더 붙이면 됩니다.

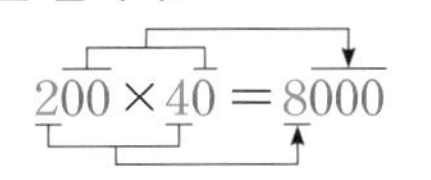

5 (몇)×(몇십몇)

● (몇)×(몇십몇)

• 7×25의 계산 방법

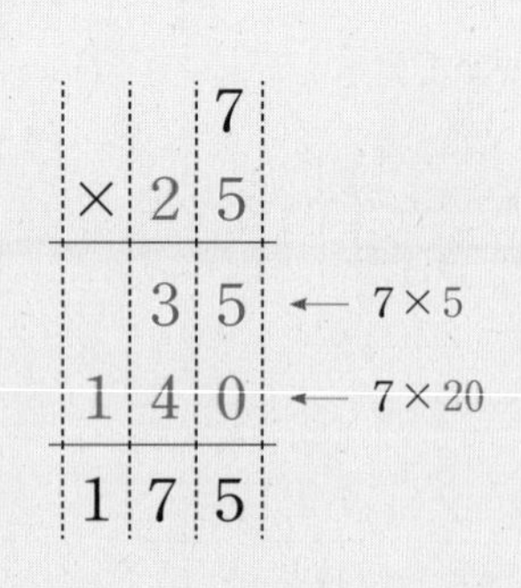

$$\begin{array}{r} 7 \\ \times\ 25 \\ \hline 175 \end{array}$$

3 — 일의 자리에서 올림한 수

맨 앞자리 숫자는 올림으로 표시하지 않고 그냥 써.

보충 개념

6×24의 계산 원리

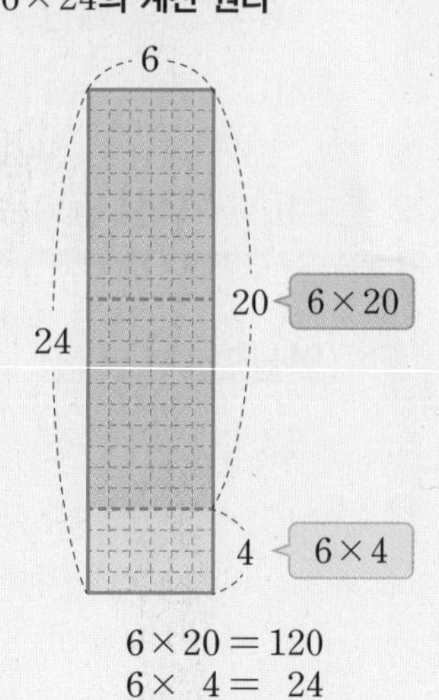

$6\times20=120$
$6\times\ 4=\ 24$
$6\times24=144$

확인 !

34＝30＋4이므로 5×34＝☐×30＋5×☐입니다.

4 ☐ 안에 알맞은 수를 써넣으세요.

(1) $6\times\ 4=$ ☐
$6\times50=$ ☐
$6\times54=$ ☐

(2) $4\times70=$ ☐
$4\times\ 9=$ ☐
$4\times79=$ ☐

▶ 일의 자리부터 계산한 결과와 십의 자리부터 계산한 결과는 같습니다.

$$\begin{array}{r} 5 \\ \times\ 14 \\ \hline 20 \\ 50 \\ \hline 70 \end{array}$$
20 ← 5×4, 50 ← 5×10

$$\begin{array}{r} 5 \\ \times\ 14 \\ \hline 50 \\ 20 \\ \hline 70 \end{array}$$
50 ← 5×10, 20 ← 5×4

5 계산해 보세요.

(1)
$$\begin{array}{r} 4 \\ \times\ 65 \\ \hline \end{array}$$

(2)
$$\begin{array}{r} 6 \\ \times\ 34 \\ \hline \end{array}$$

(3) 7×72

(4) 9×19

6 계산을 하고, 계산 결과를 비교하여 ○ 안에 >, =, < 중 알맞은 것을 써넣으세요.

$$\begin{array}{r} 8 \\ \times\ 37 \\ \hline \end{array}$$ ○ $$\begin{array}{r} 37 \\ \times\ \ 8 \\ \hline \end{array}$$

? 45×3의 값과 3×45의 값은 같을까요? 다를까요?

$$\begin{array}{r} 45 \\ \times\ \ 3 \\ \hline 15 \\ 120 \\ \hline 135 \end{array}$$ = $$\begin{array}{r} 3 \\ \times\ 45 \\ \hline 15 \\ 120 \\ \hline 135 \end{array}$$

두 수를 바꾸어 곱해도 계산 결과는 같습니다.

6 (몇십몇)×(몇십몇) (1)

정답과 풀이 3쪽

● **올림이 한 번 있는 (몇십몇)×(몇십몇)**

• 26×13의 계산 방법

```
   1
   2 6          2 6          2 6
×  1 3   ➡  ×  1 3   ➡  ×  1 3
   7 8 ← 26×3   7 8          7 8
            2 6 0 ← 26×10  2 6 (0) ← 십의 자리 계산에서 일의 자리 0은 생략할 수 있습니다.
                           3 3 8
```

주의 개념

십의 자리 계산에서 일의 자리 0을 생략할 경우 곱의 자리를 잘 맞추어 써야 합니다.

```
   1 3 (✕)        1 3 (○)
×  2 5         ×  2 5
   6 5            6 5
   2 6          2 6   ← 13×20
   9 1          3 2 5
```

7 □ 안에 알맞은 수를 써넣으세요.

(1) $32\times10=\square$

$32\times\ 4=\square$

$32\times14=\square$

(2) $40\times21=\square$

$6\times21=\square$

$46\times21=\square$

▶ 곱하는 수나 곱해지는 수를 십의 자리와 일의 자리로 나누어 곱한 후 두 곱을 더합니다.

8 □ 안에 알맞은 수를 써넣으세요.

(1)
```
   3 7
×  1 2
    □   ← 37×□
  □ 0   ← 37×□
  □
```

(2)
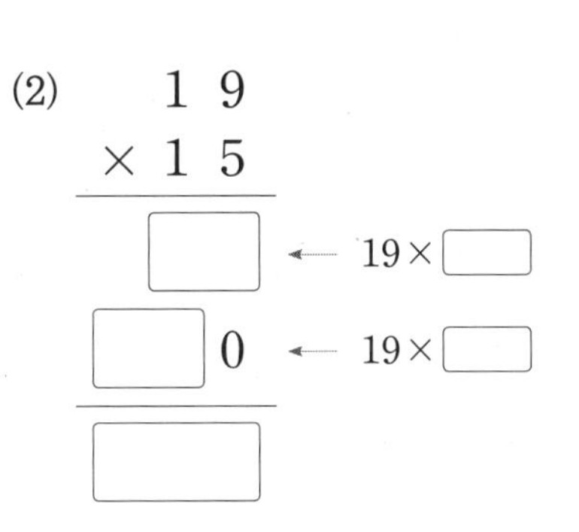
```
   1 9
×  1 5
    □   ← 19×□
  □ 0   ← 19×□
  □
```

▶ 십의 자리를 계산할 때 일의 자리 0은 생략할 수 있습니다.

9 계산해 보세요.

(1)
```
   2 3
×  1 4
```

(2)
```
   3 4
×  4 2
```

(3) 48×12

(4) 26×31

1

7 (몇십몇)×(몇십몇) (2)

정답과 풀이 3쪽

• 올림이 여러 번 있는 (몇십몇)×(몇십몇)

• 54×36의 계산

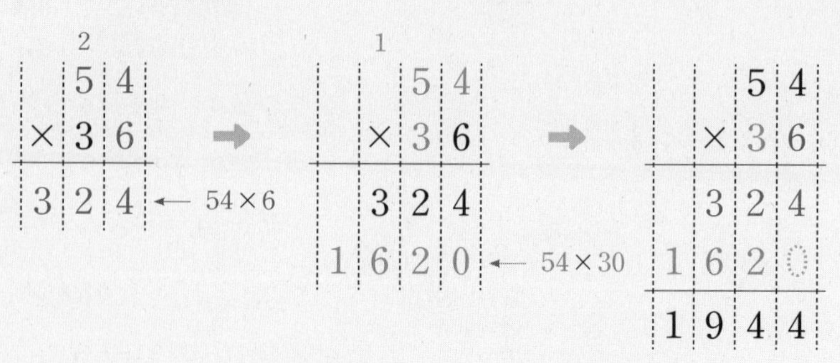

연결 개념

(세 자리 수)×(두 자리 수)

$$\begin{array}{r} 257 \\ \times\ \ 36 \\ \hline 1542 \\ 7710 \\ \hline 9252 \end{array}$$

1542 ← 257×6
7710 ← 257×30

10 □ 안에 알맞은 수를 써넣으세요.

(1) $35\times20=$ □
$35\times\ 7=$ □
$35\times27=$ □

(2) $40\times23=$ □
$8\times23=$ □
$48\times23=$ □

11 57×42가 약 얼마인지 어림하여 구한 값을 찾아 ○표 하세요.

1200　2400　4800

12 계산해 보세요.

(1)
$$\begin{array}{r} 46 \\ \times\ 38 \\ \hline \end{array}$$

(2)
$$\begin{array}{r} 63 \\ \times\ 27 \\ \hline \end{array}$$

(3) 37×52

(4) 24×77

? 옛날에는 (몇십몇)×(몇십몇)을 어떻게 계산했을까요?

여러 곱셈법 중 대표적으로 격자를 이용한 격자곱셈법이 있습니다. 인도에서 처음 사용하여 여러 나라로 전파되었다고 알려져 있습니다.

• 격자곱셈법으로 46×53의 계산

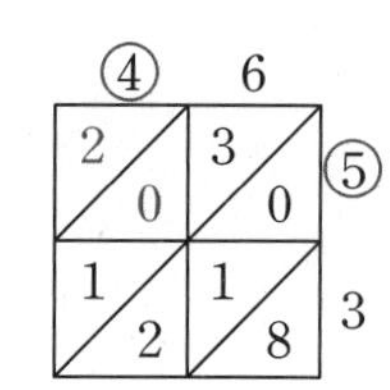

4, 6, 5, 3을 순서대로 쓰고, 각 칸의 가로, 세로에 해당하는 수를 곱한 결과를 격자에 한 자리씩 씁니다.

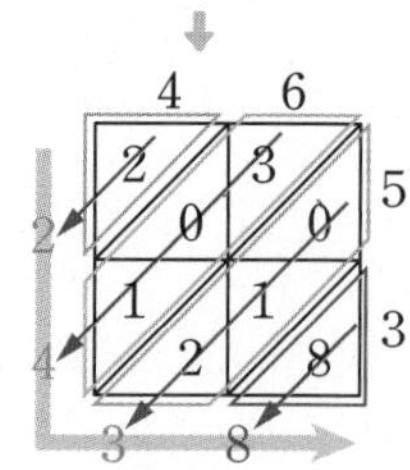

격자 무늬에서 대각선 방향으로 수를 더한 다음 왼쪽부터 차례로 씁니다.

→ $46\times53=2438$

기본에서 응용으로

6 (몇십)×(몇십), (몇십몇)×(몇십)

• 30×70의 계산

$$\begin{array}{r} 3\ 0 \\ \times\ 7\ 0 \\ \hline 2\ 1\ 0\ 0 \end{array}$$

• 52×30의 계산

$$\begin{array}{r} 5\ 2 \\ \times\ 3\ 0 \\ \hline 1\ 5\ 6\ 0 \end{array}$$

29 곱이 다른 하나는 어느 것일까요? (　　　　　)

① 20×60　② 30×40　③ 40×30
④ 50×30　⑤ 60×20

30 두 곱셈의 계산 결과는 같습니다. □ 안에 알맞은 수를 구해 보세요.

60×60	40×□

(　　　　　　　　　)

31 □ 안에 알맞은 수를 써넣으세요.

2배

25×60＝50×□

32 ㉠과 ㉡의 곱을 구해 보세요.

㉠ 10이 8개, 1이 7개인 수
㉡ 10이 5개인 수

(　　　　　　　　　)

33 1시간은 60분이고, 1분은 60초입니다. 1시간은 몇 초일까요?

식 ……………………………

답 ……………………

창의+

34 음식의 열량은 소화를 통해 이용할 수 있는 에너지의 양으로 주로 킬로칼로리(kcal)라는 단위를 사용합니다. 귤 20개와 토마토 30개로 얻을 수 있는 열량은 모두 몇 킬로칼로리일까요?

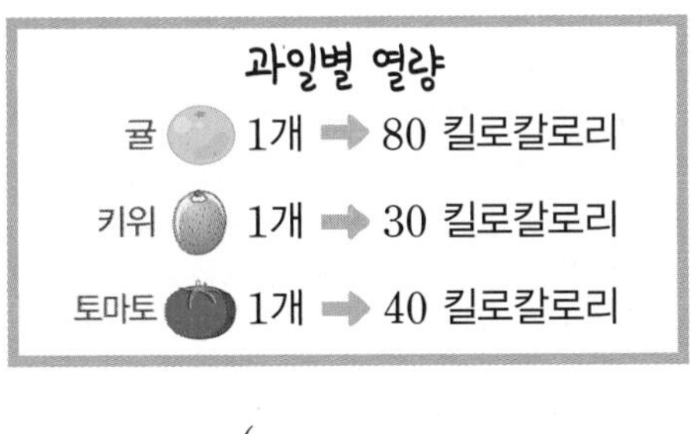

(　　　　　　　　　)

7 (몇)×(몇십몇)

• 7×27의 계산

$$\begin{array}{r} 7 \\ \times\ 2\ 7 \\ \hline 4\ 9 \\ 1\ 4\ 0 \\ \hline 1\ 8\ 9 \end{array}$$

4 9 ← 7×7, 1 4 0 ← 7×20

➡

$$\begin{array}{r} {}^{4}\ \ \\ 7 \\ \times\ 2\ 7 \\ \hline 1\ 8\ 9 \end{array}$$

35 □ 안에 알맞은 수를 써넣으세요.

4×38＝38×□＝□

36 계산을 하고, 계산 결과가 큰 것부터 순서대로 ◯ 안에 1, 2, 3을 써넣으세요.

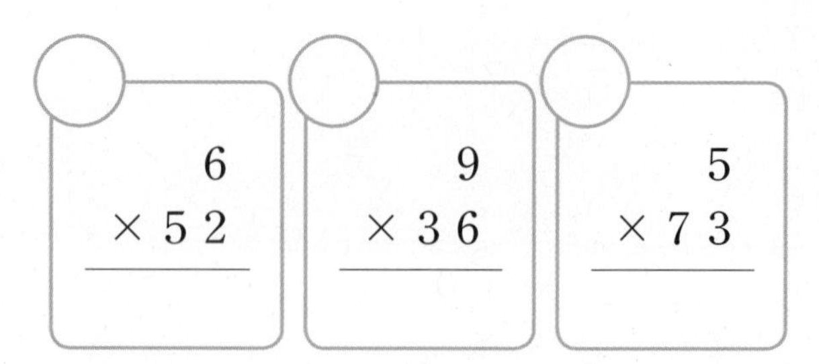

37 □ 안에 알맞은 수를 써넣으세요.

$$\begin{array}{r} 7 \\ \times\ 3\ \square \\ \hline 2\ \square\ 6 \end{array}$$

서술형

38 주희는 수학 문제를 매일 9문제씩 풉니다. 주희가 10월 한 달 동안 푼 수학 문제는 모두 몇 문제인지 풀이 과정을 쓰고 답을 구해 보세요.

풀이 ....

....

....

....

답 ....

39 □ 안에 들어갈 수 있는 자연수 중에서 가장 작은 수를 구해 보세요.

$6 \times 45 < \square \times 37$

(　　　　　　　　)

8 (몇십몇)×(몇십몇) (1)

• 23×14의 계산

$$\begin{array}{r} 2\ 3 \\ \times\ 1\ 4 \\ \hline 9\ 2 \\ 2\ 3\ 0 \\ \hline 3\ 2\ 2 \end{array}$$

92 ← 23×4

230 ← 23×10

40 빈칸에 알맞은 수를 써넣으세요.

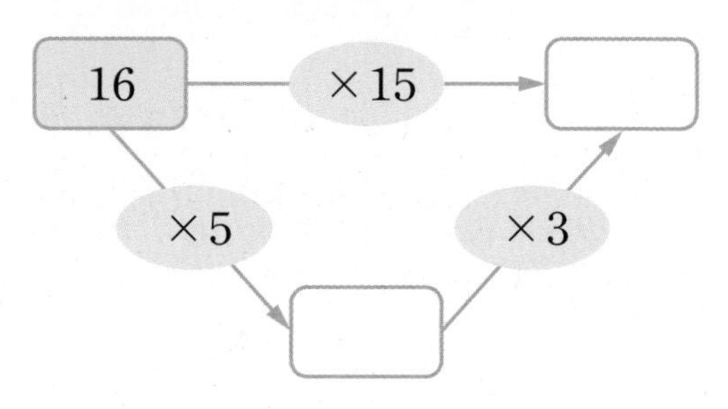

41 가장 큰 수와 가장 작은 수의 곱을 구해 보세요.

15　　31　　24

(　　　　　　　　)

42 호진이는 매일 한자를 14자씩 외웁니다. 호진이가 2주일 동안 외우는 한자는 모두 몇 자일까요?

(　　　　　　　　)

43 세 수 중 두 수를 골라 곱이 800에 가장 가깝게 되도록 곱셈식을 만들고 계산해 보세요.

38　　13　　21

□ × □ = □

44 □ 안에 알맞은 수를 써넣으세요.

$$\begin{array}{r} \square\ 7 \\ \times\ 1\ 6 \\ \hline 2\ 8\ \square \\ \square\ 7\ 0 \\ \hline \square\ 5\ \square \end{array}$$

45 도로의 한쪽에 25 m 간격으로 처음부터 끝까지 가로등을 세우려고 합니다. 필요한 가로등이 32개일 때 도로의 길이는 몇 m인지 구해 보세요. (단, 가로등의 두께는 생각하지 않습니다.)

( )

9 (몇십몇)×(몇십몇) (2)

• 52×35의 계산

$$\begin{array}{r} 5\ 2 \\ \times\ 3\ 5 \\ \hline 2\ 6\ 0 \\ 1\ 5\ 6\ 0 \\ \hline 1\ 8\ 2\ 0 \end{array}$$

260 ← 52×5
1560 ← 52×30

46 □ 안에 알맞은 수를 써넣으세요.

$26 \times 25 = 13 \times \square \times 25$
$= 13 \times \square$
$= \square$

서술형

47 잘못 계산한 부분을 찾아 까닭을 쓰고, 바르게 계산해 보세요.

$$\begin{array}{r} 2\ 7 \\ \times\ 4\ 5 \\ \hline 1\ 3\ 5 \\ 1\ 0\ 8 \\ \hline 2\ 4\ 3 \end{array}$$ → □

까닭

창의+

48 암호표를 보고 암호를 찾아보세요.

㉠ 26×34 ㉡ 36×24
㉢ 19×47 ㉣ 54×17

847	853	864	884	891
A	D	E	H	J
893	901	912	918	928
L	N	O	P	T

암호 ㉠ □ ㉡ □ ㉢ □ ㉣ □

49 세 명의 학생들이 ♥의 규칙에 따라 계산한 것입니다. 규칙을 찾아 28♥43의 값을 구해 보세요.

채은: 9♥4=35
민준: 10♥6=59
선아: 3♥21=62

( )

1

10 수 카드를 사용하여 곱셈식 만들기

4 1 7 6

• 만들 수 있는 가장 큰 두 자리 수: 76
• 만들 수 있는 가장 작은 두 자리 수: 14
➡ 두 수의 곱: $76 \times 14 = 1064$

50 수 카드를 한 번씩만 사용하여 만들 수 있는 두 자리 수 중에서 가장 큰 수와 가장 작은 수의 곱을 구해 보세요.

(　　　　　　　　)

51 수 카드 5, 9 를 한 번씩만 사용하여 계산 결과가 가장 큰 곱셈을 만들려고 합니다. ㉠, ㉡에 알맞은 수를 구해 보세요.

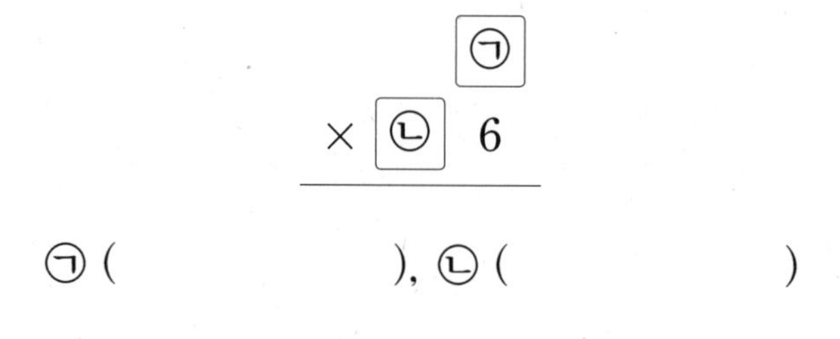

㉠ (　　　　　　), ㉡ (　　　　　　)

52 수 카드 3, 5, 7 을 한 번씩만 사용하여 다음 곱셈식이 바른 계산이 되도록 □ 안에 알맞은 수를 써넣으세요.

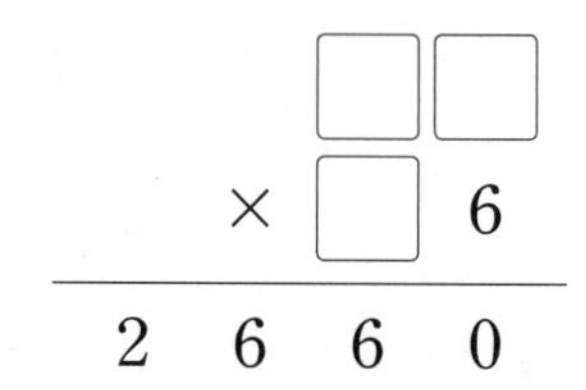

11 어떤 수를 구하여 바르게 계산하기

예 어떤 수에 13을 곱해야 할 것을 잘못하여 더했더니 42가 되었을 때 바르게 계산한 값 구하기

① 어떤 수를 □라고 하여 잘못 계산한 식 세우기
$\square + 13 = 42$

② 어떤 수 구하기
$\square = 42 - 13 = 29$

③ 바르게 계산한 값 구하기
$29 \times 13 = 377$

53 어떤 수에 16을 곱해야 할 것을 잘못하여 더했더니 53이 되었습니다. 바르게 계산하면 얼마일까요?

(　　　　　　　　)

54 어떤 수에 28을 곱해야 할 것을 잘못하여 뺐더니 33이 되었습니다. 바르게 계산하면 얼마일까요?

(　　　　　　　　)

55 수학 시험을 본 후 태하와 은희가 나눈 대화입니다. 은희가 틀린 마지막 문제의 답을 바르게 구하면 얼마일까요?

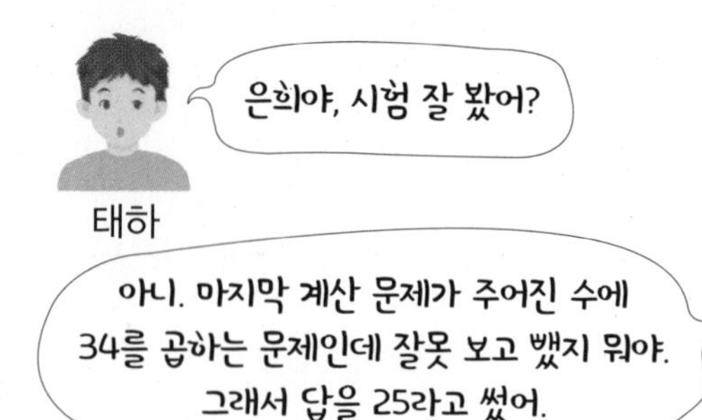

은희야, 시험 잘 봤어?
태하
아니. 마지막 계산 문제가 주어진 수에 34를 곱하는 문제인데 잘못 보고 뺐지 뭐야. 그래서 답을 25라고 썼어.
은희

(　　　　　　　　)

문제 풀이

정답과 풀이 5쪽

심화유형 1 색 테이프의 길이 구하기

길이가 165 cm인 색 테이프 3장을 그림과 같이 18 cm씩 겹치게 이어 붙였습니다. 이어 붙인 색 테이프의 전체 길이는 몇 cm일까요?

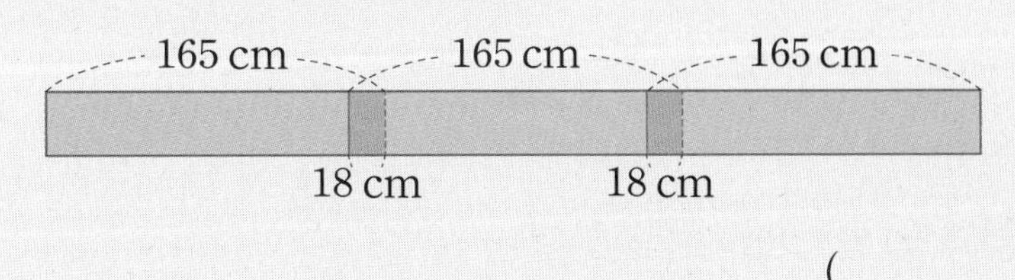

( )

핵심 NOTE

- 이어 붙인 색 테이프의 전체 길이 구하기
  ① 색 테이프 ■장의 길이의 합을 구합니다.
  ② 이어 붙인 부분의 수를 구합니다. ➡ (■−1)군데
  ③ 색 테이프의 길이의 합에서 이어 붙인 부분의 길이의 합을 뺍니다.

1-1 길이가 37 cm인 색 테이프 50장을 그림과 같이 4 cm씩 겹치게 이어 붙였습니다. 이어 붙인 색 테이프의 전체 길이는 몇 cm일까요?

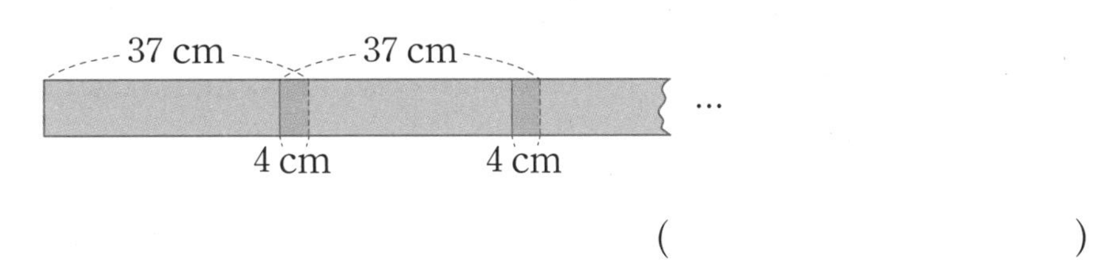

( )

1-2 미술 시간에 영은이는 길이가 28 cm인 색 테이프 27장을 6 cm씩 겹치게 한 줄로 이어 붙였습니다. 이 색 테이프를 똑같은 길이로 나누어 장식 12개를 만들었습니다. 장식 한 개를 만드는 데 사용한 색 테이프는 몇 cm일까요?

( )

심화유형 2 □ 안에 들어갈 수 있는 수 구하기

1부터 9까지의 수 중에서 □ 안에 들어갈 수 있는 수를 모두 구해 보세요.

$42 \times □0 < 1500$

( )

● 핵심 NOTE

- 42를 40쯤을 어림하여 곱셈의 계산 결과를 예상하고 □ 안에 수를 넣어 조건에 맞는 수를 찾습니다.

2-1 1부터 9까지의 수 중에서 □ 안에 들어갈 수 있는 수를 모두 구해 보세요.

$63 \times □0 < 1300$

( )

2-2 □ 안에 들어갈 수 있는 자연수 중에서 가장 작은 수를 구해 보세요.

$48 \times □ > 70 \times 30$

( )

2-3 □ 안에 들어갈 수 있는 자연수는 모두 몇 개인지 구해 보세요.

$167 \times 3 < □ \times 37 < 23 \times 25$

( )

심화유형 3 곱이 가장 크거나 가장 작은 곱셈식 만들기

수 카드 3, 2, 5, 7 을 한 번씩만 사용하여 곱이 가장 작은 (세 자리 수)×(한 자리 수)를 만들고, 곱을 구해 보세요.

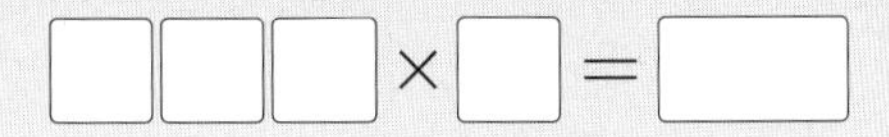

● 핵심 NOTE 네 수의 크기가 ①>②>③>④일 때

• 곱이 가장 큰 곱셈 만들기

② ③ ④
× ①

• 곱이 가장 작은 곱셈 만들기

③ ② ①
× ④

3-1

수 카드 1, 8, 4, 3 을 한 번씩만 사용하여 곱이 가장 큰 (세 자리 수)×(한 자리 수)를 만들고, 곱을 구해 보세요.

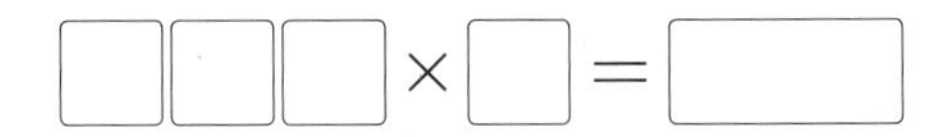

3-2

수 카드 3, 8, 4, 5 를 한 번씩만 사용하여 곱이 가장 큰 (두 자리 수)×(두 자리 수)를 만들고, 곱을 구해 보세요.

3-3

수 카드 6, 2, 9, 7 을 한 번씩만 사용하여 곱이 가장 작은 (두 자리 수)×(두 자리 수)를 만들고, 곱을 구해 보세요.

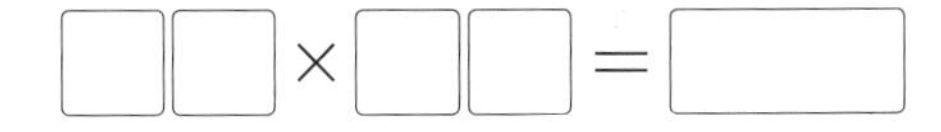

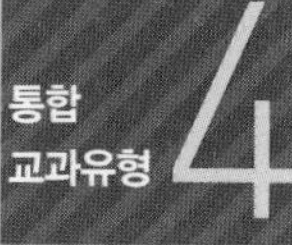

수학 + 사회

탄소 발자국 줄이기

탄소 발자국이란 인간의 모든 활동과 상품이 생산되고 소비되는 과정에서 발생하는 이산화 탄소의 총량을 의미합니다. 다음은 일상생활에서 상품을 생산하거나 소비할 때 발생하는 탄소 발자국을 나타낸 표입니다. 유하네 가족이 이번 달에 형광등 사용 시간을 16시간 줄이고, 컴퓨터 사용 시간을 21시간 줄였다면 유하네 가족이 이번 달에 줄인 탄소 발자국은 모두 몇 그램인지 구해 보세요.

생산 및 소비 활동	탄소 발자국
두루마리 화장지 한 개 생산	283 그램
종이컵 한 개 생산	11 그램
형광등 한 시간 사용	34 그램
컴퓨터 한 시간 사용	90 그램
휴대전화 1일 사용	307 그램

1단계 형광등과 컴퓨터 사용 시간별 탄소 발자국 각각 구하기

2단계 유하네 가족이 이번 달에 줄인 탄소 발자국 구하기

( )

● 핵심 NOTE

1단계 형광등을 16시간 사용했을 때의 탄소 발자국과 컴퓨터를 21시간 사용했을 때의 탄소 발자국을 각각 구합니다.

2단계 **1단계** 에서 구한 탄소 발자국의 합을 구합니다.

4-1

민호네 반에서는 탄소 발자국을 줄이기 위해 두루마리 화장지 대신 걸레를 사용하고, 종이컵 대신 유리컵을 사용하기로 했습니다. 한 달 동안 실천하였더니 지난달보다 두루마리 화장지를 8개, 종이컵을 76개 덜 사용하였습니다. 위의 표를 보고 민호네 반에서 한 달 동안 줄인 탄소 발자국은 모두 몇 그램인지 구해 보세요. (단, 상품을 생산할 때 발생하는 탄소 발자국과 소비할 때 발생하는 탄소 발자국은 같습니다.)

( )

단원 평가 Level 1

점수

확인

1 수 모형을 보고 곱셈식으로 나타내 보세요.

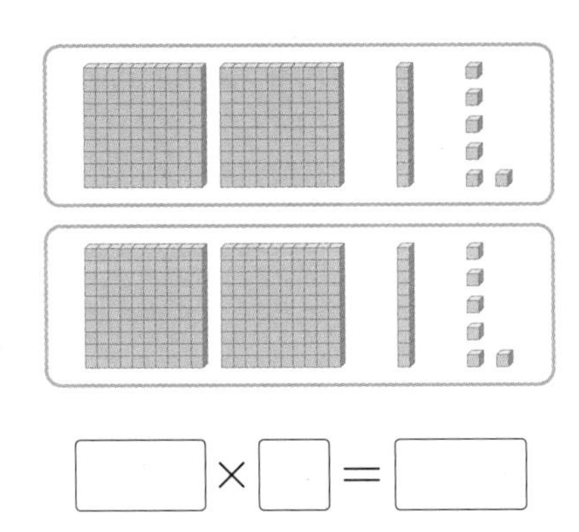

☐ × ☐ = ☐

2 덧셈을 곱셈식으로 나타내고 답을 구해 보세요.

$483+483+483+483+483+483$

식

답

3 계산 결과가 같은 것끼리 이어 보세요.

30×80 •	• 70×30
50×70 •	• 40×60
	• 70×50

4 ☐ 안에 알맞은 수를 써넣으세요.

$$43 \times 40 = 43 \times \square \times 10$$
$$= \square \times 10$$
$$= \square$$

5 빈칸에 알맞은 수를 써넣으세요.

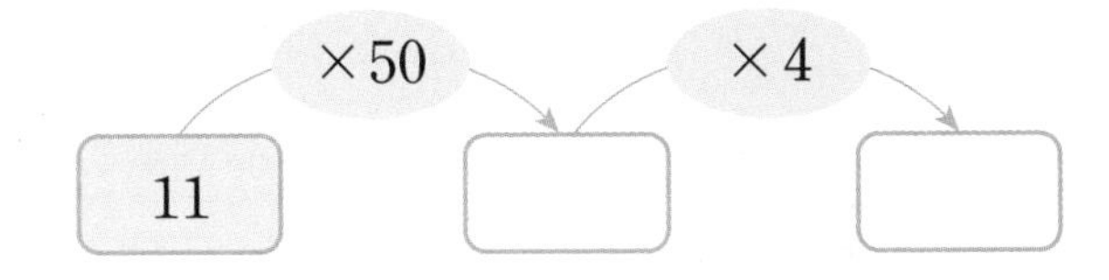

6 곱셈에서 두 수를 각각 몇십쯤으로 어림하여 구해 보고, 계산해 보세요.

79×53

•어림한 값을 씁니다.

어림하기 약 ☐ × ☐ = ☐

계산하기 $79 \times 53 =$ ☐

7 잘못 계산한 부분을 찾아 바르게 계산해 보세요.

```
    4
  × 3 6
  -----
    2 4
    1 2
  -----
    3 6
```
➡ ☐

1

8 계산 결과가 가장 큰 것에 ○표 하세요.

146×9	54×30	26×62

9 서울에서 순천까지의 거리는 서울에서 원주까지의 거리의 3배입니다. 서울에서 원주까지의 거리가 108 km라면 서울에서 순천까지의 거리는 몇 km일까요?

(　　　　　　　　)

10 ㉠과 ㉡의 곱을 구해 보세요.

㉠ 10이 7개, 1이 13개인 수
㉡ 10이 2개, 1이 5개인 수

(　　　　　　　　)

11 □ 안에 알맞은 수를 써넣으세요.

$$\begin{array}{r} 3\ 1\ 4 \\ \times \quad \square \\ \hline \square\,\square\ 5\ 6 \end{array}$$

12 예나는 3월 한 달 동안 매일 책을 25분씩 읽었습니다. 예나가 3월 한 달 동안 책을 읽은 시간은 모두 몇 분일까요?

(　　　　　　　　)

13 □ 안에 알맞은 수를 써넣으세요.

$$24 \times 25 = 12 \times \square$$
$$= \square$$

14 도로의 한쪽에 처음부터 끝까지 나무 8그루가 95 m 간격으로 심어져 있습니다. 나무가 심어져 있는 도로의 길이는 몇 m일까요? (단, 나무의 두께는 생각하지 않습니다.)

(　　　　　　　　)

15 수 카드를 한 번씩만 사용하여 곱이 가장 큰 곱셈을 만들고 계산해 보세요.

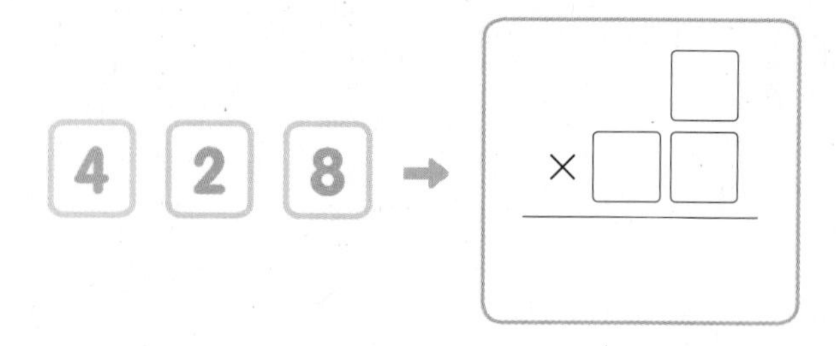

16 같은 모양은 같은 수를 나타냅니다. ♥에 알맞은 수를 구해 보세요.

$31\times17=$ ▲
▲ $\times4=$ ♥

(　　　　　　　　)

17 준서는 줄넘기를 하루에 360번씩 4일 동안 하였고, 은서는 하루에 185번씩 일주일 동안 하였습니다. 준서와 은서 중 누가 줄넘기를 몇 번 더 많이 했을까요?

(　　　　　　), (　　　　　　)

18 보기 에서 규칙을 찾아 다음을 계산해 보세요.

보기
5◎9 ➡ $5+9=14$, $14\times5=70$

7◎236

(　　　　　　　　)

서술형 문제

19 수 카드를 한 번씩만 사용하여 만들 수 있는 가장 큰 세 자리 수와 남은 수의 곱은 얼마인지 풀이 과정을 쓰고 답을 구해 보세요.

4　7　3　5

풀이

답

20 윤지네 학교에서 고구마 캐기 체험 학습을 갔습니다. 윤지네 반은 한 상자에 25개씩 담아 16상자를 캤고, 정우네 반은 한 상자에 35개씩 담아 12상자를 캤습니다. 두 반 학생들이 캔 고구마는 모두 몇 개인지 풀이 과정을 쓰고 답을 구해 보세요.

풀이

답

단원 평가 Level 2

점수

확인

1 □ 안에 알맞은 수를 써넣으세요.

$100 \times 4 = \square$

$60 \times 4 = \square$

$2 \times 4 = \square$

$162 \times 4 = \square$

2 □ 안에 들어갈 수는 실제로 어떤 수의 곱인지 찾아 기호를 써 보세요.

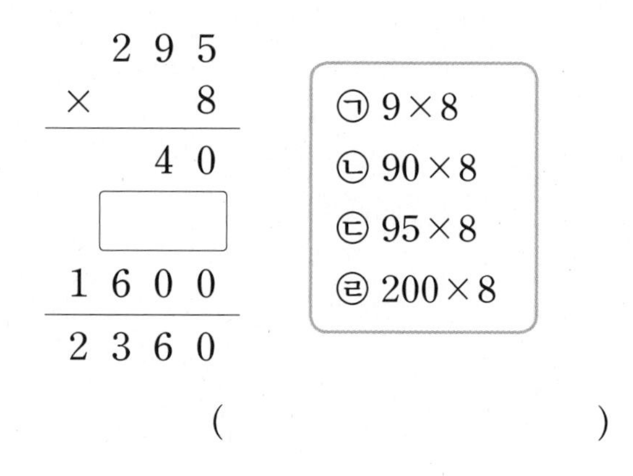

(　　　　　　　　)

3 □ 안에 알맞은 수를 써넣으세요.

$8 \times 109 = \square \times 8$

$= \square$

4 빈칸에 두 수의 곱을 써넣으세요.

7	34

5 색칠된 전체 모눈의 수를 곱셈식으로 나타내고 답을 구해 보세요.

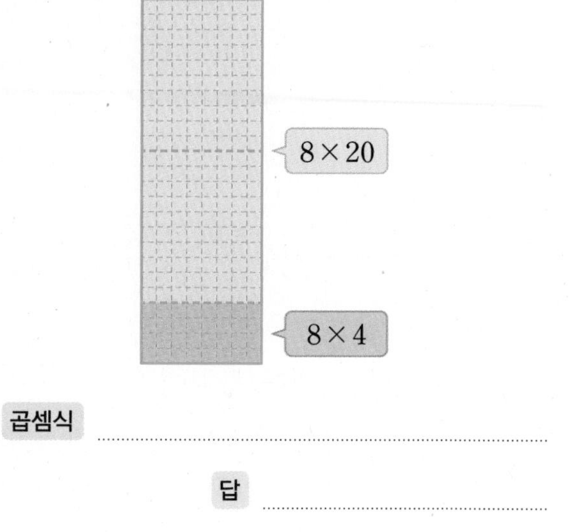

곱셈식 ………………………………

답 ………………………………

6 잘못 계산한 사람의 이름을 써 보세요.

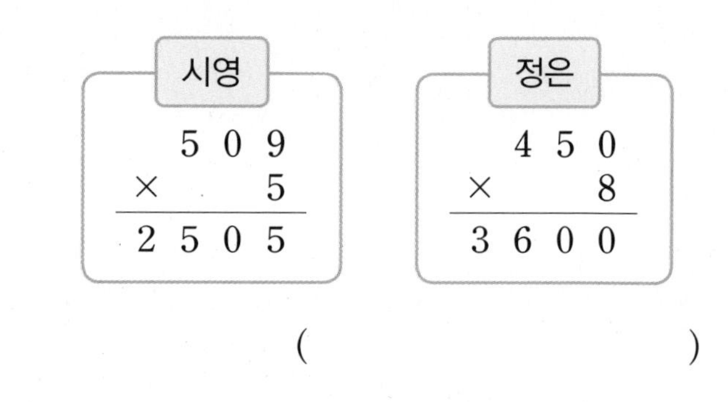

(　　　　　　　　)

7 계산 결과를 비교하여 ○ 안에 >, =, < 중 알맞은 것을 써넣으세요.

6×75 ○ 8×59

8 주하 동생의 나이는 6살이고, 할아버지의 연세는 동생 나이의 12배입니다. 할아버지의 연세는 몇 세인지 구해 보세요.

(　　　　　　　　)

9 가장 큰 수와 가장 작은 수의 곱을 구해 보세요.

13　51　29　82

(　　　　　　　　)

10 지하철이 하루에 236번씩 지나가는 역이 있습니다. 일주일 동안 이 역에는 지하철이 모두 몇 번 지나갈까요?

(　　　　　　　　)

11 ㉠과 ㉡의 차를 구해 보세요.

㉠ 218의 7배
㉡ $218+218+218+218$

(　　　　　　　　)

12 9월 한 달은 모두 몇 시간일까요?

(　　　　　　　　)

13 □ 안에 알맞은 수를 써넣으세요.

$$144\times\square=24\times48$$

14 현우가 문구점에서 학용품을 사고 받은 영수증이 찢어졌습니다. 합계에 적힌 금액은 얼마인지 구해 보세요.

상품명	단가	수량
연필	350	6
봉투	190	8
합계 금액		

(　　　　　　　　)

15 운동회에서 사용할 응원봉을 152명의 학생에게 2개씩 나누어 주려고 합니다. 한 묶음에 24개씩 들어 있는 응원봉을 13묶음 샀다면 남는 응원봉은 몇 개일까요?

(　　　　　　　　)

1

16 □ 안에 알맞은 수를 써넣으세요.

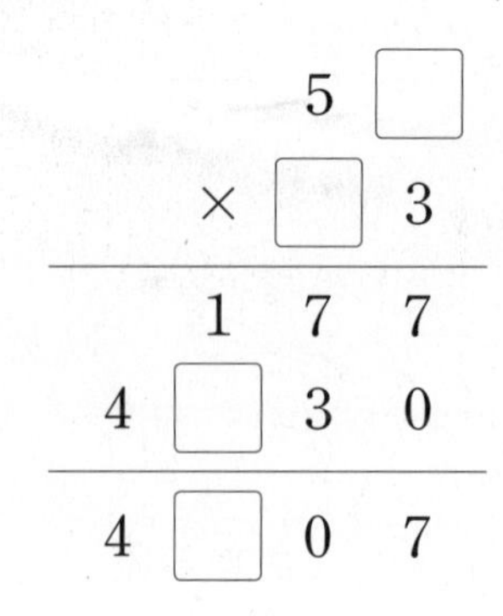

17 1부터 9까지의 수 중에서 □ 안에 들어갈 수 있는 가장 큰 수를 구해 보세요.

$63 \times □0 < 3500$

(   )

18 수 카드를 한 번씩만 사용하여 곱이 가장 큰 (두 자리 수)×(두 자리 수)를 만들고, 곱을 구해 보세요.

2 3 7 8

식

답

서술형 문제

19 어떤 수에 26을 곱해야 할 것을 잘못하여 뺐더니 48이 되었습니다. 바르게 계산하면 얼마인지 풀이 과정을 쓰고 답을 구해 보세요.

풀이

답

20 길이가 35 cm인 색 테이프 19장을 그림과 같이 3 cm씩 겹치게 이어 붙였습니다. 이어 붙인 색 테이프의 전체 길이는 몇 cm인지 풀이 과정을 쓰고 답을 구해 보세요.

35 cm 35 cm

3 cm 3 cm

풀이

답

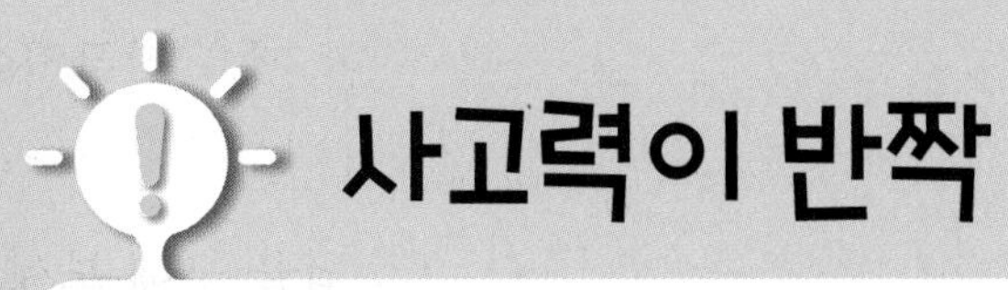

- 그림의 빈칸에 ○와 ×를 넣어 보세요.
  단, 가로, 세로, ↖, ↗ 방향에 같은 모양이 4개 들어가면 안 됩니다.

○		○	○
○		○	○
○			○

2

나눗셈

$6 \div 2 = 3$

$7 \div 2 = 3 \cdots 1$

$8 \div 2 = 4$

$9 \div 2 = 4 \cdots 1$

$10 \div 2 = 5$

뺄셈을 하고 남은 것이 나머지야!

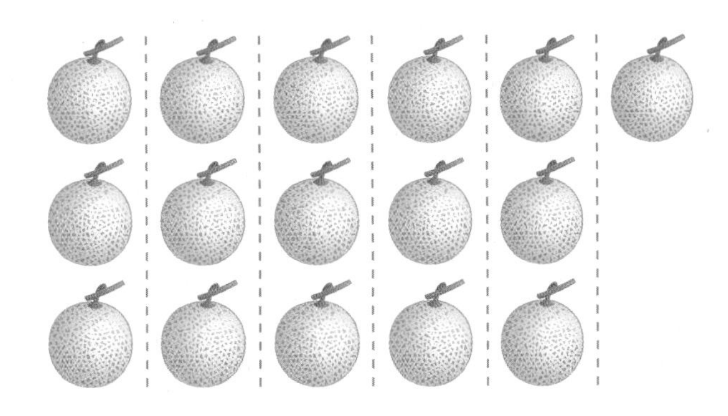

16개를 5군데로 똑같이 나누면 3개씩 놓이게 되고 1개가 남습니다.

몫 나머지

$$16 \div 5 = 3 \cdots 1$$

16개를 5개씩 덜어 내면 3묶음이 되고 1개가 남습니다.

$$16 - \underline{5 - 5 - 5} - 1 = 0$$

5씩 3번

$$\rightarrow 16 \div 5 = 3 \cdots 1$$

1 (몇십)÷(몇)(1)

● **내림이 없는 (몇십)÷(몇)**

• 60÷3의 계산 원리

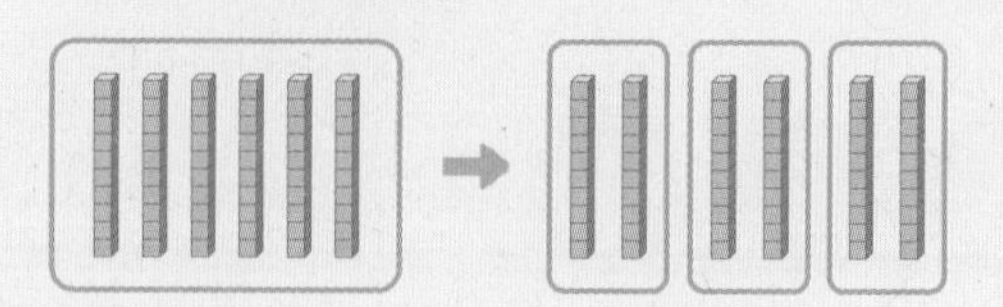

$6 \div 3 = 2$

10배 ↓ ↓ 10배

$60 \div 3 = 20$

● **나눗셈식을 세로로 쓰는 방법**

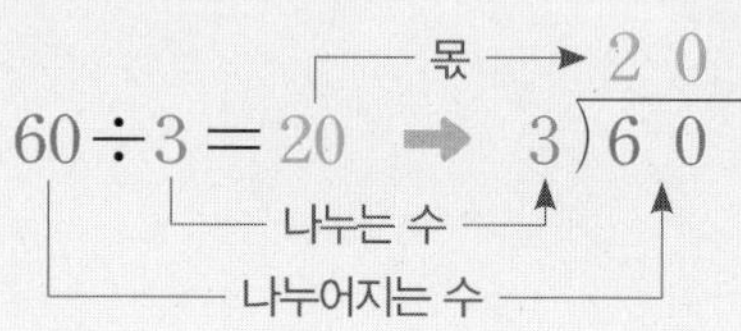

실전 개념

6÷3의 몫을 이용하여 60÷3의 몫을 구할 수 있습니다.

$$3\overline{)6}=2,\ 6 \leftarrow 3\times2,\ 0 \Rightarrow 3\overline{)60}=20,\ 60 \leftarrow 3\times20,\ 0$$

확인 !

나누는 수가 같을 때 나누어지는 수가 10배가 되면 몫도 □배가 됩니다.

1 □ 안에 알맞은 수를 써넣으세요.

(1) $9 \div 3 =$ □ ➡ $90 \div 3 =$ □

(2) $7 \div 7 =$ □ ➡ $70 \div 7 =$ □

2 계산해 보세요.

(1) $60 \div 2$

(2) $80 \div 4$

▶ **수 카드로 나눗셈 알아보기**

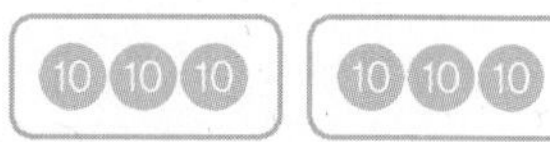

60을 똑같이 2묶음으로 나누면 한 묶음은 30이 됩니다.

➡ $60 \div 2 = 30$

3 초콜릿 50개를 5명에게 똑같이 나누어 주려고 합니다. 한 명에게 몇 개씩 주어야 할까요?

식 .... 답 ....

2 (몇십)÷(몇)(2)

정답과 풀이 9쪽

- **내림이 있는 (몇십)÷(몇)**
  - 60÷5의 계산 원리

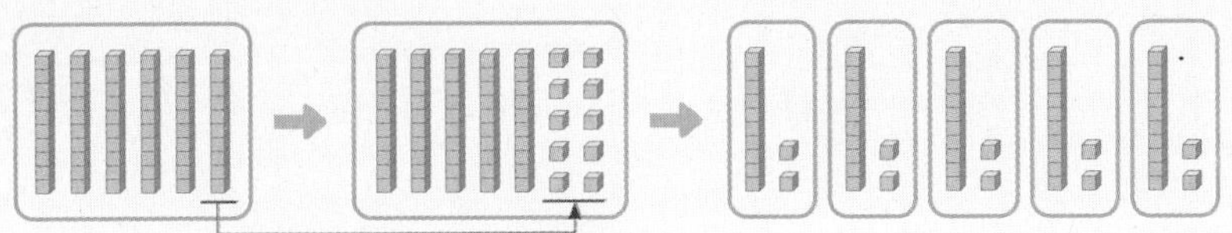

십 모형 1개를 일 모형 10개로 바꿉니다.

$$60 \div 5 = 12$$

  - 60÷5의 계산 방법

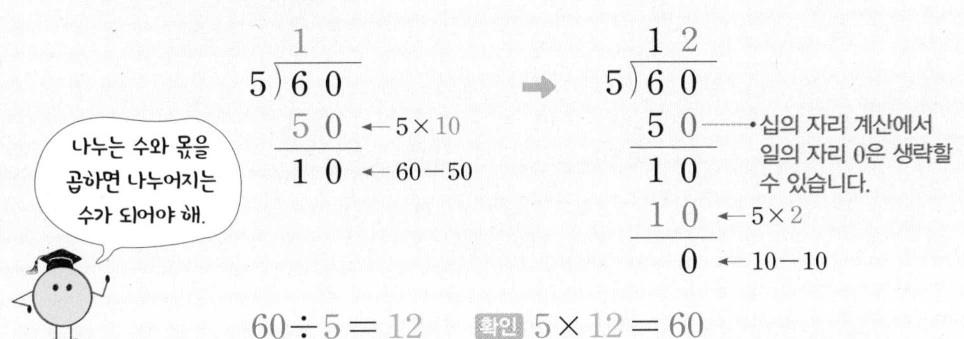

$60 \div 5 = 12$ 확인 $5 \times 12 = 60$

보충 개념

- **수 모형으로 60÷5 알아보기**
  십 모형 6개 중 1개를 일 모형 10개로 바꾸고, 똑같이 5묶음으로 나누면 한 묶음에는 십 모형이 1개, 일 모형이 2개 있습니다.

4 □ 안에 알맞은 수를 써넣으세요.

(1)
```
      1 □
  6 ) 9  0
      □  0  ← 6×□
     ─────
      □□
      □□    ← 6×□
     ─────
         □
```

(2)
```
      1 □
  5 ) 7  0
      □  0  ← 5×□
     ─────
      □□
      □□    ← 5×□
     ─────
         □
```

세로로 계산할 때 왜 십의 자리부터 계산하나요?

수 모형으로 생각해 보면 십 모형을 먼저 나눈 후, 나누어지지 않은 십 모형을 일 모형으로 바꾸어 나누기 때문에 십의 자리부터 계산합니다.

5 계산해 보고, 계산 결과가 맞는지 확인해 보세요.

(1) $70 \div 2$

확인 ....

(2) $60 \div 4$

확인 ....

▶ 확인 (나누는 수)×(몫)=(나누어지는 수)

6 길이가 80 cm인 색 테이프를 5도막으로 똑같이 자르려고 합니다. 한 도막의 길이는 몇 cm가 될까요?

식 .... 답 ....

3 (몇십몇)÷(몇) (1)

● **내림이 없는 (몇십몇)÷(몇)**

• 84÷4의 계산 원리

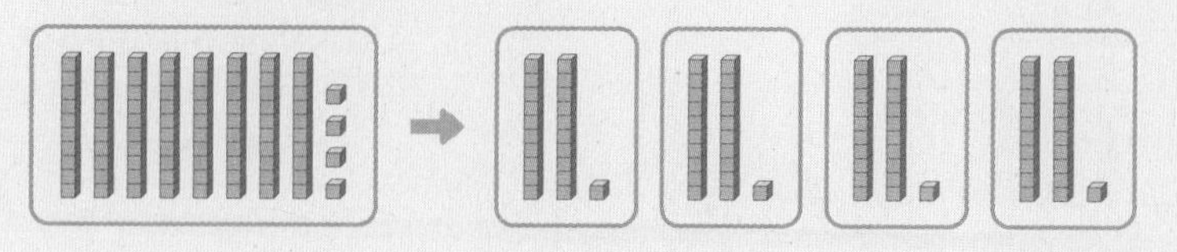

$84 \div 4 = 21$

• 84÷4의 계산 방법

$$\begin{array}{r} 2 \\ 4\overline{)84} \\ 80 \\ \hline 4 \end{array} \begin{array}{l} \\ \\ \leftarrow 4\times20 \\ \leftarrow 84-80 \end{array} \Rightarrow \begin{array}{r} 21 \\ 4\overline{)84} \\ 80 \\ \hline 4 \\ 4 \\ \hline 0 \end{array} \begin{array}{l} \\ \\ \\ \\ \leftarrow 4\times1 \\ \leftarrow 4-4 \end{array}$$

$84 \div 4 = 21$ 확인 $4 \times 21 = 84$

실전 개념

나누어지는 수의 십의 자리부터 차례로 나눈 몫을 구합니다.

$8 \div 4 = 2$ $\quad$ $4 \div 4 = 1$

$$\begin{array}{r} 2 \\ 4\overline{)84} \\ 8 \\ \hline 4 \end{array} \Rightarrow \begin{array}{r} 21 \\ 4\overline{)84} \\ 8 \\ \hline 4 \\ 4 \\ \hline 0 \end{array}$$

보충 개념

84＝80＋4이므로 84÷4는 80÷4와 4÷4의 합과 같습니다.

$80 \div 4 = 20$
$4 \div 4 = 1$
$84 \div 4 = 21$

7 □ 안에 알맞은 수를 써넣으세요.

▶ 나누어지는 수를 분해하여 나눈 후 더해도 결과는 같습니다.

(1) $40 \div 4 =$ □
$8 \div 4 =$ □
$48 \div 4 =$ □

(2) $60 \div 6 =$ □
$6 \div 6 =$ □
$66 \div 6 =$ □

8 계산해 보세요.

(1) $2\overline{)64}$

(2) $3\overline{)96}$

(3) $88 \div 4$

(4) $39 \div 3$

9 학생 33명을 3모둠으로 똑같이 나누려고 합니다. 한 모둠을 몇 명씩으로 하면 될까요?

▶ (한 모둠의 학생 수)
＝(전체 학생 수)÷(모둠 수)

식 .... 답 ....

4 (몇십몇) ÷ (몇) (2)

정답과 풀이 9쪽

● **내림이 있는 (몇십몇) ÷ (몇)**

• 45 ÷ 3의 계산 원리

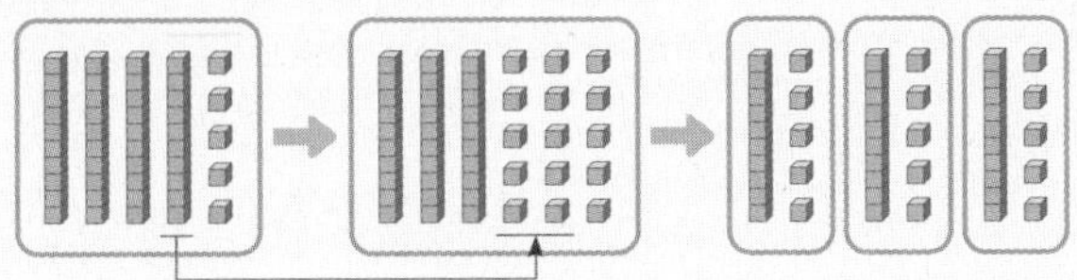

십 모형 1개를 일 모형 10개로 바꿉니다.

$$45 \div 3 = 15$$

• 45 ÷ 3의 계산 방법

```
     1                 1 5
 3)4 5       ➡     3)4 5
   3 0 ←3×10          3 0
   1 5 ←45−30         1 5
                      1 5 ←3×5
                        0 ←15−15
```

$45 \div 3 = 15$ **확인** $3 \times 15 = 45$

심화 개념

• **나눗셈과 곱셈의 관계**

나눗셈은 곱셈으로, 곱셈은 나눗셈으로 나타낼 수 있습니다.

$64 \div 2 = 32$

➡ $2 \times 32 = 64$, $32 \times 2 = 64$

$7 \times 12 = 84$

➡ $84 \div 7 = 12$, $84 \div 12 = 7$

10 □ 안에 알맞은 수를 써넣으세요.

(1)

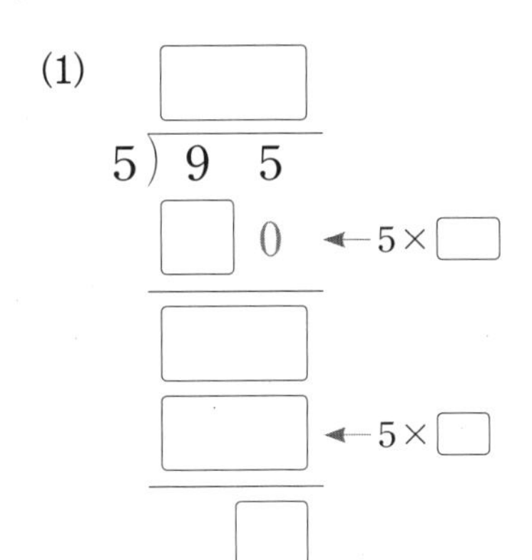

(2)

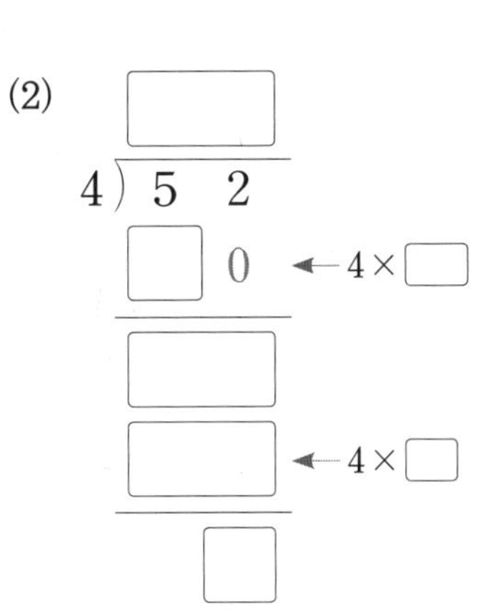

11 계산해 보고, 계산 결과가 맞는지 확인해 보세요.

(1) $96 \div 6$

확인 ....

(2) $96 \div 4$

확인 ....

12 동화책 96권을 책꽂이 8칸에 똑같이 나누어 꽂으려고 합니다. 동화책을 책꽂이 한 칸에 몇 권씩 꽂아야 할까요?

식 .... 답 ....

? **나누어지는 수가 같을 때 나누는 수에 따라 몫은 어떻게 달라질까요?**

$60 \div 2 = 30$
$60 \div 3 = 20$
$60 \div 6 = 10$

➡ 나누는 수가 커질수록 몫은 작아집니다.

기본에서 응용으로

1 (몇십)÷(몇)(1)

• 80÷4의 계산

$80 \div 4 = 20$ ➡ $4\overline{)80}$ → 몫 20

(몫: 20, 나누는 수: 4, 나누어지는 수: 80)

1 계산이 옳은 것에 ○표 하세요.

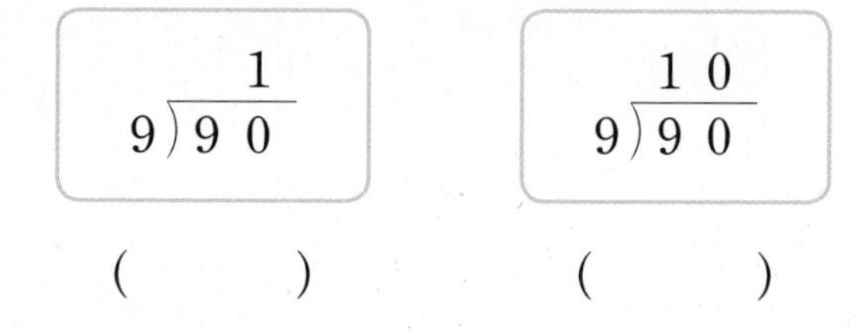

(　　　) (　　　)

2 □ 안에 알맞은 수를 써넣으세요.

$40 \div 2 = \square$

2배 ↓　↓ 2배

$80 \div 4 = \square$

3 빈칸에 큰 수를 작은 수로 나눈 몫을 써넣으세요.

90	3

4 몫이 가장 큰 것을 찾아 기호를 써 보세요.

㉠ 30÷3　㉡ 60÷2　㉢ 60÷3

(　　　　　　)

5 상현이의 일기를 보고 한 바구니에 귤을 몇 개씩 담았는지 구해 보세요.

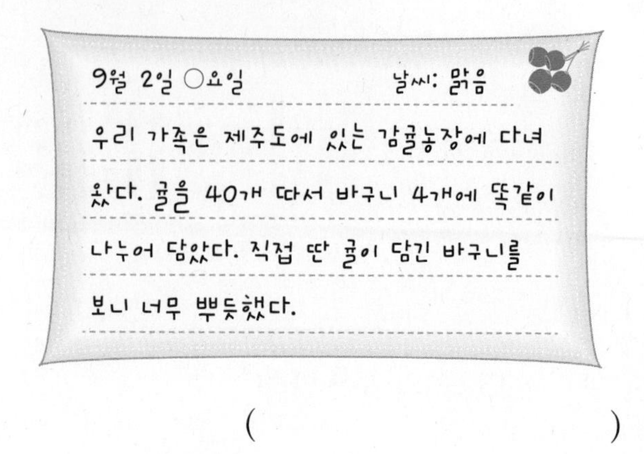

9월 2일 ○요일 날씨: 맑음
우리 가족은 제주도에 있는 감귤농장에 다녀
왔다. 귤을 40개 따서 바구니 4개에 똑같이
나누어 담았다. 직접 딴 귤이 담긴 바구니를
보니 너무 뿌듯했다.

(　　　　　　)

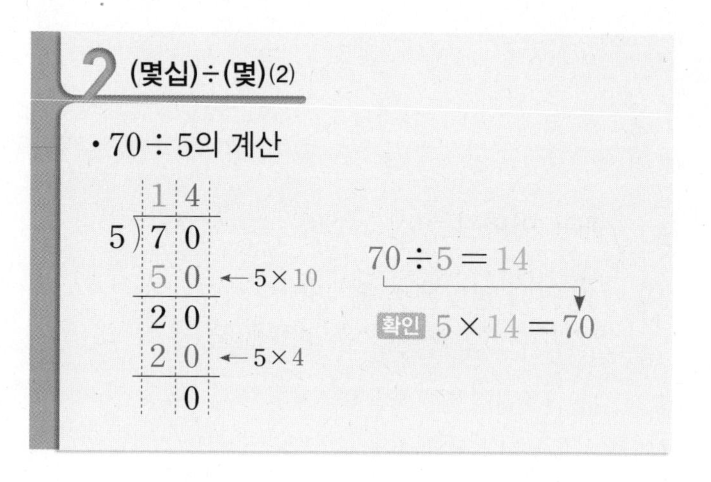

6 나눗셈식을 보고 잘못 설명한 사람의 이름을 써 보세요.

70÷2

민주: 나누어지는 수는 70이야.
소희: 70을 두 곳에 똑같이 나누는 경우야.
예성: 몫이 40보다 클 것 같아.

(　　　　　　)

7 계산을 하고, 몫이 작은 것부터 순서대로 ○ 안에 1, 2, 3을 써넣으세요.

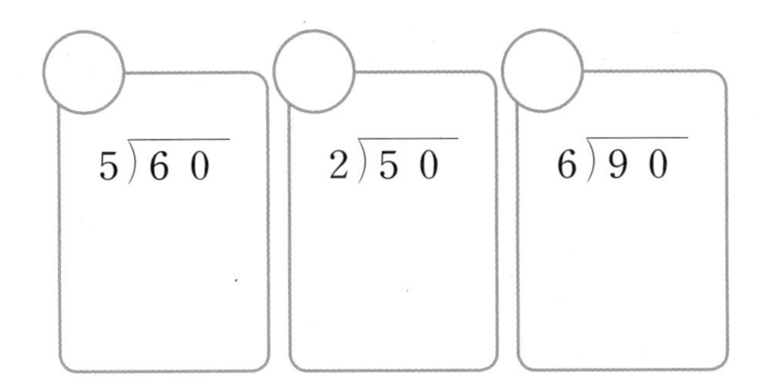

8 □ 안에 알맞은 수를 써넣으세요.

(1) $\square \div 4 = 15$

(2) $90 \div \square = 18$

9 윤아 어머니는 상추 모종 70포기를 사 오셔서 화분 5개에 똑같이 나누어 심으려고 합니다. 화분 한 개에 상추 모종을 몇 포기씩 심어야 할까요?

( )

서술형

10 색종이가 한 묶음에 10장씩 8묶음 있습니다. 색종이를 한 명에게 5장씩 준다면 몇 명에게 나누어 줄 수 있는지 풀이 과정을 쓰고 답을 구해 보세요.

풀이

답

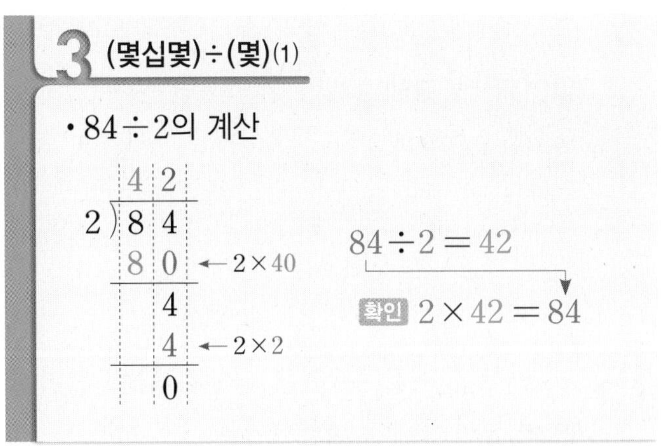

11 몫의 크기를 비교하여 ○ 안에 >, =, < 중 알맞은 것을 써넣으세요.

(1) $68 \div 2$ ○ $99 \div 3$

(2) $55 \div 5$ ○ $48 \div 4$

12 계산을 바르게 한 사람을 찾아 ○표 하세요.

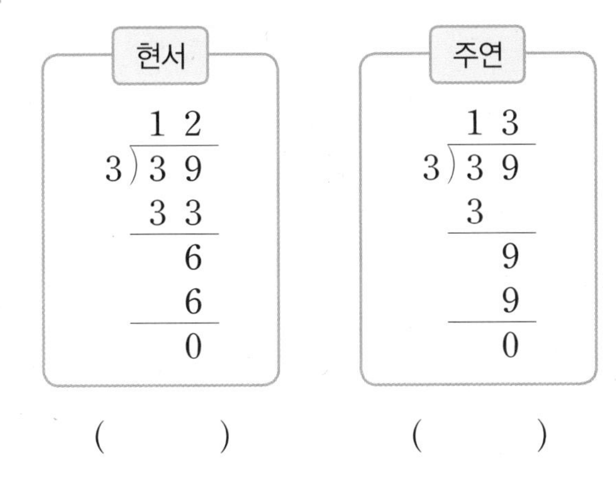

( ) ( )

13 가장 큰 수를 가장 작은 수로 나눈 몫을 구해 보세요.

84	3	93	4	68

( )

14 귤 44개와 감 40개가 있습니다. 종류에 상관없이 한 봉지에 4개씩 담으려면 봉지는 모두 몇 개 필요할까요?

(　　　　　　　　　　)

15 ☐ 안에 들어갈 수 있는 자연수 중에서 가장 작은 수를 구해 보세요.

$46 \div 2 < \square$

(　　　　　　　　　　)

16 민수는 종이로 장미 7개를 만드는 데 1시간 17분이 걸렸습니다. 일정한 빠르기로 장미를 만들었다면 장미 한 개를 만드는 데 걸린 시간은 몇 분일까요?

(　　　　　　　　　　)

서술형

17 정사각형의 네 변의 길이의 합과 정삼각형의 세 변의 길이의 합이 같을 때 정삼각형의 한 변의 길이는 몇 cm인지 풀이 과정을 쓰고 답을 구해 보세요.

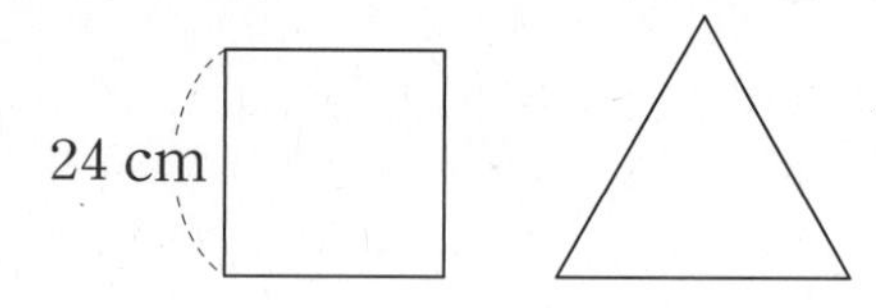

풀이 ....

....

....

....

....

답 ....

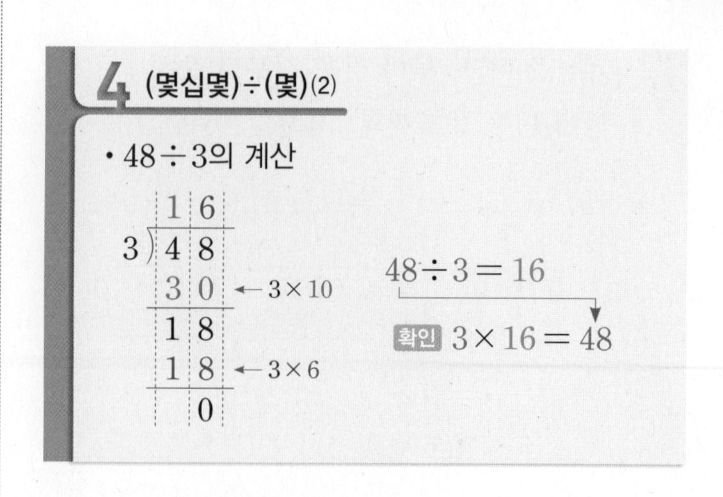

18 나눗셈에서 58을 몇십쯤으로 어림하여 구해 보고, 계산해 보세요.

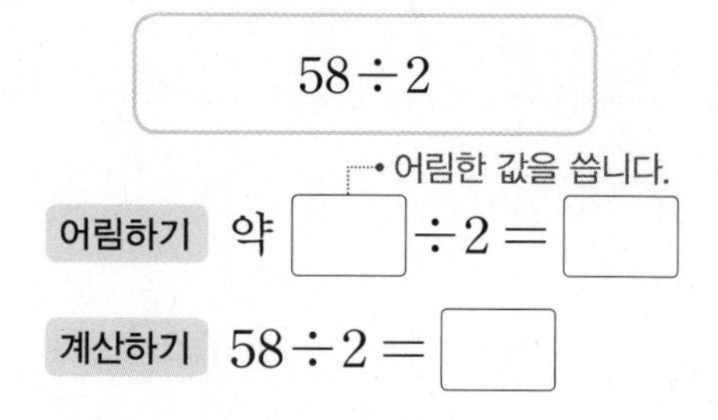

19 몫이 같은 것끼리 이어 보세요.

$72 \div 6$ •	• $85 \div 5$
$56 \div 4$ •	• $96 \div 8$
$34 \div 2$ •	• $42 \div 3$

20 몫이 다른 하나를 찾아 기호를 써 보세요.

㉠ $78 \div 6$　㉡ $98 \div 7$　㉢ $65 \div 5$

(　　　　　　　　　　)

21 □ 안에 알맞은 수를 써넣으세요.

(1) $76 \div 4 = \square$ ➡ $4 \times \square = 76$

(2) $\square \div 3 = 18$ ➡ $3 \times \square = \square$

22 수 카드 중 2장을 골라 가장 큰 두 자리 수를 만들고 나머지 수로 나눈 몫을 구해 보세요.

(　　　　　　　　)

창의+

23 은호네 학교에서는 친환경 운동으로 투명 페트병을 가져오면 1개당 5포인트를 줍니다. 은호가 지금까지 85포인트를 모았다면 은호가 가져온 투명 페트병은 몇 개일까요?

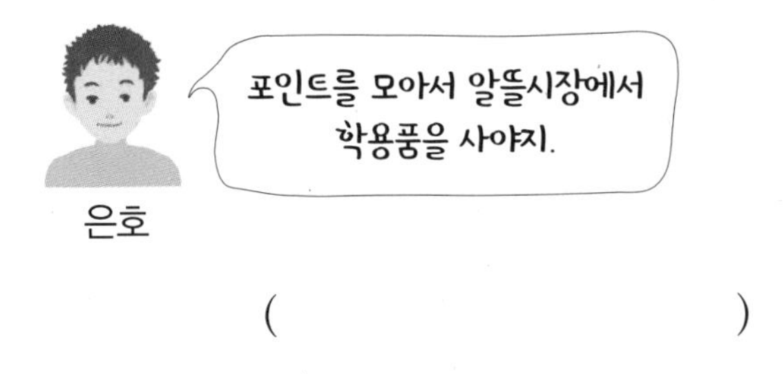

포인트를 모아서 알뜰시장에서 학용품을 사야지.
은호

(　　　　　　　　)

서술형

24 한 봉지에 12개씩 들어 있는 찹쌀떡이 7봉지 있습니다. 이 찹쌀떡을 상자 3개에 똑같이 나누어 담으려고 합니다. 찹쌀떡을 한 상자에 몇 개씩 담아야 하는지 풀이 과정을 쓰고 답을 구해 보세요.

풀이 ....

....

....

답 ....

5 모양에 알맞은 수 구하기

예 같은 모양은 같은 수를 나타낼 때 ■와 ▲에 알맞은 수 구하기

$96 \div 3 = $ ■
■ $\div 2 = $ ▲

① $96 \div 3 = 32$ ➡ ■ $= 32$
② ■ $\div 2 = $ ▲ ➡ $32 \div 2 = $ ▲, ▲ $= 16$

25 같은 모양은 같은 수를 나타냅니다. ♣와 ●에 알맞은 수를 각각 구해 보세요.

$96 \div 2 = $ ♣
♣ $\div 3 = $ ●

♣ (　　　　　　), ● (　　　　　　)

26 같은 모양은 같은 수를 나타냅니다. ◆와 ★에 알맞은 수를 각각 구해 보세요.

$88 \div 2 = $ ◆
★ $\times 4 = $ ◆

◆ (　　　　　　), ★ (　　　　　　)

27 같은 모양은 같은 수를 나타냅니다. ♥와 ●에 알맞은 수의 합을 구해 보세요.

$24 \times 3 = $ ♥
♥ $\div 4 = $ ●

(　　　　　　　　)

2

5 나머지가 있는 (몇십몇)÷(몇) (1)

개념 강의

● **내림이 없고 나머지가 있는 (몇십몇)÷(몇)**

• 37÷3의 계산 방법

$$\begin{array}{r} 1 \\ 3\overline{)37} \\ 30 \\ \hline 7 \end{array} \quad \begin{array}{l} \\ \\ \leftarrow 3\times10 \\ \leftarrow 37-30 \end{array} \Rightarrow \begin{array}{r} 12 \\ 3\overline{)37} \\ 30 \\ \hline 7 \\ 6 \\ \hline 1 \end{array} \quad \begin{array}{l} \text{몫} \\ \\ \\ \\ \leftarrow 3\times2 \\ \text{나머지} \end{array}$$

37을 3으로 나누면 몫이 12이고 1이 남습니다.
이를 37÷3＝12…1과 같이 나타내고 1을 37÷3의 나머지라고 합니다.
이때 나머지는 나누는 수보다 항상 작습니다.
36÷3＝12와 같이 나머지가 0일 때 나누어떨어진다고 합니다.

$37\div3=12\cdots1$

확인 $3\times12=36,\ 36+1=37$

나누는 수와 몫의 곱에 나머지를
더하면 나누어지는 수가 되어야 해.

주의 개념

나눗셈에서 나머지는 나누는 수보다 항상 작아야 합니다.
➡ (나머지)<(나누는 수)

$$\begin{array}{r} 5 \\ 3\overline{)15} \\ 15 \\ \hline ⓪ \end{array} \quad \begin{array}{r} 5 \\ 3\overline{)16} \\ 15 \\ \hline ① \end{array} \quad \begin{array}{r} 5 \\ 3\overline{)17} \\ 15 \\ \hline ② \end{array} \quad \begin{array}{r} 5 \\ 3\overline{)18} \\ 15 \\ \hline 3 \end{array} \text{ (×)}$$

3에 3이 한 번 더 들어갈 수 있습니다.

나누는 수가 3일 때 나머지는 3보다 작습니다.

1 62÷7을 계산하려고 합니다. 알맞은 말에 ○표 하고, □ 안에 알맞은 수를 써넣으세요.

$$\begin{array}{r} 7 \\ 7\overline{)62} \\ 49 \\ \hline 13 \end{array}$$ 몫을 1만큼 더 (크게 , 작게) → $$\begin{array}{r} \square \\ 7\overline{)62} \\ \square \\ \hline \square \end{array}$$ ← 몫을 1만큼 더 (크게 , 작게) $$\begin{array}{r} 9 \\ 7\overline{)62} \\ 63 \\ \hline \end{array}$$

? 나머지가 나누는 수보다 큰 경우도 있나요?

아니요. 나머지가 나누는 수보다 큰 경우에는 나눗셈의 몫을 잘못 구한 거예요. 나머지는 나누는 수보다 항상 작아야 해요.

2 계산해 보고, 계산 결과가 맞는지 확인해 보세요.

(1) $8\overline{)57}$

확인 ....

(2) $4\overline{)45}$

확인 ....

▶ 나누는 수와 몫의 곱에 나머지를 더하여 나누어지는 수가 되면 계산 결과가 맞는 것입니다.

6 나머지가 있는 (몇십몇)÷(몇) (2)

정답과 풀이 11쪽

● **내림이 있고 나머지가 있는 (몇십몇)÷(몇)**

• 74÷5의 계산 방법

$$\begin{array}{r} 1 \\ 5\overline{)74} \\ 50 \\ \hline 24 \end{array} \quad \leftarrow 5\times10,\ \leftarrow 74-50 \quad \Rightarrow \quad \begin{array}{r} 14 \\ 5\overline{)74} \\ 50 \\ \hline 24 \\ 20 \\ \hline 4 \end{array} \quad (몫: 14,\ \leftarrow 5\times4,\ 나머지: 4)$$

$74\div5=14\cdots4$ 확인 $5\times14=70,\ 70+4=74$

실전 개념

나누어지는 수의 십의 자리 수가 나누는 수와 같거나 크면 몫은 두 자리 수이고, 나누는 수보다 작으면 몫은 한 자리 수입니다.

74÷5에서 $7>5$
➡ 몫은 두 자리 수

37÷5에서 $3<5$
➡ 몫은 한 자리 수

확인 !

$35\div2=17\cdots1$ ➡ 확인 $2\times\square=\square,\ \square+\square=35$

3 □ 안에 알맞은 수를 써넣으세요.

▶ 십의 자리에서 내림이 있으면 일의 자리 수와 더하여 나눕니다.

(1)

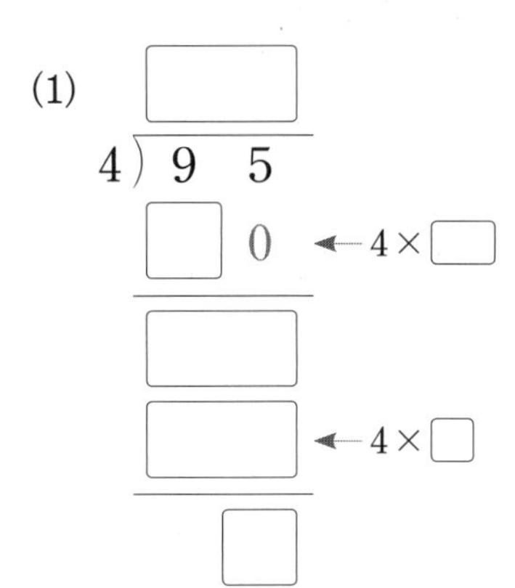

$4\overline{)95}$, $\square0 \leftarrow 4\times\square$, $\square$, $\square \leftarrow 4\times\square$, $\square$

(2)

$6\overline{)75}$, $\square0 \leftarrow 6\times\square$, $\square$, $\square \leftarrow 6\times\square$, $\square$

4 계산해 보고, 계산 결과가 맞는지 확인해 보세요.

(1) $47\div3$ 확인 ....

(2) $58\div4$ 확인 ....

5 감 93개를 한 줄에 8개씩 매달아 말리려고 합니다. 감을 몇 줄 만들 수 있고, 몇 개 남을까요?

▶ 나눗셈의 몫이 만들 수 있는 줄 수가 되고, 나머지가 남는 감의 수가 됩니다.

식 ....

답 감을 □줄 만들 수 있고, □개 남습니다.

7 (세 자리 수)÷(한 자리 수) (1)

● **몫이 세 자리 수인 (세 자리 수)÷(한 자리 수)**

• 450÷3의 계산 방법

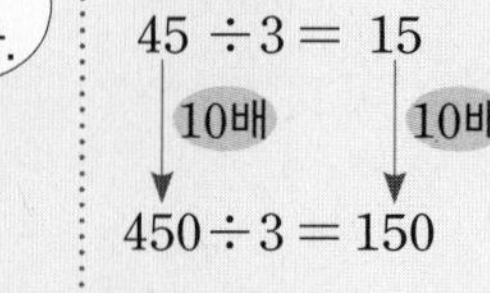

0을 3으로 나눌 수 없으므로
몫의 일의 자리에 0을 씁니다.

$$\begin{array}{r} 1 \\ 3\overline{)450} \\ 300 \\ \hline 150 \end{array} \leftarrow 3\times100,\ \leftarrow 450-300 \quad \Rightarrow \quad \begin{array}{r} 15 \\ 3\overline{)450} \\ 300 \\ \hline 150 \\ 150 \end{array} \leftarrow 3\times50 \quad \Rightarrow \quad \begin{array}{r} 150 \\ 3\overline{)450} \\ 300 \\ \hline 150 \\ 150 \\ \hline 0 \end{array}$$

백의 자리부터 순서대로 계산하여 자리에 맞게 몫을 씁니다.

$450\div3=150$ 확인 $3\times150=450$

보충 개념

$45\div3=15$
↓ 10배 ↓ 10배
$450\div3=150$

주의 개념

십의 자리에서 나눌 수 없으면 몫의 십의 자리에 0을 써야 합니다.

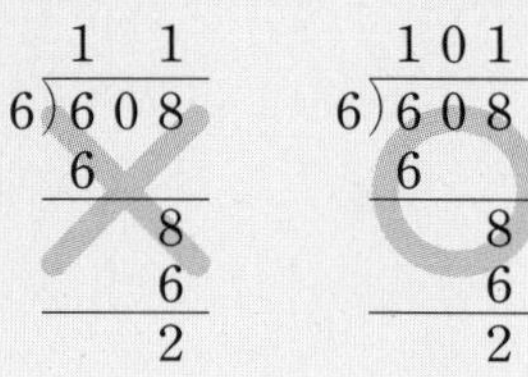

6 □ 안에 알맞은 수를 써넣으세요.

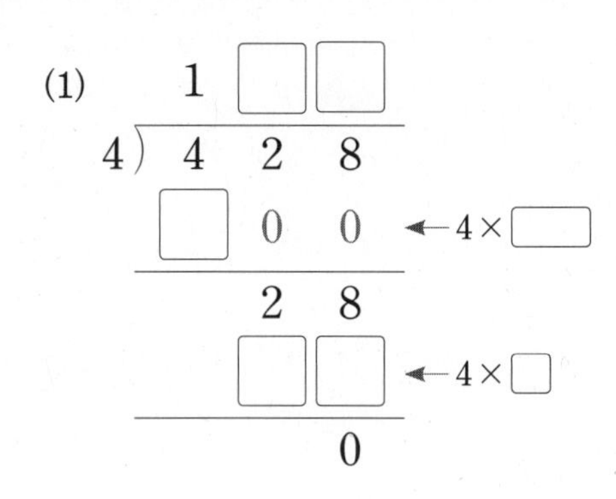

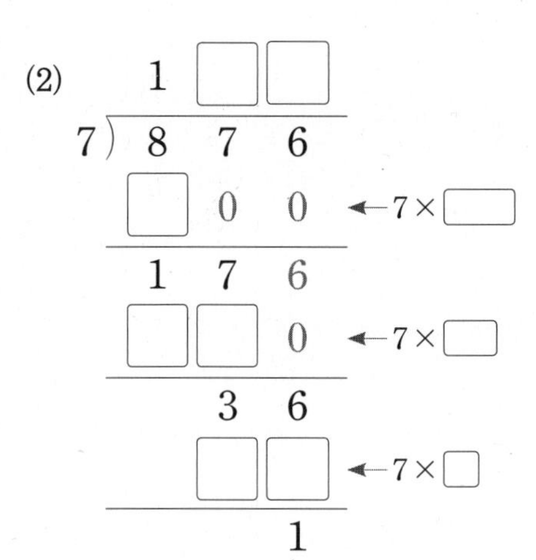

(1)
$$\begin{array}{r} 1\square\square \\ 4\overline{)428} \\ \square00 \\ \hline 28 \\ \square\square \\ \hline 0 \end{array} \quad \leftarrow 4\times\square,\ \leftarrow 4\times\square$$

(2)
$$\begin{array}{r} 1\square\square \\ 7\overline{)876} \\ \square00 \\ \hline 176 \\ \square\square0 \\ \hline 36 \\ \square\square \\ \hline 1 \end{array} \quad \leftarrow 7\times\square,\ \leftarrow 7\times\square,\ \leftarrow 7\times\square$$

7 계산해 보고, 계산 결과가 맞는지 확인해 보세요.

(1) $780\div6$ 확인 ....

(2) $403\div3$ 확인 ....

? 계산 결과가 맞는지 확인한 식이 $5\times16=80$, $80+6=86$일 때 나눗셈식은 무엇인가요?

계산 결과가 맞는지 확인할 때 (나누는 수)×(몫)에 (나머지)를 더한다고 나눗셈식을 $86\div5=16\cdots6$이라고 하면 안 됩니다. 이 경우 나누는 수는 5인데 나머지가 6이 되어 나머지가 나누는 수보다 크기 때문입니다. 따라서 바른 나눗셈식은 $86\div16=5\cdots6$입니다.

8 공깃돌 720개를 한 명에게 5개씩 주려고 합니다. 모두 몇 명에게 나누어 줄 수 있는지 구해 보세요.

식 .... 답 ....

8 (세 자리 수)÷(한 자리 수) (2)

정답과 풀이 11쪽

● 몫이 두 자리 수인 (세 자리 수)÷(한 자리 수)

• $294 \div 4$의 계산

$$\begin{array}{r} 7 \\ 4\overline{)294} \\ 280 \\ \hline 14 \end{array} \begin{array}{l} \\ \\ \leftarrow 4 \times 70 \\ \leftarrow 294-280 \end{array} \Rightarrow \begin{array}{r} 73 \\ 4\overline{)294} \\ 280 \\ \hline 14 \\ 12 \\ \hline 2 \end{array} \begin{array}{l} \\ \\ \\ \\ \leftarrow 4 \times 3 \\ \leftarrow 14-12 \end{array}$$

백의 자리에서 나누지 못할 때는 십의 자리에서 나눕니다.

$294 \div 4 = 73 \cdots 2$ 　확인 $4 \times 73 = 292,\ 292 + 2 = 294$

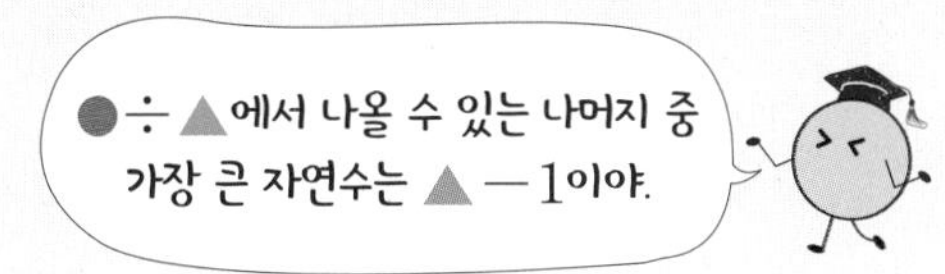

●÷▲에서 나올 수 있는 나머지 중 가장 큰 자연수는 ▲−1이야.

실전 개념

나누어지는 수의 백의 자리 수가 나누는 수와 같거나 크면 몫은 세 자리 수이고, 나누는 수보다 작으면 몫은 두 자리 수입니다.

$760 \div 4$에서 $7 > 4$
➡ 몫은 세 자리 수

$351 \div 9$에서 $3 < 9$
➡ 몫은 두 자리 수

연결 개념

(두 자리 수)÷(두 자리 수)

$$\begin{array}{r} 5 \\ 12\overline{)80} \\ 60 \\ \hline 20 \end{array} \xrightarrow{\text{몫을 1만큼 더 크게 합니다.}} \begin{array}{r} 6 \\ 12\overline{)80} \\ 72 \\ \hline 8 \end{array}$$

나머지가 나누는 수보다 큽니다.

확인 !

$476 \div 7$에서 4 ◯ 7이므로 몫은 (세 자리 수 , 두 자리 수)가 됩니다.

9 $294 \div 3$에서 294를 몇백쯤으로 어림하여 몫을 구하고, 실제 몫을 구해 보세요.

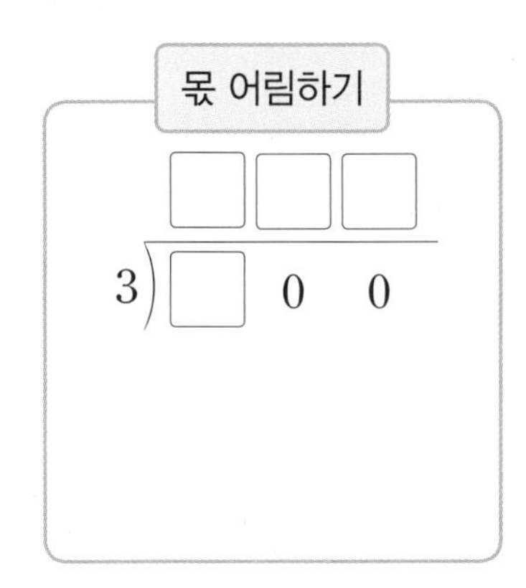

▶ **어림하여 몫 예상하기**

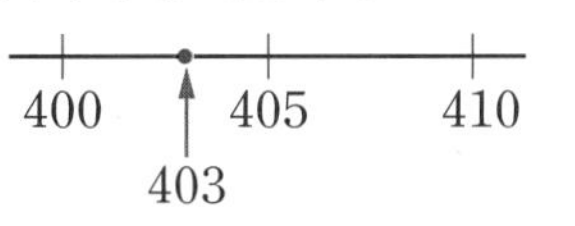

403은 400과 410 중 400에 더 가까우므로 400쯤으로 어림할 수 있습니다.
$403 \div 8$을 어림하여 구하면 약 $400 \div 8 = 50$입니다.

10 계산해 보고, 계산 결과가 맞는지 확인해 보세요.

(1) $749 \div 9$ 　확인 ……………………

(2) $328 \div 5$ 　확인 ……………………

2

기본에서 응용으로

6 나머지가 있는 (몇십몇)÷(몇)(1)

$$\begin{array}{r} 11 \\ 5\overline{)57} \\ \underline{50} \\ 7 \\ \underline{5} \\ 2 \end{array}$$

몫: 11, $50 \leftarrow 5\times10$, $5 \leftarrow 5\times1$, 나머지: 2

$57\div5=11\cdots2$

확인 $5\times11=55$, $55+2=57$

• $55\div5=11$과 같이 나머지가 0일 때 나누어 떨어진다고 합니다.

28 나눗셈의 몫과 나머지를 구해 보세요.

(1) $75\div8=$ ☐ $\cdots$ ☐

(2) $65\div3=$ ☐ $\cdots$ ☐

29 어떤 수를 5로 나누었을 때 나머지가 될 수 없는 수를 모두 찾아 ○표 하세요.

2	3	4	5	6

30 ■에 알맞은 수를 구해 보세요.

■$\div4=21\cdots2$

(　　　　　　)

31 4개씩 포장된 마카롱이 6상자 있습니다. 이 마카롱을 한 명에게 5개씩 준다면 몇 명에게 나누어 주고, 몇 개가 남을까요?

☐명에게 나누어 주고, ☐개가 남습니다.

서술형

32 크림 도넛 35개와 초코 도넛 48개를 모두 봉지에 담으려고 합니다. 종류에 상관없이 봉지 한 개에 도넛을 8개까지 담을 수 있을 때 봉지는 적어도 몇 개 필요한지 풀이 과정을 쓰고 답을 구해 보세요.

풀이

답

7 나머지가 있는 (몇십몇)÷(몇)(2)

• $98\div4$의 계산

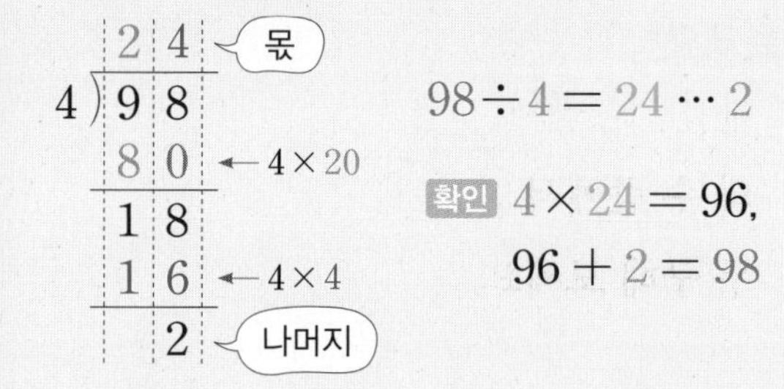

33 몫의 크기를 비교하여 ○ 안에 >, =, < 중 알맞은 것을 써넣으세요.

(1) $49\div3$ ○ $61\div5$

(2) $87\div7$ ○ $58\div4$

34 잘못 계산한 부분을 찾아 바르게 계산해 보세요.

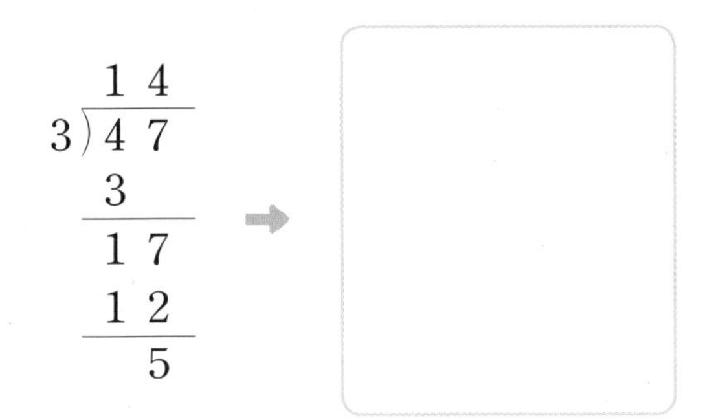

35 민지의 이야기를 보고 민지의 계산이 맞는지 확인해 보세요.

민지

귤 56개를 한 명에게 3개씩 주면 18명에게 나누어 주고, 2개가 남아.

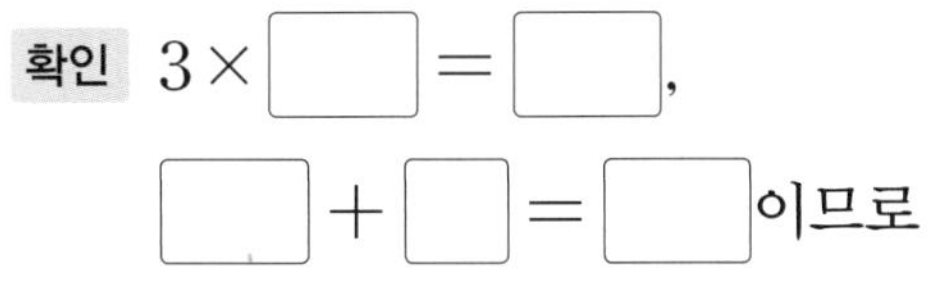
확인 $3\times\square=\square$,
$\square+\square=\square$이므로
민지의 계산이 (맞습니다 , 틀립니다).

36 다음 나눗셈이 나누어떨어질 때 1부터 9까지의 수 중에서 □ 안에 들어갈 수 있는 수를 모두 구해 보세요.

$6\square\div4$

(　　　　　　　　)

37 방울토마토 73개를 5개의 봉지에 똑같이 나누어 담으려고 합니다. 남는 방울토마토가 없도록 하려면 방울토마토는 적어도 몇 개 더 필요할까요?

(　　　　　　　　)

8 (세 자리 수)÷(한 자리 수)(1)

• 653÷5의 계산

```
    1 3 0
5 ) 6 5 3
    5 0 0  ← 5×100
    1 5 3
    1 5 0  ← 5×30
        3
```

$653\div5=130\cdots3$

확인 $5\times130=650$, $650+3=653$

38 □ 안에 알맞은 수를 써넣으세요.

$84\div6=\square$ ➡ $840\div6=\square$

39 나머지가 다른 하나를 찾아 기호를 써 보세요.

㉠ 687÷4　㉡ 864÷7　㉢ 898÷8

(　　　　　　　　)

40 색종이 720장을 4모둠에 똑같이 나누어 주려고 합니다. 색종이를 한 모둠에 몇 장씩 주어야 할까요?

식 ....

답 ....

41 다음 나눗셈이 나누어떨어질 때 □ 안에 들어갈 수 있는 수를 모두 찾아 ○표 하세요.

$81\square\div4$

(1, 2, 4, 6)

2

창의+

42 선우의 휴대 전화의 비밀번호를 구해 보세요.

비밀번호는 네 자리 수야. 928 ÷ 7의 몫과 나머지를 차례로 누르면 돼.

(　　　　　　　　　　)

서술형

43 쌓기나무가 한 상자에 82개씩 7상자와 낱개 7개가 있습니다. 이 쌓기나무를 한 명에게 5개씩 준다면 몇 명에게 나누어 줄 수 있고, 몇 개가 남는지 풀이 과정을 쓰고 답을 구해 보세요.

풀이

답 　　　　,

9 (세 자리 수)÷(한 자리 수)(2)

• 394÷4의 계산

```
      9 8
4 ) 3 9 4
    3 6 0  ← 4×90
    -----
      3 4
      3 2  ← 4×8
    -----
        2
```

$394 \div 4 = 98 \cdots 2$

확인 $4 \times 98 = 392$, $392 + 2 = 394$

44 □ 안에 알맞은 수를 써넣으세요.

(1) $306 \div 9 =$ □

(2) $439 \div 6 =$ □ $\cdots$ □

45 나머지가 가장 작은 것을 찾아 ○표 하세요.

479÷5	373÷7	579÷6
(　　)	(　　)	(　　)

46 잘못 계산한 부분을 찾아 바르게 계산해 보세요.

```
      7 4
8 ) 6 0 5
    5 6
    -----
      4 5
      3 2
    -----
      1 3
```

➡ □

47 털실 168 cm를 7명이 똑같이 나누어 가지려고 합니다. 한 명이 털실을 몇 cm씩 가질 수 있는지 구해 보세요.

식

답

48 주하는 쿠키 196개를 한 상자에 5개씩 담아 포장하기 위해 상자를 40개 준비했습니다. 주하가 준비한 상자는 쿠키를 모두 담기에 충분한지 어림하여 구해 보세요.

어림하기 약 □ ÷5 = □

상자 40개는 쿠키를 모두 담기에 (충분합니다 , 부족합니다).

10 어떤 수를 구하고 몫과 나머지 구하기

예 어떤 수를 3으로 나누면 몫이 34이고 나머지가 1일 때 어떤 수를 8로 나누었을 때의 몫과 나머지 구하기

① 어떤 수를 □라고 하여 나눗셈식 세우기
$\square \div 3 = 34 \cdots 1$

② 어떤 수 구하기
$3 \times 34 = 102$, $102 + 1 = 103$, $\square = 103$

③ 어떤 수를 8로 나눈 몫과 나머지 구하기
$103 \div 8 = 12 \cdots 7$ ➡ 몫 12 나머지 7

49 어떤 수를 6으로 나누었더니 몫이 14이고 나머지가 3이었습니다. 어떤 수는 얼마일까요?

( )

50 어떤 수를 5로 나누었더니 몫이 150이고 나누어떨어졌습니다. 어떤 수를 4로 나누었을 때의 몫과 나머지를 각각 구해 보세요.

몫 ( )
나머지 ( )

51 어떤 수를 7로 나누었더니 몫이 18이고 나머지가 있었습니다. 어떤 수 중 가장 큰 자연수를 구해 보세요.

( )

11 조건을 만족시키는 수 구하기

예 조건을 만족시키는 수 모두 구하기

- 십의 자리 수가 4인 두 자리 수입니다.
- 4로 나누면 나누어떨어집니다.

① $4\square \div 4 = $ ●이므로 $4 \times$ ● $= 4\square$가 되는 ●를 찾습니다.

② $4 \times 10 = 40$, $4 \times 11 = 44$, $4 \times 12 = 48$이므로 조건을 만족시키는 수는 40, 44, 48입니다.

52 조건을 만족시키는 수 중에서 가장 큰 수를 구해 보세요.

- 두 자리 수입니다.
- 8로 나누면 나머지가 3입니다.

( )

53 조건을 만족시키는 수를 모두 구해 보세요.

- 40보다 크고 50보다 작습니다.
- 3으로 나누면 나누어떨어집니다.

( )

54 조건을 만족시키는 수를 구해 보세요.

- 90보다 크고 100보다 작습니다.
- 7로 나누면 나누어떨어집니다.
- 5로 나누면 나머지가 1입니다.

( )

2

응용에서 최상위로

심화유형 1 만들 수 있는 카드의 수 구하기

그림과 같은 색종이를 잘라서 가로 4 cm, 세로 5 cm인 직사각형 모양의 카드를 만들려고 합니다. 만들 수 있는 카드는 모두 몇 장인지 구해 보세요.

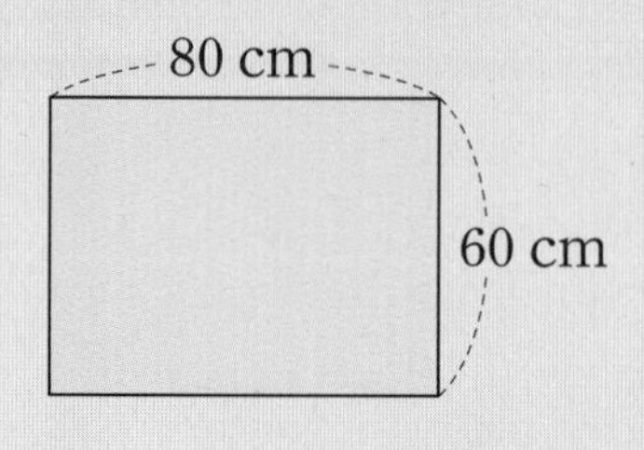

(　　　　　　　　)

● 핵심 NOTE　• 가로, 세로를 각각 주어진 길이만큼 자르면 몇 장씩 되는지 알아봅니다.

1-1 그림과 같은 색종이를 잘라서 가로 5 cm, 세로 3 cm인 직사각형 모양의 카드를 만들려고 합니다. 만들 수 있는 카드는 모두 몇 장인지 구해 보세요.

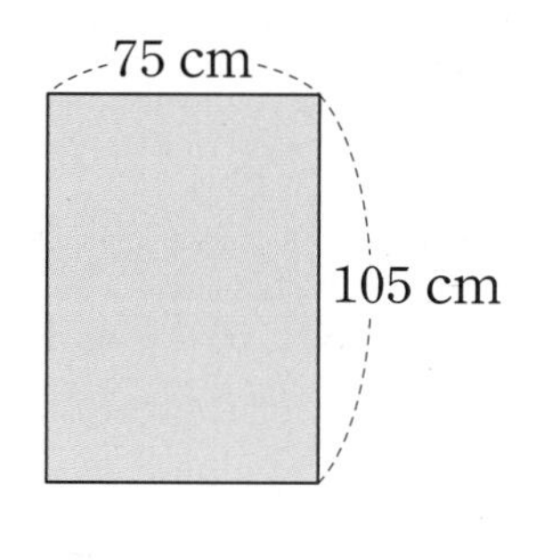

(　　　　　　　　)

1-2 가로 120 cm, 세로 96 cm인 직사각형 모양의 종이를 그림과 같은 모양으로 자르려고 합니다. 주어진 모양을 몇 개 만들 수 있는지 구해 보세요.

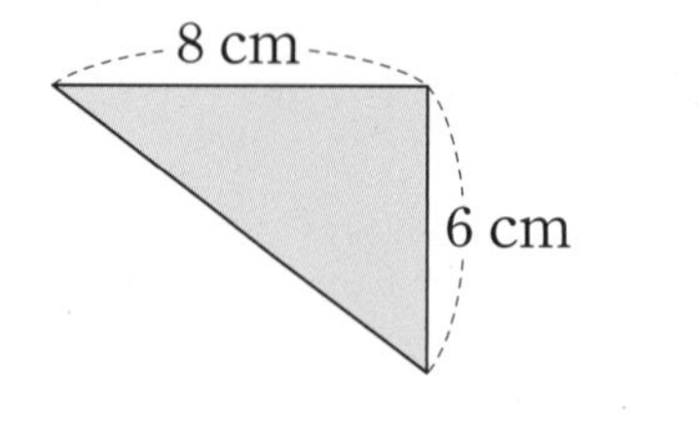

(　　　　　　　　)

심화유형 2 □ 안에 알맞은 수 구하기

□ 안에 알맞은 수를 써넣으세요.

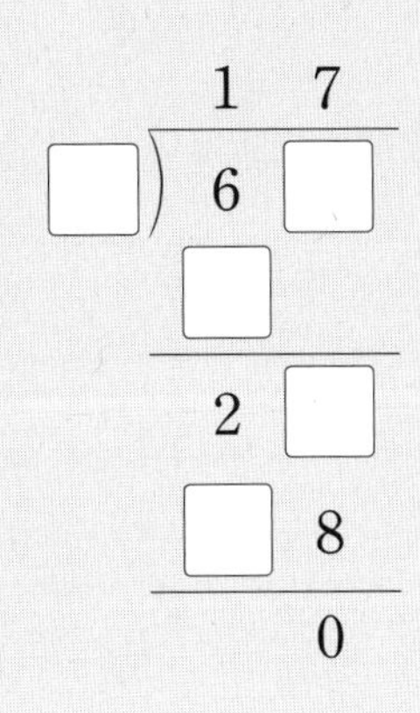

● 핵심 NOTE
• 모르는 수를 ㉠, ㉡, ㉢, ...과 같이 나타낸 후 각 자리의 나눗셈 과정을 이용하여 구할 수 있는 것부터 차례로 구합니다.

2-1 □ 안에 알맞은 수를 써넣으세요.

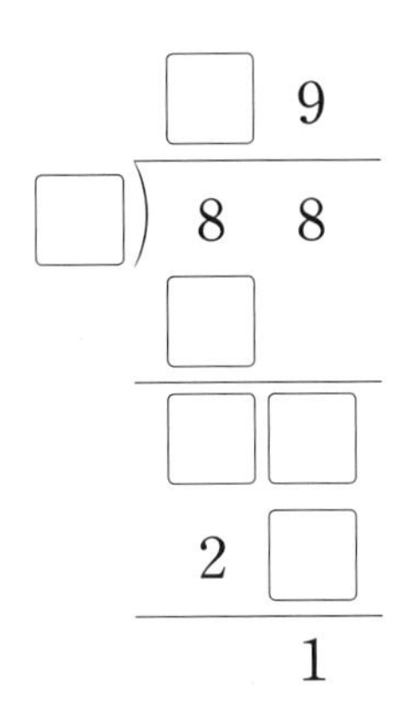

2-2 윤정이는 (몇십몇)÷(몇)의 나눗셈 문제를 풀고 있는 도중 물감을 떨어뜨렸습니다. 물감이 묻은 부분에 들어갈 수 있는 수를 모두 구해 보세요.

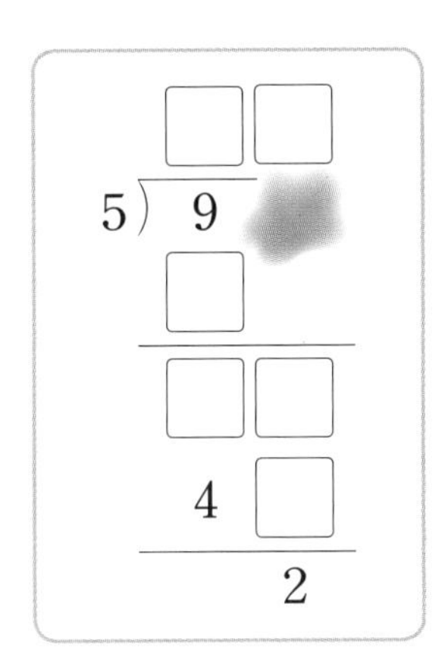

(　　　　　　　　)

심화유형 3 수 카드를 사용하여 나눗셈식 만들고 계산하기

수 카드 4, 8, 5를 한 번씩만 사용하여 몫이 가장 큰 (두 자리 수)÷(한 자리 수)를 만들고, 계산해 보세요.

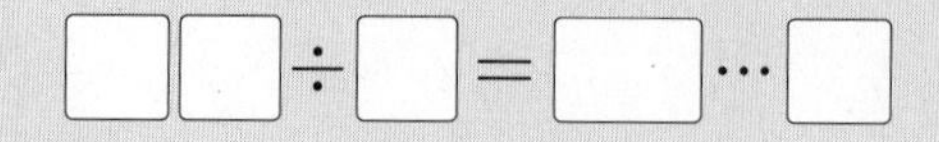

● 핵심 NOTE

- 몫이 가장 크게 되려면 나누어지는 수는 가장 크게, 나누는 수는 가장 작게 만들어야 합니다.
- 몫이 가장 작게 되려면 나누어지는 수는 가장 작게, 나누는 수는 가장 크게 만들어야 합니다.

3-1 수 카드 2, 7, 9를 한 번씩만 사용하여 몫이 가장 큰 (두 자리 수)÷(한 자리 수)를 만들고, 계산해 보세요.

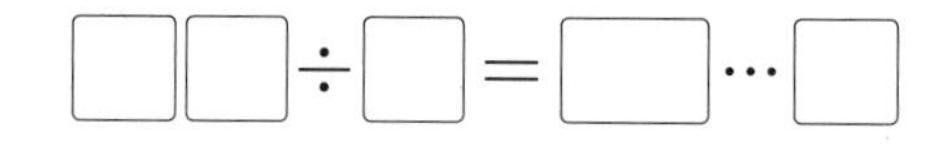

3-2 수 카드 6, 5, 9, 3을 한 번씩만 사용하여 몫이 가장 작은 (세 자리 수)÷(한 자리 수)를 만들고 계산해 보세요.

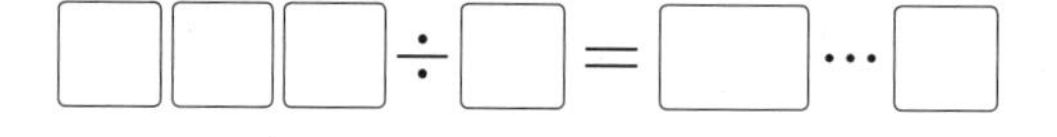

3-3 수 카드를 한 번씩만 사용하여 나머지가 가장 큰 (두 자리 수)÷(한 자리 수)를 만들고, 계산해 보세요.

4 5 2

□□÷□=□…□

도로에 심을 수 있는 나무 수 구하기

최근 전 세계에서는 숲이 사라지고 토지가 사막으로 변하는 사막화 현상이 빠르게 진행되고 있습니다. 사막화가 이대로 진행되면 지구의 생태계가 파괴되어 생물들이 숨을 쉬고 살기 어려운 환경이 됩니다. 사막화 방지 운동의 일환으로 우리나라 환경 단체와 자원봉사자들은 다음과 같이 '몽골 나무 심기' 운동을 추진하고 있습니다. 필요한 나무는 모두 몇 그루일까요?

(단, 나무의 두께는 생각하지 않습니다.)

나무 심기 프로젝트

장소 ▸ 길이 98 m의 몽골 초원의 도로

계획 ▸ 도로의 양쪽에 처음부터 끝까지 7 m 간격으로 나무 심기

1단계 도로의 한쪽에서 나무와 나무 사이의 간격이 몇 군데인지 구하기

2단계 필요한 나무의 수 구하기

( )

● 핵심 NOTE

1단계 도로의 한쪽에서 나무와 나무 사이의 간격이 몇 군데인지 구합니다.

2단계 필요한 나무의 수를 구합니다.

4-1

도로에 가로수를 심으면 도시 경관을 아름답게 하고 매연을 빨아들여 공기를 맑게 해 줍니다. 또 바람의 영향을 적게 하고 기후 조절의 기능을 하여 사람들에게 쾌적한 느낌을 줍니다. 길이가 90 m인 도로의 양쪽에 처음부터 끝까지 6 m 간격으로 가로수를 심으려면 필요한 가로수는 모두 몇 그루일까요? (단, 가로수의 두께는 생각하지 않습니다.)

( )

단원 평가 Level 1

점수

확인

1 □ 안에 알맞은 수를 써넣으세요.

$400 \div 4 = \square$

$52 \div 4 = \square$

$452 \div 4 = \square$

2 □ 안에 알맞은 수를 써넣으세요.

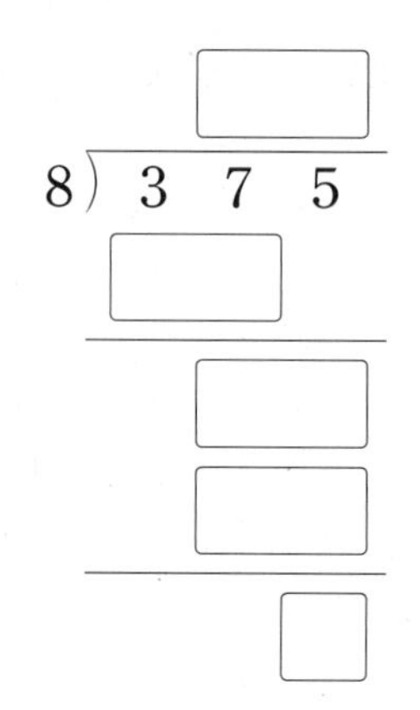

3 빈칸에 알맞은 수를 써넣으세요.

80 →(÷2)→ □ →(÷2)→ □

4 사탕 30개를 3명이 똑같이 나누어 가지려고 합니다. 한 명이 사탕을 몇 개씩 가지면 될까요?

(　　　　　　　　)

5 사다리를 타고 내려가서 도착한 곳에 몫을 써넣으세요.

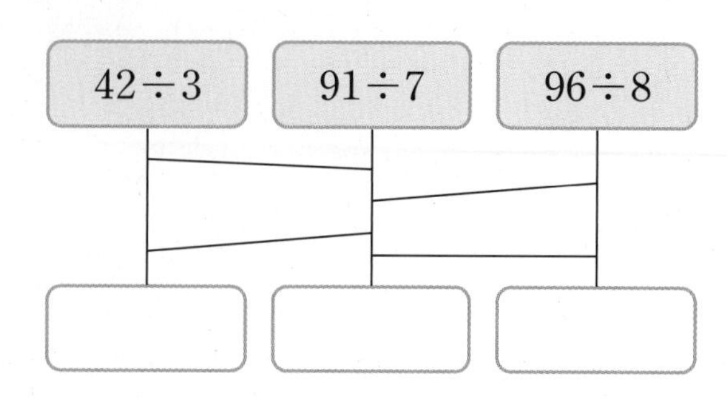

6 몫의 크기를 비교하여 ○ 안에 >, =, < 중 알맞은 것을 써넣으세요.

$38 \div 2$ ○ $72 \div 4$

7 나머지가 6이 될 수 없는 식을 모두 찾아 기호를 써 보세요.

㉠ ■÷5	㉡ ■÷6
㉢ ■÷7	㉣ ■÷8

(　　　　　　　　)

8 나눗셈을 맞게 계산했는지 확인해 보고 옳은 계산이면 ○표, 잘못된 계산이면 ×표 하세요.

$65 \div 5 = 13 \cdots 2$

(　　　　　　　　)

9 나누어떨어지지 않는 나눗셈을 찾아 ○표 하세요.

720÷4	58÷4	435÷3
( )	( )	( )

10 잘못 계산한 부분을 찾아 바르게 계산해 보세요.

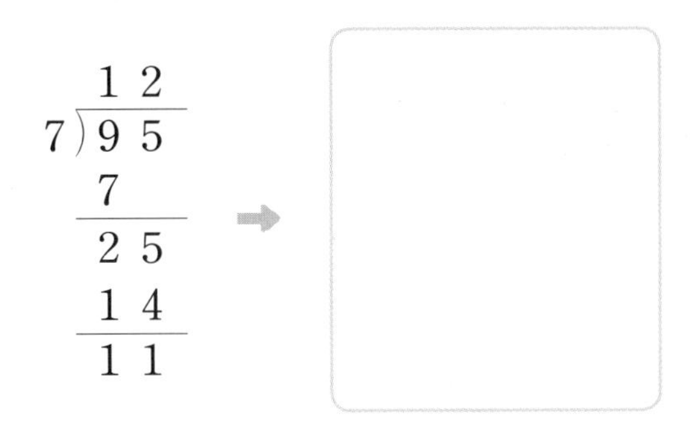

11 나눗셈식을 바르게 설명한 사람을 찾아 이름을 써 보세요.

77÷6=■…▲

영민: 몫은 두 자리 수야.
지원: 나머지는 6보다 커.
하정: 나누어떨어지는 나눗셈이야.

(   )

12 ■와 ◆의 합을 구해 보세요.

54÷3=■
87÷6=14…◆

(   )

13 색종이가 한 묶음에 10장씩 13묶음 있습니다. 이 색종이를 7명에게 똑같이 나누어 주려고 합니다. 색종이를 한 명에게 몇 장씩 줄 수 있고, 몇 장이 남을까요?

(   ), (   )

14 □ 안에 알맞은 수를 써넣으세요.

62÷□=7…6

15 동화책이 10권씩 7묶음 있습니다. 책꽂이 한 칸에 6권씩 꽂을 때 동화책을 모두 꽂으려면 책꽂이는 적어도 몇 칸 필요할까요?

(   )

16 다음 나눗셈이 나누어떨어질 때 0부터 9까지의 수 중에서 □ 안에 들어갈 수 있는 수를 모두 구해 보세요.

$5\square \div 4$

(　　　　　　　　)

17 같은 모양은 같은 수를 나타냅니다. ★에 알맞은 수를 구해 보세요.

◆×2＝80
◆÷5＝●
992÷●＝★

(　　　　　　　　)

18 길이가 84 m인 도로의 양쪽에 처음부터 끝까지 7 m 간격으로 가로등을 세우려고 합니다. 필요한 가로등은 모두 몇 개일까요? (단, 가로등의 두께는 생각하지 않습니다.)

(　　　　　　　　)

서술형 문제

19 장난감 한 개를 만드는 데 철사가 5 m 필요합니다. 철사 83 m로 장난감을 가장 많이 만들었다면 남은 철사는 몇 m인지 풀이 과정을 쓰고 답을 구해 보세요.

풀이

답

20 수 카드 중에서 3장을 골라 가장 큰 세 자리 수를 만들었습니다. 그 수를 남은 한 수로 나누었을 때 몫과 나머지는 얼마인지 풀이 과정을 쓰고 답을 구해 보세요.

4　7　5　8

풀이

답 몫: 　　　　, 나머지:

단원 평가 Level 2

점수

확인

1 계산해 보세요.

(1) $90 \div 6$

(2) $150 \div 5$

2 $78 \div 4$가 약 얼마인지 어림하여 구한 몫을 찾아 ○표 하세요.

2　　4　　20　　40

3 몫이 같은 것끼리 이어 보세요.

$24 \div 2$ •	• $80 \div 4$
$57 \div 3$ •	• $95 \div 5$
$60 \div 3$ •	• $48 \div 4$

4 잘못 계산한 부분을 찾아 바르게 계산해 보세요.

$$\begin{array}{r} 1 \\ 6\overline{)\,6\ 2} \\ 6 \\ \hline 2 \end{array} \rightarrow$$

5 어떤 수를 7로 나누었을 때 나머지가 될 수 없는 수를 모두 고르세요. (　　　　)

① 3　② 7　③ 6
④ 1　⑤ 8

6 나눗셈의 몫과 나머지를 구하고 계산이 맞는지 확인해 보세요.

$725 \div 7$

몫 ____________, 나머지 ____________

확인 ____________

7 나머지가 더 큰 것의 기호를 써 보세요.

㉠ $89 \div 6$　㉡ $138 \div 9$

(　　　　　　)

8 동물원에 있는 기린의 다리를 모두 세어 보니 52개였습니다. 동물원에 있는 기린은 몇 마리일까요?

(　　　　　　)

2

9 몫의 크기를 비교하여 ○ 안에 >, =, < 중 알맞은 것을 써넣으세요.

$47 \div 3$ ◯ $71 \div 5$

10 다음 나눗셈에서 ■에 알맞은 가장 큰 자연수를 구해 보세요.

■÷5=14 ··· ▲

(   )

11 문제를 보고 잘못 말한 사람의 이름을 써 보세요.

문제

딸기 45개를 꼬치 한 개에 6개씩 꽂아 탕후루를 만들려고 합니다. 탕후루를 몇 개 만들 수 있고, 남는 딸기는 몇 개일까요?

서하: 45÷6으로 구할 수 있어.
준수: 탕후루를 6개 만들 수 있어.
민경: 딸기는 3개가 남아.

(   )

12 □ 안에 들어갈 수 있는 자연수 중에서 가장 큰 수를 구해 보세요.

84÷6>□

(   )

13 지우가 계산기의 버튼을 다음과 같은 순서로 눌렀을 때 화면에 나타나는 수를 구해 보세요.

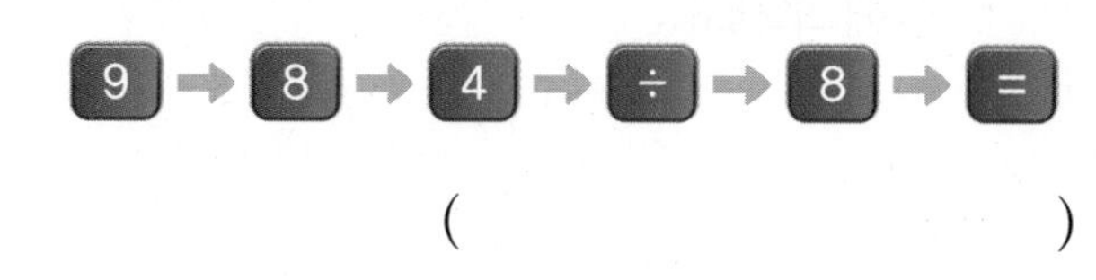

(   )

14 □ 안에 알맞은 수를 써넣으세요.

3×□=795÷5

15 □ 안에 알맞은 수를 써넣으세요.

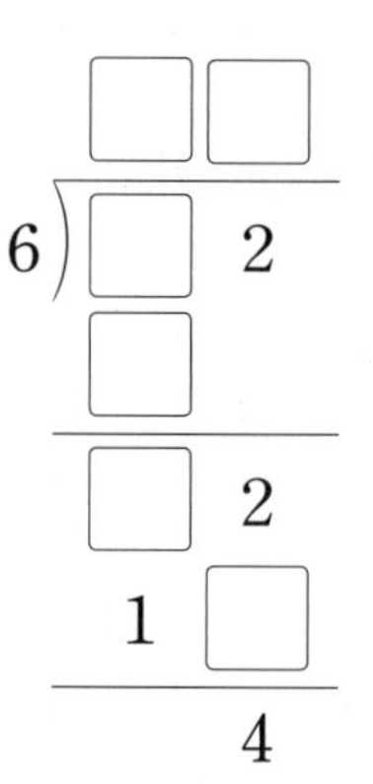

16 초콜릿 99개를 8명에게 똑같이 나누어 주려고 합니다. 남는 것이 없도록 하려면 초콜릿이 적어도 몇 개 더 필요할까요?

(　　　　　　　　　　)

17 수 카드 3장을 한 번씩만 사용하여 몫이 가장 큰 (두 자리 수)÷(한 자리 수)를 만들고, 계산해 보세요.

4　5　7

□□÷□=□…□

18 한 묶음에 들어 있는 물건의 수가 각각 같을 때 묶음의 수와 물건의 수를 나타낸 표입니다. 지우개 2묶음은 클립 2묶음보다 몇 개 더 많을까요?

물건	지우개	클립
묶음 수	3묶음	4묶음
물건 수	57개	64개

(　　　　　　　　　　)

서술형 문제

19 어떤 수를 4로 나누어야 할 것을 잘못하여 7로 나누었더니 몫이 54이고 나머지가 3이었습니다. 바르게 계산했을 때의 몫과 나머지는 얼마인지 풀이 과정을 쓰고 답을 구해 보세요.

풀이

답 몫:　　　　　　, 나머지:

20 그림과 같은 색종이를 남김없이 잘라서 가로 5 cm, 세로 4 cm인 직사각형 모양의 카드를 만들려고 합니다. 만들 수 있는 카드는 모두 몇 장인지 풀이 과정을 쓰고 답을 구해 보세요.

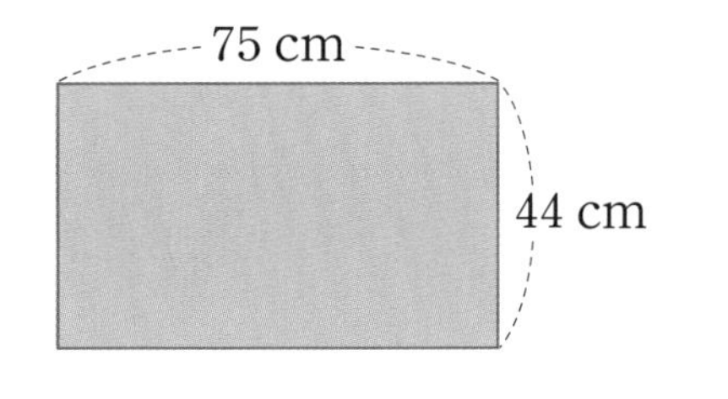

풀이

답

2

3 원

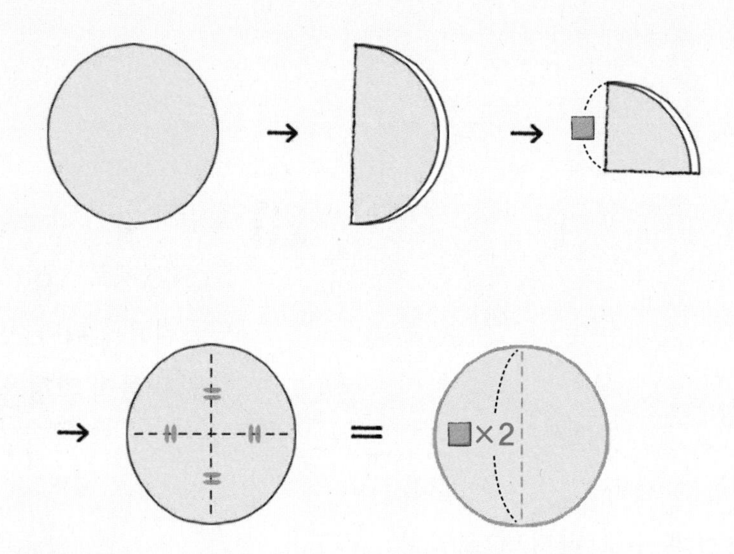

한 점에서 같은 거리의 점들로 이루어진 곡선!

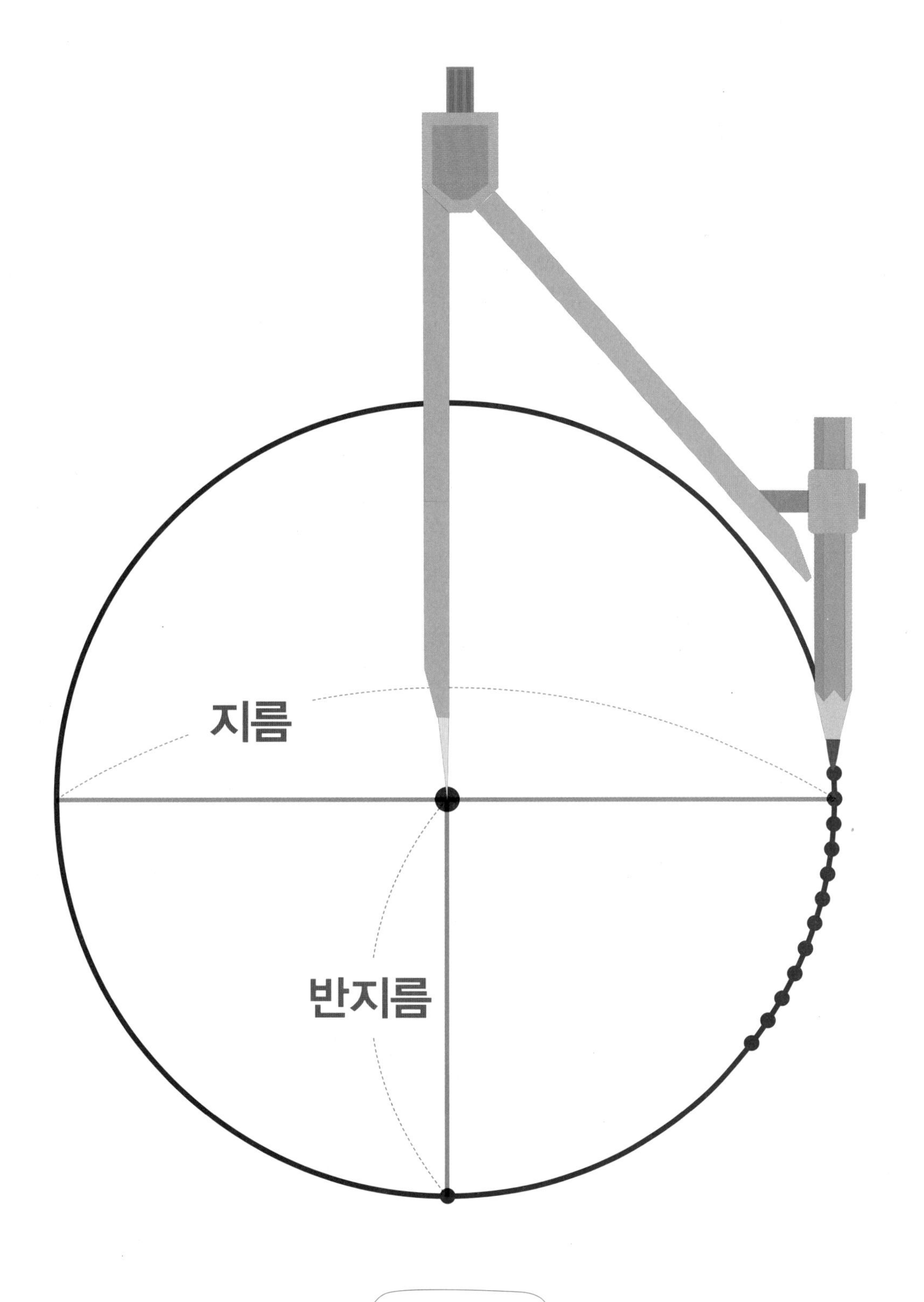

1 원의 중심, 반지름, 지름

● 누름 못과 띠 종이를 이용하여 원 그리기

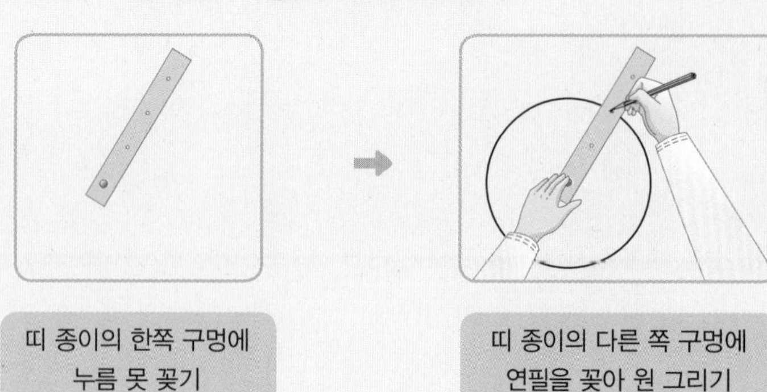

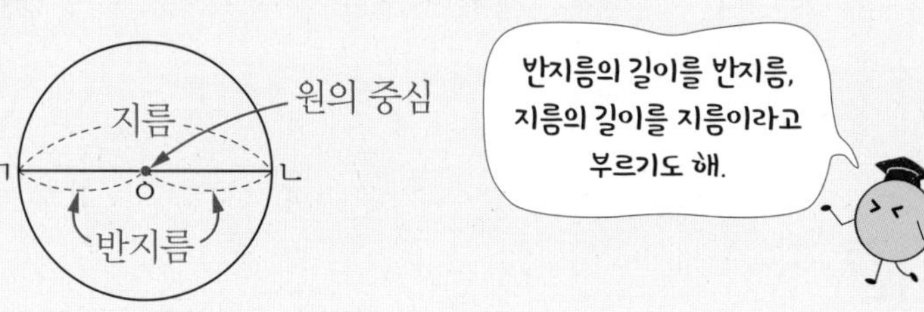

띠 종이의 한쪽 구멍에
누름 못 꽂기
띠 종이의 다른 쪽 구멍에
연필을 꽂아 원 그리기

실전 개념

누름 못과 연필을 꽂은 구멍 사이의 거리가 멀수록 원이 커집니다.

● 원의 중심, 반지름, 지름

- 원의 중심: 원을 그릴 때 누름 못을 꽂았던 점 ㅇ
- 원의 반지름: 선분 ㄱㅇ, 선분 ㄴㅇ과 같이 원의 중심 ㅇ과 원 위의 한 점을 이은 선분
- 원의 지름: 선분 ㄱㄴ과 같이 원 위의 두 점을 이은 선분 중 원의 중심 ㅇ을 지나는 선분

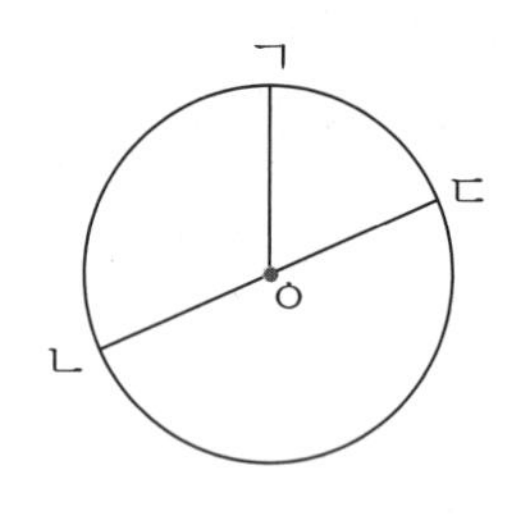

반지름의 길이를 반지름, 지름의 길이를 지름이라고 부르기도 해.

보충 개념

누름 못을 꽂았던 점 ㅇ에서 원 위의 한 점까지의 길이는 모두 같습니다.

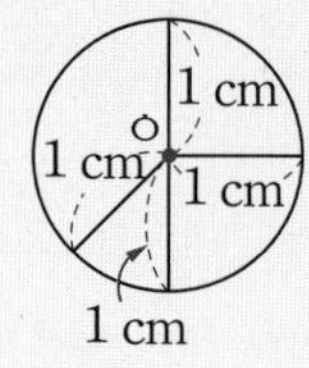

선분을 여러 개 긋고 길이를 재어 보면 모두 1 cm로 같습니다.

1 그림을 보고 □ 안에 알맞게 써넣으세요.

(원: ㄱ, ㄴ, ㄷ, ㅇ)

(1) 원의 중심: 점 □

(2) 원의 반지름: 선분 □, 선분 □, 선분 □

(3) 원의 지름: 선분 □

▶ 원의 중심과 지름 알아보기

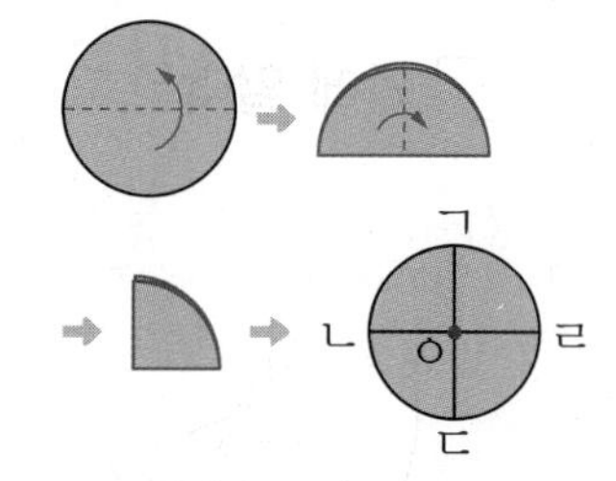

원을 똑같이 둘로 나누어지도록 접고, 다시 원이 똑같이 넷으로 나누어지도록 한 번 더 접습니다. 접은 선을 따라 선분을 그으면 두 선분이 만나는 점이 원의 중심이고, 두 선분(선분 ㄱㄷ, 선분 ㄴㄹ)은 각각 원의 지름입니다.

2 원에 반지름과 지름을 각각 1개씩 그어 보세요.

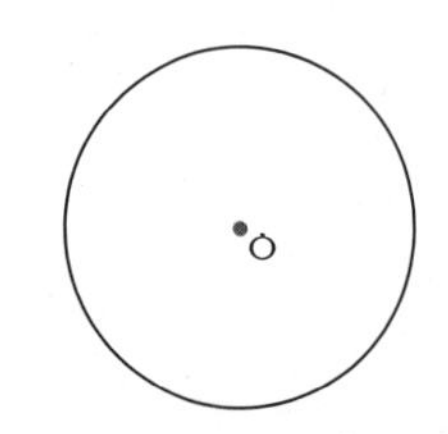

2 원의 성질

정답과 풀이 17쪽

● **원의 성질**

- 한 원에서 반지름과 지름은 셀 수 없이 많습니다.
- 한 원에서 반지름의 길이는 모두 같고, 지름의 길이도 모두 같습니다.
- 원의 지름은 원을 똑같이 둘로 나눕니다.
- 원의 지름은 원 위의 두 점을 이은 선분 중 길이가 가장 깁니다.

● **원의 지름과 반지름의 관계**

- 한 원에서 지름은 반지름의 2배입니다.

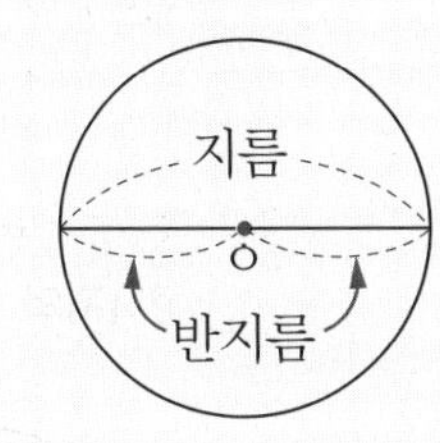

(원의 지름) $=$ (원의 반지름) $\times 2$
(원의 반지름) $=$ (원의 지름) $\div 2$

보충 개념

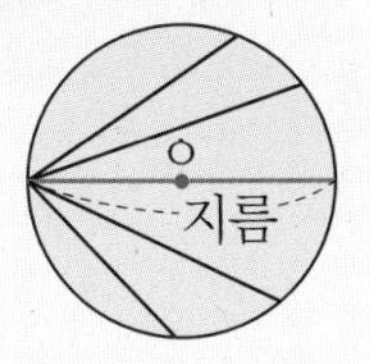

① 원의 지름인 파란색 선분이 가장 깁니다.
② 지름을 접는 선으로 하여 접으면 원이 완전히 겹쳐집니다.

확인 !

반지름이 3 cm인 원의 지름은 $3 \times \square = \square$(cm)입니다.

3 오른쪽 그림에서 원의 지름을 나타내는 선분은 어느 것일까요?

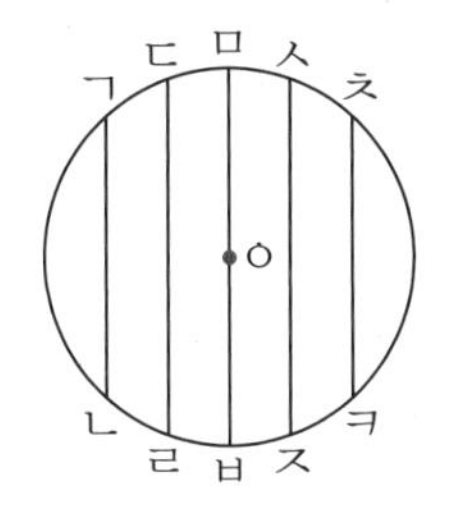

(　　　　　　　　)

? 한 원에서 원의 지름은 몇 개나 그을 수 있나요?

원의 지름은 원의 중심을 지나는 선분이므로 셀 수 없이 많이 그을 수 있습니다.

4 □ 안에 알맞은 수를 써넣으세요.

(1)

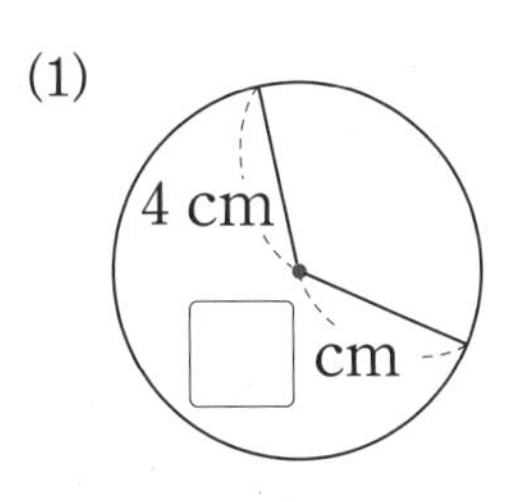

(2)

10 cm

□ cm

▶ 반지름이 ■ cm인 원의 지름은 (■ × 2) cm입니다.

5 크기가 같은 원끼리 이어 보세요.

반지름이 4 cm인 원 •	• 지름이 4 cm인 원
반지름이 2 cm인 원 •	• 반지름이 3 cm인 원
지름이 6 cm인 원 •	• 지름이 8 cm인 원

3 컴퍼스를 이용하여 원 그리기

● **컴퍼스를 이용하여 원 그리기**

● 점 ㅇ을 원의 중심으로 하고 반지름이 2 cm인 원 그리기

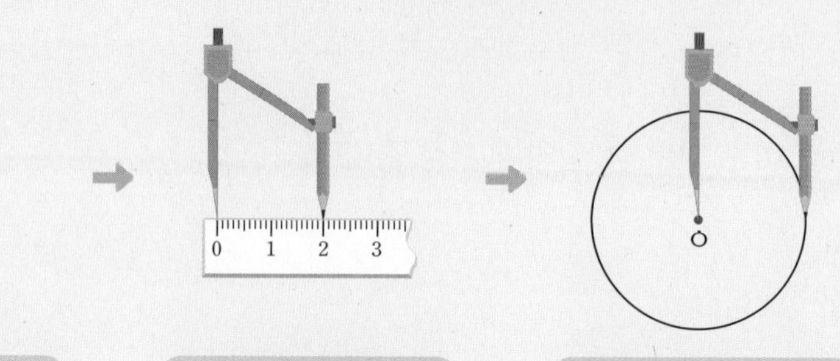

원의 중심이 되는 점 ㅇ을 정하기 → 컴퍼스를 원의 반지름만큼 벌리기 → 컴퍼스의 침을 점 ㅇ에 꽂고 컴퍼스를 돌려 원 그리기

실전 개념

- 컴퍼스의 침을 꽂은 곳 → 원의 중심
- 컴퍼스를 벌린 정도 → 원의 반지름
- 연필이 지나간 자리 → 원

주의 개념

컴퍼스의 침과 연필심의 위치가 같도록 합니다.

6 컴퍼스를 이용하여 보기 의 원과 크기가 같은 원을 그려 보세요.

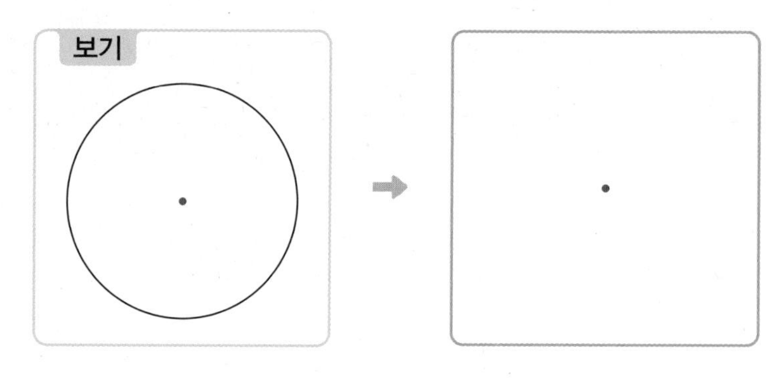

▶ **크기가 같은 원 그리기**

① 주어진 원의 중심에 컴퍼스의 침을 꽂고 원 위의 한 점까지 컴퍼스를 벌려 반지름을 잽니다.

② 그리려는 원의 중심에 컴퍼스의 침을 꽂고 컴퍼스를 돌려 원을 그립니다.

7 컴퍼스를 이용하여 다음과 같은 원을 그려 보세요.

(1) 점 ㅇ을 원의 중심으로 하고 반지름이 4 cm인 원

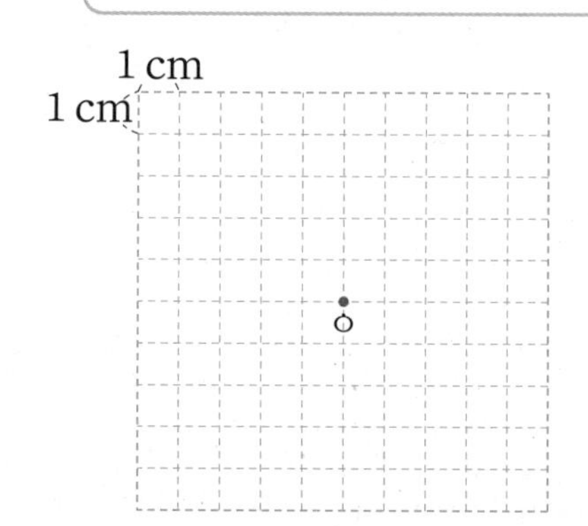

(2) 점 ㄱ과 점 ㄴ을 각각 원의 중심으로 하고 반지름이 2 cm인 두 원

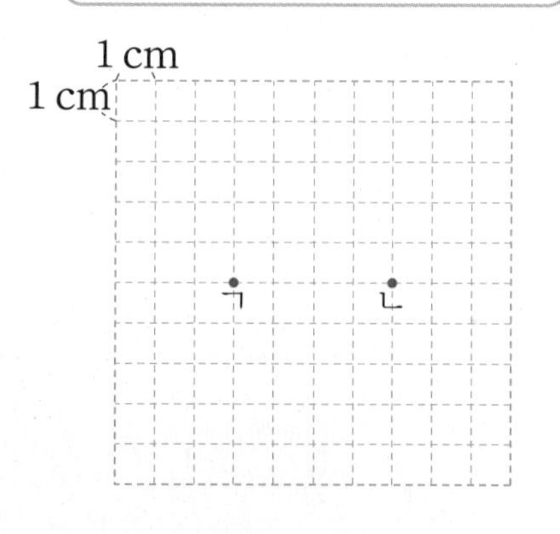

? 컴퍼스를 벌린 정도와 원의 반지름과는 어떤 관계가 있나요?

컴퍼스를 벌린 정도가 원의 반지름이 됩니다. 따라서 컴퍼스를 많이 벌릴수록 큰 원을 그릴 수 있습니다.

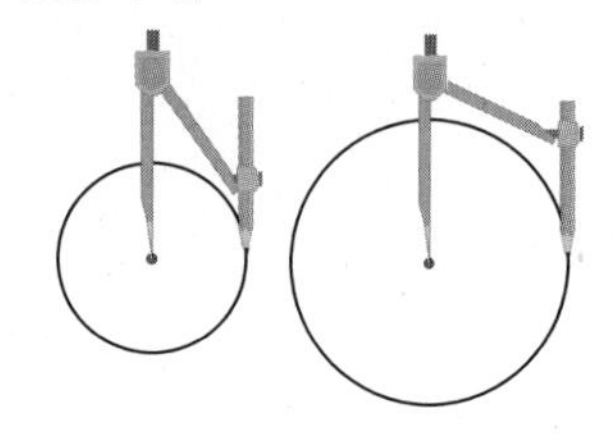

4 원을 이용하여 여러 가지 모양 그리기

정답과 풀이 17쪽

● 규칙에 따라 원 그리기

원의 중심은 같고 반지름은 다르게 그리기	원의 중심은 다르고 반지름은 같게 그리기	원의 중심과 반지름이 다르게 그리기
		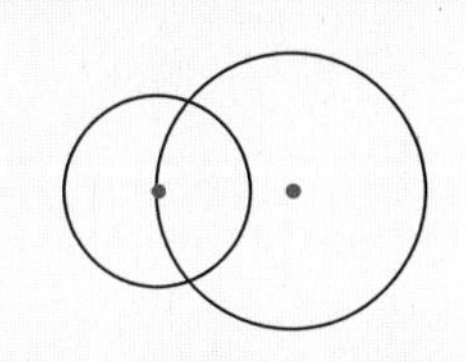

실전 개념

규칙에 따라 원을 그릴 때 원의 중심의 위치와 반지름, 지름의 변화를 모두 살펴봐야 합니다.

● 주어진 모양과 똑같이 그리기

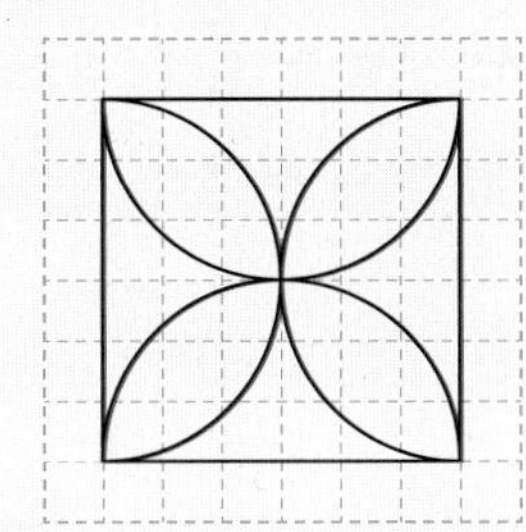

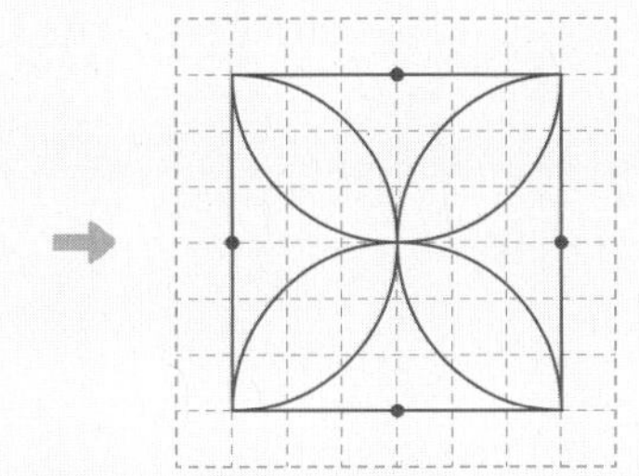

원의 중심이 어디인지, 반지름이 얼마만큼인지 관찰하여 똑같이 그려 봐!

① 한 변이 모눈 6칸인 정사각형을 그립니다.

② 정사각형의 각 변의 가운데를 원의 중심으로 하고 반지름이 모눈 3칸인 원의 일부분을 4개 그립니다.

8 규칙에 따라 원을 1개 더 그리고, □ 안에 알맞은 수를 써넣으세요.

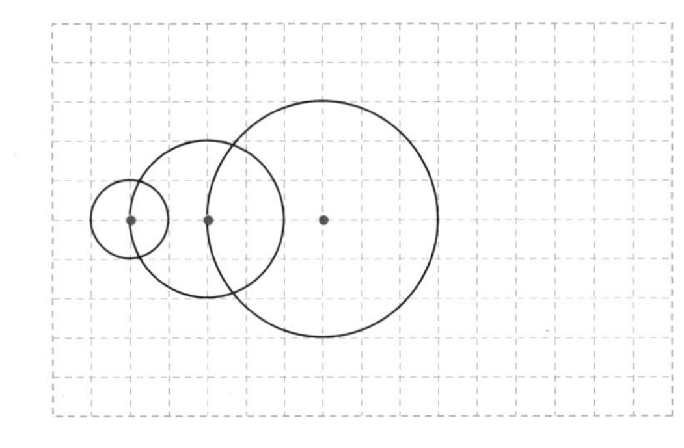

원의 중심은 오른쪽으로 모눈 2칸, 3칸, □칸, ... 옮겨가고, 원의 반지름은 모눈 □칸씩 늘어납니다.

▶ 원의 중심과 반지름이 어떤 규칙이 있는지 살펴봅니다.

9 주어진 모양을 그리기 위해 컴퍼스의 침을 꽂아야 할 곳을 모두 찾아 •로 표시해 보세요.

(1)

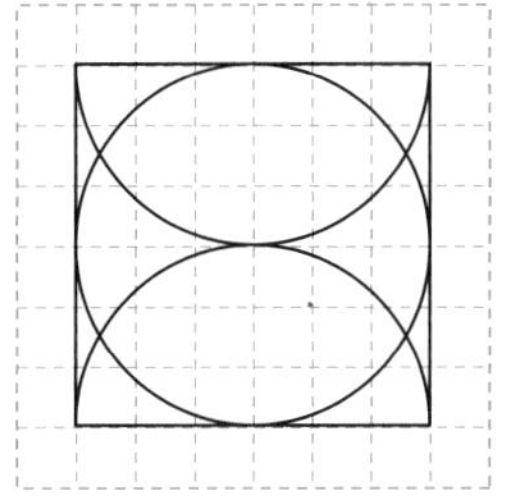

(2)

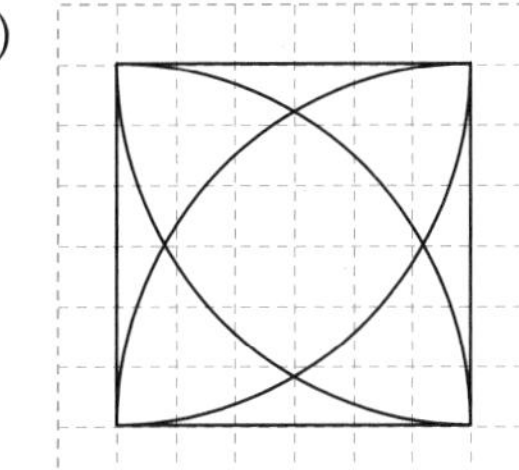

▶ 컴퍼스의 침을 꽂아야 할 곳은 원의 중심입니다.

기본에서 응용으로

1 원의 중심, 반지름, 지름

- 원의 중심: 원을 그릴 때 누름 못을 꽂았던 점 ㅇ
- 원의 반지름: 원의 중심 ㅇ과 원 위의 한 점을 이은 선분
- 원의 지름: 원 위의 두 점을 이은 선분 중 원의 중심 ㅇ을 지나는 선분

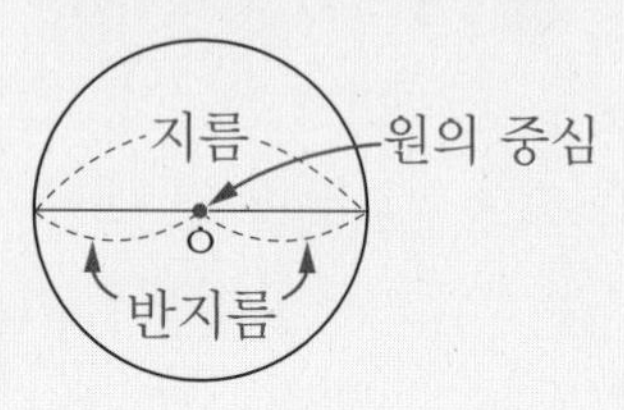

1 원의 중심을 나타내는 점을 찾아 써 보세요.

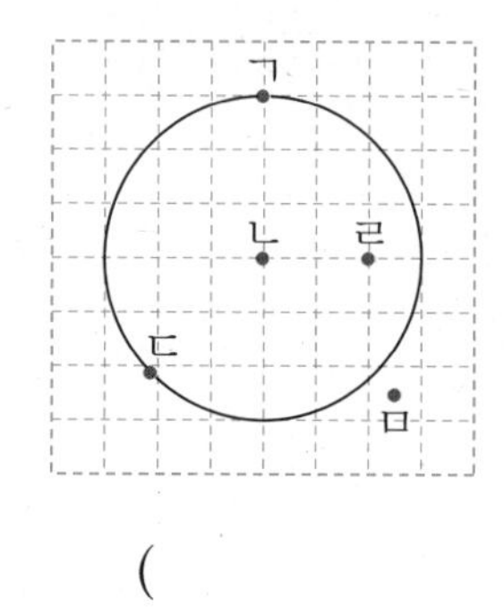

( )

2 원의 반지름을 나타내는 선분을 모두 찾아 써 보세요.

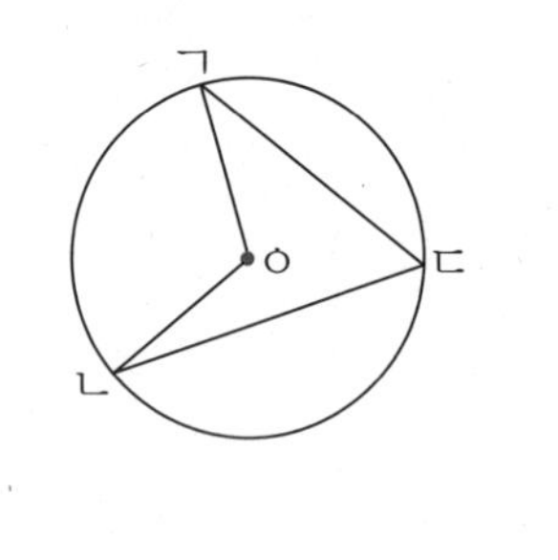

( )

3 원에 반지름과 지름을 각각 1개씩 그어 보세요.

4 원의 지름은 몇 cm일까요?

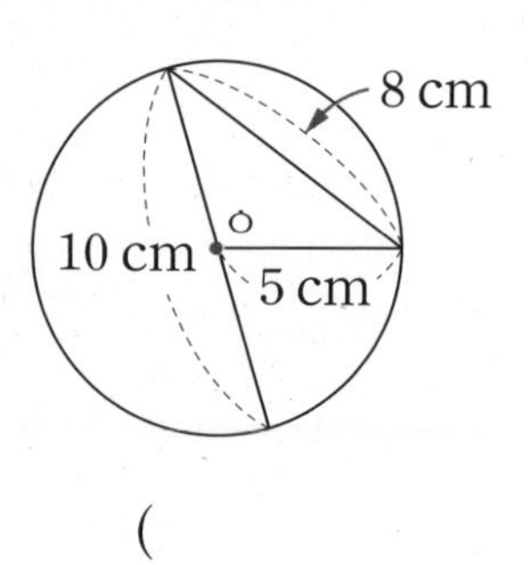

( )

5 민하가 지름을 잘못 그은 것입니다. 잘못 그은 까닭을 써 보세요.

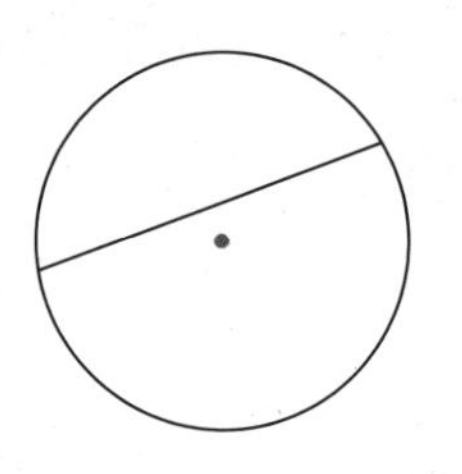

까닭 ....

....

2 원의 성질

- 한 원에서 반지름과 지름은 셀 수 없이 많습니다.
- 한 원에서 반지름의 길이는 모두 같고, 지름의 길이도 모두 같습니다.
- 원의 지름은 원을 똑같이 둘로 나눕니다.
- 원의 지름은 원 위의 두 점을 이은 선분 중 길이가 가장 깁니다.
- 한 원에서 지름은 반지름의 2배입니다.

6 □ 안에 알맞은 수를 써넣으세요.

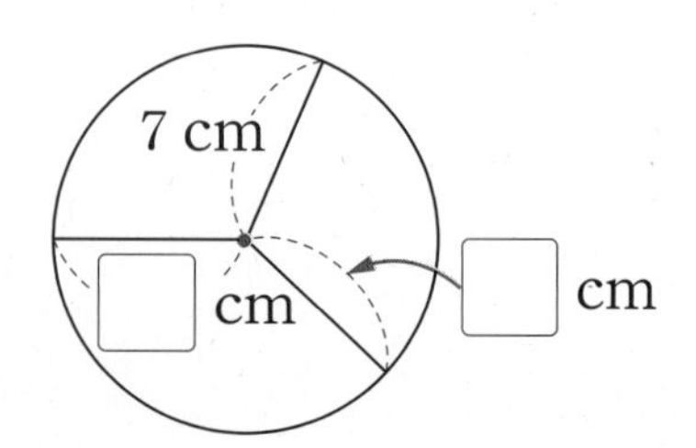

7 원을 똑같이 둘로 나누는 선분을 찾아 써 보세요.

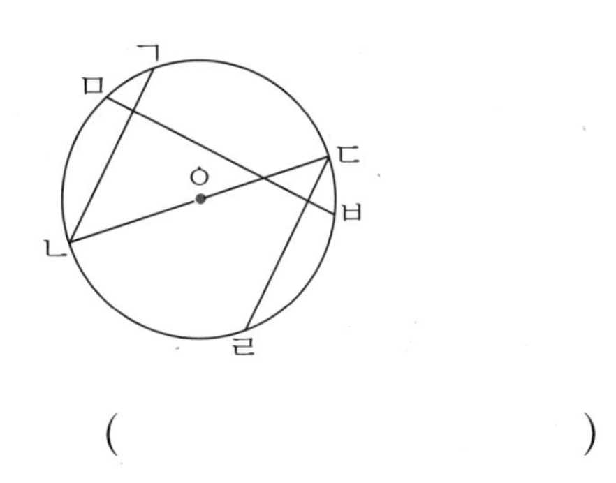

( )

8 원에 대해 잘못 설명한 사람의 이름을 모두 써 보세요.

유나: 한 원에서 지름의 길이는 모두 같아.
도윤: 한 원에서 지름은 1개뿐이야.
해인: 원 위의 두 점을 이은 선분 중에서 길이가 가장 긴 선분은 지름이야.
선우: 원의 반지름은 원을 똑같이 둘로 나눠.

( )

9 주어진 선분의 길이를 구해 보세요.

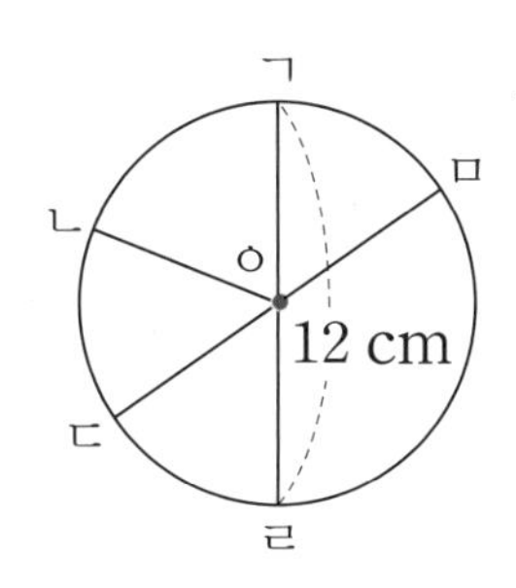

선분 ㄷㅁ ( )
선분 ㅇㄴ ( )

10 한 변의 길이가 7 cm인 정사각형 안에 가장 큰 원을 그린 것입니다. 이 원의 지름은 몇 cm일까요?

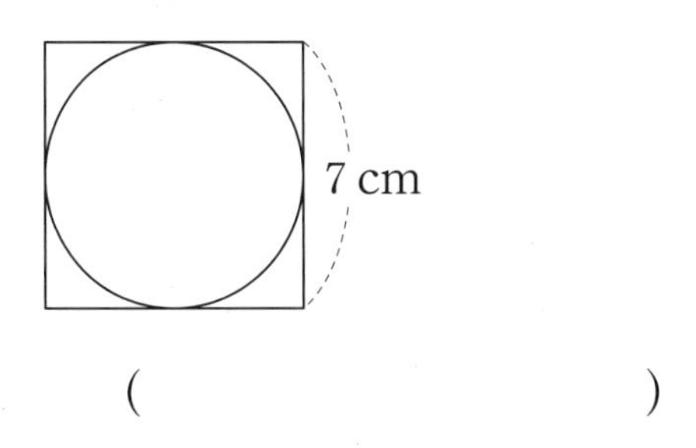

( )

11 점 ㄱ과 점 ㄴ은 각각 원의 중심입니다. 선분 ㄱㄷ의 길이는 몇 cm일까요?

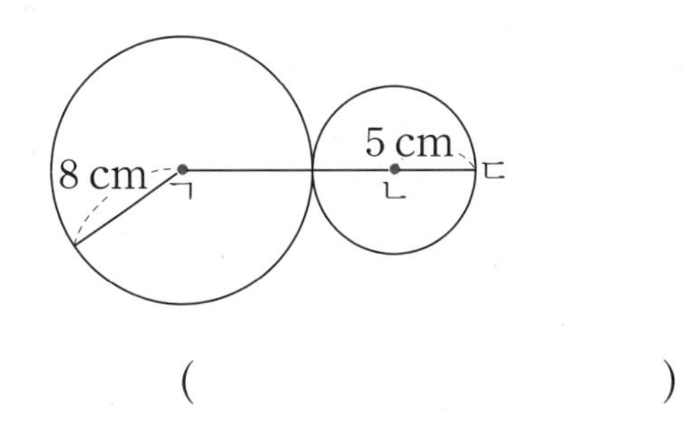

( )

서술형

12 큰 원 안에 크기가 같은 작은 원 2개를 서로 맞닿게 그린 것입니다. 큰 원의 지름은 몇 cm인지 풀이 과정을 쓰고 답을 구해 보세요.

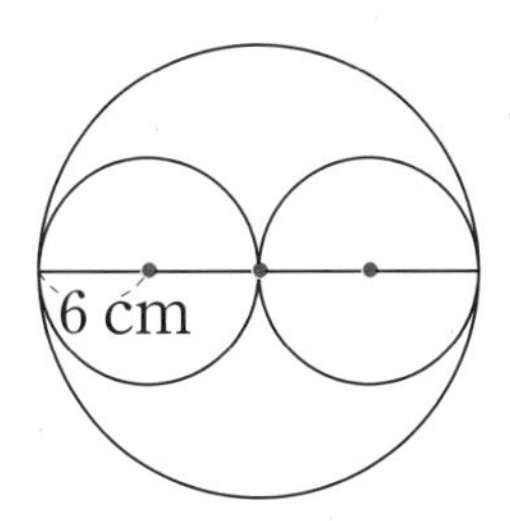

풀이

답

3 컴퍼스를 이용하여 원 그리기

• 반지름이 3 cm인 원 그리기
① 원의 중심 정하기
② 컴퍼스를 3 cm만큼 벌리기
③ 컴퍼스의 침을 꽂고 컴퍼스를 돌려 원 그리기

13 점 ㅇ을 원의 중심으로 하고 주어진 선분을 반지름으로 하는 원을 그려 보세요.

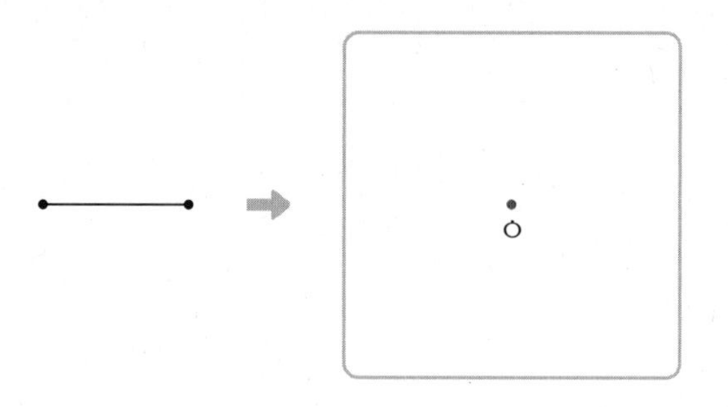

14 그림과 같이 컴퍼스를 벌려 원을 그렸을 때 원의 반지름은 몇 cm일까요?

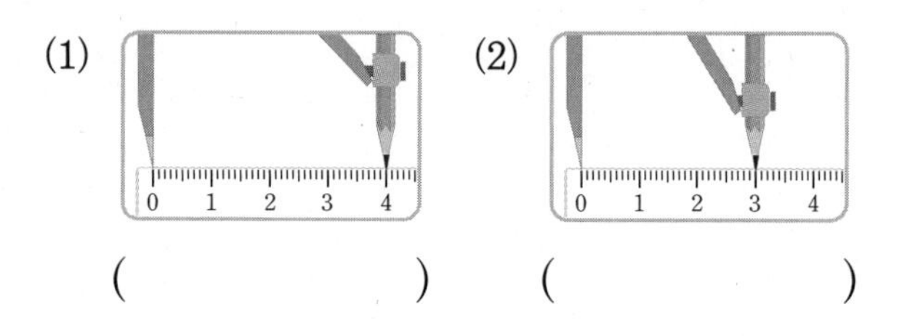

(　　　　) (　　　　)

15 점 ㅇ을 원의 중심으로 하고 반지름이 1 cm, 2 cm인 원을 각각 그려 보세요.

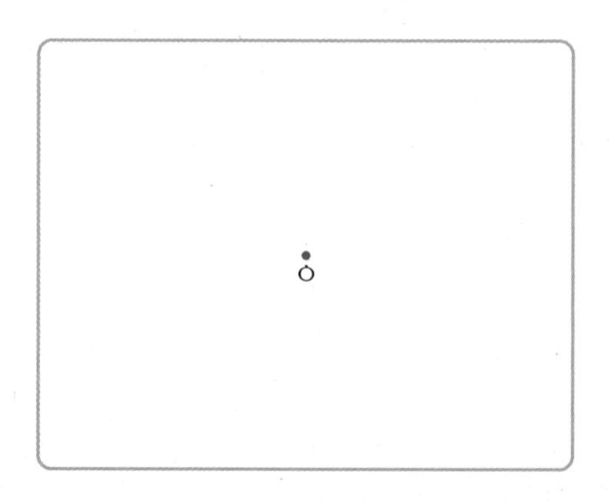

16 크기가 큰 원부터 차례로 기호를 써 보세요.

㉠ 지름이 10 cm인 원
㉡ 반지름이 6 cm인 원
㉢

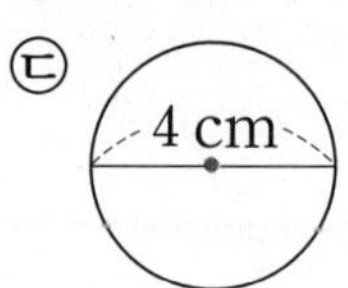

㉣ 컴퍼스를 3 cm만큼 벌려서 그린 원

(　　　　　　　　)

17 교통 표지판입니다. 컴퍼스를 이용하여 왼쪽과 크기가 같은 교통 표지판을 완성해 보세요.

창의+

18 지우는 집에서 200 m 안에 있는 놀이터를 가려고 합니다. 가, 나, 다, 라 중 지우가 갈 수 있는 놀이터를 모두 찾아 기호를 써 보세요.

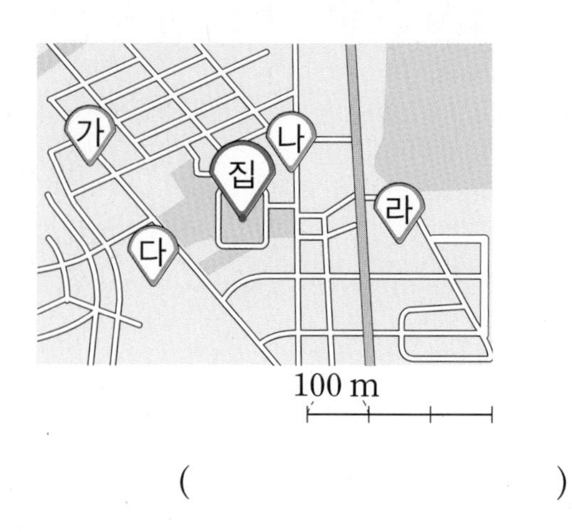

(　　　　　　　　)

4 원을 이용하여 여러 가지 모양 그리기

원의 중심이 다르면 원의 위치가 달라지고, 원의 반지름이 다르면 원의 크기가 달라집니다.

- 원의 중심을 옮겨 가며 그리기

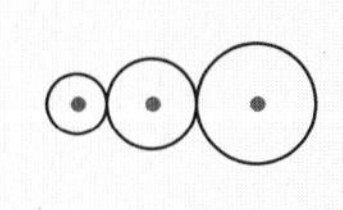
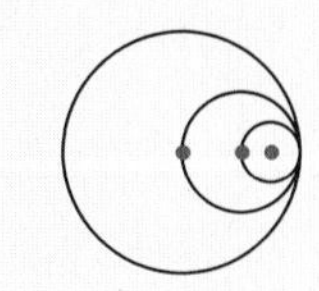
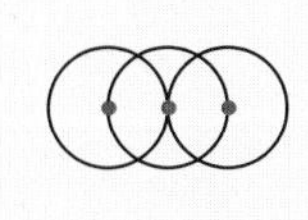

- 원의 중심은 같고, 반지름은 다르게 그리기

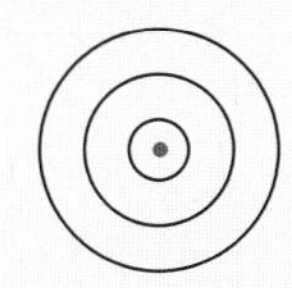
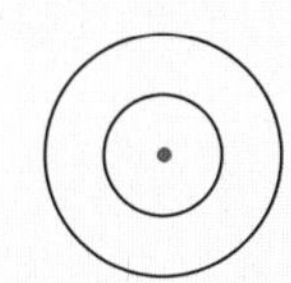

19 원의 중심은 다르고 반지름은 같게 하여 그린 모양은 어느 것일까요? (　　　)

① 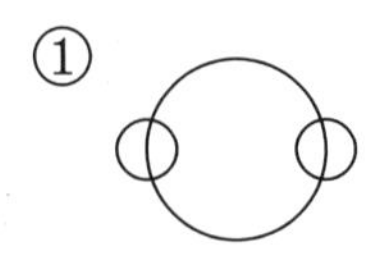
② 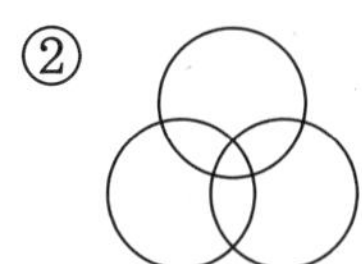
③ 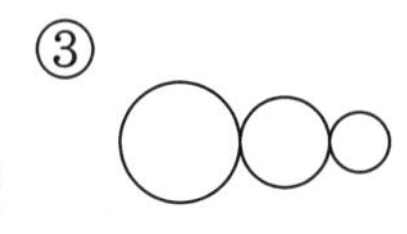
④ 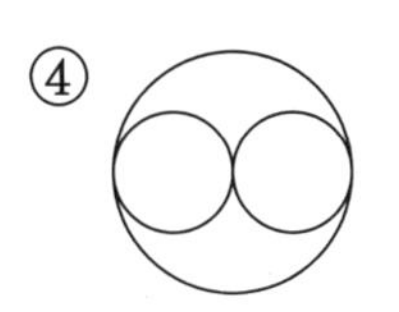
⑤ 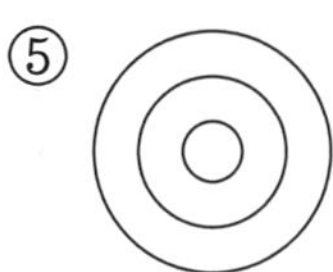

20 모양을 그리기 위하여 컴퍼스의 침을 꽂아야 할 곳을 점으로 바르게 나타낸 것을 찾아 기호를 써 보세요.

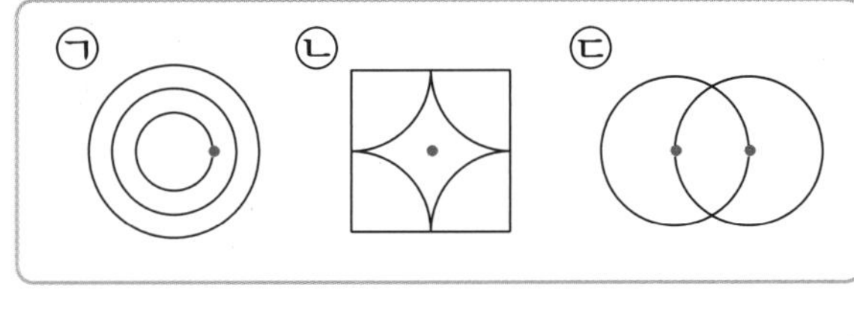

(　　　　　　　　)

21 원의 중심을 옮기지 않고 반지름만 모눈 1칸씩 늘어나는 규칙으로 그린 모양에 ○표 하세요.

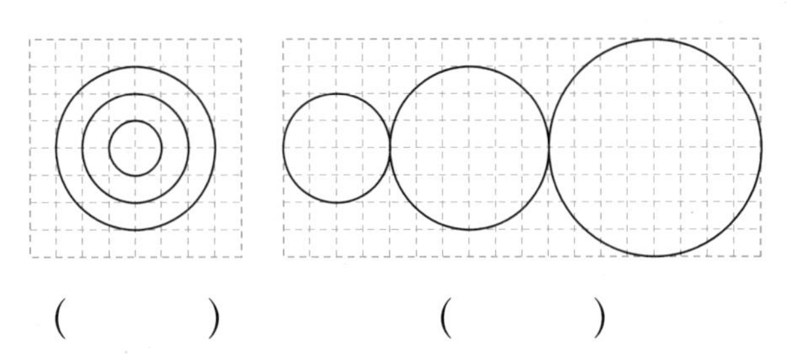

(　　　)　　　(　　　)

22 오른쪽 모양을 그릴 때 컴퍼스의 침을 꽂아야 할 곳은 모두 몇 군데일까요?

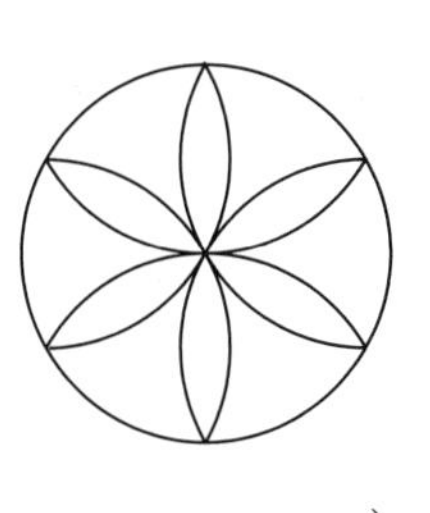

(　　　　　　　　)

23 주어진 모양과 똑같이 그려 보세요.

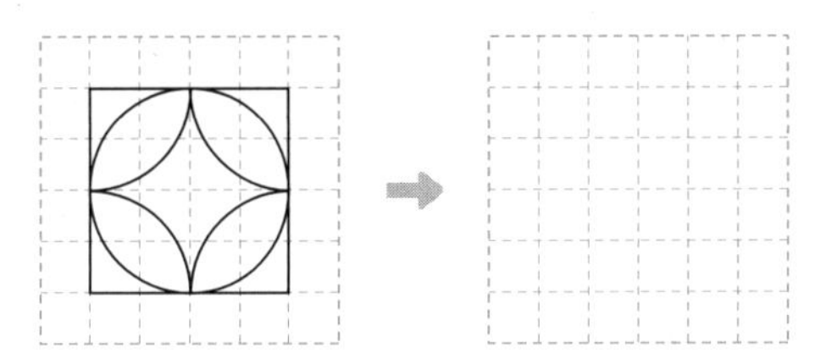

서술형

24 수영이가 그린 모양입니다. 어떤 규칙으로 그렸는지 '원의 중심'과 '반지름'을 넣어 설명해 보세요.

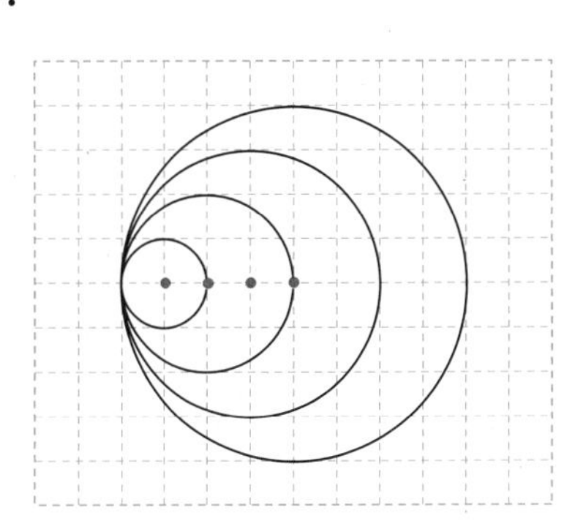

규칙 ....

....

3

25 주하가 자와 컴퍼스를 이용하여 바람개비 모양을 그린 것입니다. 주하가 그린 모양과 똑같이 그려 보세요.

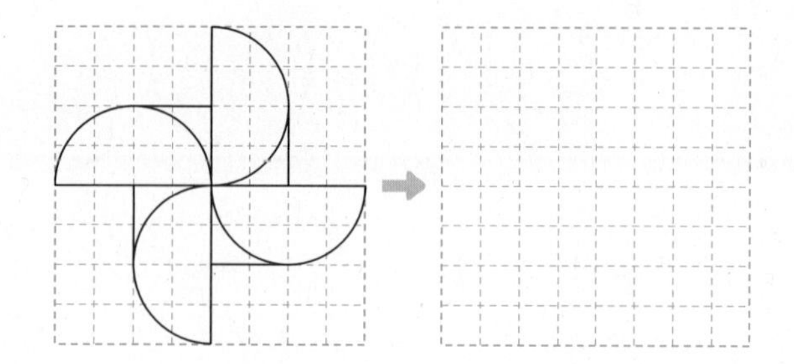

5 여러 가지 모양에서 선분의 길이 구하기

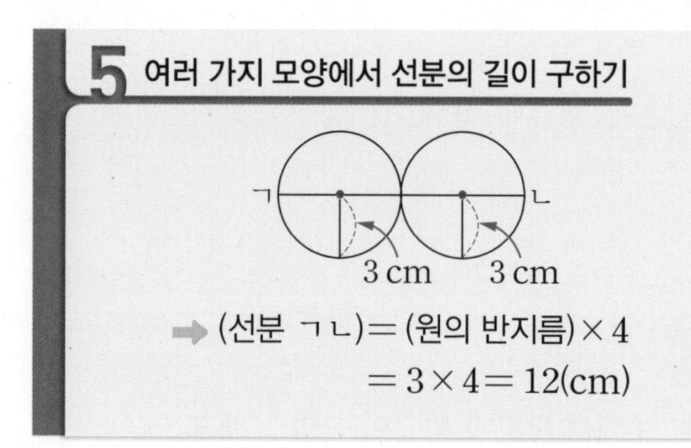

➡ (선분 ㄱㄴ) = (원의 반지름) × 4
= 3 × 4 = 12(cm)

26 선분 ㄱㄴ의 길이는 몇 cm일까요?

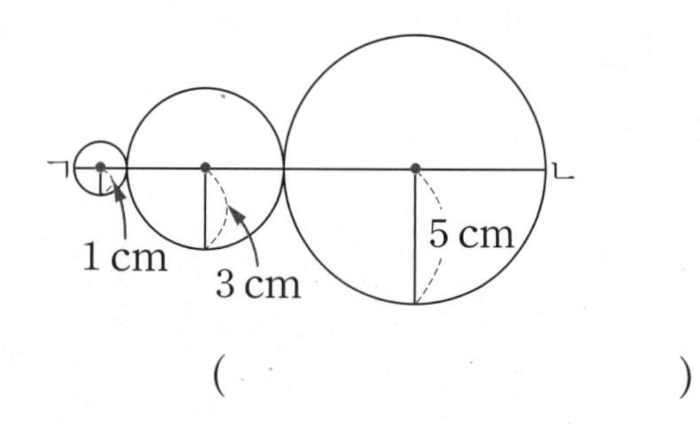

( )

27 크기가 다른 원 3개를 그린 것입니다. 가장 큰 원의 지름이 24 cm일 때 가장 작은 원의 반지름은 몇 cm일까요?

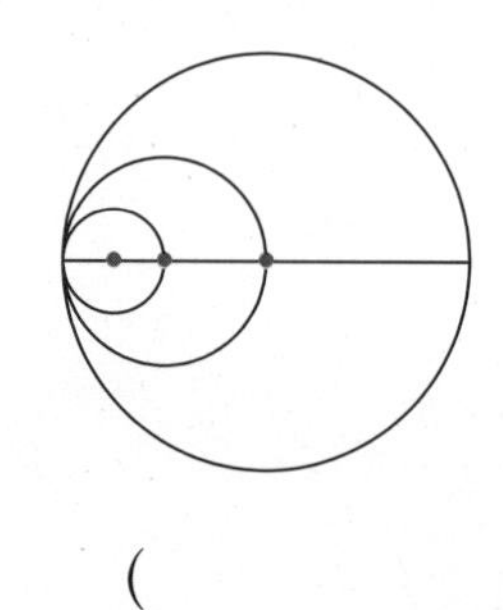

( )

28 큰 원의 지름은 12 cm입니다. 안쪽에 있는 4개의 원의 크기가 모두 같을 때 작은 원의 반지름은 몇 cm일까요?

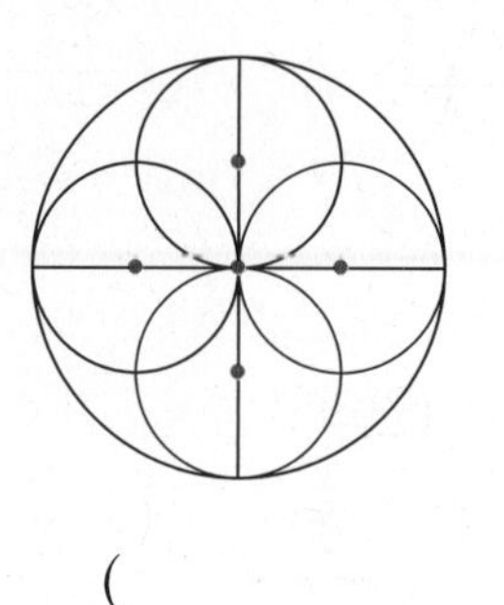

( )

29 작은 원의 지름은 10 cm, 큰 원의 지름은 14 cm입니다. 선분 ㄱㄴ의 길이는 몇 cm일까요?

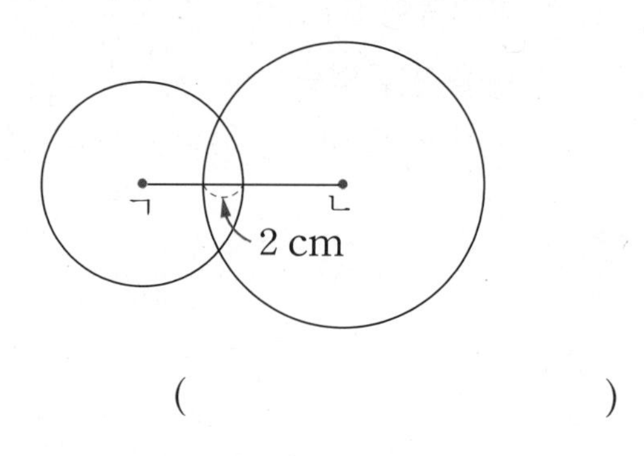

( )

30 가장 큰 원의 반지름은 몇 cm일까요?

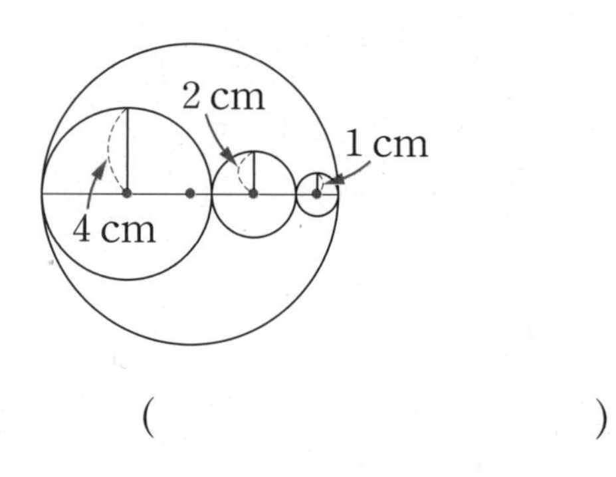

( )

6 도형의 변의 길이의 합 구하기

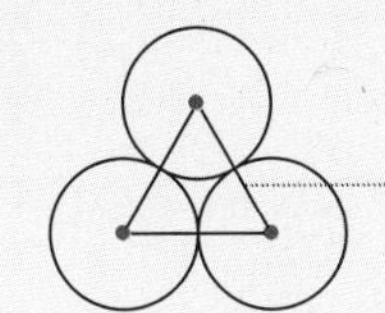

크기가 같은 세 원의 중심을 이어 만든 삼각형

➡ (삼각형의 세 변의 길이의 합)
$=$(삼각형의 한 변의 길이)$\times 3$
$=$(원의 지름)$\times 3$

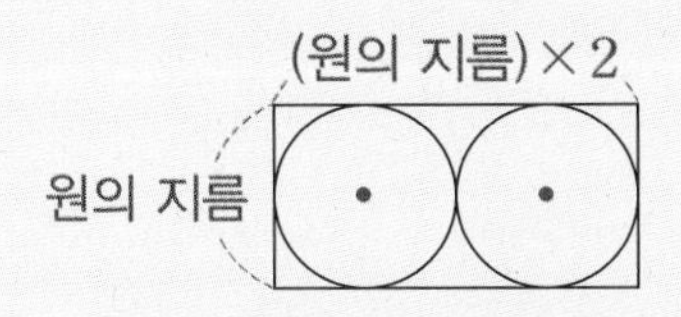

➡ (직사각형의 네 변의 길이의 합)
$=$(가로)$+$(세로)$+$(가로)$+$(세로)
$=$(원의 지름)$\times 6$

31 반지름이 5 cm인 세 원의 중심을 이어 삼각형을 만들었습니다. 이 삼각형의 세 변의 길이의 합은 몇 cm일까요?

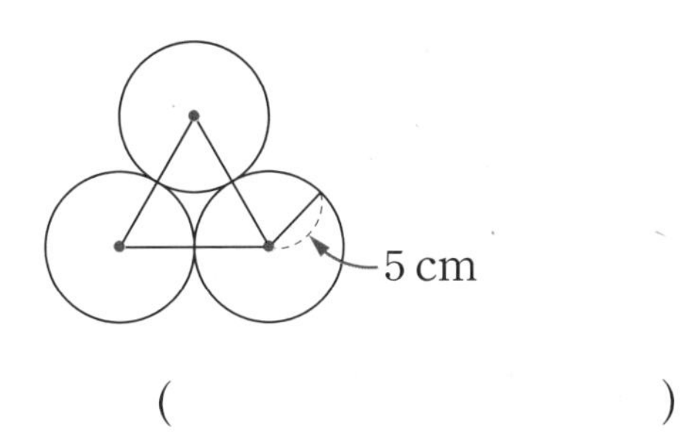

(　　　　　　　　)

32 크기가 같은 원 6개의 중심을 이어 삼각형을 만들었습니다. 이 삼각형의 세 변의 길이의 합이 18 cm일 때 한 원의 지름은 몇 cm일까요?

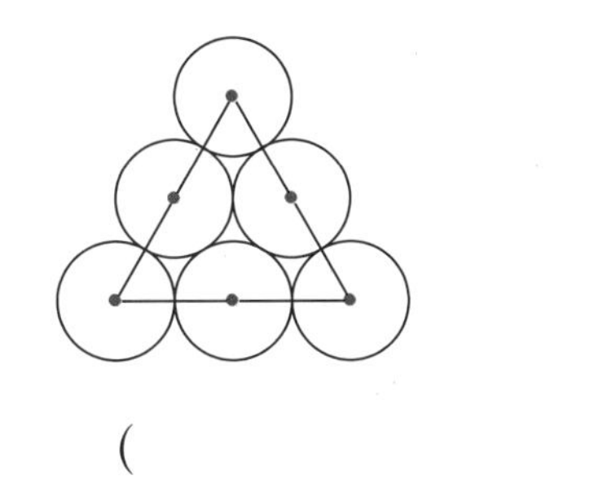

(　　　　　　　　)

33 직사각형 안에 반지름이 6 cm인 두 원을 맞닿게 그렸습니다. 이 직사각형의 네 변의 길이의 합은 몇 cm일까요?

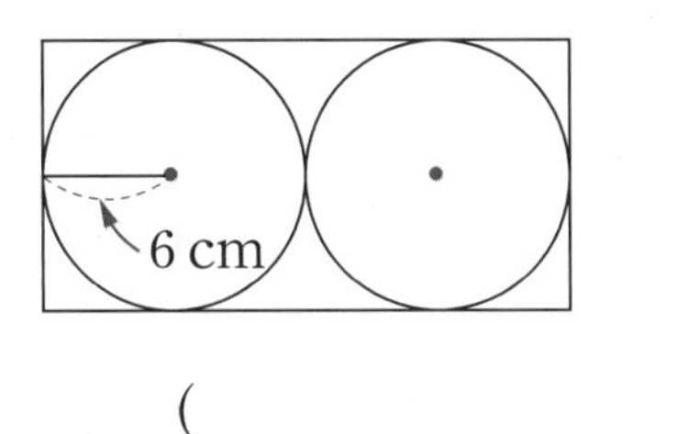

(　　　　　　　　)

서술형

34 정사각형 안에 크기가 같은 원 4개를 맞닿게 그렸습니다. 이 정사각형의 네 변의 길이의 합은 몇 cm인지 풀이 과정을 쓰고 답을 구해 보세요.

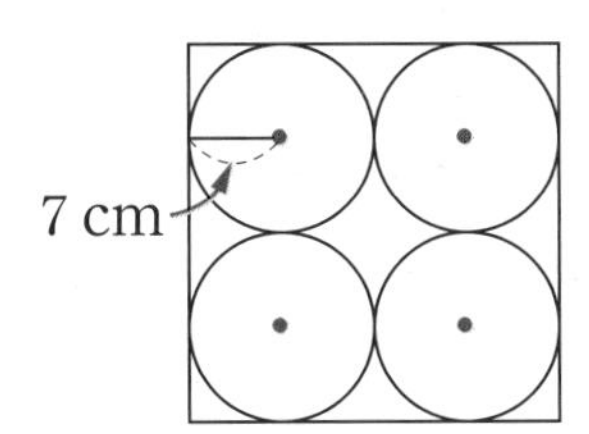

풀이 ....

....

....

답 ....

창의+

35 상평통보는 1678년부터 유통되기 시작하여 조선 말기까지 사용된 원 모양의 화폐로 우리나라 역사상 최초로 전국적으로 유통된 화폐입니다. 그림과 같이 직사각형 모양의 상자에 상평통보 6개가 꼭 맞게 들어 있습니다. 상자의 네 변의 길이의 합이 30 cm일 때 상평통보의 지름은 몇 cm일까요? (단, 상자의 두께는 생각하지 않습니다.)

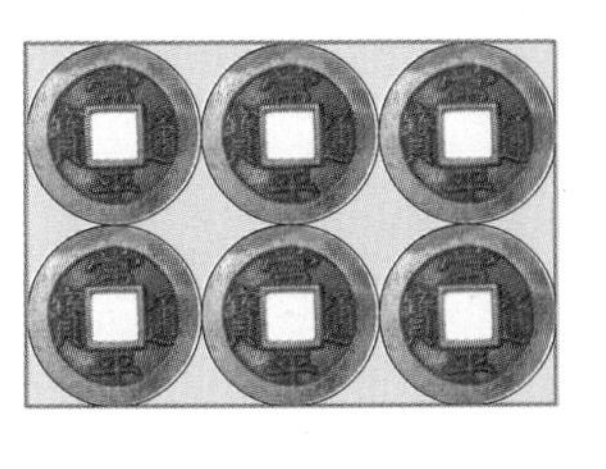

(　　　　　　　　)

3

응용에서 최상위로

원을 겹쳐 그린 모양에서 길이 구하기

크기가 같은 원 5개를 서로 중심이 지나도록 겹쳐서 그린 것입니다. 선분 ㄱㄴ의 길이는 몇 cm일까요?

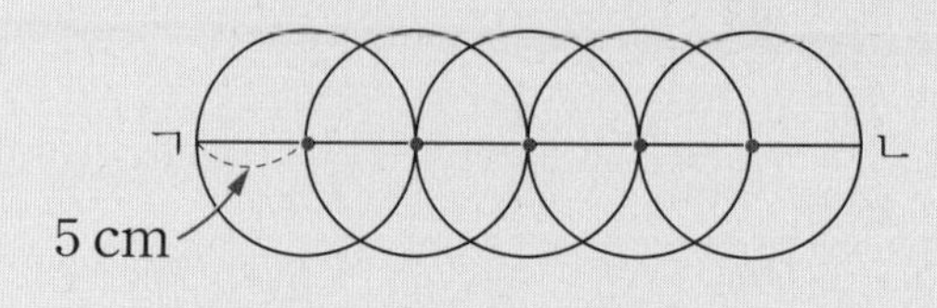

( )

핵심 NOTE • 구하는 선분의 길이가 원의 반지름 또는 지름의 몇 배인지 알아봅니다.

1-1 크기가 같은 원 6개를 서로 중심이 지나도록 겹쳐서 그린 것입니다. 선분 ㄱㄴ의 길이는 몇 cm일까요?

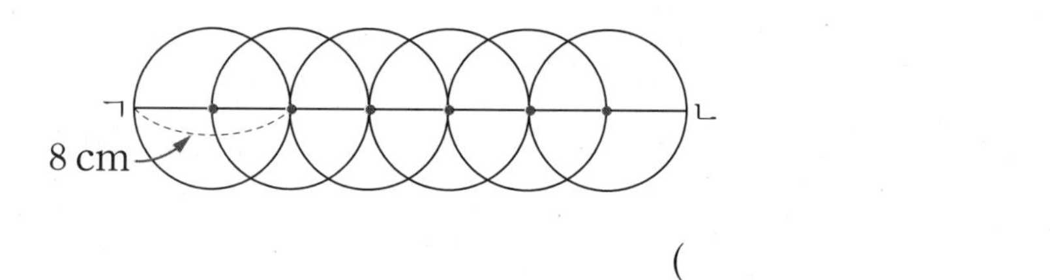

( )

1-2 크기가 같은 원 8개를 서로 중심이 지나도록 겹쳐서 그린 것입니다. 선분 ㄱㄴ의 길이가 54 cm일 때 한 원의 지름은 몇 cm일까요?

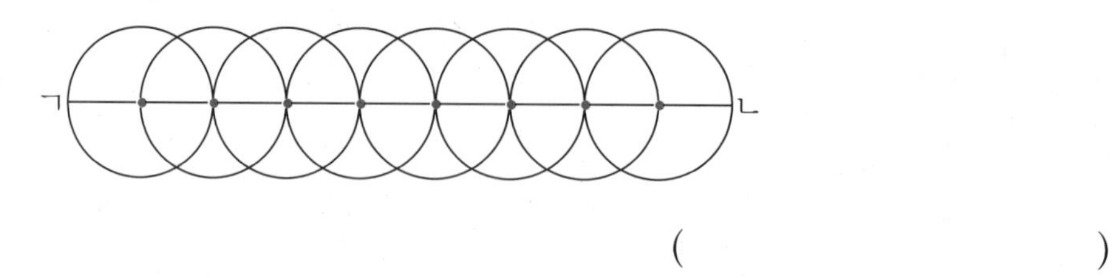

( )

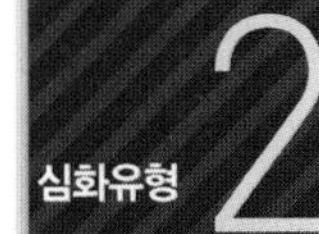

서로 다른 원을 맞닿게 그린 모양에서 길이 구하기

반지름이 각각 4 cm, 6 cm인 두 종류의 원을 맞닿게 그린 후 원의 중심을 이어 직사각형을 만들었습니다. 이 직사각형의 네 변의 길이의 합은 몇 cm일까요?

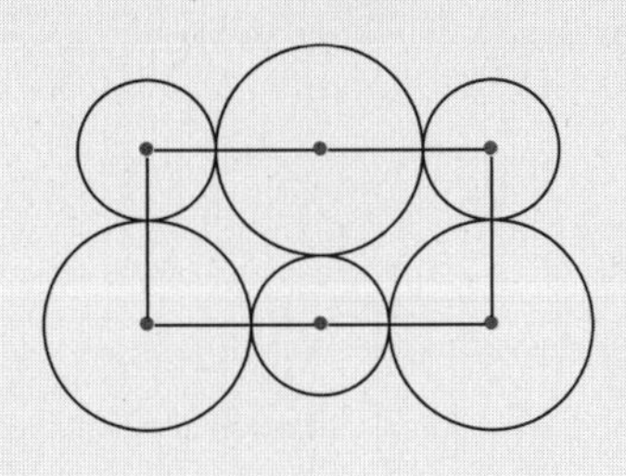

( )

핵심 NOTE • 원의 반지름 또는 지름을 이용하여 직사각형의 가로, 세로의 길이를 각각 구해 봅니다.

2-1

지름이 각각 10 cm, 14 cm인 두 종류의 원을 맞닿게 그린 후 원의 중심을 이어 직사각형을 만들었습니다. 이 직사각형의 네 변의 길이의 합은 몇 cm일까요?

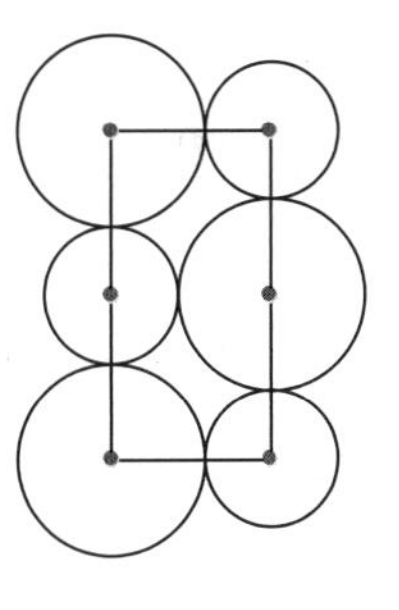

( )

2-2

직사각형 안에 두 종류의 원을 맞닿게 그린 것입니다. 선분 ㄱㄹ의 길이는 몇 cm일까요?

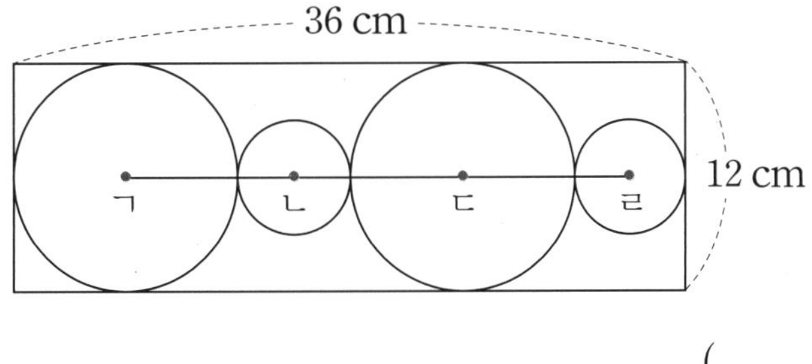

( )

심화유형 3 원의 일부분을 이용하여 그린 모양에서 길이 구하기

한 변이 28 cm인 정사각형 안에 원을 이용하여 모양을 그린 것입니다. 선분 ㄴㅁ의 길이는 몇 cm일까요?

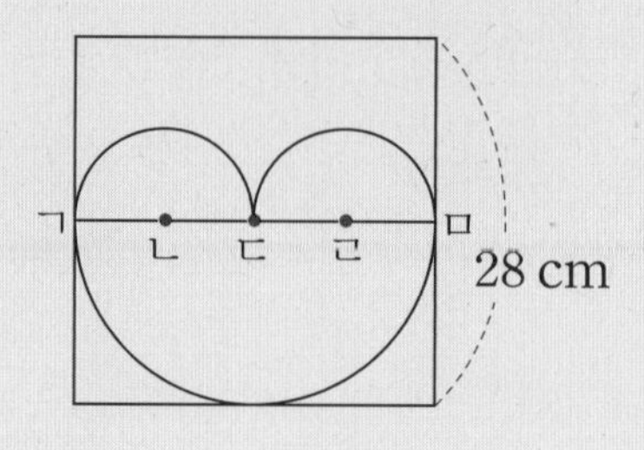

(　　　　　　　　　　)

● 핵심 NOTE
• (선분 ㄱㅁ)=(정사각형의 한 변의 길이)=(작은 원의 반지름)×4임을 이용합니다.

3-1 한 변이 36 cm인 정사각형 안에 원을 이용하여 모양을 그린 것입니다. 선분 ㄱㄹ의 길이는 몇 cm일까요?

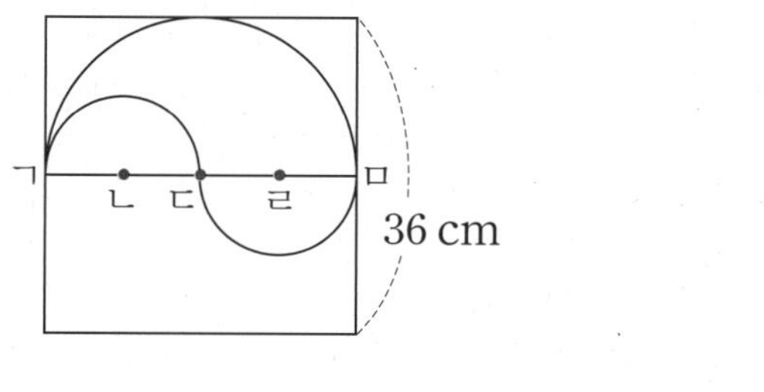

(　　　　　　　　　　)

3-2 크기가 같은 원의 일부분 3개와 큰 원 1개를 이용하여 모양을 그린 것입니다. 선분 ㄱㄷ의 길이는 몇 cm일까요?

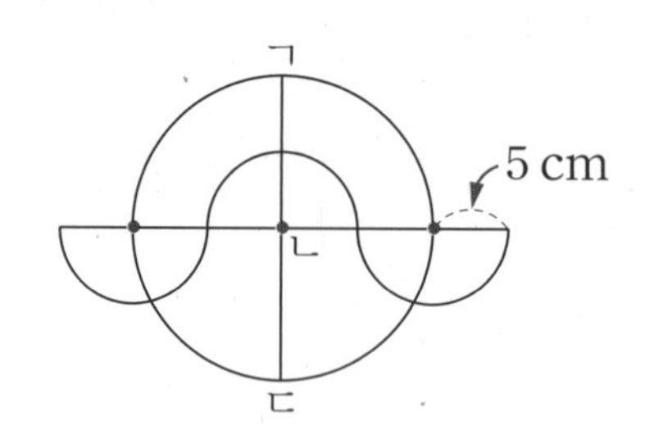

(　　　　　　　　　　)

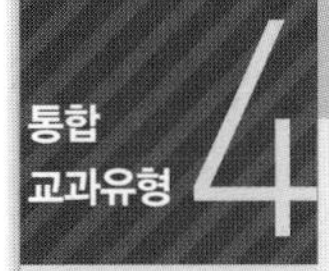

원을 이용한 미술 작품 속에서 길이 구하기

원은 안정감과 불안정감을 동시에 가지고 있어 폭발적인 에너지를 가진 도형이다!

이것은 추상 미술의 아버지로 불리는 화가 칸딘스키가 한 말입니다. 선과 형태, 색채만으로 작가의 감정을 표현할 수 있다고 주장한 칸딘스키는 작품 속에서 유독 원을 많이 사용하여 감정을 표현하였는데 그의 작품 '원 속의 원'에서는 원과 원이 만나서 이루는 균형과 안정감을 강조하였습니다. 오른쪽 그림에서 사각형 ㄱㄴㄷㄹ의 네 변의 길이의 합은 몇 cm일까요?

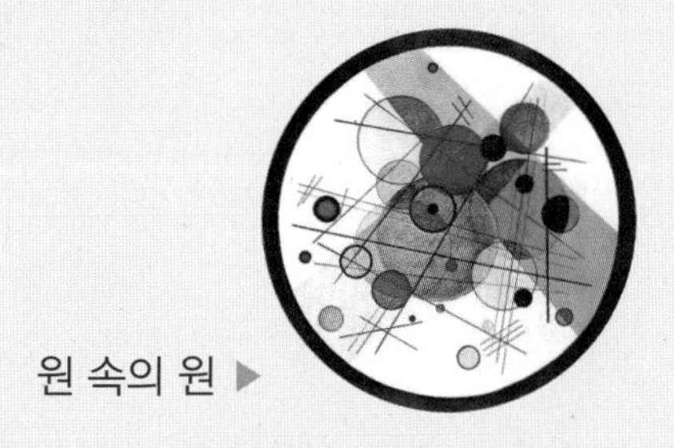
원 속의 원 ▶

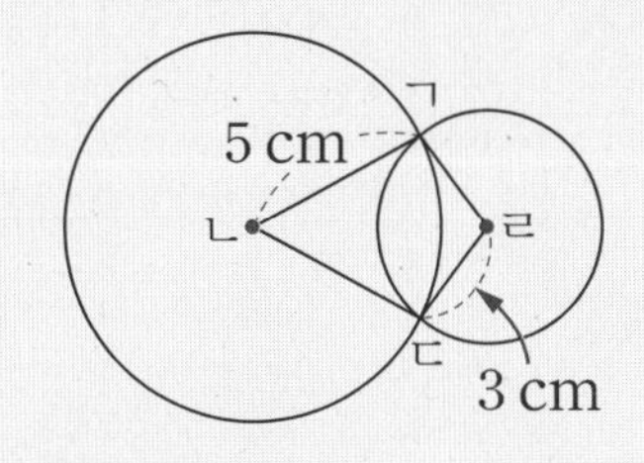

1단계 선분 ㄴㄷ, 선분 ㄹㄱ의 길이는 각각 몇 cm인지 구하기

2단계 사각형 ㄱㄴㄷㄹ의 네 변의 길이의 합은 몇 cm인지 구하기

( )

● 핵심 NOTE

1단계 한 원에서 반지름의 길이는 모두 같음을 이용하여 사각형의 네 변의 길이를 각각 알아봅니다.

2단계 사각형 ㄱㄴㄷㄹ의 네 변의 길이의 합을 구합니다.

3

4-1

아폴로니안 개스킷이란 커다란 원 안에 맞닿은 원을 반복적으로 채워 넣은 그림을 말합니다. 오른쪽 그림에서 중간 원 3개의 크기는 모두 같고, 가장 큰 원의 지름이 28 cm일 때 가장 작은 원의 지름은 약 2 cm입니다. 삼각형 ㄱㄴㄷ의 세 변의 길이의 합은 약 몇 cm일까요?

아폴로니안 개스킷을 이용한 그림 ▶

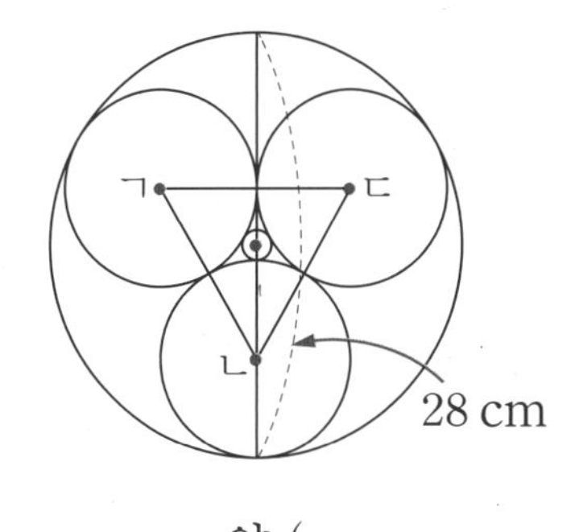

약 ( )

단원 평가 Level 1

점수

확인

1 원의 중심을 나타내는 점을 찾아 써 보세요.

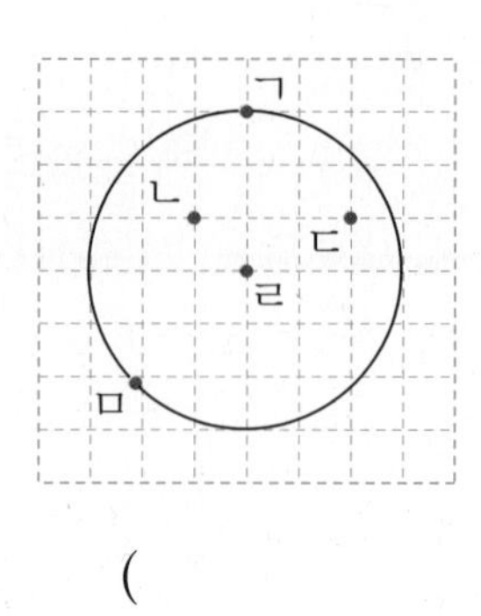

( )

2 오른쪽 그림에서 원의 반지름을 나타내는 선분을 모두 찾아 써 보세요.

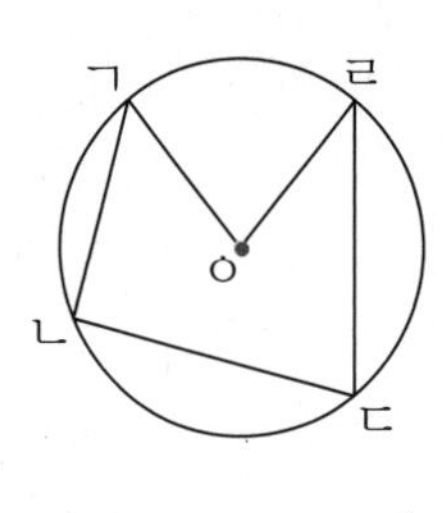

( )

3 컴퍼스를 이용하여 주어진 원과 크기가 같은 원을 그려 보세요.

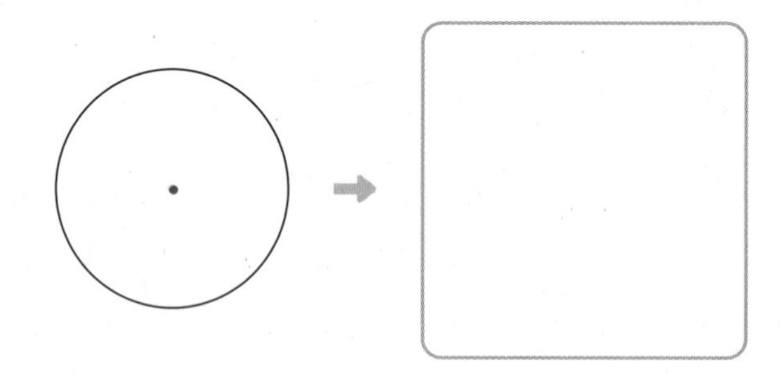

4 윤지가 컴퍼스를 2 cm만큼 벌려서 원을 그렸습니다. 윤지가 그린 원의 지름은 몇 cm일까요?

( )

5 크기가 다른 원을 그린 사람의 이름을 써 보세요.

연우: 난 반지름이 5 cm인 원을 그렸어.
지호: 난 지름이 10 cm인 원을 그렸어.
성빈: 난 반지름이 6 cm인 원을 그렸어.

( )

6 두 원의 지름의 차는 몇 cm일까요?

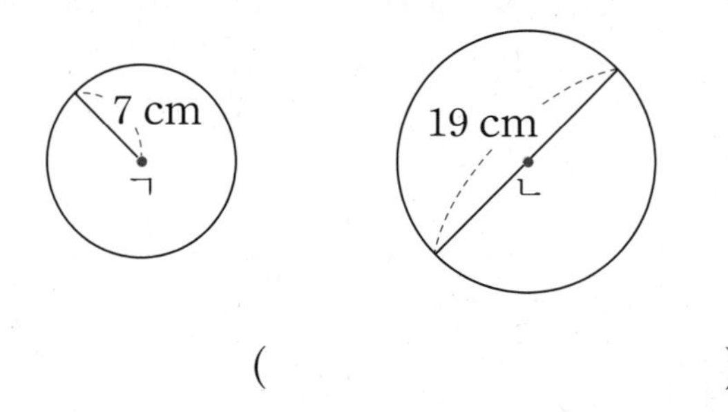

( )

7 선분 ㄴㅇ의 길이가 6 cm일 때 선분 ㄷㅂ의 길이는 몇 cm일까요?

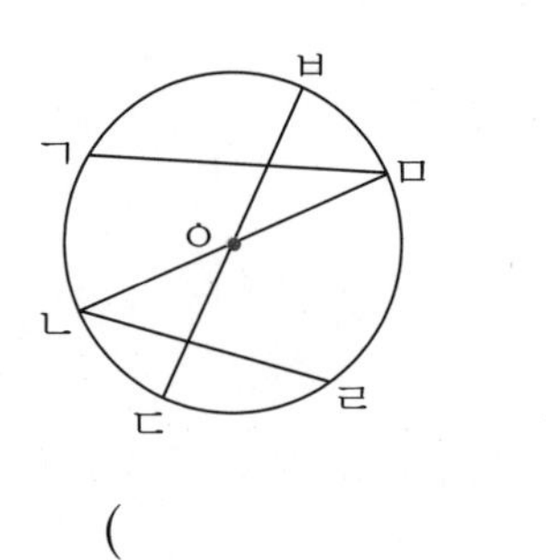

( )

8 다음과 같은 직사각형 안에 그릴 수 있는 가장 큰 원의 지름은 몇 cm일까요?

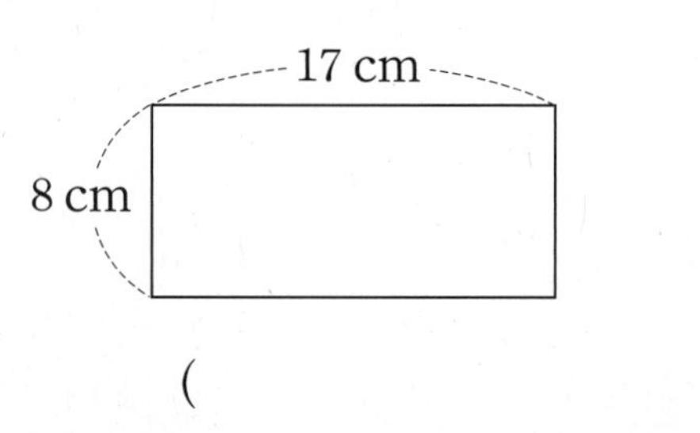

( )

9 규칙에 따라 원을 1개 더 그려 보세요.

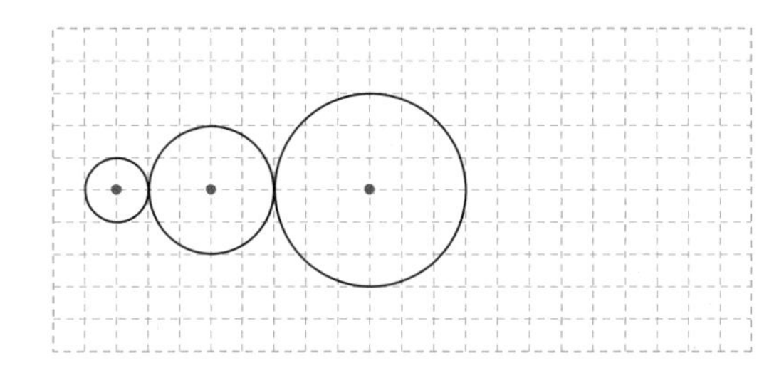

10 큰 원 안에 반지름이 2 cm인 작은 원 3개를 맞닿게 그렸습니다. 큰 원의 반지름은 몇 cm일까요?

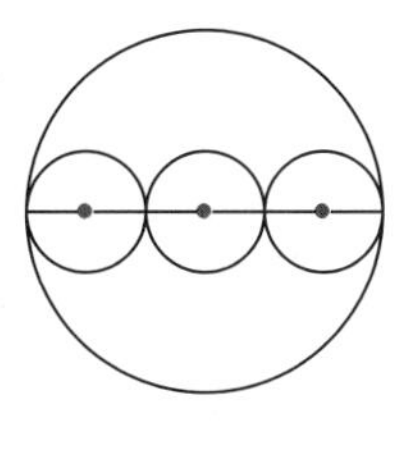

(　　　　　　　　　　)

11 주어진 모양과 똑같이 그려 보세요.

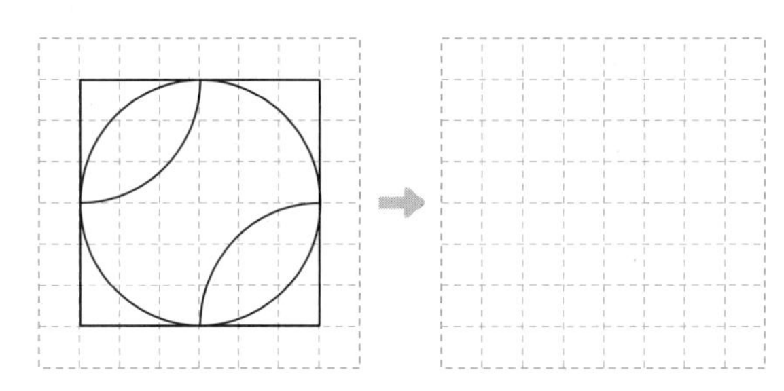

12 모양을 그릴 때 컴퍼스의 침을 꽂아야 할 곳의 수가 다른 하나를 찾아 기호를 써 보세요.

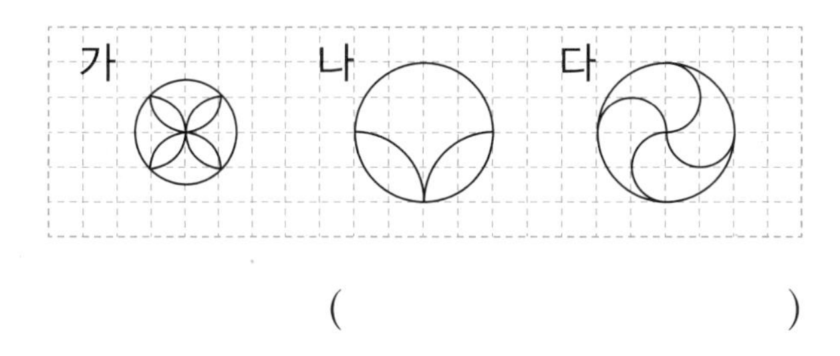

(　　　　　　　　　　)

13 그림과 같은 직사각형 안에 그릴 수 있는 가장 큰 원을 겹치지 않게 그려 넣을 때 몇 개까지 그려 넣을 수 있을까요?

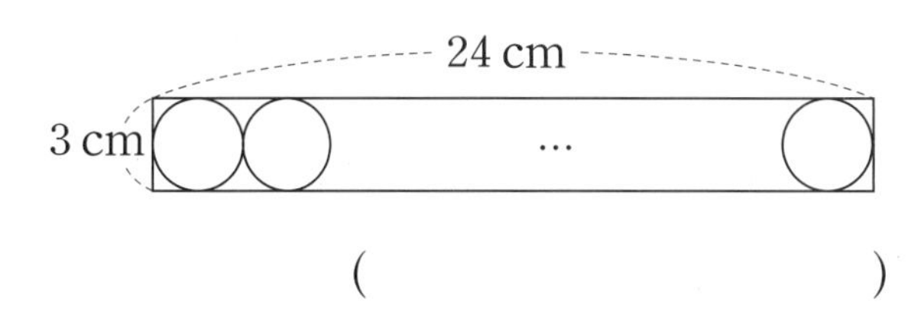

(　　　　　　　　　　)

14 지름이 18 cm인 원에 다음과 같이 정사각형을 그렸습니다. 점 ㅇ이 원의 중심일 때 정사각형의 네 변의 길이의 합은 몇 cm일까요?

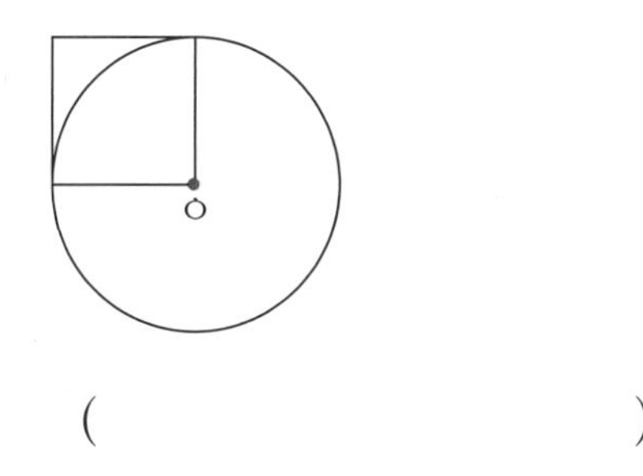

(　　　　　　　　　　)

15 점 ㄱ과 점 ㄴ은 각각 원의 중심입니다. 두 원의 지름의 합이 16 cm일 때 선분 ㄱㄴ의 길이는 몇 cm일까요?

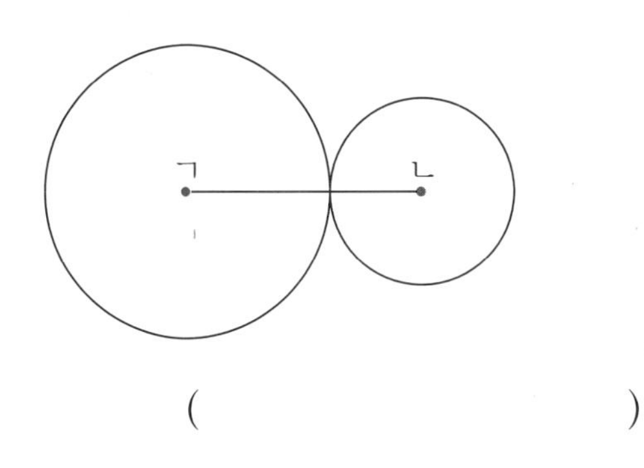

(　　　　　　　　　　)

3

16 점 ㄱ과 점 ㄴ은 각각 원의 중심입니다. 선분 ㄱㄴ의 길이는 몇 cm일까요?

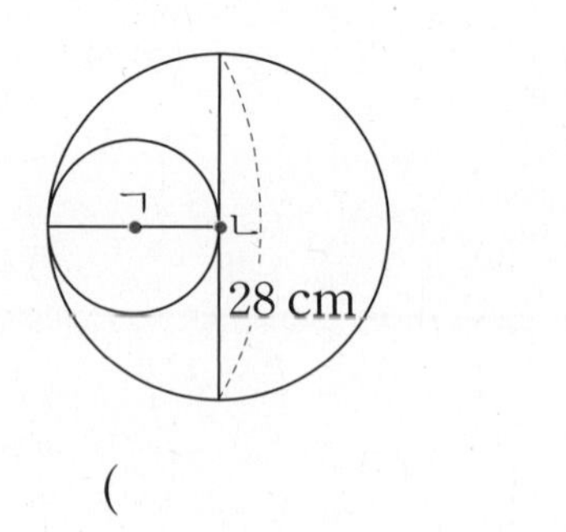

( )

17 직사각형 안에 점 ㄱ, 점 ㅁ을 중심으로 하는 원의 일부분을 그렸습니다. 선분 ㄴㄷ의 길이는 몇 cm일까요?

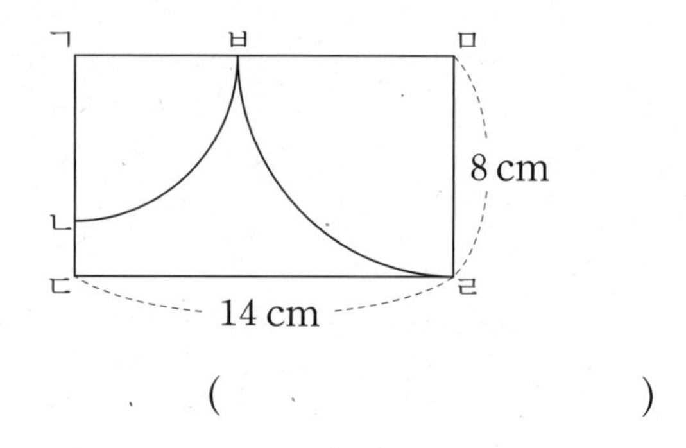

( )

18 큰 원의 지름은 18 cm, 작은 원의 지름은 12 cm입니다. 삼각형 ㄱㄴㄷ의 세 변의 길이의 합은 몇 cm일까요?

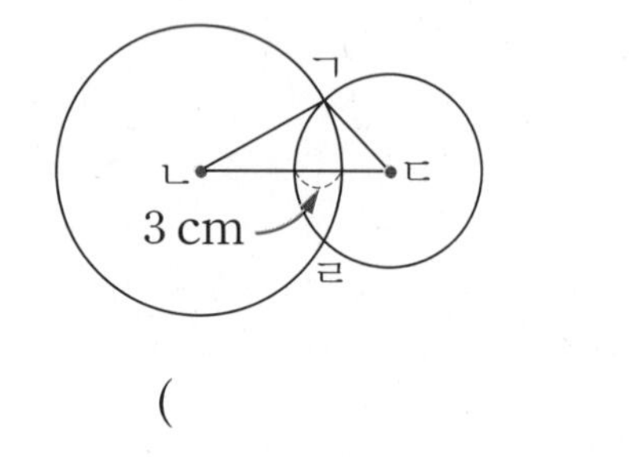

( )

서술형 문제

19 규칙에 따라 원을 점점 크게 그리고 있습니다. 규칙을 설명하고 다섯째 원의 반지름은 몇 cm인지 구해 보세요.

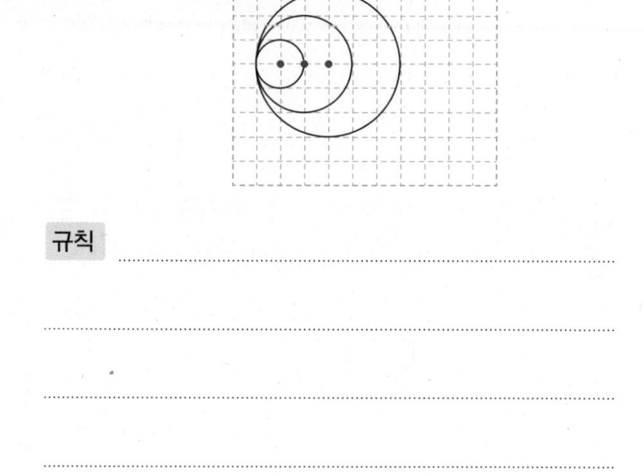

규칙

답

20 반지름이 각각 5 cm, 6 cm인 두 종류의 원을 맞닿게 그린 후 원의 중심을 이어 정사각형을 만들었습니다. 이 정사각형의 네 변의 길이의 합은 몇 cm인지 풀이 과정을 쓰고 답을 구해 보세요.

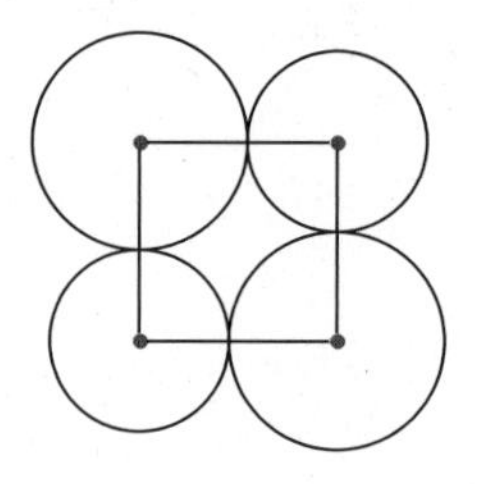

풀이

답

단원 평가 Level ❷

점수

확인

1 오른쪽 원의 반지름은 몇 cm일까요?

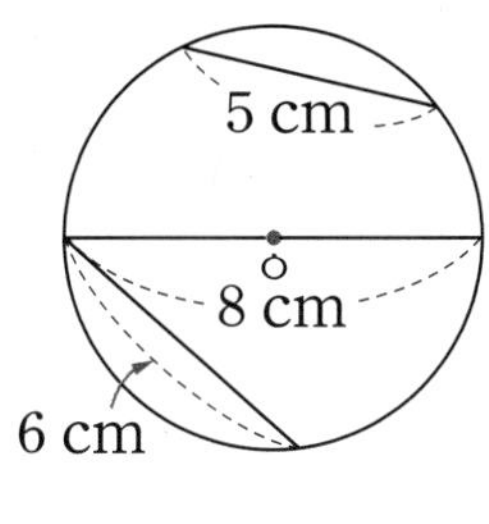

(　　　　　　　　　　)

2 길이가 가장 긴 선분을 찾아 써 보세요.

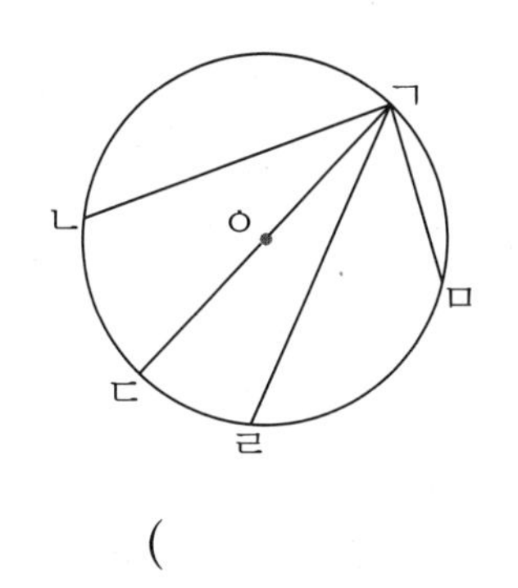

(　　　　　　　　　　)

3 컴퍼스를 이용하여 반지름이 1 cm 5 mm인 원을 그려 보세요.

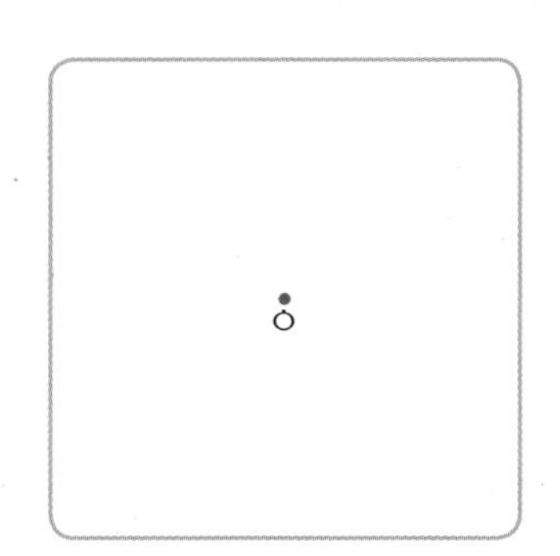

4 오른쪽과 크기가 같은 원을 그리려고 합니다. 컴퍼스를 몇 cm만큼 벌려서 원을 그려야 할까요?

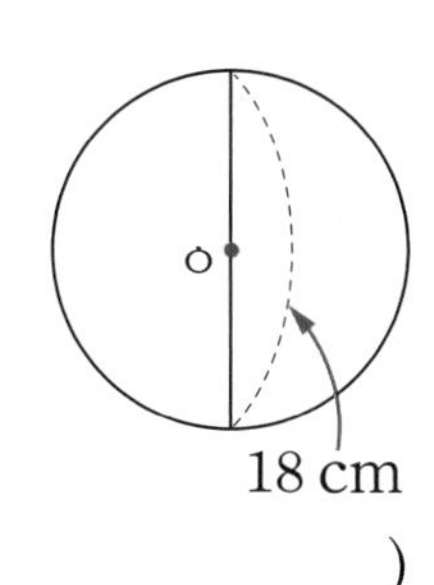

(　　　　　　　　　　)

5 원에 대하여 잘못 설명한 사람의 이름을 써 보세요.

> 유진: 원의 지름은 원을 똑같이 둘로 나눠.
> 성아: 원의 반지름은 지름의 2배야.
> 현우: 한 원에서 그을 수 있는 지름은 셀 수 없이 많아.

(　　　　　　　　　　)

6 원의 반지름은 몇 cm일까요?

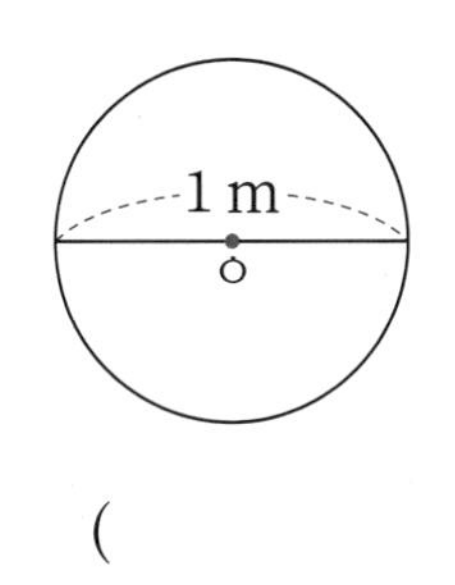

(　　　　　　　　　　)

7 오른쪽 그림과 같은 모양을 그릴 때 컴퍼스의 침을 꽂아야 할 곳은 모두 몇 군데일까요?

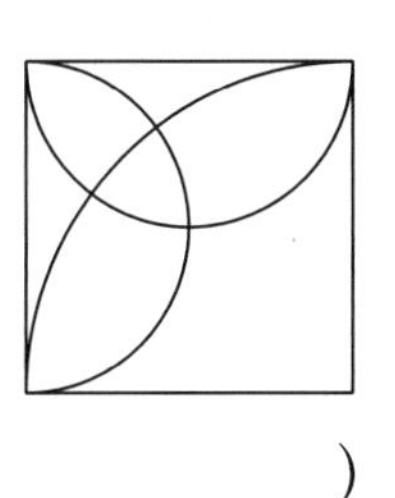

(　　　　　　　　　　)

8 오른쪽 그림에서 정사각형의 네 변의 길이의 합은 몇 cm일까요?

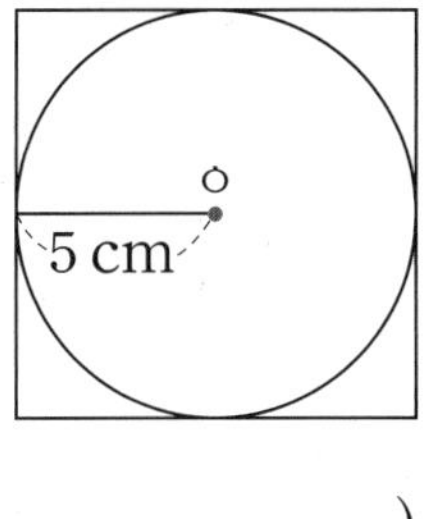

(　　　　　　　　　　)

3

9 크기가 큰 원부터 차례로 기호를 써 보세요.

> ㉠ 지름이 22 cm인 원
> ㉡ 반지름이 3 cm의 4배인 원
> ㉢ 반지름이 10 cm인 원

(　　　　　　　　　　)

10 원의 반지름은 같고 원의 중심은 다르게 하여 그린 모양은 어느 것일까요? (　　　　)

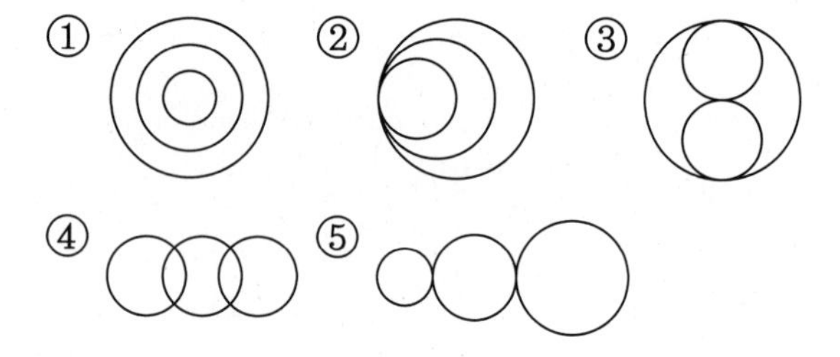

11 작은 원의 지름은 몇 cm일까요?

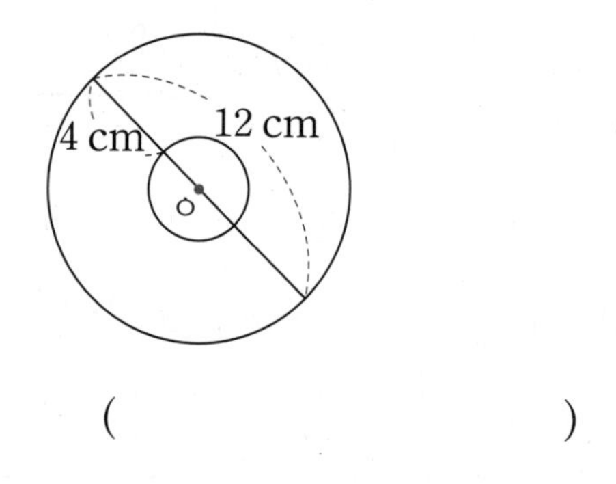

(　　　　　　　　　　)

12 점 ㄴ과 점 ㄹ은 각각 원의 중심이고 반지름이 6 cm인 크기가 같은 두 원이 그림과 같이 겹쳐 있습니다. 사각형 ㄱㄴㄷㄹ의 네 변의 길이의 합은 몇 cm일까요?

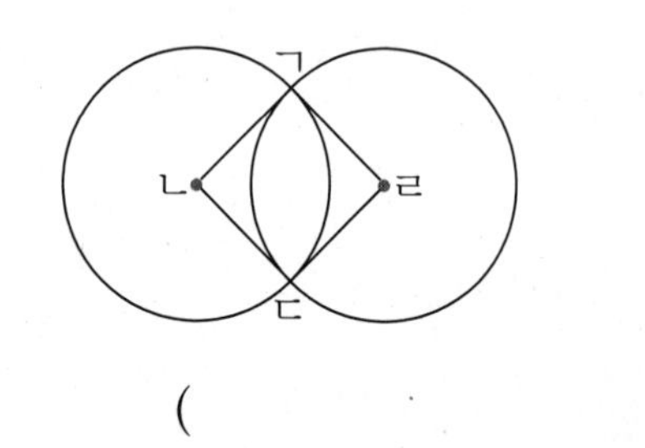

(　　　　　　　　　　)

13 점 ㄱ, 점 ㄴ, 점 ㄷ은 각각 원의 중심입니다. 선분 ㄱㄷ의 길이는 몇 cm일까요?

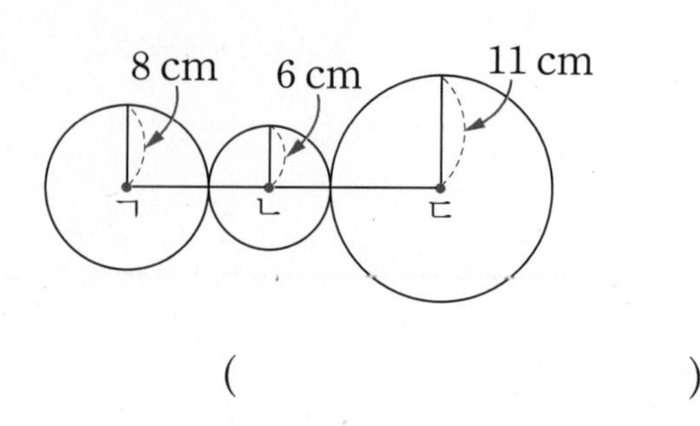

(　　　　　　　　　　)

14 가장 작은 원의 반지름이 7 cm일 때 가장 큰 원의 반지름은 몇 cm일까요?

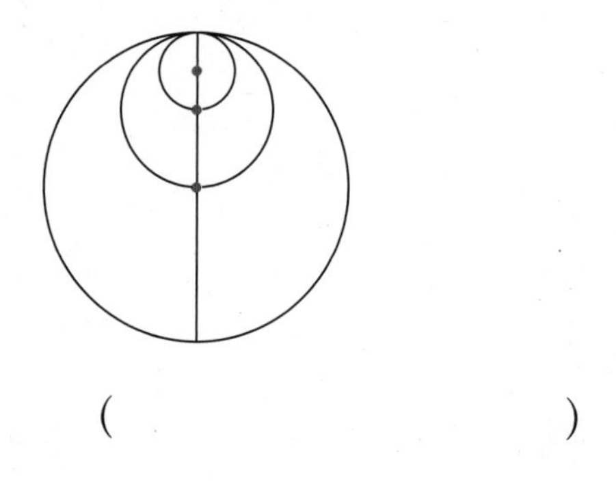

(　　　　　　　　　　)

15 크기가 같은 원 4개를 맞닿게 그린 후 원의 중심을 이어 사각형을 만들었습니다. 이 사각형의 네 변의 길이의 합이 40 cm일 때 한 원의 지름은 몇 cm일까요?

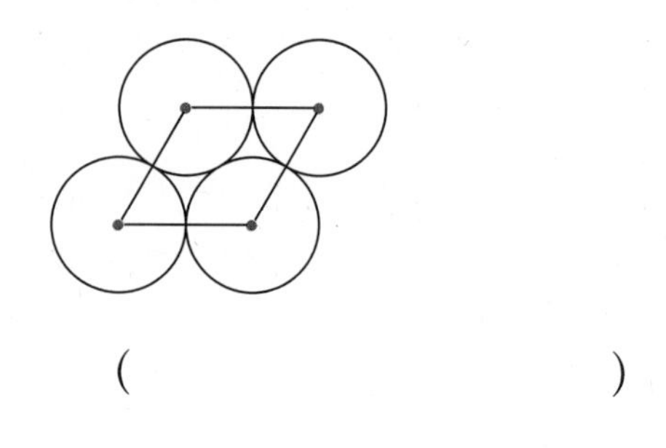

(　　　　　　　　　　)

16 직사각형 안에 반지름이 6 cm인 원 5개를 서로 중심이 지나도록 겹쳐서 그렸습니다. 직사각형의 가로는 몇 cm일까요?

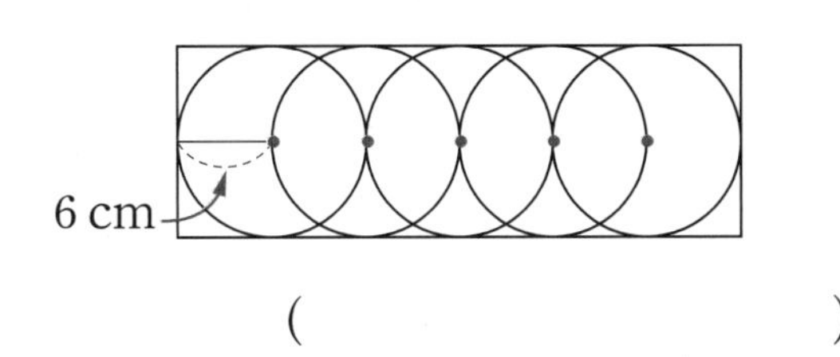

( )

17 점 ㄱ, 점 ㄴ, 점 ㄷ은 각각 원의 중심입니다. 선분 ㄴㄹ의 길이는 몇 cm일까요?

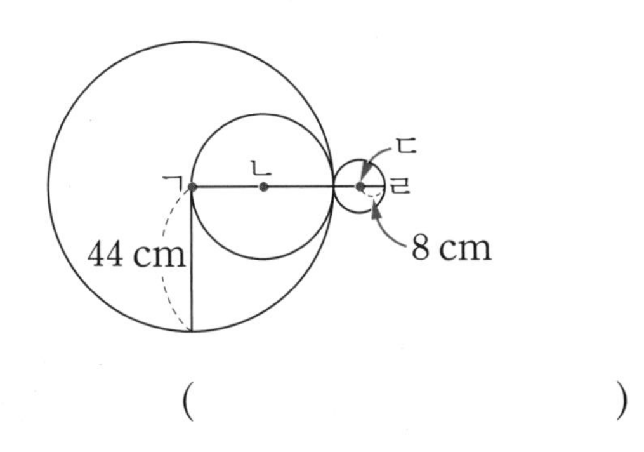

( )

18 큰 정사각형 안에 크기가 같은 원 4개를 맞닿게 그린 후 원의 중심을 이어 작은 정사각형을 그렸습니다. 작은 정사각형의 네 변의 길이의 합이 28 cm일 때 큰 정사각형의 네 변의 길이의 합은 몇 cm일까요?

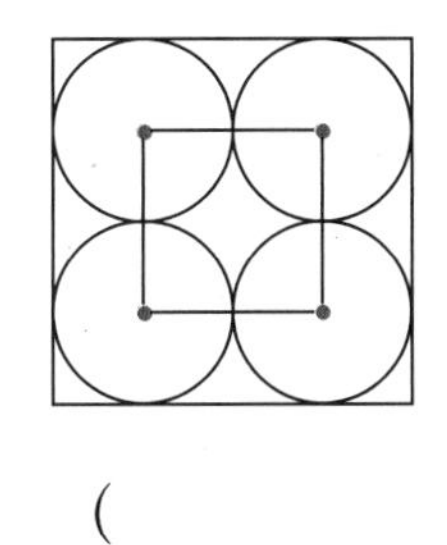

( )

서술형 문제

19 점 ㄴ은 원의 중심이고, 삼각형 ㄱㄴㄷ의 세 변의 길이의 합이 32 cm일 때 원의 반지름은 몇 cm인지 풀이 과정을 쓰고 답을 구해 보세요.

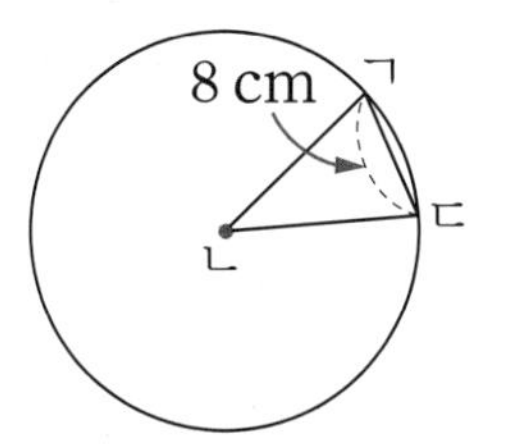

풀이

답

20 한 변의 길이가 8 cm인 정사각형 안에 원을 이용하여 모양을 그렸습니다. 선분 ㄱㄹ의 길이는 몇 cm인지 풀이 과정을 쓰고 답을 구해 보세요.

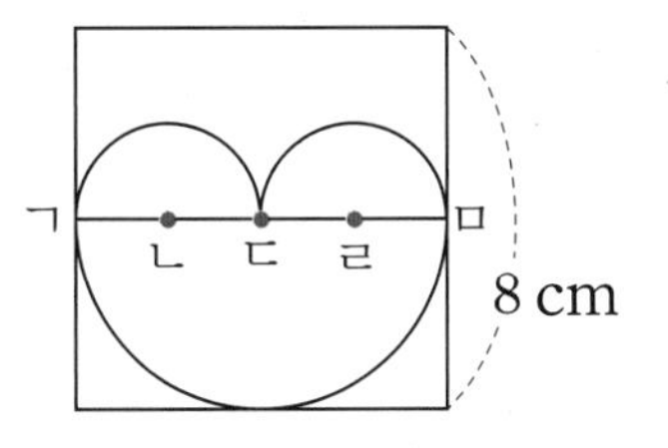

풀이

답

4 분수

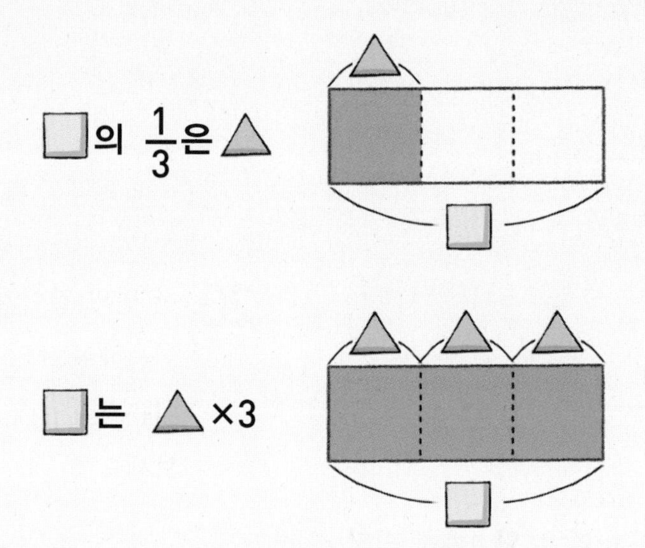

1보다 큰 분수도 있어!

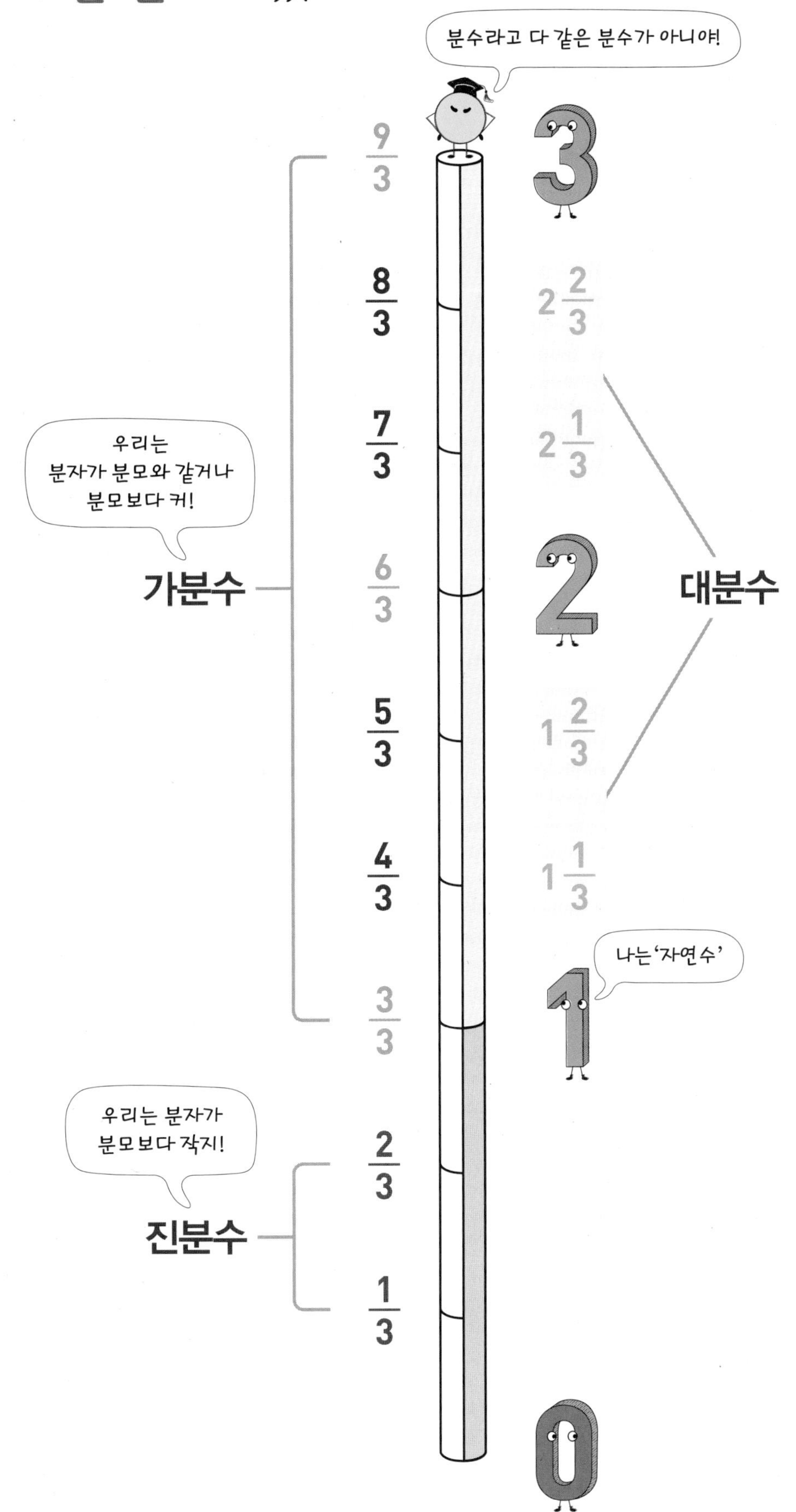

분수라고 다 같은 분수가 아니야!
우리는 분자가 분모와 같거나 분모보다 커!
가분수
$\frac{9}{3}$
$\frac{8}{3}$
$\frac{7}{3}$
$\frac{6}{3}$
$\frac{5}{3}$
$\frac{4}{3}$
$\frac{3}{3}$
우리는 분자가 분모보다 작지!
진분수
$\frac{2}{3}$
$\frac{1}{3}$
3
$2\frac{2}{3}$
$2\frac{1}{3}$
2
대분수
$1\frac{2}{3}$
$1\frac{1}{3}$
나는 '자연수'
1
0

1 분수로 나타내기

● 색칠한 부분은 전체의 얼마인지 분수로 나타내기

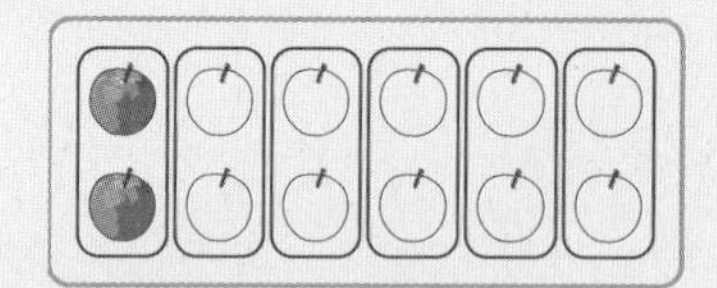

색칠한 부분은 전체를 똑같이 6묶음으로 나눈 것 중의 1묶음이므로 전체의 $\frac{1}{6}$ 입니다.

➡ 2는 12의 $\frac{1}{6}$ 입니다.

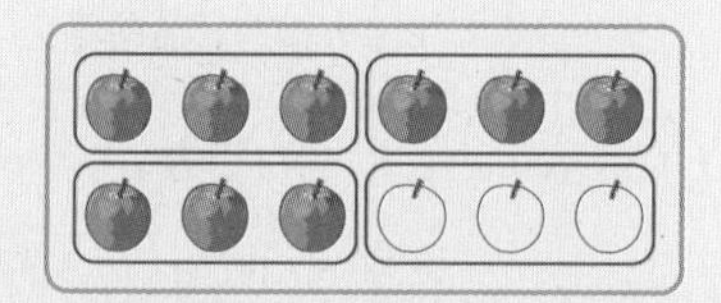

색칠한 부분은 전체를 똑같이 4묶음으로 나눈 것 중의 3묶음이므로 전체의 $\frac{3}{4}$ 입니다.

➡ 9는 12의 $\frac{3}{4}$ 입니다.

주의 개념

전체(8)와 부분(4)의 수는 같지만 묶음 수에 따라 나타내는 분수가 달라질 수 있습니다.

① 2개씩 묶었을 때

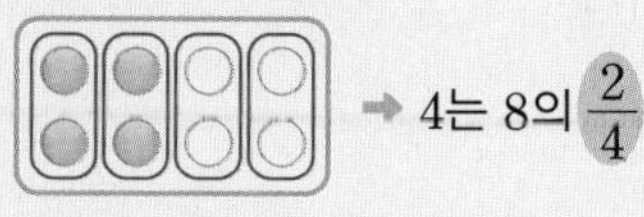

➡ 4는 8의 $\frac{2}{4}$

② 4개씩 묶었을 때

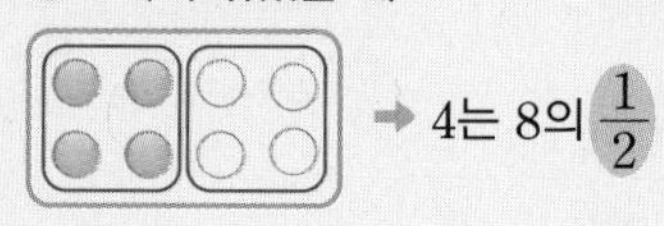

➡ 4는 8의 $\frac{1}{2}$

확인 !

6을 2씩 묶으면 □묶음이고, 2는 전체 □묶음 중의 □묶음이므로 2는 6의 $\frac{□}{□}$ 입니다.

1 색칠한 부분을 분수로 나타내 보세요.

(1)

$\frac{□}{□}$

(2)

$\frac{□}{□}$

▶ **분수로 나타내는 방법**
전체 묶음 수는 분모에, 부분 묶음 수는 분자에 나타냅니다.
➡ $\frac{(부분 묶음 수)}{(전체 묶음 수)}$

2 구슬을 4개씩 묶고, □ 안에 알맞은 수를 써넣으세요.

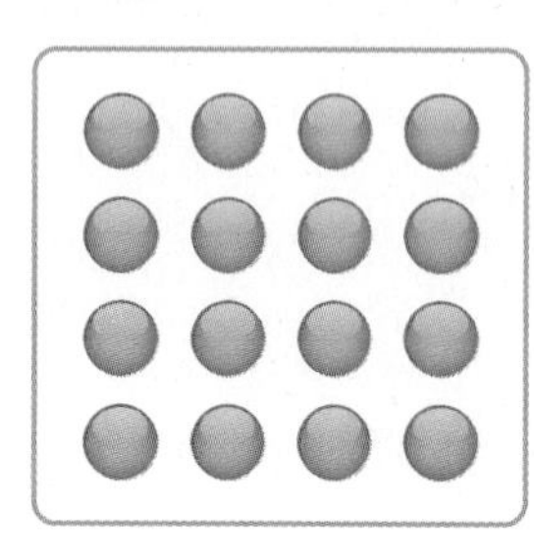

(1) 16개를 4개씩 묶으면 □묶음입니다.

(2) 4는 16의 $\frac{□}{□}$ 입니다.

(3) 12는 16의 $\frac{□}{□}$ 입니다.

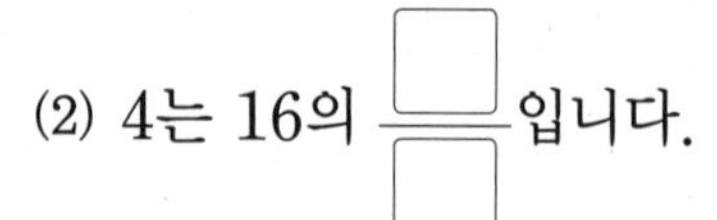

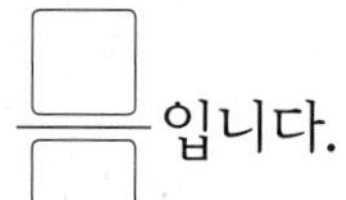

▶ 묶음 수를 생각하지 않고 4는 16의 $\frac{4}{16}$, 12는 16의 $\frac{12}{16}$ 로 답하지 않도록 합니다.

분수만큼은 얼마인지 알아보기 (1)

정답과 풀이 23쪽

분수만큼은 얼마인지 알아보기

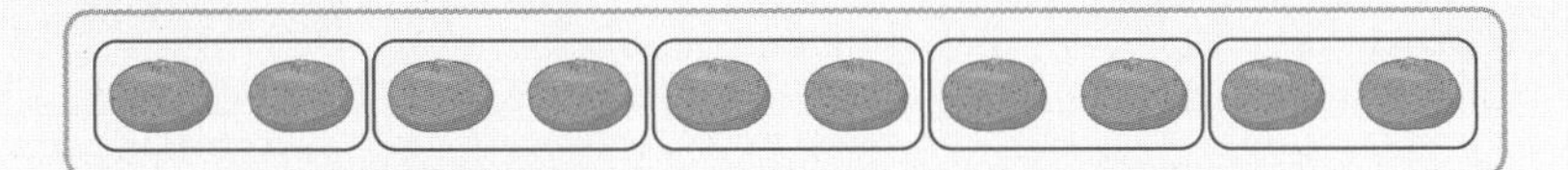

귤 10개를 똑같이 5묶음으로 나누면 1묶음은 2개입니다.

- 10의 $\frac{1}{5}$: 10을 똑같이 5묶음으로 나눈 것 중의 1묶음 ➡ 2
- 10의 $\frac{3}{5}$: 10을 똑같이 5묶음으로 나눈 것 중의 3묶음 ➡ 6

실전 개념

- 전체의 $\frac{▲}{■}$는 전체를 똑같이 ■묶음으로 나눈 것 중의 ▲묶음입니다.
- $\frac{▲}{■}$는 $\frac{1}{■}$의 ▲배입니다.

예 10의 $\frac{1}{5}$은 2 → 3배 → 10의 $\frac{3}{5}$은 6

3 □ 안에 알맞은 수를 써넣으세요.

(1) 21의 $\frac{1}{3}$은 □입니다.

(2) 21의 $\frac{2}{3}$는 □입니다.

▶ 마카롱 21개를 똑같이 3묶음으로 나누면 한 묶음은 7개입니다.

4 그림을 보고 □ 안에 알맞은 수를 써넣으세요.

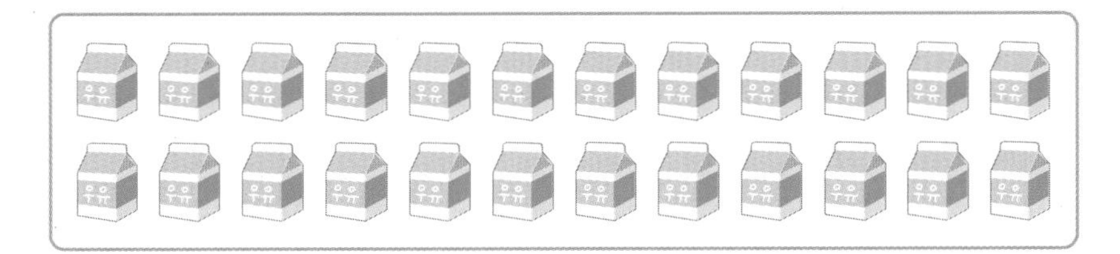

(1) 24의 $\frac{1}{2}$은 □입니다.

(2) 24의 $\frac{2}{3}$는 □입니다.

(3) 24의 $\frac{3}{4}$은 □입니다.

(4) 24의 $\frac{5}{8}$는 □입니다.

▶
- ■의 $\frac{1}{●}$은 ■÷●로 구할 수 있습니다.
- ■의 $\frac{★}{●}$은 ■÷●×★로 구할 수 있습니다.

5 □ 안에 알맞은 수를 써넣으세요.

(1) 8의 $\frac{1}{4}$ ➡ □

3배 ↓ ↓ 3배

8의 $\frac{3}{4}$ ➡ □

(2) 15의 $\frac{1}{5}$ ➡ □

□배 ↓ ↓ □배

15의 $\frac{4}{5}$ ➡ □

? $\frac{1}{2}$과 $\frac{2}{4}$는 같은 분수인가요?

- 12의 $\frac{1}{2}$은 12를 똑같이 2묶음으로 나눈 것 중의 1묶음이므로 6입니다.
- 12의 $\frac{2}{4}$는 12를 똑같이 4묶음으로 나눈 것 중의 2묶음이므로 6입니다.

↓

$\frac{1}{2}$과 $\frac{2}{4}$는 크기가 같은 분수이지만 묶음 수를 다르게 나타낸 분수입니다.

3 분수만큼은 얼마인지 알아보기 (2)

정답과 풀이 23쪽

● 길이의 분수만큼 알아보기

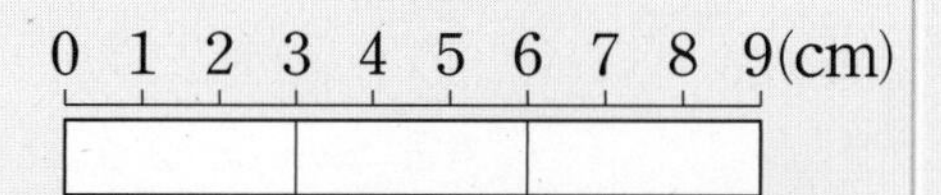

9 cm를 똑같이 3부분으로 나누면 1부분은 3 cm입니다.

➡ 9 cm의 $\frac{1}{3}$은 3 cm입니다.

9 cm의 $\frac{2}{3}$는 6 cm입니다.

● 시간의 분수만큼 알아보기

12시간을 똑같이 6부분으로 나누면 1부분은 2시간입니다.

➡ 12시간의 $\frac{1}{6}$은 2시간입니다.

12시간의 $\frac{3}{6}$은 6시간입니다.

⊕ 보충 개념

길이의 단위분수만큼 알아보기

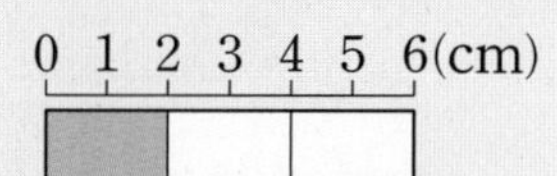

6 cm의 $\frac{1}{3}$ → 2 cm

0 1 2 3 4 5 6(cm)

6 cm의 $\frac{1}{2}$ → 3 cm

6 그림을 보고 □ 안에 알맞은 수를 써넣으세요.

0 1 2 3 4 5 6 7 8 9 10 11 12 13 14 15 16(cm)

(1) 16 cm의 $\frac{1}{8}$은 □ cm입니다.

(2) 16 cm의 $\frac{5}{8}$는 □ cm입니다.

▶ ● cm의 $\frac{▲}{■}$

● cm를 똑같이 ■부분으로 나눈 것 중의 ▲부분

7 종이띠를 보고 □ 안에 알맞은 수를 써넣으세요.

0 1 2 3 4 5 6 7 8 9 10 11 12 13 14 15 16 17 18 19 20(cm)

(1) 20 cm의 $\frac{2}{5}$는 □ cm입니다.

(2) 20 cm의 $\frac{3}{4}$은 □ cm입니다.

▶ 종이띠를 분수의 분모만큼 똑같이 나누어 봅니다.

8 그림을 보고 □ 안에 알맞은 수를 써넣으세요.

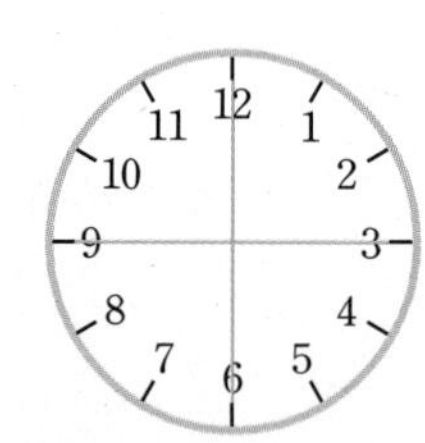

(1) 12시간의 $\frac{1}{4}$은 □시간입니다.

(2) 12시간의 $\frac{3}{4}$은 □시간입니다.

? 실생활에서의 분수만큼도 구할 수 있을까요?

예 요리: 밀가루 200 g의 $\frac{1}{2}$

➡ 100 g

금융: 2000원의 $\frac{1}{4}$

➡ 500원

기본에서 응용으로

1 분수로 나타내기

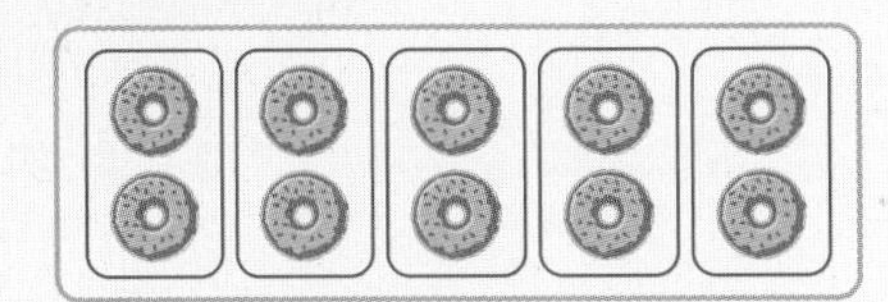

10개를 2개씩 묶으면 5묶음이 됩니다.

- 2는 10의 $\frac{1}{5}$입니다.
- 6은 10의 $\frac{3}{5}$입니다.

1 그림을 보고 □ 안에 알맞은 수를 써넣으세요.

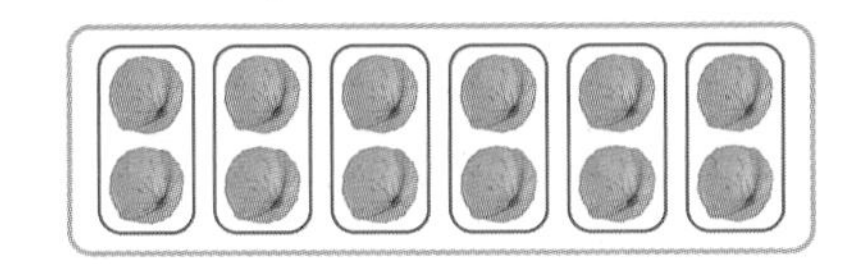

6은 12의 $\frac{□}{□}$입니다.

2 □ 안에 알맞은 수를 써넣으세요.

(1) 20개를 2개씩 묶으면 □묶음이 됩니다.

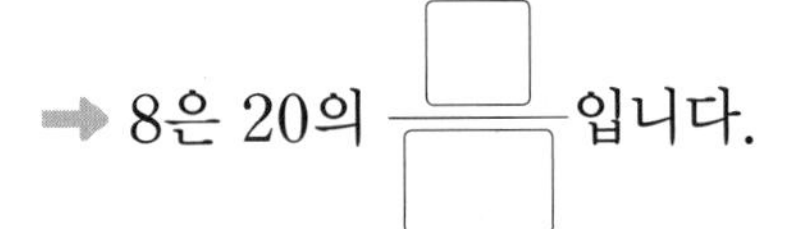

➡ 8은 20의 $\frac{□}{□}$입니다.

(2) 20개를 4개씩 묶으면 □묶음이 됩니다.

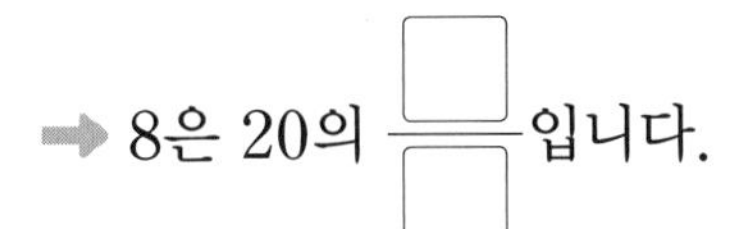

➡ 8은 20의 $\frac{□}{□}$입니다.

3 □ 안에 알맞은 수를 써넣으세요.

(1) 30을 6씩 묶으면 18은 30의 $\frac{□}{□}$입니다.

(2) 45를 5씩 묶으면 20은 45의 $\frac{□}{□}$입니다.

4 수진이는 가지고 있던 색종이 28장을 한 묶음에 4장씩 묶어 16장을 친구에게 주었습니다. 수진이가 친구에게 준 색종이는 전체의 얼마인지 분수로 나타내 보세요.

(　　　　　)

5 분수를 잘못 나타낸 사람의 이름을 써 보세요.

민지: 24를 3씩 묶으면 9는 24의 $\frac{3}{8}$이야.

준서: 24를 4씩 묶으면 12는 24의 $\frac{4}{6}$야.

(　　　　　)

서술형

6 ㉠과 ㉡에 알맞은 수의 합은 얼마인지 풀이 과정을 쓰고 답을 구해 보세요.

- 54를 9씩 묶으면 9는 54의 $\frac{1}{㉠}$입니다.
- 36을 6씩 묶으면 24는 36의 $\frac{㉡}{6}$입니다.

풀이 ....

....

....

....

답 ....

4

2 분수만큼은 얼마인지 알아보기(1)

• 8의 $\frac{1}{4}$은 2입니다. • 8의 $\frac{3}{4}$은 6입니다.

7 그림을 보고 □ 안에 알맞은 수를 써넣으세요.

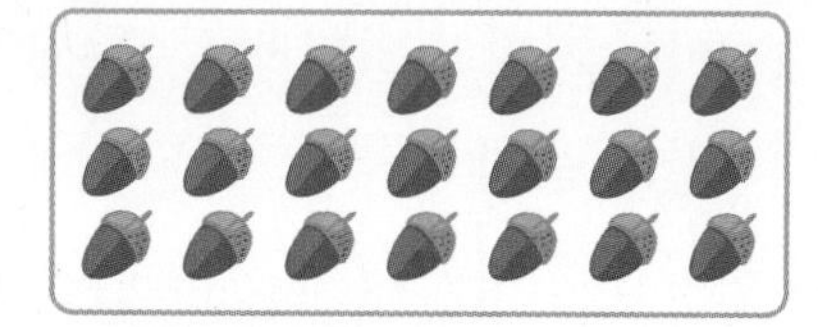

(1) 21의 $\frac{2}{3}$는 □입니다.

(2) 21의 $\frac{5}{7}$는 □입니다.

8 나타내는 수가 5인 것을 찾아 기호를 써 보세요.

㉠ 27의 $\frac{1}{3}$ ㉡ 30의 $\frac{1}{6}$ ㉢ 18의 $\frac{1}{3}$

( )

9 □ 안에 알맞은 수가 다른 하나를 찾아 기호를 써 보세요.

㉠ 21의 $\frac{2}{3}$는 □입니다.

㉡ 16의 $\frac{7}{8}$은 □입니다.

㉢ 32의 $\frac{3}{4}$은 □입니다.

( )

10 ■의 $\frac{1}{6}$이 3일 때 ■의 $\frac{5}{6}$는 얼마일까요?

( )

창의+

11 제로 웨이스트는 일회용품 사용을 줄이고 재활용이 가능한 재료를 사용함으로써 쓰레기를 최소화하려는 노력입니다. 지우는 제로 웨이스트를 실천하기 위해 한 상자에 10개씩 들어 있는 천연 수세미를 4상자 사서 그중 $\frac{4}{5}$를 선물하였습니다. 선물한 수세미는 몇 개일까요?

( )

서술형

12 사탕 45개 중 희주가 $\frac{1}{5}$을 가졌고, 민아가 $\frac{1}{9}$을 가졌습니다. 희주가 민아보다 사탕을 몇 개 더 많이 가졌는지 풀이 과정을 쓰고 답을 구해 보세요.

풀이

답

13 저금통에 들어 있는 동전 24개 중 $\frac{3}{8}$이 100원짜리 동전입니다. 100원짜리 동전은 모두 얼마일까요?

( )

3 분수만큼은 얼마인지 알아보기(2)

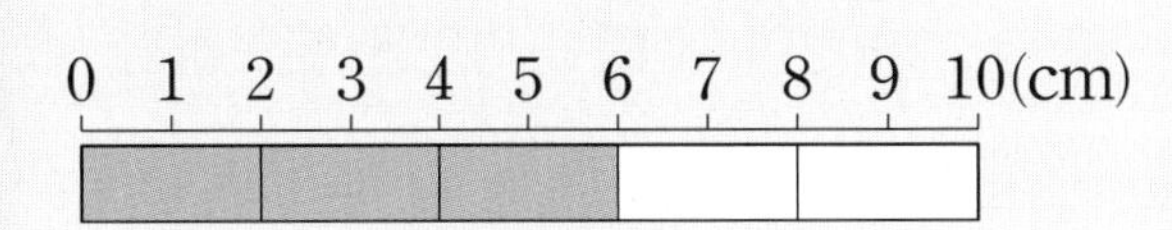

- 10 cm의 $\frac{1}{5}$은 2 cm입니다.
- 10 cm의 $\frac{3}{5}$은 6 cm입니다.

14 수직선을 보고 □ 안에 알맞은 수를 써넣으세요.

0　　　　　　　　　　　　　　　1(m)

0 10 20 30 40 50 60 70 80 90 100(cm)

(1) 1 m의 $\frac{1}{2}$은 □ cm입니다.

(2) 1 m의 $\frac{4}{5}$는 □ cm입니다.

15 □ 안에 알맞은 수를 써넣으세요.

(1) 1시간의 $\frac{1}{5}$은 □분입니다.

(2) 1시간의 $\frac{1}{12}$은 □분입니다.

16 시간이 더 짧은 것을 찾아 기호를 써 보세요.

㉠ 12시간의 $\frac{5}{6}$	㉡ 12시간의 $\frac{3}{4}$

(　　　　　　　　)

17 선우는 하루 24시간의 $\frac{3}{8}$은 잠을 잤고, $\frac{1}{4}$은 학교에서 생활했습니다. □ 안에 알맞은 수를 써넣으세요.

(1) 잠을 잔 시간은 □시간입니다.

(2) 학교에서 생활한 시간은 □시간입니다.

18 준서가 오늘 걸은 거리는 몇 km일까요?

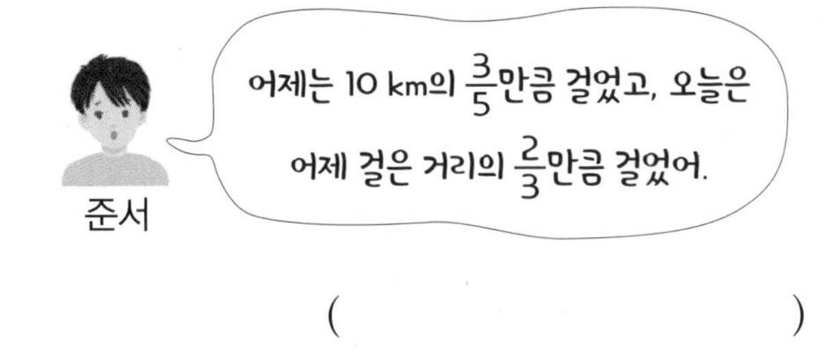

어제는 10 km의 $\frac{3}{5}$만큼 걸었고, 오늘은
어제 걸은 거리의 $\frac{2}{3}$만큼 걸었어.
준서

(　　　　　　　　)

창의+

19 18의 $\frac{1}{3}$, $\frac{2}{3}$, $\frac{1}{6}$, $\frac{5}{6}$만큼 되는 곳에 들어갈 글자를 찾아 □ 안에 알맞게 써넣고, 낱말을 완성해 보세요.

18의 $\frac{1}{3}$ ➡ 바　　18의 $\frac{2}{3}$ ➡ 라

18의 $\frac{1}{6}$ ➡ 해　　18의 $\frac{5}{6}$ ➡ 기

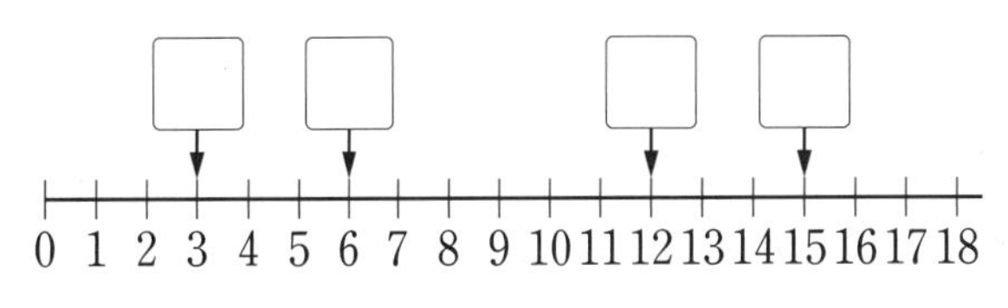

낱말 ……………………

4

4 남은 수 구하기

예 붙임딱지 24장 중에서 수첩을 꾸미는 데 $\frac{1}{3}$을 사용하고 남은 붙임딱지의 수 구하기

① 24의 $\frac{1}{3}$은 8이므로 사용한 붙임딱지는 8장입니다.

② 남은 붙임딱지는 $24-8=16$(장)입니다.

20 영우는 색종이 40장 중에서 종이꽃을 접는 데 $\frac{3}{8}$을 사용했습니다. 남은 색종이는 몇 장일까요?

(　　　　　　　　)

21 딸기 36개 중에서 연주는 $\frac{5}{9}$를 먹었고, 희연이는 연주가 먹고 남은 딸기의 $\frac{1}{4}$을 먹었습니다. 희연이가 먹은 딸기는 몇 개일까요?

(　　　　　　　　)

22 수현이는 방울토마토 56개 중에서 $\frac{3}{7}$을 먹었고, 유미는 수현이가 먹고 남은 방울토마토의 $\frac{5}{8}$를 먹었습니다. 남은 방울토마토는 몇 개일까요?

(　　　　　　　　)

5 전체 수 구하기

■의 $\frac{1}{4}$이 2일 때 ■에 알맞은 수 구하기

➡ ■는 전체를 나타내는 수이므로 전체를 똑같이 4묶음으로 나눈 것 중의 1묶음이 2입니다.

➡ ■는 2씩 4묶음이므로 $2 \times 4 = 8$입니다.

23 □ 안에 알맞은 수를 써넣으세요.

(1) □의 $\frac{1}{8}$은 4입니다.

(2) □의 $\frac{3}{7}$은 18입니다.

24 어떤 수의 $\frac{2}{5}$는 8입니다. 어떤 수는 얼마인지 구해 보세요.

(　　　　　　　　)

서술형

25 어떤 철사의 $\frac{1}{9}$은 12 cm입니다. 이 철사의 $\frac{1}{6}$은 몇 cm인지 풀이 과정을 쓰고 답을 구해 보세요.

풀이 ....

답 ....

4 진분수와 가분수 알아보기

정답과 풀이 25쪽

● **진분수, 가분수, 자연수 알아보기**

- 진분수: $\frac{1}{3}$, $\frac{2}{3}$와 같이 분자가 분모보다 작은 분수
- 가분수: $\frac{3}{3}$, $\frac{4}{3}$, $\frac{5}{3}$와 같이 분자가 분모와 같거나 분모보다 큰 분수
- 자연수: 1, 2, 3과 같은 수

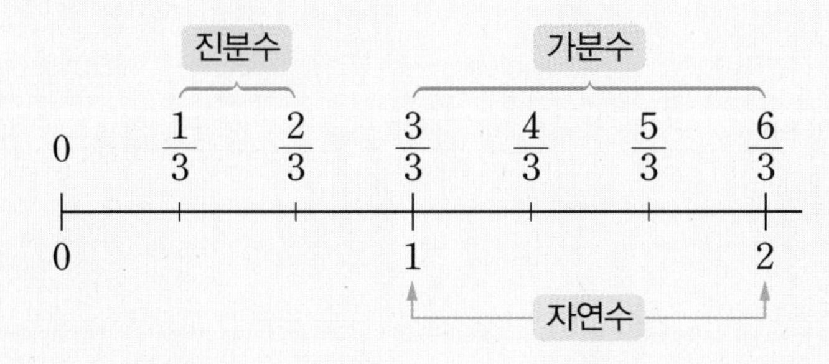

$\frac{2}{2}, \frac{3}{3}, \frac{4}{4}, \cdots$는 자연수 1과 같아.

연결 개념

- **진분수의 덧셈**

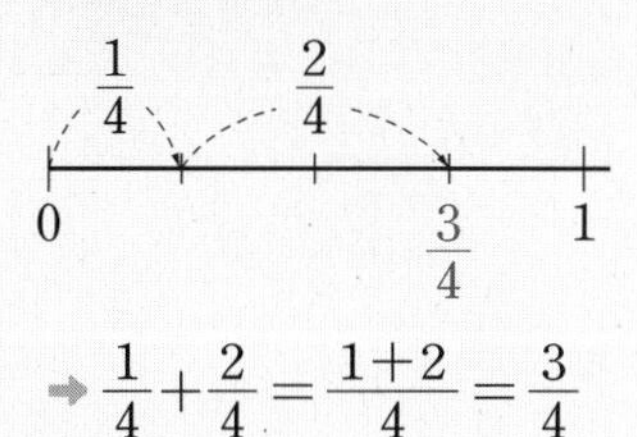

$\Rightarrow \frac{1}{4}+\frac{2}{4}=\frac{1+2}{4}=\frac{3}{4}$

- **진분수의 뺄셈**

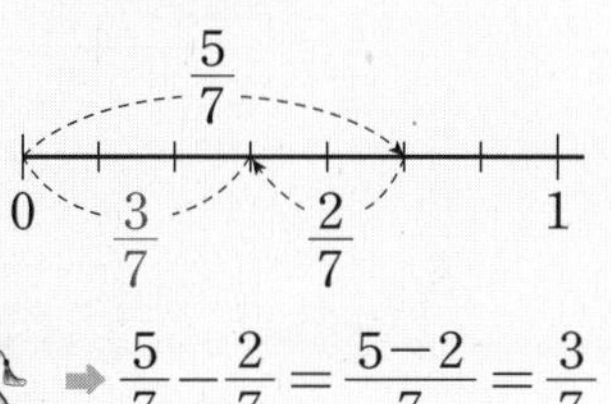

$\Rightarrow \frac{5}{7}-\frac{2}{7}=\frac{5-2}{7}=\frac{3}{7}$

1 색칠한 부분을 분수로 나타내 보세요.

(1)

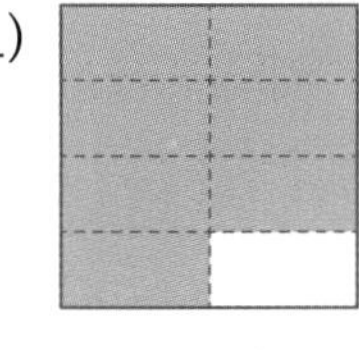

(2)

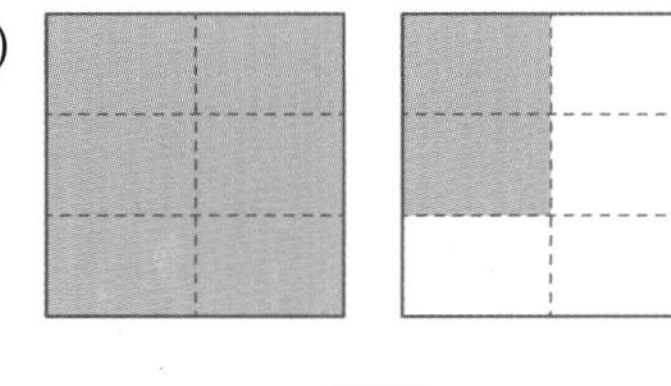

$\frac{\square}{\square}$ $\frac{\square}{\square}$

$\frac{3}{0}$은 가분수일까요?

$\frac{3}{0}$이 분수라면 전체를 똑같이 0묶음으로 나눈 것 중의 3묶음이라는 건데 전체를 0묶음으로 나눌 수는 없으므로 $\frac{3}{0}$은 분수가 될 수 없습니다.

2 그림을 보고 □ 안에 알맞은 수를 써넣으세요.

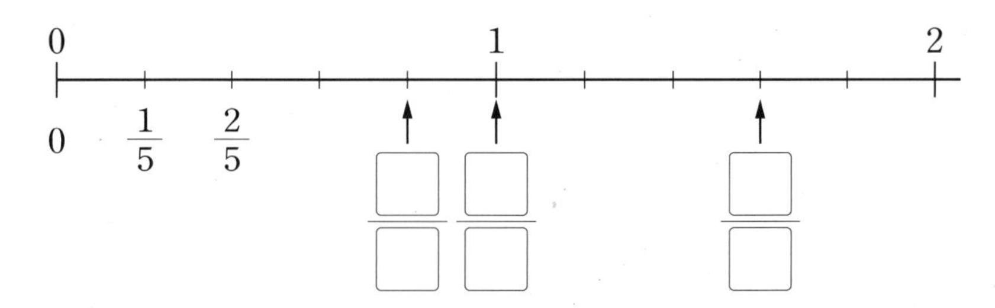

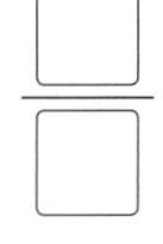

3 진분수는 '진', 가분수는 '가'를 써넣으세요.

$\frac{4}{7}$	$\frac{1}{11}$	$\frac{9}{9}$	$\frac{13}{6}$	$\frac{4}{5}$
(　　)	(　　)	(　　)	(　　)	(　　)

▸ 분수 $\frac{▲}{■}$에서 ▲<■이면 진분수이고, ▲=■이거나 ▲>■이면 가분수입니다.

5 대분수 알아보기

● **대분수 알아보기**

대분수: $1\frac{1}{3}$과 같이 자연수와 진분수로 이루어진 분수

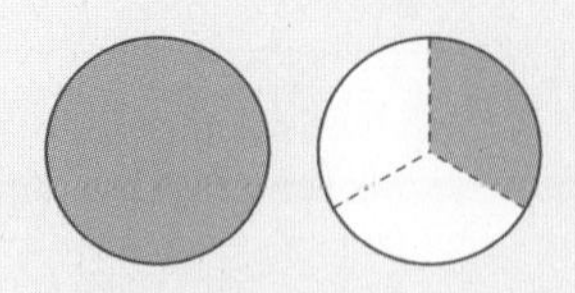

쓰기 $1\frac{1}{3}$

읽기 1과 3분의 1

● **대분수를 가분수로 나타내기**

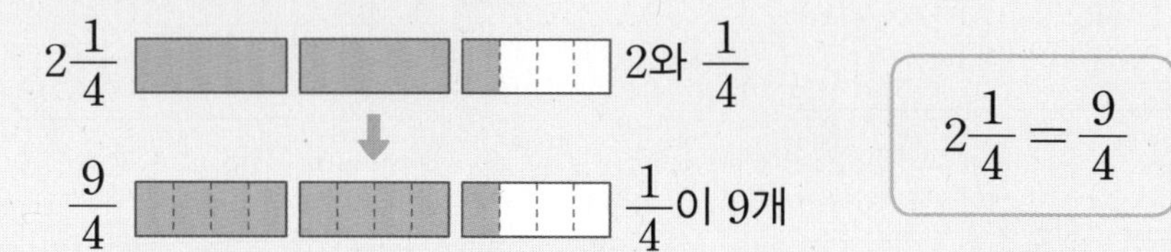

$$2\frac{1}{4} = \frac{9}{4}$$

● **가분수를 대분수로 나타내기**

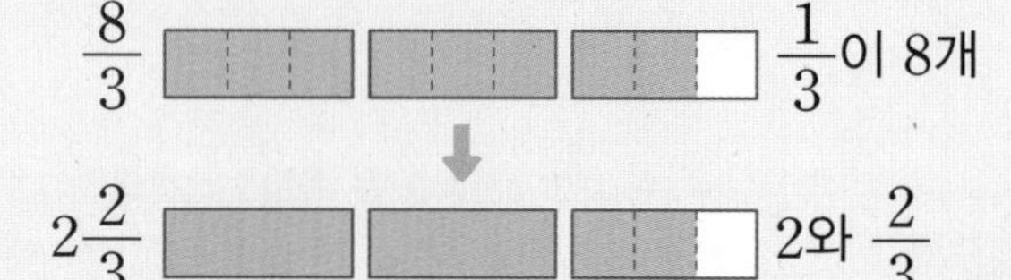

$$\frac{8}{3} = 2\frac{2}{3}$$

연결 개념

분수의 덧셈으로 알아보기

① 대분수를 가분수로 나타내는 방법

$2\frac{1}{4} = 2 + \frac{1}{4}$
$= \frac{8}{4} + \frac{1}{4}$
$= \frac{9}{4}$

② 가분수를 대분수로 나타내는 방법

$\frac{8}{3} = \frac{6}{3} + \frac{2}{3}$
$= 2 + \frac{2}{3}$
$= 2\frac{2}{3}$

주의 개념

가분수를 대분수로 나타낼 때 대분수는 자연수와 진분수로 이루어졌으므로 분수 부분의 분자가 분모보다 작아야 합니다.

$\frac{7}{3} = 1\frac{4}{3}$ (×) $\frac{7}{3} = 2\frac{1}{3}$ (○)

4 $2\frac{3}{4}$을 여러 가지 방법으로 나타내 보세요.

(1) $2\frac{3}{4}$만큼 색칠해 보세요.

(2) $2\frac{3}{4}$을 수직선에 ↑로 나타내 보세요.

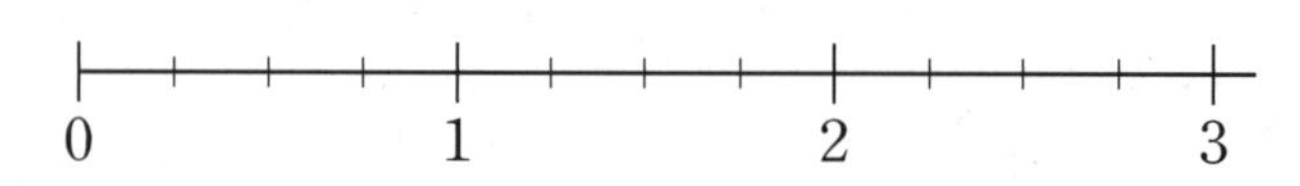

5 대분수는 가분수로, 가분수는 대분수로 나타내 보세요.

(1) $1\frac{2}{5}$ (2) $\frac{17}{3}$

가분수를 대분수로 어떻게 쉽게 나타낼 수 있나요?

가분수를 (자연수)+(진분수)로 나타내야 합니다.
예를 들어 분모가 4인 분수라면 $\frac{4}{4}$, $\frac{8}{4}$, $\frac{12}{4}$ 등으로 나타내 자연수를 만듭니다.

6 분모가 같은 분수의 크기 비교

정답과 풀이 26쪽

● **분모가 같은 가분수의 크기 비교**

분자가 클수록 더 큰 분수입니다.

$\frac{5}{4}, \frac{7}{4}$ —분자의 크기 비교→ $\frac{5}{4} < \frac{7}{4}$

● **분모가 같은 대분수의 크기 비교**

먼저 자연수의 크기를 비교하고, 자연수의 크기가 같으면 분수의 크기를 비교합니다.

$2\frac{1}{5}, 1\frac{4}{5}$ —자연수의 크기 비교→ $2\frac{1}{5} > 1\frac{4}{5}$

$3\frac{2}{7}, 3\frac{5}{7}$ —진분수의 크기 비교→ $3\frac{2}{7} < 3\frac{5}{7}$

● **분모가 같은 가분수와 대분수의 크기 비교**

가분수 또는 대분수로 나타내 크기를 비교합니다.

$\frac{8}{3}, 2\frac{1}{3}$ —대분수를 가분수로→ $\frac{8}{3} > \frac{7}{3}$ ➡ $\frac{8}{3} > 2\frac{1}{3}$

$\frac{8}{3}, 2\frac{1}{3}$ —가분수를 대분수로→ $2\frac{2}{3} > 2\frac{1}{3}$ ➡ $\frac{8}{3} > 2\frac{1}{3}$

보충 개념

단위분수의 수로 크기 비교

$\frac{5}{4}$는 $\frac{1}{4}$이 5개,

$\frac{7}{4}$은 $\frac{1}{4}$이 7개이므로

$\frac{5}{4} < \frac{7}{4}$

심화 개념

수직선에서 분수의 크기 비교

수직선에서 오른쪽에 있는 수가 왼쪽에 있는 수보다 더 큽니다.

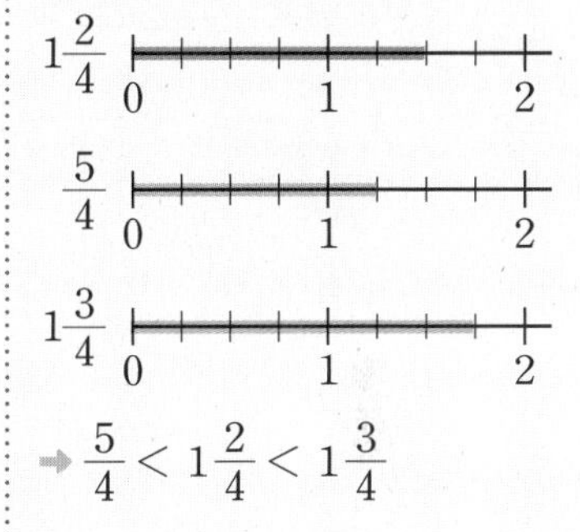

➡ $\frac{5}{4} < 1\frac{2}{4} < 1\frac{3}{4}$

세 분수의 크기도
가분수 또는 대분수로
나타내 비교할 수 있어.

확인 !

$\frac{7}{6}$과 $\frac{9}{6}$의 분자의 크기를 비교하면 7 ○ 9이므로 $\frac{7}{6}$ ○ $\frac{9}{6}$입니다.

6 **그림을 보고 두 분수의 크기를 비교하여 ○ 안에 >, =, < 중 알맞은 것을 써넣으세요.**

▶ 색칠한 부분의 크기를 비교합니다.

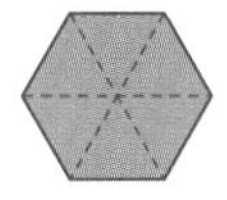 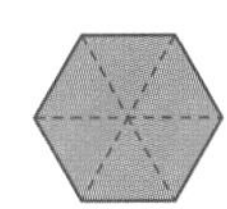 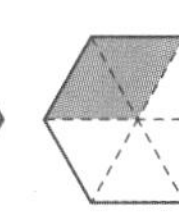 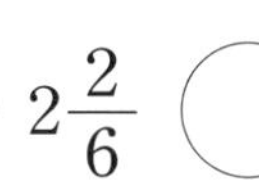 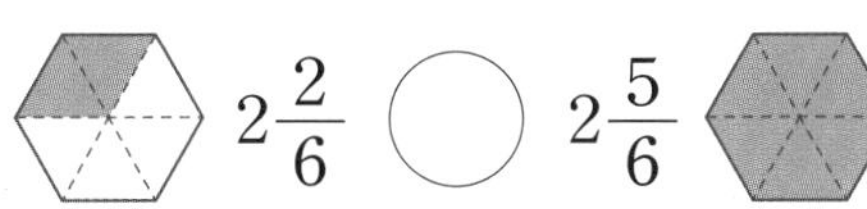 $2\frac{2}{6}$ ○ $2\frac{5}{6}$ 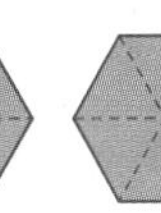 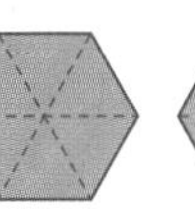 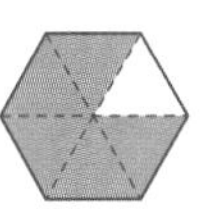

7 **두 분수의 크기를 비교하여 ○ 안에 >, =, < 중 알맞은 것을 써넣으세요.**

(1) $\frac{10}{7}$ ○ $\frac{8}{7}$

(2) $5\frac{1}{3}$ ○ $4\frac{2}{3}$

(3) $1\frac{5}{8}$ ○ $\frac{13}{8}$

(4) $\frac{15}{9}$ ○ $2\frac{1}{9}$

기본에서 응용으로

6 진분수와 가분수 알아보기

• 진분수: 분자가 분모보다 작은 분수

예 $\frac{1}{5}$, $\frac{2}{5}$, $\frac{3}{5}$, $\frac{4}{5}$

• 가분수: 분자가 분모와 같거나 분모보다 큰 분수

예 $\frac{5}{5}$, $\frac{6}{5}$, $\frac{7}{5}$

• 자연수: 1, 2, 3과 같은 수

26 그림을 보고 □ 안에 알맞은 수를 써넣으세요.

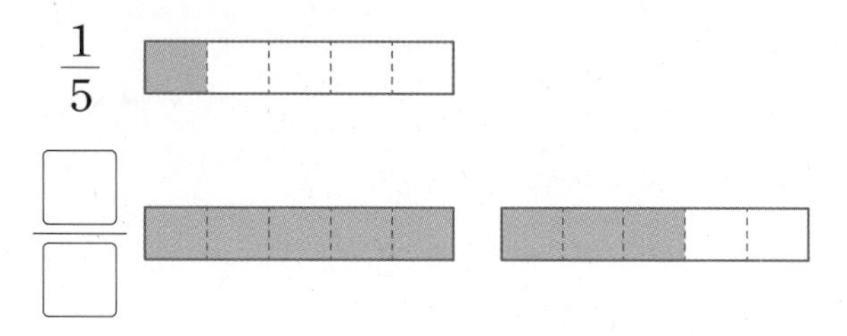

27 자연수를 분수로 나타내려고 합니다. □ 안에 알맞은 수를 써넣으세요.

(1) $1=\frac{\square}{2}$, $1=\frac{\square}{3}$, $1=\frac{\square}{5}$

(2) $1=\frac{\square}{4}$, $2=\frac{\square}{4}$, $3=\frac{\square}{4}$

28 수직선 위에 표시된 화살표 ↓가 나타내는 분수는 얼마인지 가분수로 써 보세요.

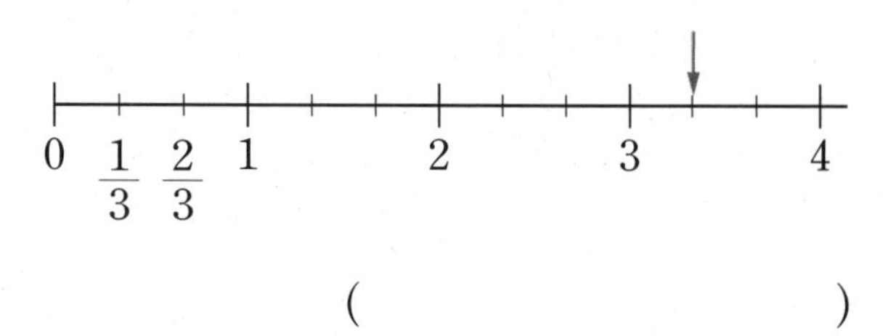

( )

29 진분수와 가분수로 분류해 보세요.

$\frac{4}{9}$ $\frac{10}{13}$ $\frac{4}{4}$ $\frac{11}{8}$ $\frac{2}{3}$ $\frac{8}{3}$

진분수	가분수

30 분모가 4인 진분수를 모두 써 보세요.

( )

31 분수에 대한 설명으로 옳지 않은 것을 찾아 기호를 써 보세요.

㉠ 진분수는 1보다 작은 분수입니다.
㉡ 자연수를 분수로 나타낼 수 있습니다.
㉢ 가분수는 항상 1보다 큽니다.

( )

서술형

32 다음 분수가 가분수일 때 2부터 9까지의 수 중에서 □ 안에 들어갈 수 있는 수는 모두 몇 개인지 풀이 과정을 쓰고 답을 구해 보세요.

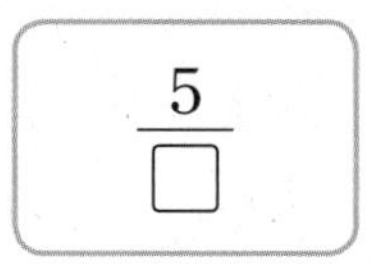

풀이

답

33 분모가 11인 진분수 중에서 분자가 가장 큰 분수를 구해 보세요.

(　　　　　　　　)

34 분모가 6인 가분수 중에서 분자가 가장 작은 분수를 구해 보세요.

(　　　　　　　　)

35 알맞은 분수를 찾아 ○표 하세요.

(1) 분모와 분자의 합이 19이고 가분수입니다.

($\frac{6}{13}$　$\frac{11}{8}$　$\frac{19}{4}$)

(2) 분모와 분자의 합이 11이고 진분수입니다.

($\frac{7}{4}$　$\frac{4}{9}$　$\frac{5}{6}$)

36 분수를 수직선에 ↑로 각각 나타내 보세요.

$\frac{3}{6}$　$\frac{9}{6}$　$\frac{2}{3}$　$\frac{5}{3}$

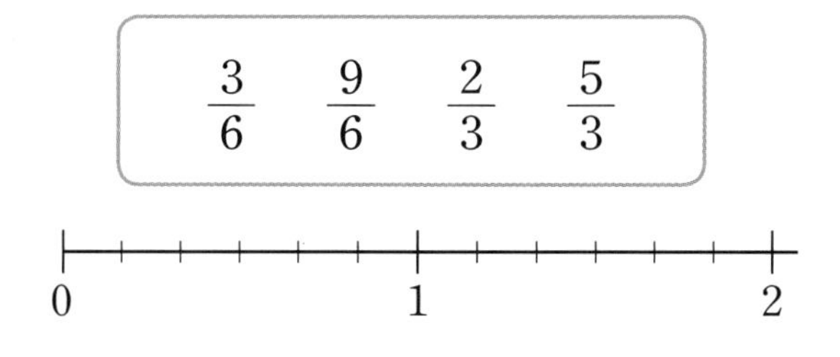

7 대분수 알아보기

- 대분수: 자연수와 진분수로 이루어진 분수

  예 $1\frac{1}{4}$, $2\frac{2}{5}$, $3\frac{5}{6}$

- 대분수를 가분수로 나타내기

  $2\frac{1}{2}$ ➡ 2와 $\frac{1}{2}$ ➡ $\frac{1}{2}$이 5개 ➡ $\frac{5}{2}$

- 가분수를 대분수로 나타내기

  $\frac{5}{4}$ ➡ $\frac{4}{4}$와 $\frac{1}{4}$ ➡ 1과 $\frac{1}{4}$ ➡ $1\frac{1}{4}$

37 대분수를 모두 찾아 ○표 하세요.

$\frac{4}{3}$　$\frac{7}{7}$　$2\frac{3}{5}$　$\frac{9}{10}$　$\frac{4}{9}$　$4\frac{3}{8}$

38 다음 분수가 대분수일 때 □ 안에 들어갈 수 있는 자연수를 모두 구해 보세요.

$3\frac{\square}{4}$

(　　　　　　　　)

39 가분수는 대분수로, 대분수는 가분수로 나타내 보세요.

(1) $\frac{15}{7}$ ➡ (　　　　　　)

(2) $2\frac{10}{13}$ ➡ (　　　　　　)

서술형

40 민지가 가분수를 대분수로 나타낸 것입니다. 잘못 나타낸 까닭을 쓰고 바르게 나타내 보세요.

$$\frac{13}{4}=2\frac{5}{4}$$

까닭 ....

....

답 ....

41 $1\frac{4}{9}$는 $\frac{1}{9}$이 몇 개인 수일까요?

(   )

42 ㉠과 ㉡에 알맞은 수의 차를 구해 보세요.

$7\frac{2}{7}=\frac{㉠}{7}$ $\frac{34}{8}=4\frac{㉡}{8}$

(   )

43 어떤 대분수 ■$\frac{▲}{●}$를 ●$\frac{▲}{■}$로 잘못 보고 가분수로 나타냈더니 $\frac{29}{9}$가 되었습니다. 어떤 대분수를 구해 보세요.

(   )

8 분모가 같은 분수의 크기 비교

• 가분수의 크기 비교하기

➡ $\frac{7}{3}>\frac{5}{3}$

• 대분수의 크기 비교하기

➡ $3\frac{1}{4}>2\frac{3}{4}$, $5\frac{2}{6}<5\frac{5}{6}$

• 가분수와 대분수의 크기 비교하기

$\frac{7}{5}$, $1\frac{4}{5}$

방법 1 $\frac{7}{5}<\frac{9}{5}$ ➡ $\frac{7}{5}<1\frac{4}{5}$

방법 2 $1\frac{2}{5}<1\frac{4}{5}$ ➡ $\frac{7}{5}<1\frac{4}{5}$

44 분수를 수직선에 ↑로 나타내고 ○ 안에 >, =, < 중 알맞은 것을 써넣으세요.

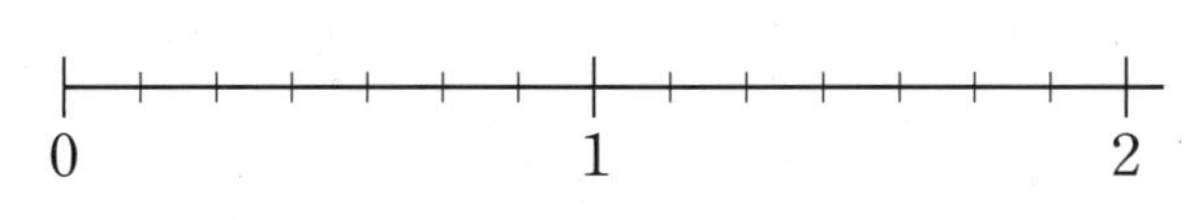

$\frac{11}{7}$ ○ $1\frac{2}{7}$

창의+

45 조깅을 하면서 쓰레기를 줍는 활동을 '플로깅'이라고 합니다. 다음은 세 모둠이 플로깅에 참여하여 주운 쓰레기의 양입니다. 봉지의 크기가 모두 같을 때 쓰레기를 가장 많이 주운 모둠을 구해 보세요.

민하네 모둠	정우네 모둠	현지네 모둠
$3\frac{1}{4}$봉지	$\frac{15}{4}$봉지	$2\frac{3}{4}$봉지

(   )

46 크기가 작은 분수부터 차례로 써 보세요.

$1\frac{10}{11}$ $\frac{18}{11}$ $\frac{25}{11}$

( )

47 $\frac{11}{9}$보다 크고 $\frac{21}{9}$보다 작은 대분수가 아닌 것을 모두 고르세요. ( )

① $1\frac{5}{9}$ ② $1\frac{7}{9}$ ③ $1\frac{1}{9}$
④ $2\frac{4}{9}$ ⑤ $2\frac{1}{9}$

48 ●에 알맞은 자연수를 모두 구해 보세요.

$\frac{40}{7} > 5\frac{●}{7}$

( )

서술형

49 □ 안에 들어갈 수 있는 자연수를 모두 구하려고 합니다. 풀이 과정을 쓰고 답을 구해 보세요.

$2\frac{1}{6} < \frac{□}{6} < 2\frac{5}{6}$

풀이

답

9 수 카드로 분수 만들기

수 카드 3, 4, 5를 사용하여 분수 만들기

- 분모가 3인 가분수: $\frac{4}{3}$, $\frac{5}{3}$
- 분모가 5인 진분수: $\frac{3}{5}$, $\frac{4}{5}$
- 분모가 4인 대분수: $5\frac{3}{4}$

50 수 카드 2, 5, 7, 9 중에서 2장을 골라 만들 수 있는 진분수는 모두 몇 개일까요?

( )

[51~52] 수 카드 3장을 모두 한 번씩만 사용하여 분수를 만들려고 합니다. 물음에 답하세요.

3 7 8

51 만들 수 있는 대분수를 모두 써 보세요.

( )

52 만들 수 있는 가분수는 모두 몇 개일까요?

( )

응용에서 최상위로

심화유형 1 분수만큼은 얼마인지 구하기

어느 과일 가게에 있는 사과의 수는 배의 수의 $\frac{2}{5}$이고, 복숭아의 수는 사과의 수의 $\frac{2}{3}$입니다. 배가 45개 있다면 배, 사과, 복숭아는 모두 몇 개일까요?

( )

● 핵심 NOTE

• 배의 수를 이용하여 사과의 수를 구한 후 사과의 수를 이용하여 복숭아의 수를 구합니다.

1-1 아버지의 나이는 40살이고, 어머니의 나이는 아버지의 나이의 $\frac{7}{8}$입니다. 소영이의 나이는 어머니의 나이의 $\frac{2}{7}$일 때 소영이의 나이는 몇 살일까요?

( )

1-2 떨어뜨린 높이의 $\frac{4}{7}$만큼 튀어 오르는 공이 있습니다. 이 공을 49 cm 높이에서 떨어뜨렸을 때 첫째로 튀어 오른 공의 높이와 둘째로 튀어 오른 공의 높이의 차는 몇 cm일까요?

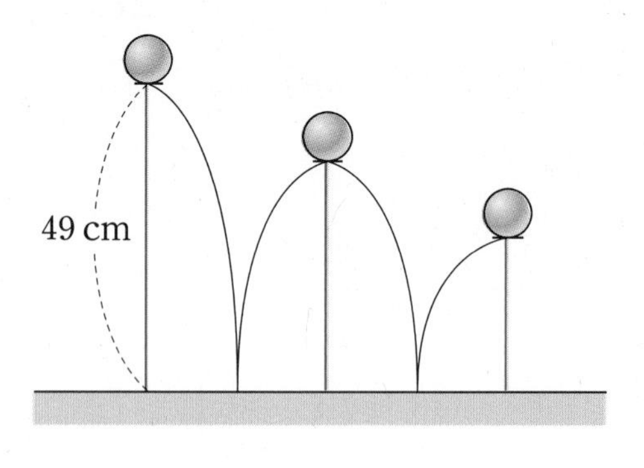

( )

심화유형 2 수 카드로 만든 분수를 다양한 형태로 나타내기

수 카드 3장을 모두 한 번씩만 사용하여 만들 수 있는 분수 중 가장 작은 가분수를 만들고, 대분수로 나타내 보세요.

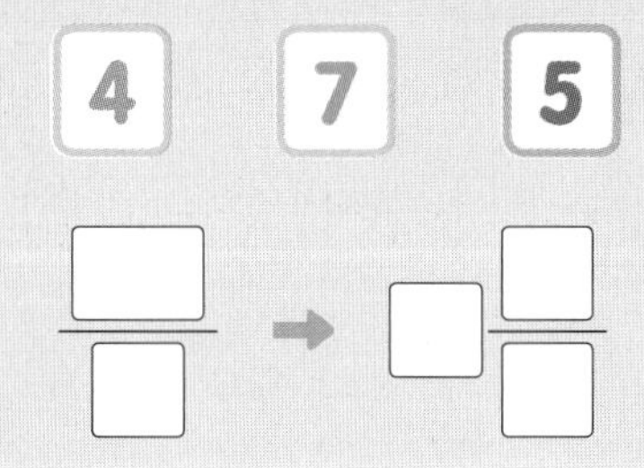

● 핵심 NOTE • 가장 작은 진분수나 가분수를 만들려면 분모는 크게, 분자는 작게 해야 합니다.

2-1 수 카드 3장을 한 번씩만 사용하여 만들 수 있는 분수 중 가장 큰 대분수를 만들고, 가분수로 나타내 보세요.

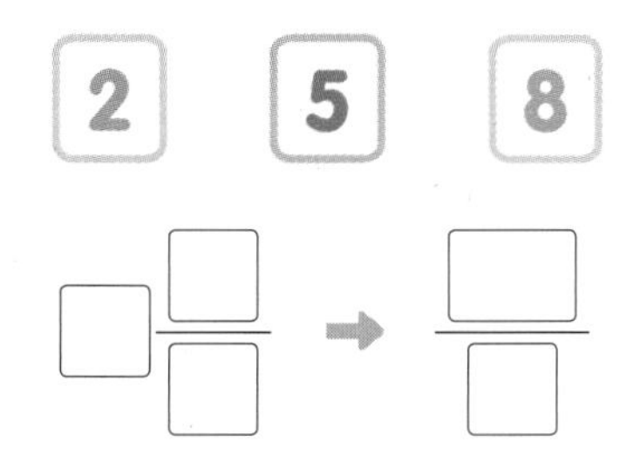

2-2 수 카드 4장을 모두 한 번씩만 사용하여 만들 수 있는 분수 중 가장 작은 대분수를 만들고, 가분수로 나타내 보세요.

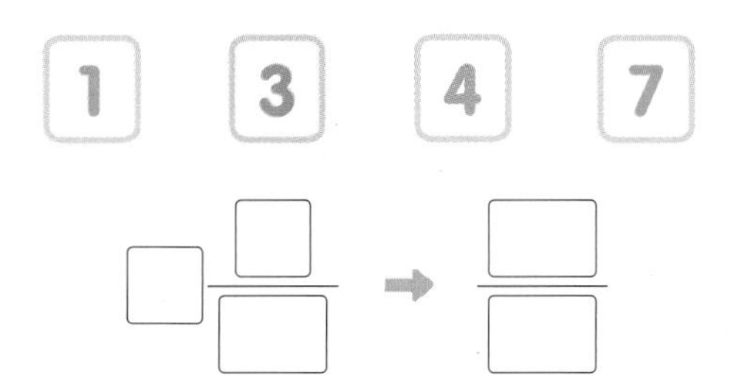

조건을 만족시키는 분수 구하기

조건을 모두 만족시키는 분수를 구해 보세요.

- 진분수입니다.
- 분모와 분자의 합은 7입니다.
- 분모와 분자의 차는 3입니다.

(　　　　　　　　　　)

● 핵심 NOTE
- 분수의 형태를 먼저 알아본 후 조건을 만족시키는 분자와 분모를 찾습니다.

3-1

조건을 모두 만족시키는 분수를 구해 보세요.

- 가분수입니다.
- 분모와 분자의 합은 20입니다.
- 분모와 분자의 차는 6입니다.

(　　　　　　　　　　)

3-2

조건을 모두 만족시키는 분수를 구해 보세요.

- 분모가 5인 대분수입니다.
- $\frac{8}{5}$보다 크고 $2\frac{2}{5}$보다 작습니다.
- 자연수, 분모, 분자의 세 수의 합은 8입니다.

(　　　　　　　　　　)

통합 교과유형 4
수학 + 역사

다보탑 모형에서 길이 구하기

다보탑은 신라시대의 대표적인 석탑 중 하나로 경주 불국사에 있습니다. 어디에서도 볼 수 없는 특이한 형태를 하고 있어 신라인들의 독창성과 석재 가공 기술을 잘 보여주는 석탑입니다. 다보탑은 크게 기단부, 1층 탑신 옥개부, 2층 탑신 옥개부, 상륜부로 나눌 수 있는데 기단부는 전체 높이의 약 $\frac{9}{50}$, 1층 탑신 옥개부는 전체 높이의 약 $\frac{1}{4}$, 2층 탑신 옥개부는 전체 높이의 약 $\frac{7}{20}$이라고 합니다. 연우가 만든 다보탑 모형의 기단부 길이가 $18\,\text{cm}$일 때 1층 탑신 옥개부와 2층 탑신 옥개부의 길이의 차는 몇 cm인지 구해 보세요.

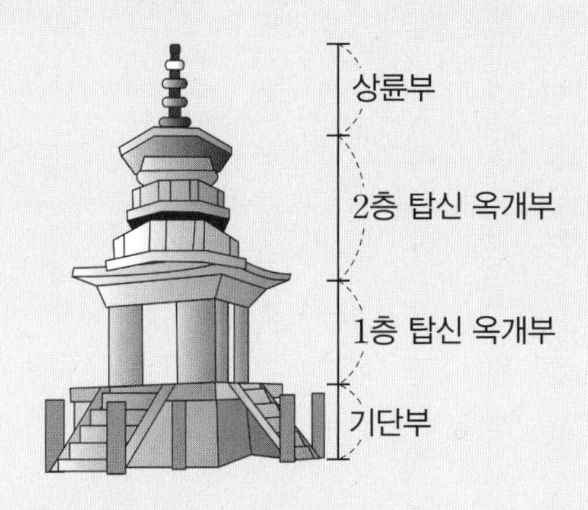

1단계 다보탑 모형의 전체 길이 구하기

2단계 1층 탑신 옥개부와 2층 탑신 옥개부의 길이의 차 구하기

(　　　　　　　　　　)

● 핵심 NOTE

1단계 전체 길이의 $\frac{9}{50}$가 $18\,\text{cm}$임을 이용하여 전체 길이를 구합니다.

2단계 1층 탑신 옥개부와 2층의 탑신 옥개부의 길이를 각각 구하고, 두 길이의 차를 구합니다.

4-1

효주가 만든 모형 탑에서 기단부는 전체 길이의 $\frac{1}{4}$이고, 상륜부는 전체 길이의 $\frac{1}{5}$이라고 합니다. 기단부의 길이가 $15\,\text{cm}$일 때 상륜부와 탑신부의 길이의 차는 몇 cm인지 구해 보세요.

(　　　　　　　　　　)

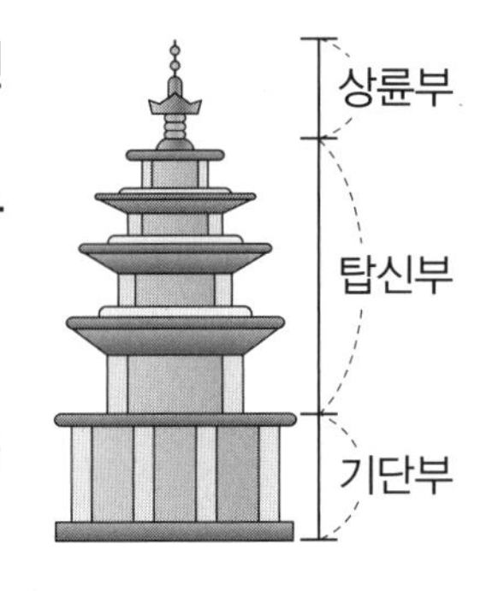

4

단원 평가 Level ❶

점수

확인

1 색칠한 부분은 전체의 얼마인지 분수로 나타내 보세요.

(　　　　　　　　)

2 그림을 보고 □ 안에 알맞은 수를 써넣으세요.

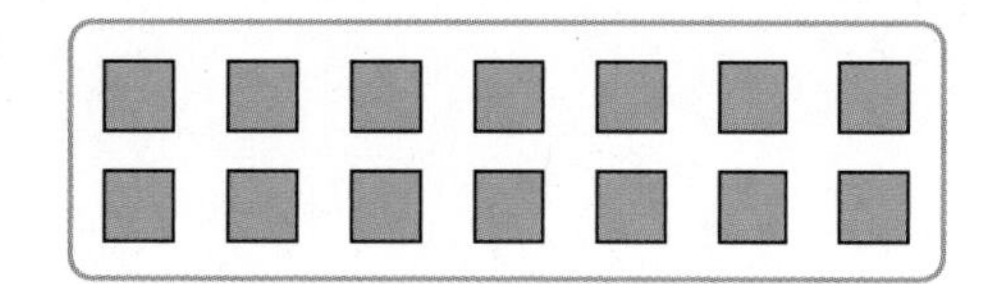

14의 $\frac{3}{7}$은 □입니다.

3 그림을 보고 □ 안에 알맞은 수를 써넣으세요.

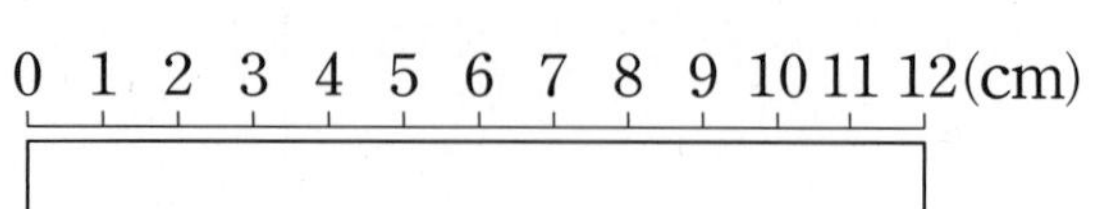

(1) 12 cm의 $\frac{1}{3}$은 □ cm입니다.

(2) 12 cm의 $\frac{5}{6}$는 □ cm입니다.

4 □ 안에 알맞은 수를 써넣으세요.

(1) 5는 12의 $\frac{\square}{12}$입니다.

(2) 8은 16의 $\frac{1}{\square}$입니다.

5 진분수를 모두 찾아 써 보세요.

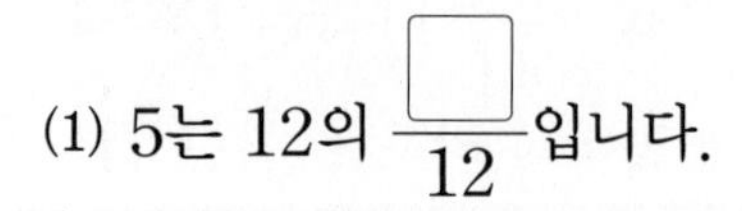

$\frac{3}{4}$　$\frac{9}{5}$　$2\frac{1}{4}$　$\frac{7}{7}$　$\frac{7}{8}$

(　　　　　　　　)

6 ㉠이 나타내는 가분수를 구해 보세요.

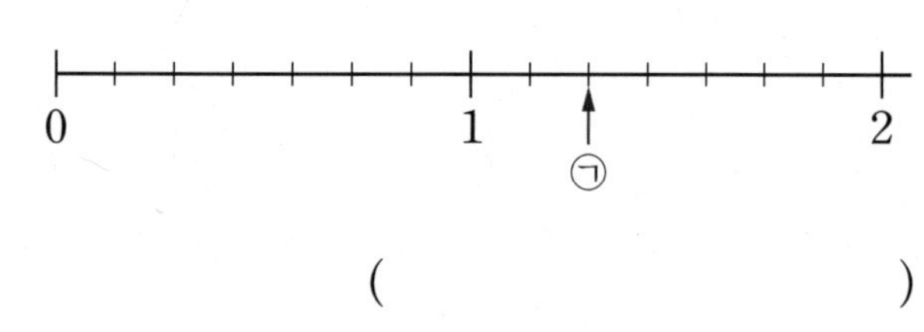

(　　　　　　　　)

7 분모가 13인 가장 큰 진분수를 구해 보세요.

(　　　　　　　　)

8 가분수는 대분수로, 대분수는 가분수로 나타내 보세요.

(1) $\frac{47}{9}$ ➡ (　　　　　　　　)

(2) $5\frac{3}{11}$ ➡ (　　　　　　　　)

9 다음이 나타내는 수를 대분수로 나타내 보세요.

$\frac{1}{8}$이 27개인 수

(　　　　　　　　)

10 민지가 걸은 시간과 거리는 각각 몇 시간과 몇 km일까요?

(　　　　　　), (　　　　　　)

11 가장 큰 분수와 가장 작은 분수를 찾아 써 보세요.

$1\frac{7}{9}$　$\frac{13}{9}$　$\frac{20}{9}$

가장 큰 분수 (　　　　　　)

가장 작은 분수 (　　　　　　)

12 □ 안에 알맞은 수를 써넣으세요.

(1) □의 $\frac{1}{6}$은 9입니다.

(2) □의 $\frac{4}{5}$는 28입니다.

13 유나네 집에서 학교, 도서관, 병원까지의 거리를 나타낸 것입니다. 유나네 집에서 가까운 곳부터 차례로 써보세요.

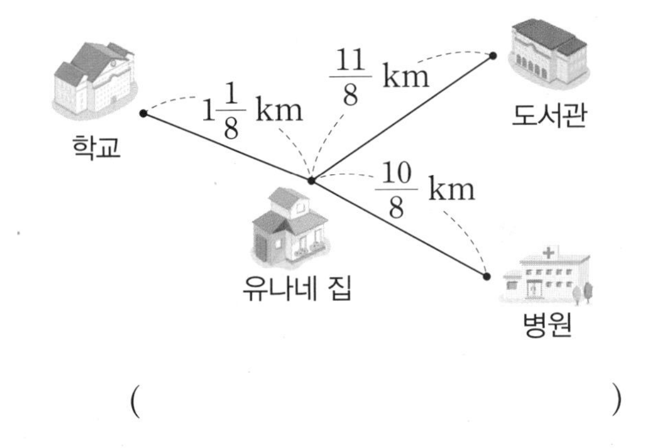

(　　　　　　　　)

14 수 카드 4장 중에서 2장을 골라 한 번씩만 사용하여 가분수를 만들려고 합니다. 만들 수 있는 가분수를 모두 써 보세요.

(　　　　　　　　)

15 분모가 7이고 분모와 분자의 합이 19인 가분수를 대분수로 나타내 보세요.

(　　　　　　　　)

16 수연이네 학교 3학년 1반과 2반의 학생 수입니다. 두 반의 전체 학생 중 $\frac{3}{7}$이 여학생입니다. 두 반의 여학생은 모두 몇 명일까요?

1반	2반
22명	27명

( )

17 □ 안에 들어갈 수 있는 자연수를 모두 써 보세요.

$$1\frac{\square}{8} < \frac{11}{8}$$

( )

18 털실의 길이를 각각 재어 본 것입니다. 이 중에서 분홍색 털실이 가장 짧고, 노란색 털실이 가장 길다면 파란색 털실의 길이는 몇 m인지 가능한 길이를 모두 가분수로 써 보세요.

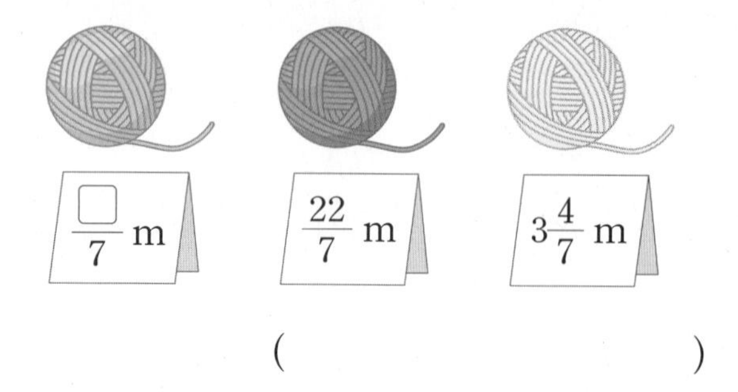

( )

서술형 문제

19 어떤 수의 $\frac{1}{3}$은 15입니다. 어떤 수의 $\frac{3}{5}$은 얼마인지 풀이 과정을 쓰고 답을 구해 보세요.

풀이

답

20 영우가 미술 시간에 철사는 72 m의 $\frac{4}{9}$를 사용하고, 색 테이프는 36 m의 $\frac{5}{6}$를 사용했습니다. 철사와 색 테이프 중 더 많이 사용한 것은 무엇인지 풀이 과정을 쓰고 답을 구해 보세요.

풀이

답

단원 평가 Level 2

점수

확인

1 그림을 보고 □ 안에 알맞은 수를 써넣으세요.

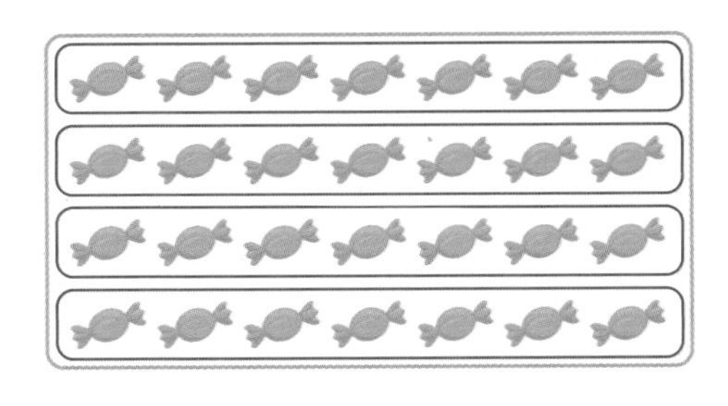

21은 28의 $\frac{\square}{4}$입니다.

2 그림을 보고 대분수로 나타내 보세요.

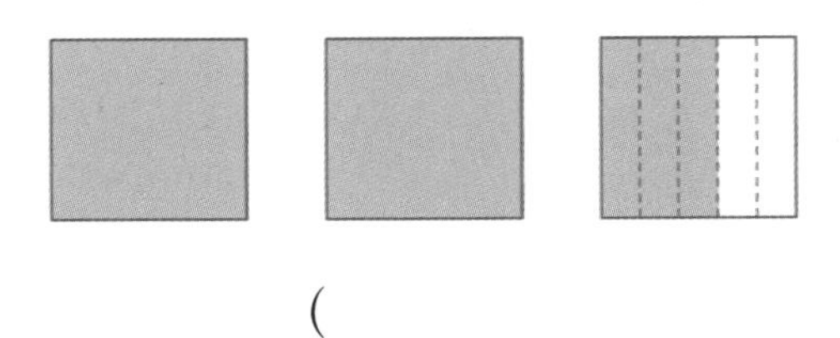

( )

3 □ 안에 알맞은 수를 써넣으세요.

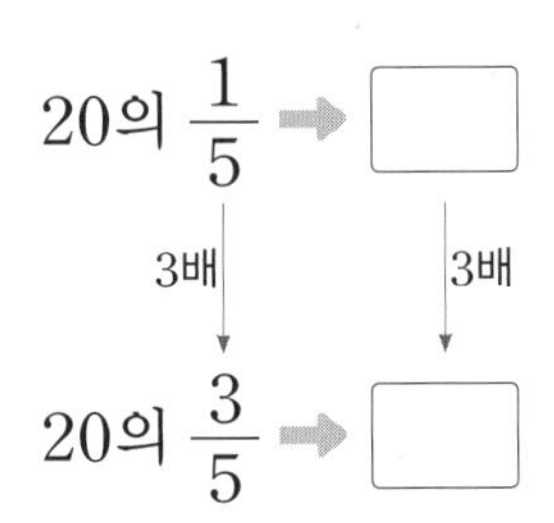

4 □ 안에 알맞은 수를 써넣으세요.

(1) 24시간의 $\frac{1}{4}$은 □ 시간입니다.

(2) 24시간의 $\frac{5}{6}$는 □ 시간입니다.

5 분수만큼 색칠해 보세요.

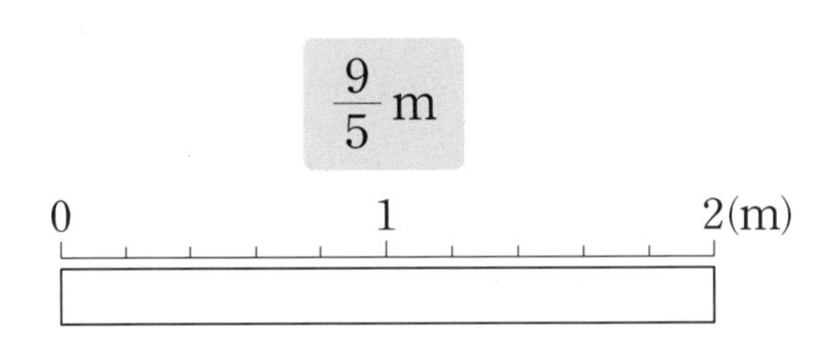

6 자연수 3을 분모가 9인 분수로 나타내 보세요.

( )

7 두 분수의 크기를 비교하여 ○ 안에 $>$, $=$, $<$ 중 알맞은 것을 써넣으세요.

(1) $\frac{11}{9}$ ○ $1\frac{5}{9}$

(2) $3\frac{2}{5}$ ○ $\frac{16}{5}$

8 분모가 6인 진분수는 모두 몇 개일까요?

( )

4

9 대분수를 가분수로 나타낸 것입니다. □ 안에 알맞은 수를 구해 보세요.

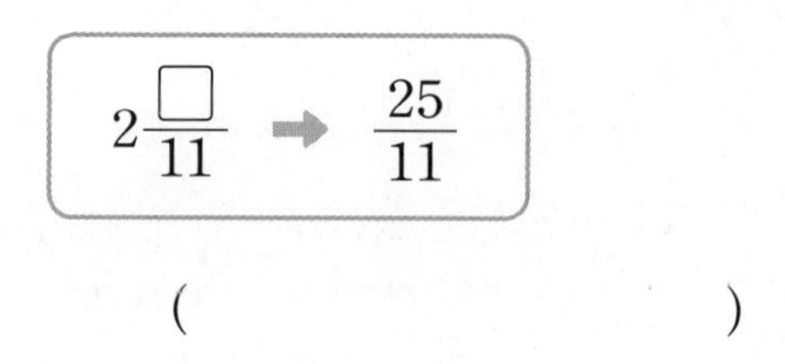

(　　　　　　　　　)

10 바르게 말한 사람의 이름을 써 보세요.

승우: 18 m의 $\frac{2}{3}$는 10 m야.

민아: 30 m의 $\frac{3}{5}$은 15 m야.

도윤: 27 m의 $\frac{4}{9}$는 12 m야.

(　　　　　　　　　)

11 두 분수의 크기를 비교하여 빈칸에 더 큰 분수를 써넣으세요.

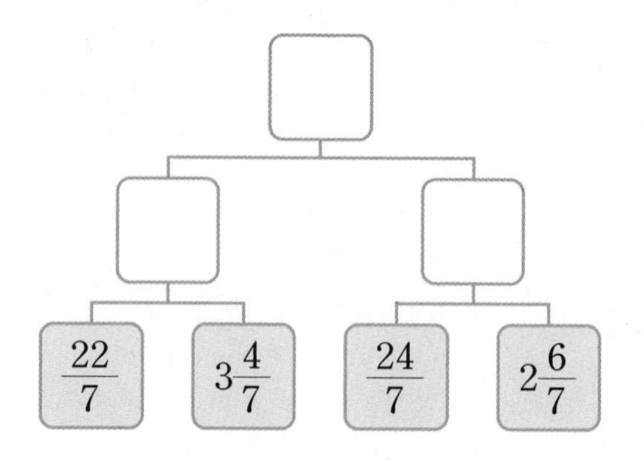

12 어떤 막대의 $\frac{1}{4}$은 8 m입니다. 이 막대의 $\frac{3}{4}$은 몇 m일까요?

(　　　　　　　　　)

13 ㉠과 ㉡에 알맞은 수의 합을 구해 보세요.

• 6은 ㉠의 $\frac{2}{7}$입니다.

• ㉡은 15의 $\frac{4}{5}$입니다.

(　　　　　　　　　)

14 현우는 쿠키 21개 중에서 $\frac{3}{7}$만큼을 친구에게 주었습니다. 남은 쿠키는 몇 개일까요?

(　　　　　　　　　)

15 수 카드 3장을 모두 한 번씩만 사용하여 만들 수 있는 분수 중 가장 작은 가분수를 만들고, 대분수로 나타내 보세요.

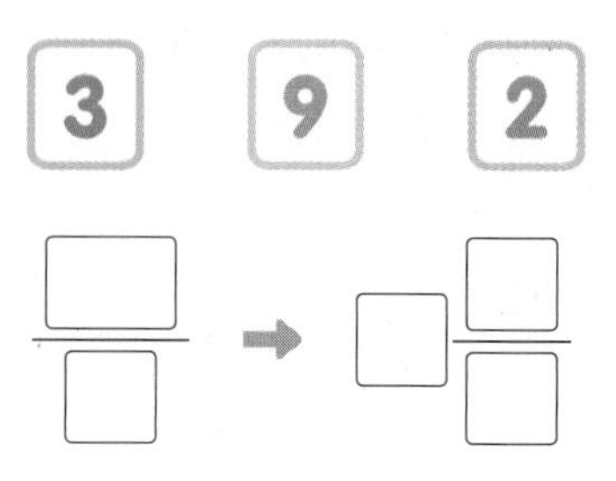

16 조건을 모두 만족시키는 분수를 구해 보세요.

- 가분수입니다.
- 분모가 8입니다.
- 분모와 분자의 합이 19입니다.

(　　　　　　　　　　)

17 □ 안에 공통으로 들어갈 수 있는 자연수의 합을 구해 보세요.

- □는 $\frac{7}{3}$보다 큽니다.
- □는 $\frac{17}{3}$보다 작습니다.

(　　　　　　　　　　)

18 수 카드 2, 3, 4, 5 중에서 3장을 골라 한 번씩만 사용하여 대분수를 만들려고 합니다. 3보다 크고 4보다 작은 대분수를 모두 써 보세요.

(　　　　　　　　　　)

서술형 문제

19 영욱이는 딱지를 40장 가지고 있었는데 그중의 $\frac{1}{5}$을 준우에게 주었고, 준우에게 주고 남은 것의 $\frac{1}{8}$을 수호에게 주었습니다. 수호에게 준 딱지는 몇 장인지 풀이 과정을 쓰고 답을 구해 보세요.

풀이

답

20 길이가 다른 막대가 3개 있습니다. 가 막대는 $1\frac{5}{9}$ m, 나 막대는 $1\frac{8}{9}$ m, 다 막대는 $\frac{15}{9}$ m입니다. 길이가 긴 것부터 차례로 기호를 쓰려고 합니다. 풀이 과정을 쓰고 답을 구해 보세요.

풀이

답

5 들이와 무게

1 L 1000 mL

1 kg 1000 g

1 t 1000 kg

들이와 무게에 따라 알맞은 단위가 필요해!

들이	무게
1 mL 	1 g 
1 L 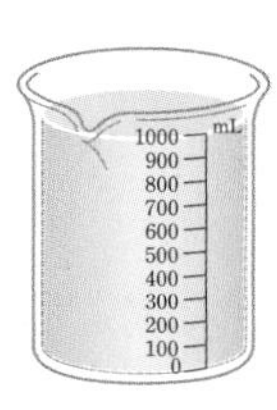	1 kg 
	1 t 

1 L=1000 mL,
1 kg=1000 g이고
1 t=1000 kg이야.

1 들이 비교하기

● 모양이 다른 두 물병 ㉮와 ㉯의 들이 비교하기 (들이: 그릇에 담을 수 있는 양)

방법 1 물병 ㉮에 물을 가득 채운 후 물병 ㉯에 옮겨 담기

물병 ㉯에 물이 가득 차고 물병 ㉮에 물이 남으므로 물병 ㉮의 들이가 더 많습니다.
➡ (㉮의 들이)>(㉯의 들이)

방법 2 물병 ㉮와 ㉯에 물을 가득 채운 후 모양과 크기가 같은 큰 그릇에 옮겨 담기

큰 그릇에 담은 물의 높이가 더 높은 물병 ㉮의 들이가 더 많습니다.
➡ (㉮의 들이)>(㉯의 들이)

방법 3 물병 ㉮와 ㉯에 물을 가득 채운 후 모양과 크기가 같은 컵에 모두 옮겨 담기

옮겨 담은 컵의 수가 더 많은 물병 ㉮의 들이가 더 많습니다.
➡ (㉮의 들이)>(㉯의 들이)

주의 개념

들이를 비교할 때는 반드시 같은 단위를 이용해야 합니다.

우유병 → 유리컵 6개

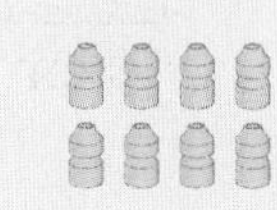

주스병 → 요구르트병 8개

➡ 들이를 비교할 때 사용하는 단위가 다르면 어느 것이 더 많은지 비교하기 어렵습니다.

1 물병과 주스병에 물을 가득 채운 후 모양과 크기가 같은 빈 그릇에 옮겨 담았더니 다음과 같았습니다. 물병과 주스병 중에서 들이가 더 많은 것은 어느 것일까요?

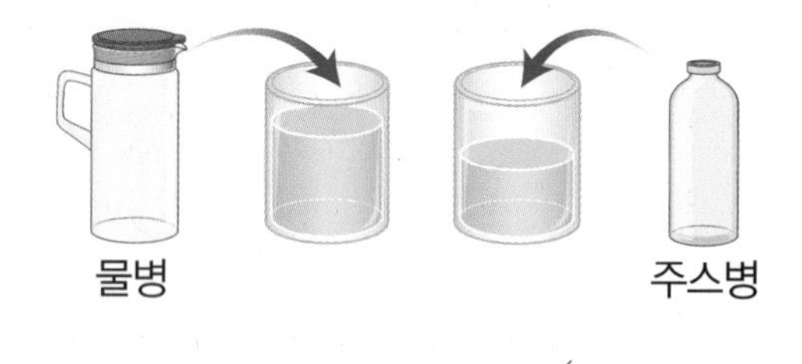

( )

▶ 똑같은 그릇에 옮겨 담은 물의 높이가 높을수록 들이가 더 많습니다.

2 ㉮와 ㉯ 그릇에 물을 가득 채운 후 모양과 크기가 같은 컵에 모두 옮겨 담았더니 다음과 같았습니다. □ 안에 알맞은 수나 기호를 써넣으세요.

□ 그릇이 □ 그릇보다 컵 □개만큼 들이가 더 많습니다.

▶ 같은 단위로 두 그릇의 들이를 비교할 때는 단위를 많이 사용한 그릇의 들이가 더 많습니다.

2 들이의 단위

정답과 풀이 32쪽

들이의 단위 알아보기

- 들이의 단위에는 **리터**와 **밀리리터** 등이 있습니다.
- 1 리터는 **1 L**, 1 밀리리터는 **1 mL**라고 씁니다.

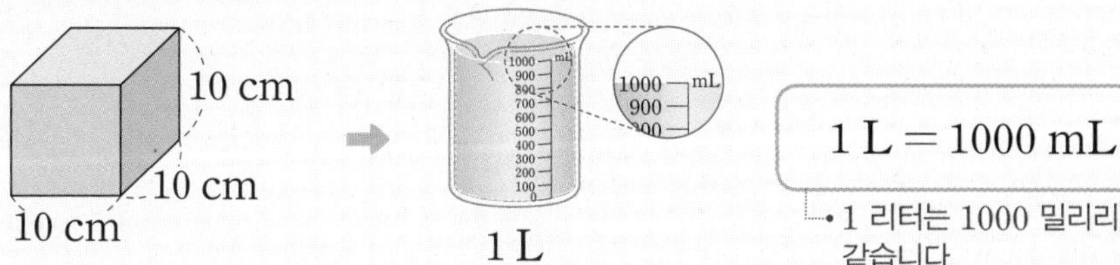

1 L = 1000 mL

- 1 리터는 1000 밀리리터와 같습니다.

보충 개념

- 1 L와 1 mL 쓰기

1 L

1 mL

1 L보다 300 mL 더 많은 들이 알아보기

쓰기 1 L 300 mL

읽기 1 리터 300 밀리리터

1 L 300 mL = 1300 mL

- 1 L 300 mL
  = 1 L + 300 mL
  = 1000 mL + 300 mL
  = 1300 mL

3 물의 양이 얼마인지 눈금을 읽어 보세요.

(1)

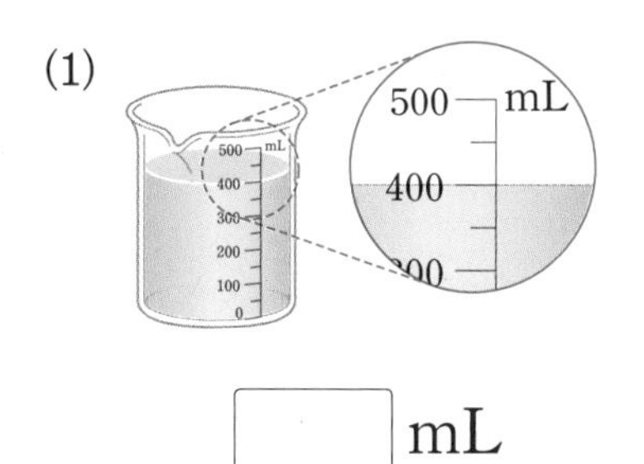

□ mL

(2)

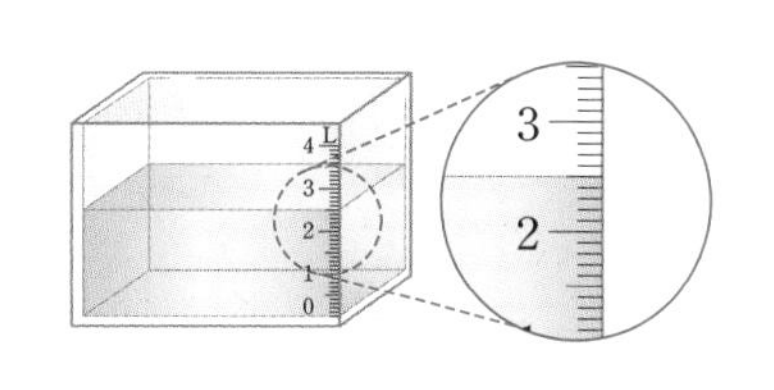

□ L □ mL

▶ 1 L = 1000 mL이므로 1 L를 똑같이 10칸으로 나눈 눈금 한 칸은 100 mL를 나타냅니다.

4 □ 안에 알맞은 수를 써넣으세요.

(1) 3 L = □ mL

(2) 8 L 300 mL = □ mL

(3) 7 L 60 mL = □ mL

(4) 4300 mL = □ L □ mL

1 mL는 얼마만큼일까요?

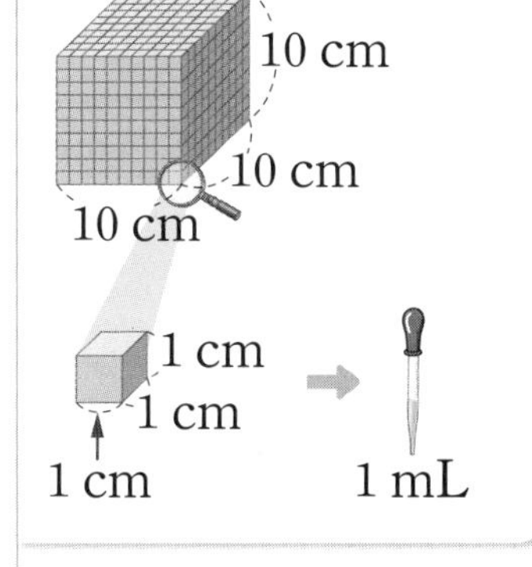

5 들이가 가장 많은 것에 ○표 하세요.

3 L 40 mL	3400 mL	3004 mL
(　　)	(　　)	(　　)

▶ 단위를 같게 한 후 들이를 비교합니다.

5

3 들이를 어림하고 재어 보기

● **들이를 여러 가지 방법으로 어림하기**

들이를 어림하여 말할 때는 **약 □ L** 또는 **약 □ mL**라고 합니다.

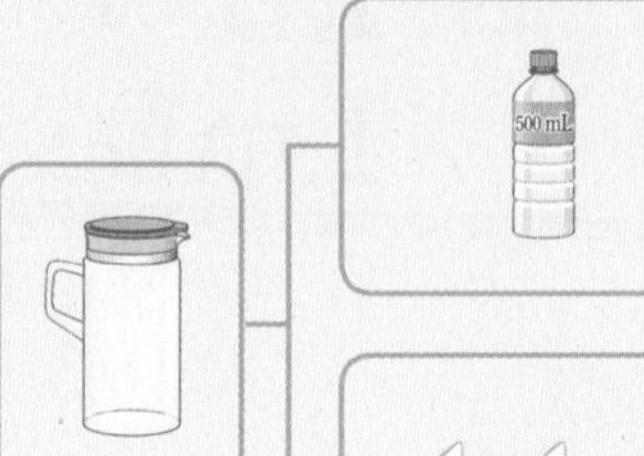

500 mL 생수병	500 mL 생수병보다 조금 많은 것 같습니다.
200 mL 우유갑 3개	200 mL 우유갑으로 3번쯤 들어갈 것 같습니다.

➡ 물병의 들이는 약 600 mL입니다.

실전 개념

- **들이를 어림하는 방법**
  ① 기준이 되는 들이를 생각합니다.
  예 200 mL 우유갑, 1 L 생수병
  ② 기준으로 정한 들이와 비교하여 들이를 어림합니다.
- **어림할 때 기준이 되는 물건**
  요구르트병 ➡ 100 mL
  우유갑 ➡ 200 mL, 500 mL, 1 L
  생수병 ➡ 500 mL, 1 L, 2 L

6 들이가 1 L인 우유갑을 이용하여 주스병의 들이를 어림해 보세요.

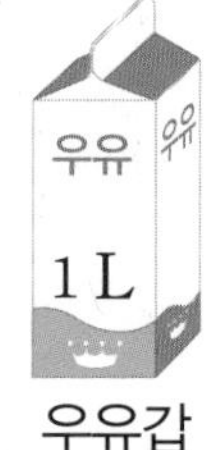

우유갑 주스병

약 (   )

▶ 주스병으로 물을 몇 번쯤 부으면 1 L 우유갑을 가득 채울 수 있는지 생각해 봅니다.

7 □ 안에 L와 mL 중 알맞은 단위를 써넣으세요.

(1) 종이컵의 들이는 약 180 □ 입니다.

(2) 주전자의 들이는 약 2 □ 입니다.

(3) 화장품 통의 들이는 약 50 □ 입니다.

어떤 경우에 mL와 L를 사용하나요?

요구르트병, 음료수 캔, 물컵, 주사기의 들이와 같이 적은 양을 나타낼 때는 mL를 사용하고 양동이, 세제 통, 욕조의 들이와 같이 많은 양을 나타낼 때는 L를 사용하는 것이 좋습니다.

8 수조에 물을 가득 채운 후 들이가 1 L인 통 3개에 옮겨 담았습니다. 수조의 들이는 약 몇 mL인지 어림해 보세요.

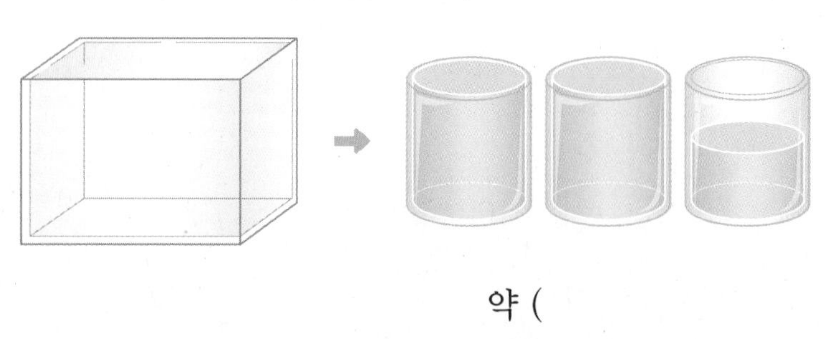

약 (   )

4 들이의 덧셈과 뺄셈

정답과 풀이 32쪽

● **들이의 덧셈**

L 단위의 수끼리, mL 단위의 수끼리 더합니다.

	L	mL
	4 L	200 mL
+	1 L	300 mL
	5 L	500 mL

	L	mL
	1	
	2 L	700 mL
+	3 L	500 mL
	6 L	200 mL

● **들이의 뺄셈**

L 단위의 수끼리, mL 단위의 수끼리 뺍니다.

	L	mL
	5 L	800 mL
−	2 L	300 mL
	3 L	500 mL

	L	mL
	3	1000
	4 L	300 mL
−	1 L	600 mL
	2 L	700 mL

보충 개념

• mL 단위 수끼리의 합이 1000보다 크거나 같으면 1000 mL를 1 L로 받아올림합니다.

$$\begin{array}{rrr} & 2\text{ L} & 700\text{ mL} \\ + & 3\text{ L} & 500\text{ mL} \\ \hline & 5\text{ L} & 1200\text{ mL} \\ & +1\text{ L} & -1000\text{ mL} \\ \hline & 6\text{ L} & 200\text{ mL} \end{array}$$

• mL 단위의 수끼리 뺄 수 없으면 1 L를 1000 mL로 받아내림합니다.

1 L = 1000 mL

$$\begin{array}{rrr} & \overset{3}{\cancel{4}}\text{ L} & \overset{1000}{300}\text{ mL} \\ - & 1\text{ L} & 600\text{ mL} \\ \hline & 2\text{ L} & 700\text{ mL} \end{array}$$

확인 !

• 들이의 덧셈과 뺄셈을 할 때는 L는 ☐끼리, mL는 ☐끼리 계산합니다.

9 ☐ 안에 알맞은 수를 써넣으세요.

(1) 5 L 100 mL + 3 L 600 mL = ☐ L ☐ mL

(2) 3500 mL + 4100 mL = ☐ mL = ☐ L ☐ mL

(3) 7 L 700 mL − 2 L 300 mL = ☐ L ☐ mL

(4) 6300 mL − 3200 mL = ☐ mL = ☐ L ☐ mL

▶ 같은 단위의 수끼리 계산한 후 1000 mL = 1 L임을 이용하여 ■▲00 mL를 ■ L ▲00 mL로 나타냅니다.

10 ☐ 안에 알맞은 수를 써넣으세요.

(1)
$$\begin{array}{rrr} & 2\text{ L} & 500\text{ mL} \\ + & 4\text{ L} & 600\text{ mL} \\ \hline & \square\text{ L} & \square\text{ mL} \end{array}$$

(2)
$$\begin{array}{rrr} & 5\text{ L} & 300\text{ mL} \\ - & 1\text{ L} & 400\text{ mL} \\ \hline & \square\text{ L} & \square\text{ mL} \end{array}$$

▶ 1 L = 1000 mL임을 이용하여 받아올림하거나 받아내림합니다.

11 냉장고에 우유가 1 L 200 mL 있고, 주스가 2 L 400 mL 있습니다. 냉장고에 있는 우유와 주스는 모두 몇 L 몇 mL일까요?

( )

기본에서 응용으로

1 들이 비교하기

- 모양과 크기가 같은 큰 그릇에 옮겨 담기

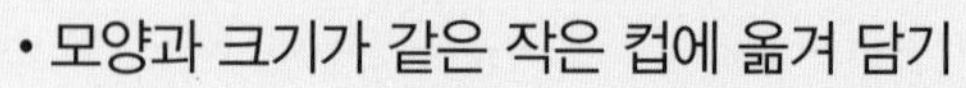

➡ (주스병의 들이) < (물병의 들이)

- 모양과 크기가 같은 작은 컵에 옮겨 담기

➡ (주스병의 들이) < (물병의 들이)

1 물병에 물을 가득 채운 후 빈 꽃병에 옮겨 담았더니 물이 흘러 넘쳤습니다. 물병과 꽃병 중 들이가 더 많은 것은 어느 것일까요?

(　　　　　　　　)

2 ㉮, ㉯, ㉰에 물을 가득 채운 후 모양과 크기가 같은 그릇에 옮겨 담았더니 다음과 같았습니다. 들이가 많은 것부터 차례로 기호를 써 보세요.

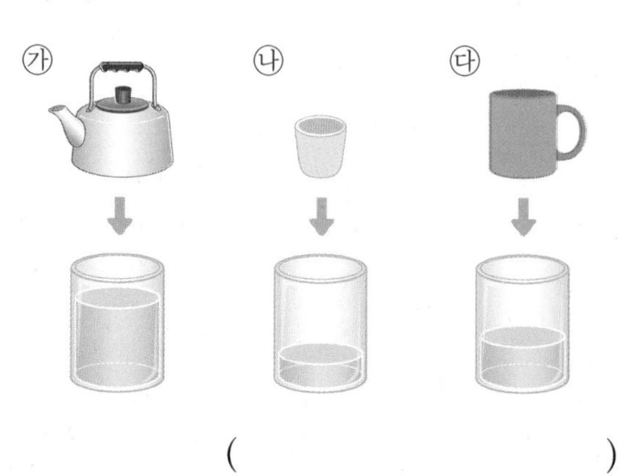

(　　　　　　　　)

3 물병과 음료수병에 물을 가득 채운 후 모양과 들이가 같은 컵에 모두 옮겨 담았더니 다음과 같았습니다. 음료수병의 들이는 물병 들이의 몇 배일까요?

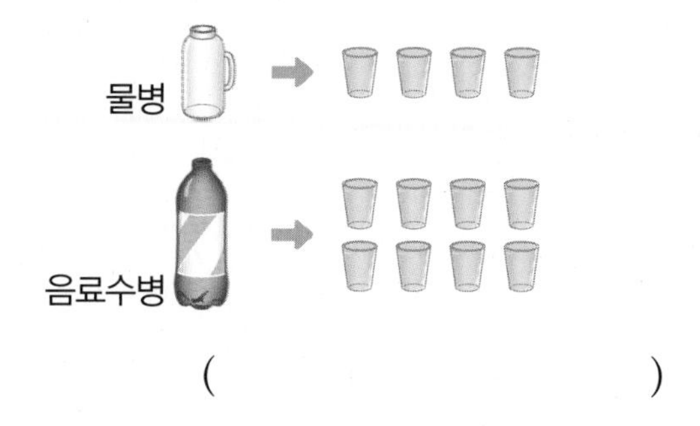

(　　　　　　　　)

[4~6] 오른쪽 수조에 물을 가득 채우려면 컵 ㉮, ㉯, ㉰, ㉱로 각각 다음과 같이 물을 가득 채워 부어야 합니다. 물음에 답하세요.

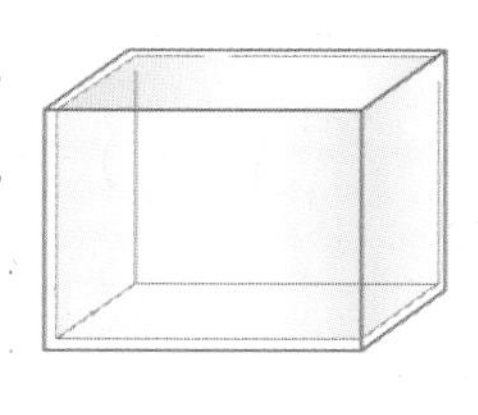

컵	㉮	㉯	㉰	㉱
부은 횟수(번)	12	3	4	9

4 들이가 가장 많은 컵을 찾아 기호를 써 보세요.

(　　　　　　　　)

5 들이가 둘째로 적은 컵을 찾아 기호를 써 보세요.

(　　　　　　　　)

6 ㉯ 컵의 들이는 ㉮ 컵 들이의 몇 배일까요?

(　　　　　　　　)

2 들이의 단위

- 들이의 단위: 리터, 밀리리터 등
- 1 리터는 1 L, 1 밀리리터는 1 mL라고 씁니다.
- 1 리터는 1000 밀리리터와 같습니다.

$$1\text{ L} = 1000\text{ mL}$$

7 들이 단위가 옳은 것을 찾아 기호를 써 보세요.

㉠ 5 mL = 5000 L
㉡ 3600 mL = 3 L 600 mL
㉢ 8049 mL = 80 L 49 mL

( )

8 들이를 비교하여 ○ 안에 >, =, < 중 알맞은 것을 써넣으세요.

(1) 6 L 350 mL ○ 6530 mL

(2) 4050 mL  4 L 50 mL

(3) 2 L 400 mL 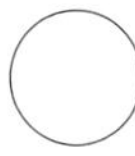 2140 mL

서술형

9 성준이가 3일 동안 마신 물의 양입니다. 물을 가장 많이 마신 요일은 언제인지 풀이 과정을 쓰고 답을 구해 보세요.

월요일	화요일	수요일
930 mL	1 L 300 mL	1050 mL

풀이

답

10 들이가 적은 것부터 차례로 기호를 써 보세요.

㉠ 5600 mL ㉡ 4 L 95 mL
㉢ 4850 mL ㉣ 5 L 720 mL

( )

3 들이를 어림하고 재어 보기

들이를 어림하여 말할 때는 약 □ L 또는 약 □ mL라고 합니다.

우유갑 꽃병

꽃병의 들이는 200 mL 우유갑으로 2번쯤 들어갈 것 같으므로 약 400 mL입니다.

11 주전자에 가득 채운 물을 들이가 1 L인 통에 부었더니 다음과 같았습니다. 주전자의 들이를 어림해 보세요.

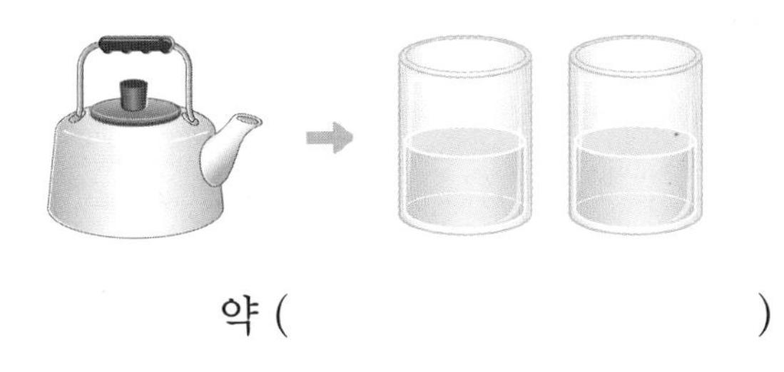

약 ( )

12 단위를 알맞게 사용한 문장을 찾아 기호를 써 보세요.

㉠ 컵의 들이는 약 250 L입니다.
㉡ 약병의 들이는 약 80 L입니다.
㉢ 어항의 들이는 약 5 mL입니다.
㉣ 욕조의 들이는 약 200 L입니다.

( )

13 보기 에서 알맞은 물건을 찾아 문장을 완성해 보세요.

보기

양동이　　대접　　주사기

(1) ☐의 들이는 약 300 mL입니다.

(2) ☐의 들이는 약 3 mL입니다.

(3) ☐의 들이는 약 3 L입니다.

14 물병의 들이를 잘못 어림한 사람의 이름을 쓰고, 바르게 고쳐 보세요.

윤아: 200 mL 주스병으로 4번쯤 들어갈 것 같으니까 약 800 mL야.

진호: 500 mL 샴푸 통으로 2번쯤 들어갈 것 같으니까 약 1000 L야.

(　　　　　　　　)

바르게 고치기

15 주하와 도윤이가 2 L들이 음료수병을 다음과 같이 어림했습니다. 실제 들이에 더 가깝게 어림한 사람은 누구일까요?

주하	도윤
1 L 900 mL	2 L 150 mL

(　　　　　　　　)

4 들이의 덧셈과 뺄셈

L 단위의 수끼리, mL 단위의 수끼리 계산합니다.

• 들이의 덧셈

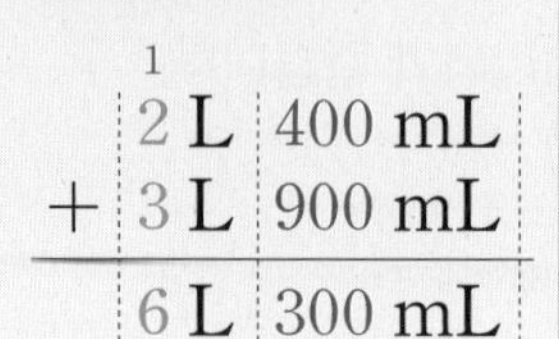

$$\begin{array}{rrr} & \overset{1}{2}\text{ L} & 400\text{ mL} \\ + & 3\text{ L} & 900\text{ mL} \\ \hline & 6\text{ L} & 300\text{ mL} \end{array}$$

• 들이의 뺄셈

$$\begin{array}{rrr} & \overset{5}{\cancel{6}}\text{ L} & \overset{1000}{200}\text{ mL} \\ - & 3\text{ L} & 500\text{ mL} \\ \hline & 2\text{ L} & 700\text{ mL} \end{array}$$

16 계산해 보세요.

(1)
$$\begin{array}{rrr} & 9\text{ L} & 500\text{ mL} \\ + & 4\text{ L} & 700\text{ mL} \\ \hline \end{array}$$

(2)
$$\begin{array}{rrr} & 13\text{ L} & 400\text{ mL} \\ - & 7\text{ L} & 500\text{ mL} \\ \hline \end{array}$$

17 들이가 가장 많은 것과 가장 적은 것의 합은 몇 mL일까요?

1600 mL　　2 L 600 mL

5 L 200 mL　　4200 mL

(　　　　　　　　)

서술형

18 식용유 2 L 500 mL 중에서 도넛을 만드는 데 900 mL를 사용하였습니다. 남은 식용유는 몇 L 몇 mL인지 풀이 과정을 쓰고 답을 구해 보세요.

풀이

답

19 들이가 더 많은 것의 기호를 써 보세요.

㉠ 2400 mL+1 L 700 mL
㉡ 6 L 500 mL−1800 mL

(　　　　　　　　)

20 우유를 한 명이 300 mL씩 3명이 마셨더니 1 L 400 mL가 남았습니다. 처음에 있던 우유는 몇 L 몇 mL일까요?

(　　　　　　　　)

21 □ 안에 알맞은 수를 써넣으세요.

	L	mL
	7 L	300 mL
−	2 L	□ mL
	□ L	700 mL

창의+

22 수질오염의 주된 원인은 생활하수입니다. 다음은 음식 10 mL를 정화하는 데 필요한 맑은 물의 양입니다. 라면 국물 50 mL와 우유 30 mL를 정화하는 데 필요한 맑은 물은 모두 몇 L일까요?

음식 10 mL	물의 양
라면 국물	50 L
간장	300 L
우유	150 L
식용유	1980 L

(　　　　　　　　)

5 두 그릇에 들어 있는 물의 양 같게 만들기

물이 ㉮에 900 mL, ㉯에 300 mL 들어 있을 때 두 그릇에 들어 있는 물의 양 같게 만들기

① 두 그릇에 들어 있는 물의 양의 차를 구합니다.
➡ 900 − 300 = 600 (mL)

② ①의 반만큼 물을 적게 들어 있는 그릇에 옮깁니다. ➡ 600 ÷ 2 = 300 (mL)

③ 두 그릇에 들어 있는 물의 양이 같아집니다.
➡ ㉮: 900 − 300 = 600 (mL)
㉯: 300 + 300 = 600 (mL)

23 두 수조에 들어 있는 물의 양이 같아지려면 가 수조에 들어 있는 물을 나 수조로 몇 mL 옮겨야 할까요?

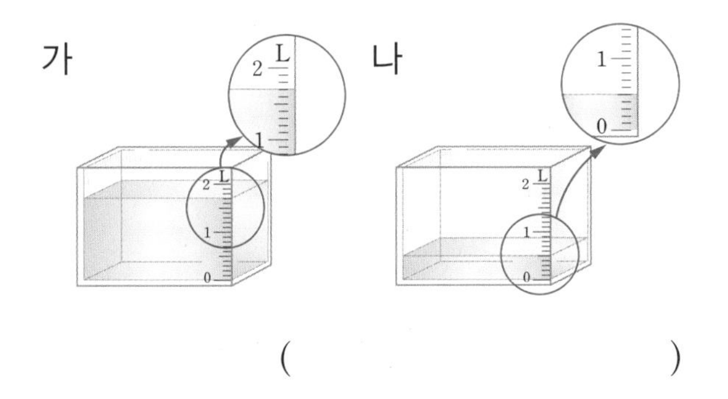

(　　　　　　　　)

24 물이 가 물통에 7 L 500 mL 들어 있고, 나 물통에 2 L 700 mL 들어 있습니다. 두 물통에 들어 있는 물의 양이 같아지도록 가 물통의 물을 나 물통에 옮겼습니다. 각 물통에 들어 있는 물은 몇 L 몇 mL씩일까요?

(　　　　　　　　)

5

5 무게 비교하기

● **모양과 크기가 다른 두 물건의 무게 비교하기**

방법 1 직접 들어서 비교하기

귤을 든 쪽이 힘이 더 많이 듭니다.
➡ (귤의 무게) > (레몬의 무게)

방법 2 양팔저울에 올려 비교하기

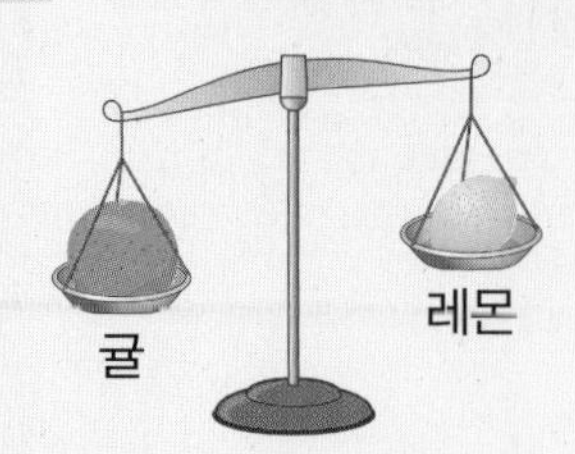

접시가 내려간 쪽이 더 무겁습니다.
➡ (귤의 무게) > (레몬의 무게)

방법 3 양팔저울에 단위가 되는 물건을 올려 비교하기

➡ 귤이 레몬보다 바둑돌 5개만큼 더 무겁습니다.

바둑돌 1개의 무게는 일정하므로 바둑돌이 더 많이 올라간 것의 무게가 더 무거워요.

주의 개념

• 무게를 비교할 때는 반드시 같은 단위를 이용해야 합니다.

공깃돌 7개

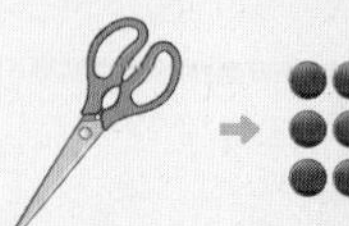

바둑돌 12개

➡ 서로 다른 단위를 이용하면 어느 것이 더 무거운지 비교하기 어렵습니다.

• **무게를 재는 단위**
바둑돌, 공깃돌, 연결 모형, 클립 등을 단위 물건으로 이용할 수 있습니다.

1 양팔저울로 테니스공과 야구공의 무게를 비교했습니다. 테니스공과 야구공 중 더 가벼운 것은 어느 것일까요?

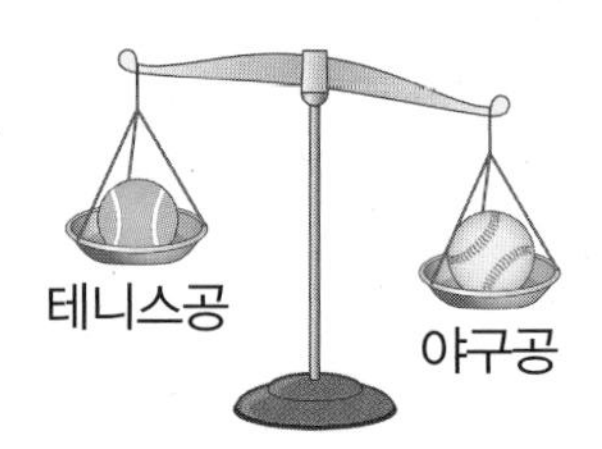

( )

2 바둑돌을 이용하여 풀과 지우개의 무게를 비교했습니다. 풀과 지우개 중 어느 것이 얼마나 더 무거운지 알아보세요.

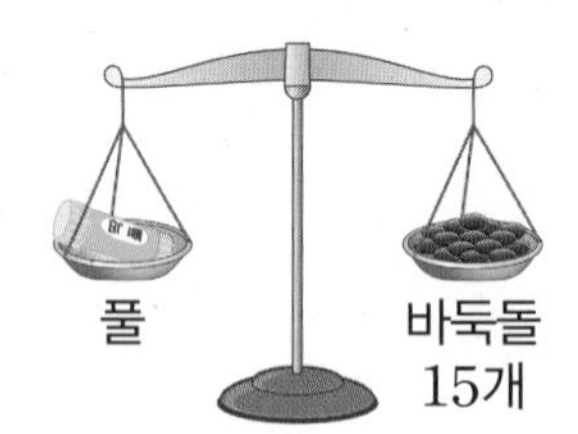

지우개 바둑돌 10개

(1) 풀과 지우개의 무게는 각각 바둑돌 몇 개의 무게와 같을까요?
풀 ( ), 지우개 ( )

(2) 풀과 지우개 중에서 어느 것이 얼마나 더 무거울까요?

☐ 이/가 ☐ 보다 바둑돌 ☐ 개만큼 더 무겁습니다.

? 크기가 크면 무게도 무겁다고 할 수 있나요?

크기가 크다고 무거운 것은 아닙니다.

돌보다 풍선이 더 크지만 돌이 더 무겁습니다.

6 무게의 단위

정답과 풀이 34쪽

● 무게의 단위 알아보기

• 무게의 단위에는 킬로그램과 그램, 톤 등이 있습니다.
• 1킬로그램은 1 kg, 1 그램은 1 g이라고 씁니다.

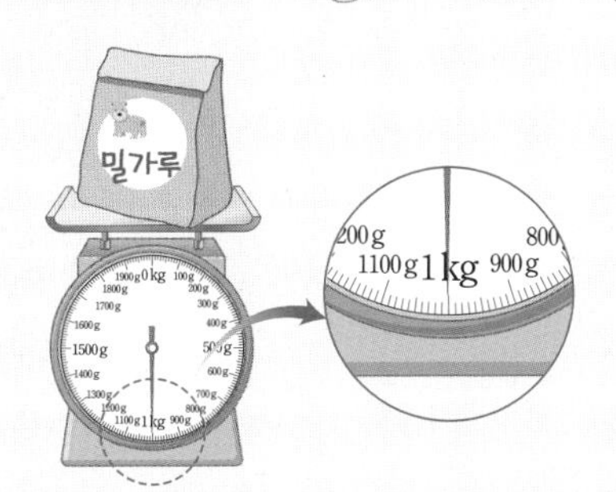

1 kg = 1000 g

• 1 킬로그램은 1000 그램과 같습니다.

● 1 kg보다 700 g 더 무거운 무게 알아보기

쓰기 1 kg 700 g
읽기 1 킬로그램 700 그램

1 kg 700 g = 1700 g

● 1 t 알아보기

• 1000 kg의 무게를 1 t이라 쓰고
1 톤이라고 읽습니다.

1 t = 1000 kg

• 1 톤은 1000 킬로그램과 같습니다.

보충 개념

• 1 kg, 1 g, 1 t 쓰기

1 kg
1 g
1 t

• 1 kg 700 g
= 1 kg + 700 g
= 1000 g + 700 g
= 1700 g

3 ☐ 안에 알맞은 수를 써넣으세요.

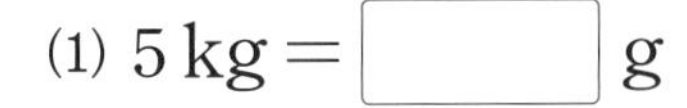

(1) 5 kg = ☐ g
(2) 8000 g = ☐ kg
(3) 3 kg 70 g = ☐ g
(4) 4600 g = ☐ kg ☐ g
(5) 2000 kg = ☐ t
(6) 7 t = ☐ kg

▶ 1 kg = 1000 g
1 t = 1000 kg

4 저울의 눈금을 읽어 보세요.

(1)

☐ g

(2)

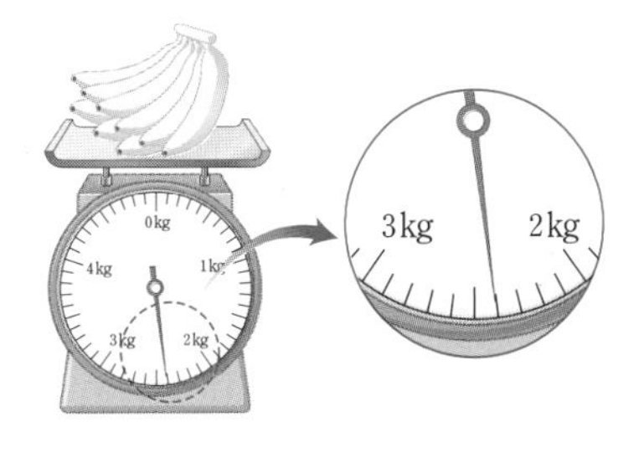

☐ kg ☐ g

? 전자저울은 언제 사용하나요?

전자저울은 용도에 따라 1 g 단위까지 나타낼 수 있으므로 가벼운 물건의 무게를 잴 때나 정확한 무게를 알고 싶을 때 사용하면 좋습니다.

5

7 무게를 어림하고 재어 보기

● **무게를 여러 가지 방법으로 어림하기**

무게를 어림하여 말할 때는 약 □kg 또는 약 □g이라고 합니다.

1 kg인 설탕 2봉지의 무게와 비슷할 것 같습니다.

500 g인 케첩 4개의 무게와 비슷할 것 같습니다.

➡ 멜론의 무게는 약 2 kg입니다.

실전 개념

- **무게를 어림하는 방법**
  - ① 기준이 되는 무게를 생각합니다.
    - 예 500 g 케첩, 1 kg 설탕
  - ② 기준으로 정한 무게와 비교하여 무게를 어림합니다.
- **어림할 때 기준이 되는 물건**
  - 통조림 ➡ 100 g, 400 g
  - 설탕 한 봉지 ➡ 500 g, 1 kg
  - 아령 ➡ 1 kg, 2 kg

5 □ 안에 g, kg, t 중 알맞은 단위를 써넣으세요.

(1) 의자의 무게는 약 3 □입니다.

(2) 비누의 무게는 약 100 □입니다.

(3) 하마의 무게는 약 3 □입니다.

6 무게가 1 t보다 더 무거운 것을 찾아 기호를 써 보세요.

㉠ 컴퓨터 1대	㉡ 책상 1개
㉢ 비행기 1대	㉣ 자전거 3대

(　　　　　　　　)

▶ 1 t = 1000 kg이므로 1000 kg보다 더 무거운 것을 찾아봅니다.

7 물건의 무게를 어림하여 알맞게 이어 보세요.

텔레비전 •	• 약 150 g
치약 •	• 약 15 t
버스 •	• 약 12 kg

▶ 주변에서 무게를 알고 있는 물건과 비교하여 어림합니다.
예 약 200 g: 햄 통조림
약 1.5 kg: 노트북
약 10 kg: 전자레인지
약 1 t: 승용차

8 무게의 덧셈과 뺄셈

정답과 풀이 34쪽

● **무게의 덧셈**

kg 단위의 수끼리, g 단위의 수끼리 더합니다.

	1 kg	200 g
+	3 kg	500 g
	4 kg	700 g

	1	
	2 kg	900 g
+	1 kg	700 g
	4 kg	600 g

● **무게의 뺄셈**

kg 단위의 수끼리, g 단위의 수끼리 뺍니다.

	7 kg	500 g
−	3 kg	200 g
	4 kg	300 g

	4	1000
	~~5~~ kg	100 g
−	2 kg	300 g
	2 kg	800 g

보충 개념

• g 단위 수끼리의 합이 1000보다 크거나 같으면 1000 g을 1 kg으로 받아올림합니다.

	2 kg	900 g
+	1 kg	700 g
	3 kg	1600 g
	+1 kg	−1000 g
	4 kg	600 g

• g 단위의 수끼리 뺄 수 없으면 1 kg을 1000 g으로 받아내림합니다.

1 kg = 1000 g

	4	1000
	~~5~~ kg	100 g
−	2 kg	300 g
	2 kg	800 g

확인 !

무게의 덧셈과 뺄셈을 할 때는 kg은 ☐끼리, g은 ☐끼리 계산합니다.

8 ☐ 안에 알맞은 수를 써넣으세요.

(1) 3 kg 100 g + 5 kg 500 g = ☐ kg ☐ g

(2) 2500 g + 3200 g = ☐ g = ☐ kg ☐ g

(3) 6 kg 700 g − 4 kg 200 g = ☐ kg ☐ g

(4) 7800 g − 2400 g = ☐ g = ☐ kg ☐ g

▶ 같은 단위의 수끼리 계산한 후 1000 g = 1 kg임을 이용하여 ■▲00 g을 ■ kg ▲00 g으로 나타냅니다.

9 ☐ 안에 알맞은 수를 써넣으세요.

(1)

	5 kg	700 g
+	3 kg	400 g
	☐ kg	☐ g

(2)

	8 kg	600 g
−	2 kg	700 g
	☐ kg	☐ g

▶ 1 kg = 1000 g임을 이용하여 받아올림하거나 받아내림합니다.

10 밤을 현선이는 2 kg 400 g 주웠고, 민준이는 1 kg 800 g 주웠습니다. 현선이와 민준이 중에서 밤을 누가 몇 g 더 많이 주웠을까요?

( ), ( )

기본에서 응용으로

6 무게 비교하기

• 저울과 단위가 되는 물건 이용하기

➡ 공책이 수첩보다 공깃돌 $14-11=3$(개)만큼 더 무겁습니다.

25 고구마, 감자, 당근의 무게를 비교했습니다. 고구마, 감자, 당근 중에서 가장 가벼운 것은 어느 것일까요?

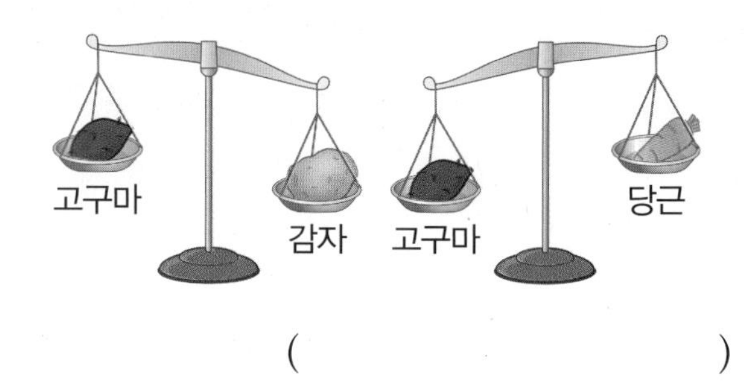

( )

26 골프공의 무게를 바둑돌과 공깃돌을 이용하여 각각 재었습니다. 바둑돌과 공깃돌 중에서 1개의 무게가 더 무거운 것은 어느 것일까요?

( )

27 바둑돌을 이용하여 귤과 딸기의 무게를 비교했습니다. 귤의 무게는 딸기의 무게의 몇 배일까요?

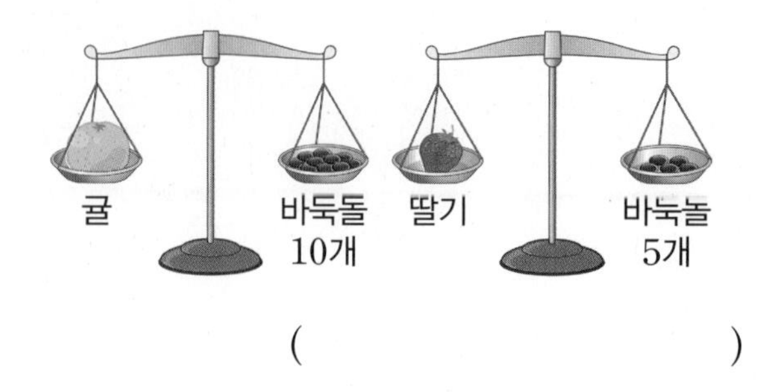

( )

28 볼펜, 지우개, 필통 중에서 1개의 무게가 가장 가벼운 것과 가장 무거운 것을 차례로 써 보세요. (단, 같은 종류의 물건끼리는 무게가 같습니다.)

( ), ( )

7 무게의 단위

• 무게의 단위: 킬로그램, 그램, 톤 등
• 1 킬로그램은 1 kg, 1 그램은 1 g, 1 톤은 1 t 이라고 씁니다.

$1\,\text{kg}=1000\,\text{g},\ 1\,\text{t}=1000\,\text{kg}$

29 무게가 2kg인 상자 안에 550g짜리 배 1개를 넣었습니다. 배 1개가 들어 있는 상자의 무게는 몇 g일까요?

( )

30 호박과 무 중에서 더 무거운 것은 어느 것일까요?

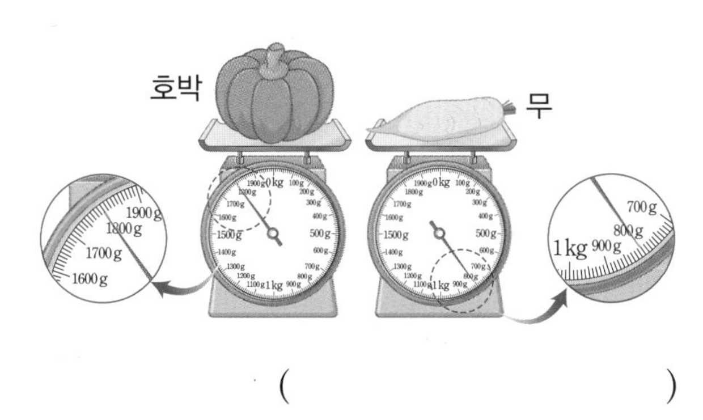

( )

31 무게를 비교하여 ○ 안에 >, =, < 중 알맞은 것을 써넣으세요.

(1) 5 kg 3 g ○ 5030 g

(2) 7700 g ○ 7 kg 70 g

서술형

32 빵을 만드는 데 밀가루를 진아는 2 kg 450 g 사용했고, 태하는 2800 g 사용했습니다. 밀가루를 더 많이 사용한 사람은 누구인지 풀이 과정을 쓰고 답을 구해 보세요.

풀이

답

33 무게가 무거운 것부터 차례로 기호를 써 보세요.

㉠ 2900 g	㉡ 3 kg 200 g
㉢ 3 kg 40 g	㉣ 3400 g

( )

8 무게를 어림하고 재어 보기

무게를 어림하여 말할 때는 약 □ kg 또는 약 □ g 이라고 합니다.

통조림

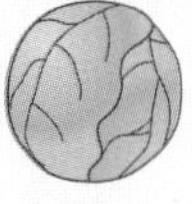
양배추

양배추의 무게는 통조림 5개의 무게와 비슷할 것 같으므로 약 1 kg입니다.

34 알맞은 단위를 찾아 ○표 하세요.

(1)  배추 한 통의 무게는 약 2 (g , kg , t)입니다.

(2) 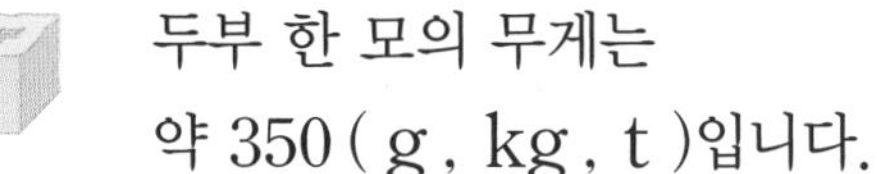
두부 한 모의 무게는 약 350 (g , kg , t)입니다.

(3)  승용차 한 대의 무게는 약 1 (g , kg , t)입니다.

35 단위를 잘못 사용한 문장을 찾아 기호를 쓰고, 바르게 고쳐 보세요.

㉠ 비행기의 무게는 약 350 t입니다.
㉡ 책가방의 무게는 약 2 g입니다.
㉢ 사과의 무게는 약 350 g입니다.

( )

바르게 고치기

36 무게가 1 kg보다 더 가벼운 것을 찾아 기호를 써 보세요.

㉠ 배구공 1개	㉡ 책상 1개
㉢ 피아노 1대	㉣ 자전거 1대

( )

37 표범의 무게는 약 50 kg이고 코끼리의 무게는 약 2 t입니다. 코끼리의 무게는 표범 무게의 약 몇 배인지 구해 보세요.

약 (　　　　　　　　)

9 무게의 덧셈과 뺄셈

kg 단위의 수끼리, g 단위의 수끼리 계산합니다.

• 무게의 덧셈

$$\begin{array}{rrr} & \overset{1}{4}\text{ kg} & 700\text{ g} \\ + & 1\text{ kg} & 600\text{ g} \\ \hline & 6\text{ kg} & 300\text{ g} \end{array}$$

• 무게의 뺄셈

$$\begin{array}{rrr} & \overset{2}{\cancel{3}}\text{ kg} & \overset{1000}{300}\text{ g} \\ - & 1\text{ kg} & 500\text{ g} \\ \hline & 1\text{ kg} & 800\text{ g} \end{array}$$

38 계산해 보세요.

(1)
$$\begin{array}{rrr} & 7\text{ kg} & 500\text{ g} \\ + & 11\text{ kg} & 700\text{ g} \\ \hline \end{array}$$

(2)
$$\begin{array}{rrr} & 14\text{ kg} & 100\text{ g} \\ - & 9\text{ kg} & 600\text{ g} \\ \hline \end{array}$$

39 무게를 비교하여 ○ 안에 >, =, < 중 알맞은 것을 써넣으세요.

(1) 2 kg 700 g + 5 kg 400 g ○ 8 kg

(2) 8 kg 300 g − 3 kg 700 g ○ 5 kg

40 무게가 가장 무거운 것과 가장 가벼운 것의 합은 몇 kg 몇 g일까요?

2800 g	2 kg 900 g
3 kg	3 kg 500 g

(　　　　　　　　)

41 세희가 혼자 저울에 올라가면 몸무게가 31 kg 800 g이고, 세희가 강아지를 안고 저울에 올라가면 39 kg 300 g입니다. 강아지의 무게는 몇 kg 몇 g일까요?

(　　　　　　　　)

서술형

42 민우 어머니께서 돼지고기 2 kg 400 g과 소고기 1800 g을 사 오셨습니다. 민우 어머니께서 사 오신 돼지고기와 소고기의 무게는 모두 몇 kg 몇 g인지 풀이 과정을 쓰고 답을 구해 보세요.

풀이 ....

....

....

....

답 ....

43 □ 안에 알맞은 수를 써넣으세요.

$$\begin{array}{rrr} & 6\text{ kg} & \square\text{ g} \\ - & \square\text{ kg} & 500\text{ g} \\ \hline & 3\text{ kg} & 900\text{ g} \end{array}$$

44 지호가 농장에서 감을 2바구니 따서 무게를 각각 재었더니 다음과 같았습니다. 지호가 딴 감의 무게는 모두 몇 kg 몇 g일까요? (단, 바구니의 무게는 생각하지 않습니다.)

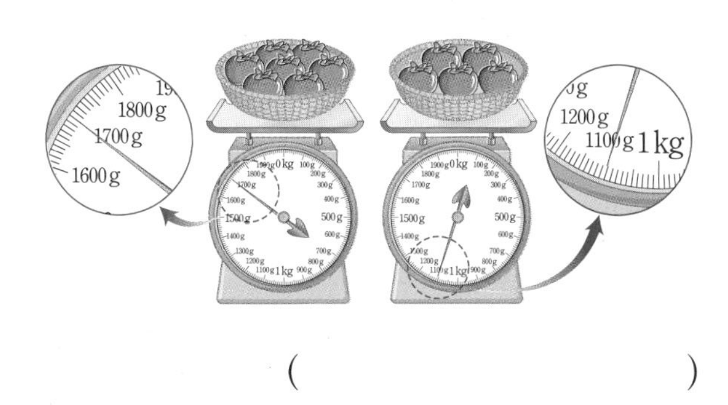

( )

45 7 kg까지 물건을 담을 수 있는 가방에 무게가 3 kg 600 g인 물건을 담았습니다. 이 가방에 더 담을 수 있는 무게는 몇 kg 몇 g일까요?

( )

창의+

46 예성이는 아프리카 친구들에게 세 개의 물건을 선물로 보내 주려고 합니다. 무게의 합이 2 kg이 넘지 않도록 세 물건을 고르고, 고른 세 물건의 무게의 합을 구해 보세요.

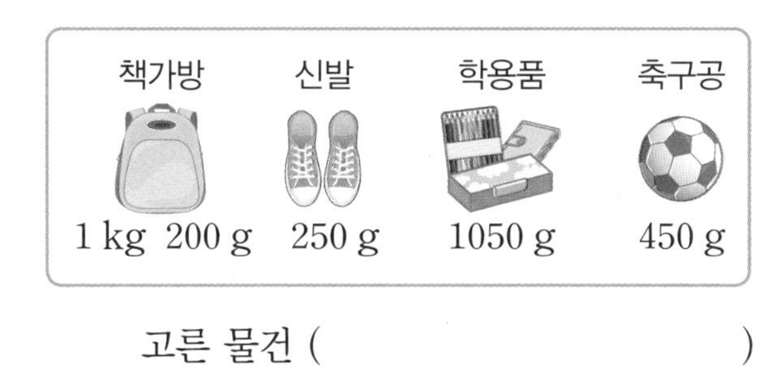

고른 물건 ( )
무게의 합 ( )

47 무게가 같은 음료수 2개를 무게가 550 g인 상자에 담아 무게를 재었더니 4 kg 750 g이었습니다. 음료수 1개의 무게는 몇 kg 몇 g일까요?

( )

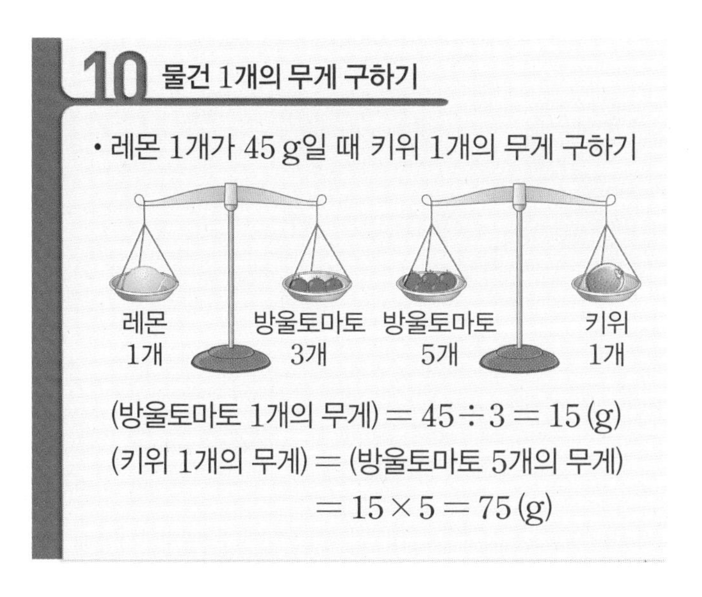

10 물건 1개의 무게 구하기
• 레몬 1개가 45 g일 때 키위 1개의 무게 구하기
레몬 1개
방울토마토 3개
방울토마토 5개
키위 1개
(방울토마토 1개의 무게) = 45 ÷ 3 = 15 (g)
(키위 1개의 무게) = (방울토마토 5개의 무게)
= 15 × 5 = 75 (g)

48 감자 1개와 고구마 2개의 무게가 같고, 고구마 5개와 무 1개의 무게가 같습니다. 감자 1개의 무게가 320 g일 때 무 1개의 무게는 몇 g일까요? (단, 같은 종류의 채소끼리는 무게가 같습니다.)

( )

49 사과 1개와 귤 4개의 무게가 같고, 귤 6개와 배 1개의 무게가 같습니다. 사과 1개의 무게가 360 g일 때 배 1개의 무게는 몇 g일까요? (단, 같은 종류의 과일끼리는 무게가 같습니다.)

( )

50 지우개 3개와 풀 2개의 무게가 같고, 풀 3개와 수첩 1개의 무게가 같습니다. 수첩 1개의 무게가 135 g일 때 지우개 1개의 무게는 몇 g일까요? (단, 같은 종류의 물건끼리는 무게가 같습니다.)

( )

응용에서 최상위로

심화유형 1 여러 가지 그릇을 이용하여 물 담는 방법 찾기

들이가 300 mL인 컵과 들이가 1 L인 물병을 이용하여 수조에 물 1 L 600 mL를 담으려고 합니다. 물을 담을 수 있는 방법을 설명해 보세요.

설명 ....

....

● 핵심 NOTE
- 들이의 덧셈을 이용하여 300 mL와 1 L로 들이의 합이 1 L 600 mL가 되는 방법을 생각해 봅니다.

1-1 들이가 각각 1 L, 500 mL, 200 mL인 세 개의 그릇을 이용하여 큰 통에 물 2 L 100 mL를 담으려고 합니다. 물을 담을 수 있는 방법을 설명해 보세요.

설명 ....

....

1-2 선주는 천연비누를 만들기 위해 100 mL의 물에 천연색소를 섞으려고 합니다. 들이가 각각 200 mL, 500 mL인 두 그릇을 이용하여 통에 물 100 mL를 담을 수 있는 방법을 설명해 보세요.

설명 ....

....

심화유형 2

빈 상자의 무게 구하기

빈 상자에 무게가 같은 감자 6개를 담아 무게를 재었더니 4 kg 620 g이었습니다. 이 상자에 똑같은 무게의 감자 3개를 더 담았더니 무게가 6 kg 720 g이 되었습니다. 빈 상자의 무게는 몇 g일까요?

(　　　　　　　　　　)

● 핵심 NOTE

• (빈 상자의 무게) = (물건을 담은 상자의 무게) − (물건만의 무게)임을 이용합니다.

2-1 빈 바구니에 무게가 같은 고구마 4개를 담아 무게를 재었더니 3 kg 750 g이었습니다. 이 바구니에 똑같은 무게의 고구마 2개를 더 담았더니 무게가 5 kg 350 g이 되었습니다. 빈 바구니의 무게는 몇 g일까요?

(　　　　　　　　　　)

2-2 빈 상자에 무게가 같은 사과 8개를 담아 무게를 재었더니 8 kg 330 g이었습니다. 이 상자에서 사과를 반만큼 덜어 내었더니 무게가 4 kg 530 g이 되었습니다. 빈 상자의 무게는 몇 g일까요?

(　　　　　　　　　　)

5

심화유형 3 수평인 저울을 보고 무게 구하기

상자 ㉮, ㉯, ㉰는 모양과 크기가 같지만 무게는 모두 다릅니다. 상자 ㉮, ㉯, ㉰의 무게가 각각 100 g, 200 g, 300 g, 500 g 중의 하나라면 상자 ㉰의 무게는 몇 g일까요?

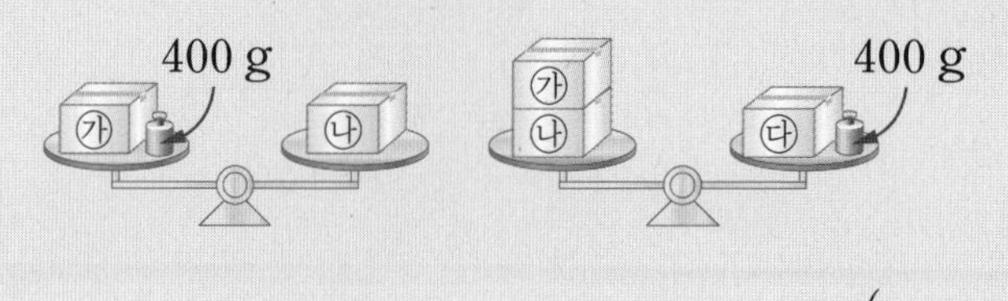

(　　　　　　　　)

● 핵심 NOTE
- 저울이 수평이 되는 무게를 '='를 사용한 식으로 나타냅니다.
- 먼저 상자 한 개의 무게를 찾고 다른 상자의 무게를 차례로 찾습니다.

3-1 상자 ㉮, ㉯, ㉰는 모양과 크기가 같지만 무게는 모두 다릅니다. 상자 ㉮, ㉯, ㉰의 무게가 각각 200 g, 400 g, 500 g, 600 g 중의 하나라면 상자 ㉰의 무게는 몇 g일까요?

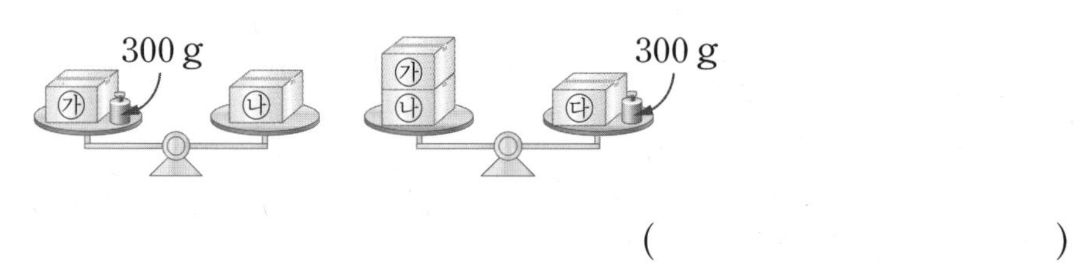

(　　　　　　　　)

3-2 사과, 배, 바나나의 무게가 각각 200 g, 300 g, 400 g, 500 g 중의 하나라면 바나나의 무게는 몇 g일까요?

(　　　　　　　　)

통합 교과유형 4

수학 + 역사

우리나라 전통 단위의 관계 알아보기

'홉', '되', '말'은 옛 조상들이 곡식의 양을 잴 때 사용했던 그릇으로 한 홉은 약 180 mL, 한 되는 약 1 L 800 mL, 한 말은 약 18 L입니다. 되에 물을 담아 한 말을 가득 채우려면 물을 적어도 약 몇 번 부어야 할까요?

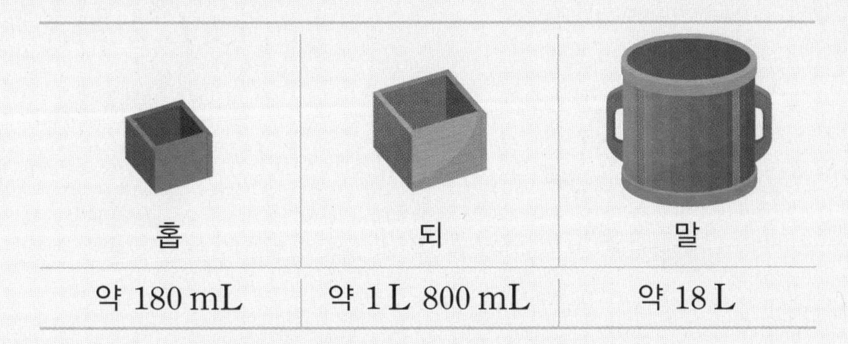

홉	되	말
약 180 mL	약 1 L 800 mL	약 18 L

1단계 한 되를 mL로 나타내기

2단계 한 말을 mL로 나타내기

3단계 되에 물을 담아 한 말을 가득 채우려면 적어도 몇 번 부어야 하는지 구하기

*18000은 '만 팔천'이라고 읽습니다.

약 (　　　　　　　　)

● 핵심 NOTE

1, 2단계 한 되와 한 말을 mL 단위로 나타냅니다.

3단계 물을 붓는 횟수를 □번이라고 하여 곱셈식을 세우고, □의 값을 구합니다.

4-1

'돈', '냥', '관'은 금이나 은 등의 귀금속의 무게를 잴 때 우리 조상들이 사용하던 단위입니다. 지금도 귀금속 가게에서는 "금 1돈은 얼마예요?"라는 말을 쉽게 들을 수 있을 정도로 최근까지 자주 사용되고 있습니다. 금 10냥은 375 g, 금 1관은 3 kg 750 g입니다. 금 1관이 되려면 한 개에 10냥인 금은 몇 개 필요할까요?

(　　　　　　　　)

단원 평가 Level 1

점수

확인

1 양팔저울로 오이와 호박의 무게를 비교했습니다. 오이와 호박 중 더 무거운 것은 어느 것일까요?

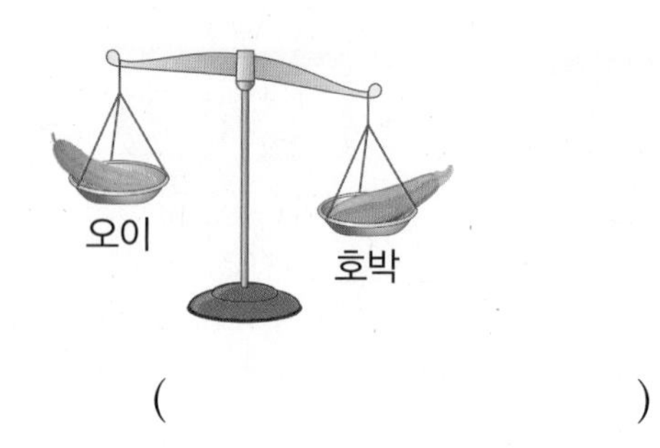

(   )

2 잡곡의 무게가 얼마인지 □ 안에 알맞은 수를 써넣으세요.

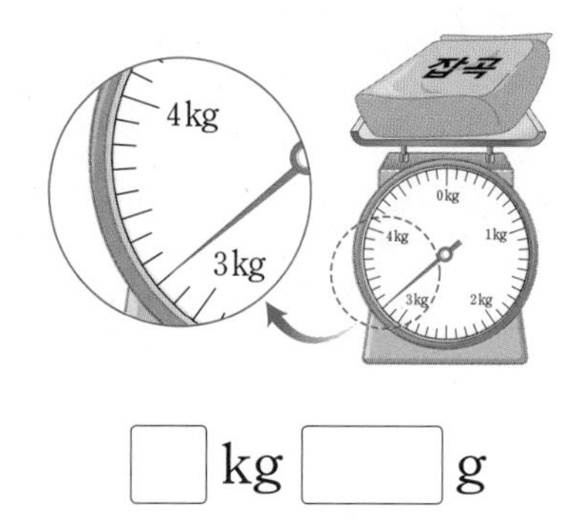

□ kg □ g

3 ㉮ 그릇과 ㉯ 그릇에 물을 가득 채운 후 모양과 크기가 같은 빈 통에 옮겨 담았더니 다음과 같았습니다. 들이가 더 많은 그릇의 기호를 써 보세요.

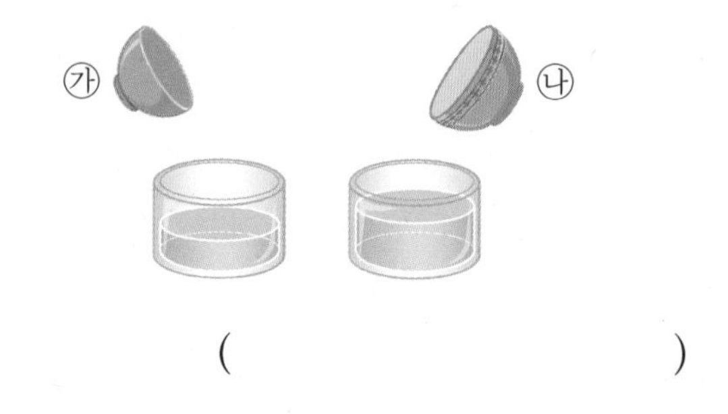

(   )

4 양동이에 가득 담긴 물을 1 L짜리 비커에 담았더니 그림과 같았습니다. 양동이의 들이는 몇 L 몇 mL일까요?

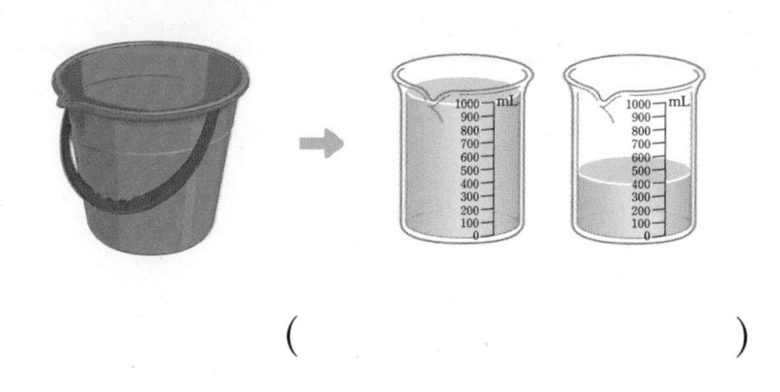

(   )

5 □ 안에 알맞은 수를 써넣으세요.

(1) 1 L 700 mL = □ mL

(2) 3050 mL = □ L □ mL

(3) 2700 g = □ kg □ g

(4) 5 kg 20 g = □ g

6 들이를 비교하여 ○ 안에 >, =, < 중 알맞은 것을 써넣으세요.

(1) 4 L 300 mL ○ 4700 mL

(2) 5600 mL ○ 5 L 80 mL

7 무게가 1 t보다 더 무거운 것을 모두 찾아 기호를 써 보세요.

㉠ 코끼리 1마리	㉡ 시금치 1단
㉢ 냉장고 1대	㉣ 자동차 1대

(   )

8 들이를 어림하여 알맞게 이어 보세요.

요구르트병 •	• 약 250 mL
어항 •	• 약 80 mL
음료수 캔 •	• 약 5 L

9 둘째로 가벼운 무게를 찾아 기호를 써 보세요.

㉠ 4200 g　　㉡ 5500 g
㉢ 5 kg 50 g　　㉣ 4 kg 600 g

(　　　　　　　　　)

10 보기 에서 알맞은 물건을 찾아 문장을 완성해 보세요.

보기
휴대 전화　　헬리콥터　　노트북

(1) ☐의 무게는 약 2 kg입니다.

(2) ☐의 무게는 약 3 t입니다.

(3) ☐의 무게는 약 200 g입니다.

11 들이가 더 많은 것의 기호를 써 보세요.

㉠ 4 L 700 mL+5 L 800 mL
㉡ 10 L 800 mL

(　　　　　　　　　)

12 계산해 보세요.

(1) 2 kg 400 g + 6 kg 700 g

(2) 9 kg 300 g − 5 kg 400 g

13 대야와 주전자에 물을 가득 채우려면 ㉮ 컵과 ㉯ 컵으로 다음과 같이 각각 부어야 합니다. 바르게 말한 사람의 이름을 써 보세요.

	㉮ 컵	㉯ 컵
대야	14	10
주전자	7	5

선우: ㉮ 컵이 ㉯ 컵보다 들이가 더 많아.
현서: 대야의 들이는 주전자 들이의 2배야.
주연: 대야보다 주전자에 물을 더 많이 담을 수 있어.

(　　　　　　　　　)

14 빨간색 페인트 1900 mL와 노란색 페인트를 섞었더니 주황색 페인트 3 L 400 mL가 되었습니다. 노란색 페인트는 몇 L 몇 mL를 섞었을까요?

(　　　　　　　　　)

5

15 은솔이와 하윤이가 어제와 오늘 마신 물의 양입니다. 이틀 동안 물을 더 많이 마신 사람은 누구일까요?

	어제	오늘
은솔	1200 mL	1 L 50 mL
하윤	1 L 400 mL	980 mL

( )

16 똑같은 우유 5병을 빈 상자에 담아 무게를 재어 보니 3 kg 100 g이었습니다. 우유 한 병의 무게가 500 g일 때 빈 상자의 무게는 몇 g일까요?

( )

17 물이 ㉮ 그릇에 1 L 100 mL 들어 있고, ㉯ 그릇에 3 L 900 mL 들어 있습니다. 두 그릇에 들어 있는 물의 양이 같아지려면 ㉯ 그릇에 들어 있는 물을 ㉮ 그릇으로 몇 L 몇 mL 옮겨야 할까요?

( )

18 수호는 토끼와 고양이를 키웁니다. 토끼와 고양이 무게의 합은 5 kg이고 고양이가 토끼보다 1 kg 400 g만큼 더 무겁습니다. 고양이의 무게는 몇 kg 몇 g일까요?

( )

서술형 문제

19 세 그릇의 들이입니다. 들이가 가장 많은 것은 어느 것인지 풀이 과정을 쓰고 답을 구해 보세요.

물뿌리개	수조	대야
1 L 100 mL	1830 mL	1000 mL

풀이

답

20 사과를 진우는 20 kg 800 g 땄고, 상우는 진우보다 700 g만큼 더 많이 땄습니다. 두 사람이 딴 사과는 모두 몇 kg 몇 g인지 풀이 과정을 쓰고 답을 구해 보세요.

풀이

답

단원 평가 Level 2

점수

확인

1 주스병에 물을 가득 채운 후 빈 물병에 옮겨 담았더니 그림과 같이 물이 채워졌습니다. 주스병과 물병 중에서 들이가 더 적은 것은 어느 것일까요?

(　　　　　　　　)

2 물의 양이 얼마인지 □ 안에 알맞은 수를 써넣으세요.

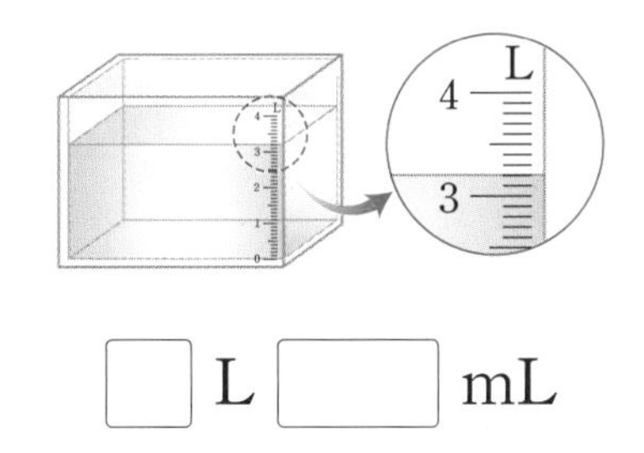

□ L □ mL

3 혜성이는 오카리나와 하모니카의 무게를 공깃돌을 이용하여 재었습니다. 어느 것이 얼마나 더 무거울까요?

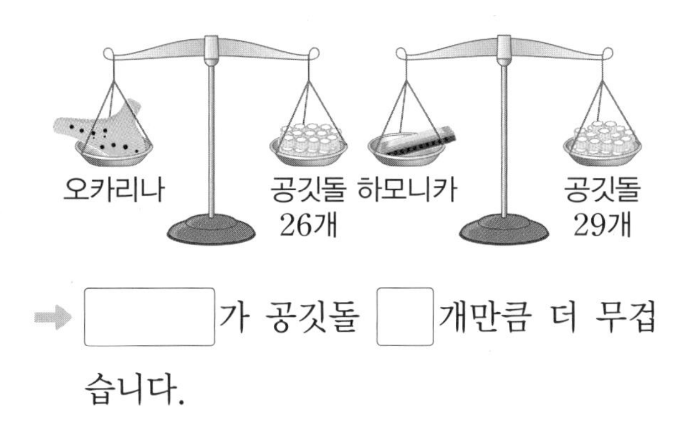

➡ □가 공깃돌 □개만큼 더 무겁습니다.

4 무게를 비교하여 ○ 안에 >, =, < 중 알맞은 것을 써넣으세요.

7 kg 250 g ○ 7320 g

5 연우는 세제 통의 들이를 다음과 같이 어림하였습니다. 세제 통의 들이를 어림해 보세요.

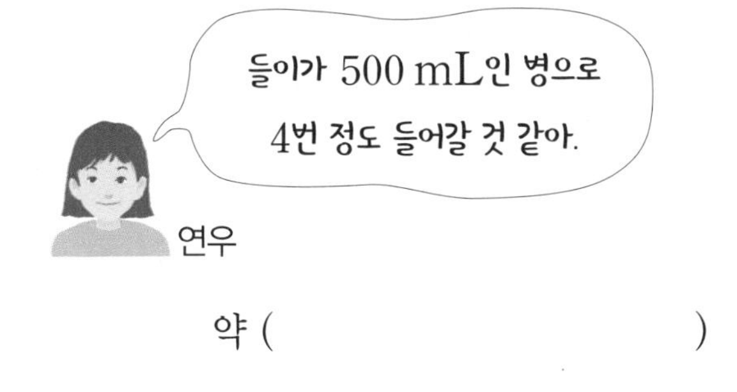

들이가 500 mL인 병으로 4번 정도 들어갈 것 같아.
연우

약 (　　　　　　　　)

6 □ 안에 g, kg, t 중 알맞은 무게의 단위를 써넣으세요.

(1) 강아지의 무게는 약 5 □입니다.

(2) 공깃돌의 무게는 약 5 □입니다.

(3) 소방차의 무게는 약 5 □입니다.

7 나타내는 무게가 다른 하나를 찾아 기호를 써 보세요.

> ㉠ 8 kg 40 g
> ㉡ 8400 g
> ㉢ 8 kg보다 400 g 더 무거운 무게

(　　　　　　　　)

8 들이가 다른 네 그릇 ㉮, ㉯, ㉰, ㉱를 사용하여 항아리에 물을 가득 채우려면 다음과 같이 각각 부어야 합니다. 그릇의 들이가 많은 것부터 차례로 기호를 써 보세요.

그릇	㉮	㉯	㉰	㉱
부은 횟수(번)	18	11	8	20

( )

9 복숭아, 참외, 사과의 무게를 비교했습니다. 가장 가벼운 것은 어느 것일까요?

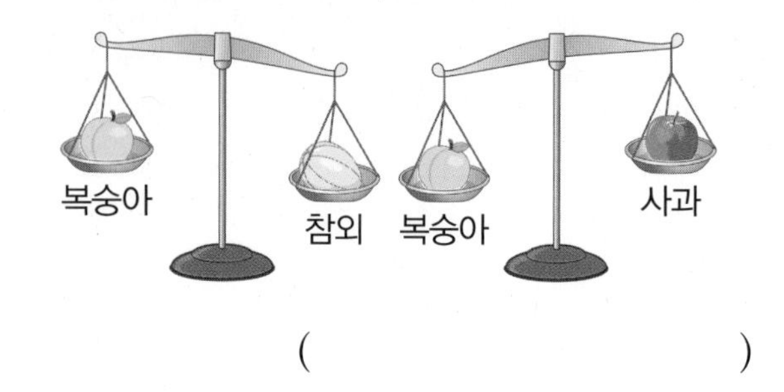

( )

10 은우는 주스를 2 L 10 mL 사서 일주일 동안 모두 마셨습니다. 은우가 일주일 동안 마신 주스는 몇 mL일까요?

( )

11 들이나 무게의 단위를 잘못 사용한 사람을 찾아 이름을 써 보세요.

> 희주: 어항의 들이는 약 3 L야.
> 민혁: 대야의 들이는 약 2 mL야.
> 영은: 내 몸무게는 약 38 kg이야.
> 호준: 지우개 한 개의 무게는 약 20 g이야.

( )

12 계산해 보세요.

(1) 2 L 800 mL + 1 L 300 mL

(2) 4 L 200 mL − 2 L 500 mL

13 경준이와 주하가 수박의 무게를 다음과 같이 어림하였습니다. 실제 수박의 무게에 더 가깝게 어림한 사람은 누구일까요?

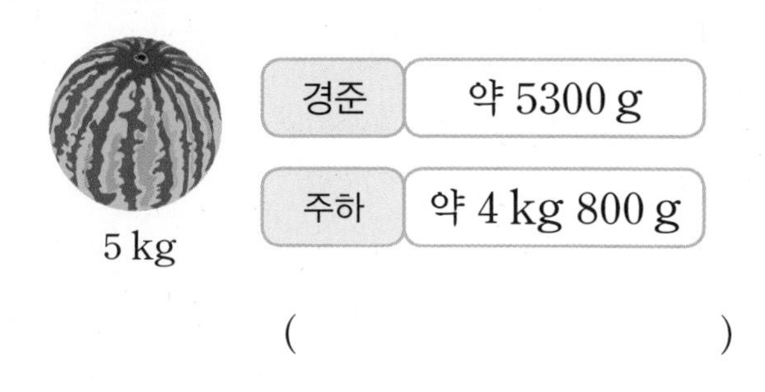

( )

14 쌀 8 kg 중에서 떡을 만드는 데 4500 g을 사용했습니다. 떡을 만들고 남은 쌀의 무게는 몇 g일까요?

( )

15 가장 많은 들이와 가장 적은 들이의 차는 몇 L 몇 mL일까요?

> 2300 mL　　6 L 200 mL
> 1 L 900 mL　　6500 mL

( )

16 □ 안에 알맞은 수를 써넣으세요.

$$\begin{array}{rrr} & 1\ \text{kg} & \square\ \text{g} \\ + & \square\ \text{kg} & 820\ \text{g} \\ \hline & 7\ \text{kg} & 170\ \text{g} \end{array}$$

17 소린이와 민우가 마시기 전 우유의 양과 마신 후 남은 우유의 양을 나타낸 것입니다. 두 사람이 마신 우유는 모두 몇 mL일까요?

	소린	민우
마시기 전	2 L 300 mL	2 L
마신 후	1 L 500 mL	1 L 300 mL

( )

18 상자 ㉮, ㉯, ㉰는 모양과 크기가 같지만 모두 무게가 다릅니다. 상자 ㉮, ㉯, ㉰의 무게가 각각 300 g, 500 g, 600 g, 700 g 중 하나라면 상자 ㉰의 무게는 몇 g일까요?

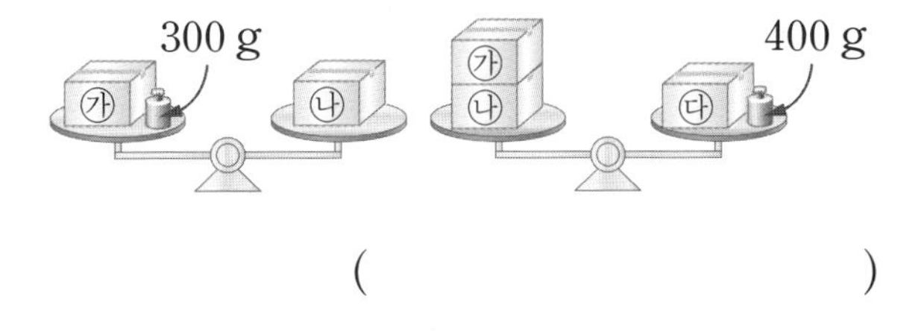

( )

서술형 문제

19 ㉮ 병에 물을 가득 채워 빈 물통에 2번 부은 물을 다시 ㉯ 컵으로 모두 덜어 내려고 합니다. ㉯ 컵으로 적어도 몇 번 덜어 내야 하는지 풀이 과정을 쓰고 답을 구해 보세요.

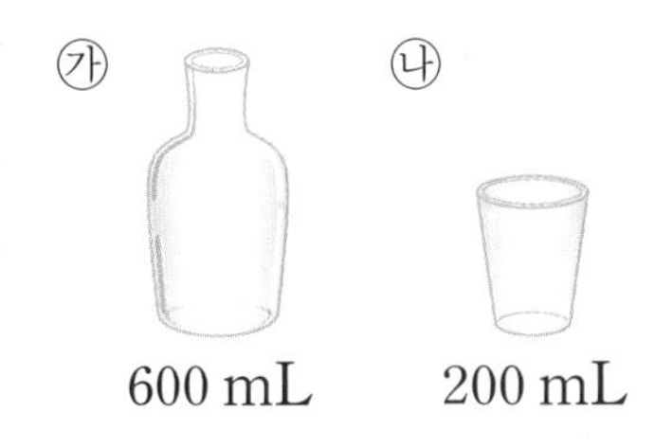

풀이

답

20 바구니에 들어 있는 고구마 7개의 무게와 고구마 6개의 무게를 각각 재었더니 그림과 같았습니다. 빈 바구니의 무게는 몇 g인지 풀이 과정을 쓰고 답을 구해 보세요. (단, 고구마 1개의 무게는 모두 같습니다.)

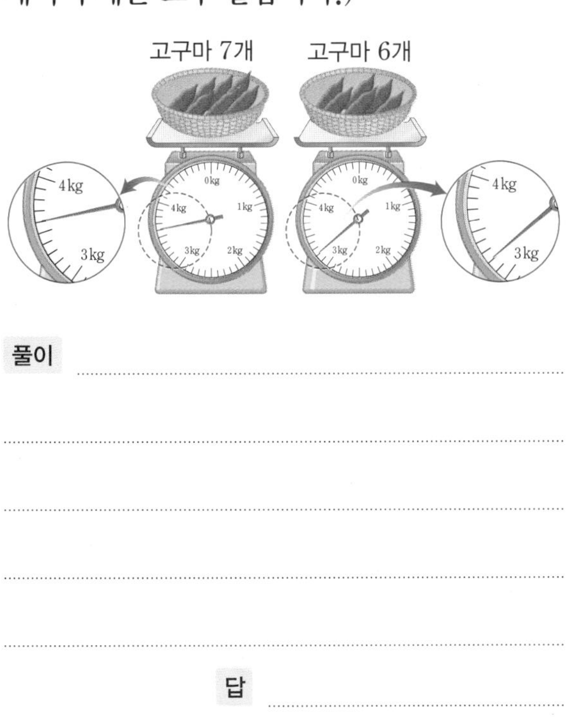

풀이

답

6 그림그래프

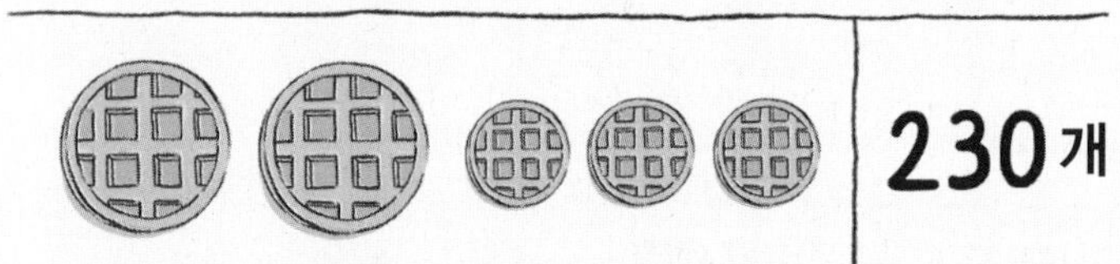

: 100개

: 10개

분류한 것을 그림그래프로 나타낼 수 있어!

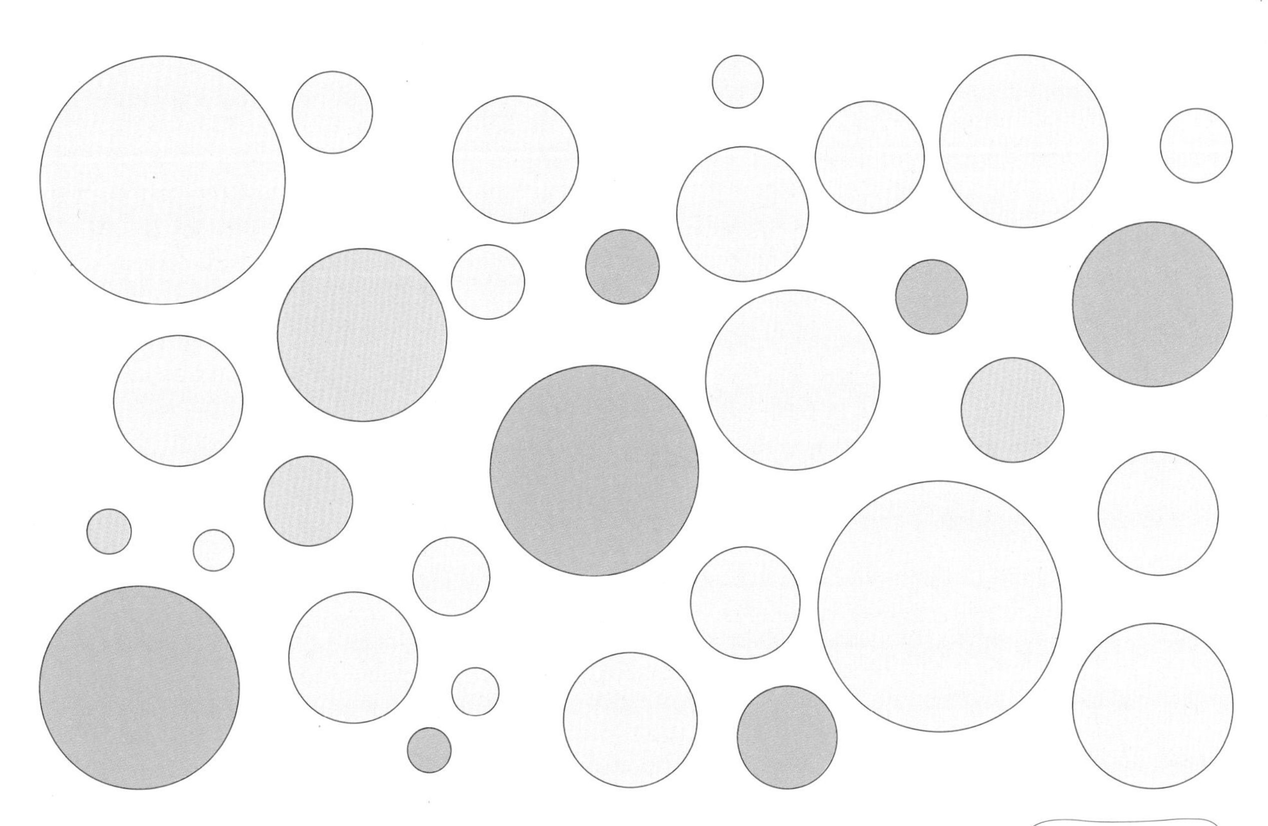

색깔을 분류하여
표로 나타냈어.

● 표로 나타내기

색깔	노란색	초록색	빨간색	합계
개수(개)	20	4	7	31

● 그림그래프로 나타내기

색깔	개수
노란색	◎◎◎◎
초록색	○○○○
빨간색	◎○○

그림을 2가지로 하면 여러 번 그려야
하는 것을 더 간단히 그릴 수 있어!

1 그림그래프 알아보기

● **그림그래프**: 조사한 수를 그림으로 나타낸 그래프

과수원별 사과 수확량

과수원	가	나	다	라	합계
수확량(상자)	210	230	150	310	900

과수원별 사과 수확량

과수원	수확량
가	
나	
다	
라	

100상자
10상자

• 표를 보고 과수원별 사과 수확량을 그림으로 나타냈습니다.

• 은 100상자, 은 10상자를 나타냅니다.

실전 개념

• **조사한 자료를 표로 나타내면 좋은 점**
- 항목별 자료의 수를 알기 쉽습니다.
- 조사한 전체 수를 알기 쉽습니다.

• **조사한 자료를 그림그래프로 나타내면 좋은 점**
- 그림을 보고 무엇을 조사한 것인지 알기 쉽습니다.
- 항목별 수가 많고 적음을 한눈에 비교할 수 있습니다.

그림그래프로 나타내면 과수원별 사과 수확량을 한눈에 비교할 수 있어.

[1~3] 은채네 반의 모둠별 받은 칭찬 도장 수를 조사하여 나타낸 그림그래프입니다. 물음에 답하세요.

모둠별 받은 칭찬 도장 수

모둠	칭찬 도장 수
가	
나	
다	
라	

10개
1개

1 무엇을 조사하여 나타낸 그림그래프일까요?

( )

▶ 그림그래프의 제목을 살펴봅니다.

2 그림 과 은 각각 몇 개를 나타낼까요?

( ), ( )

3 나 모둠이 받은 칭찬 도장은 몇 개일까요?

( )

▶ 과 의 수를 각각 세어 봅니다.

2 그림그래프의 내용 알아보기

정답과 풀이 40쪽

배우고 싶어 하는 악기별 학생 수

악기	학생 수
피아노	
바이올린	
기타	
드럼	

10명

1명

• 피아노를 배우고 싶어 하는 학생은 23명입니다.
• 가장 많은 학생들이 배우고 싶어 하는 악기는 바이올린입니다.
• 가장 적은 학생들이 배우고 싶어 하는 악기는 기타입니다.

실전 개념

수량 비교하기

① 전체 그림의 수가 아니라 큰 그림의 수부터 비교합니다.

② 큰 그림의 수가 같을 때는 작은 그림의 수를 비교합니다.

[4~6] 농장별 기르는 돼지 수를 조사하여 나타낸 그림그래프입니다. 물음에 답하세요.

농장별 기르는 돼지 수

농장	돼지 수
우리	
햇살	
별빛	
희망	

10마리

1마리

4 기르는 돼지 수가 가장 많은 농장은 어느 농장일까요?

( )

5 기르는 돼지 수가 가장 적은 농장은 어느 농장일까요?

( )

6 별빛 농장에서 기르는 돼지의 수는 우리 농장에서 기르는 돼지의 수보다 몇 마리 더 많을까요?

( )

어느 항목의 수량이 가장 많은지 비교하려면 각 항목의 수량을 모두 구해야 하나요?

그림의 크기를 다르게 하여 2가지 그림으로 나타낸 그림그래프에서는 항목별 정확한 수량을 구하지 않고 큰 그림과 작은 그림의 수를 비교하여 가장 많은 항목을 찾을 수 있습니다.

3 그림그래프로 나타내기

정답과 풀이 40쪽

● **그림그래프로 나타내는 방법**

❶ 조사한 수를 어떤 그림으로 나타낼지 정합니다.
❷ 그림을 몇 가지로 나타낼지 정하고, 그림이 나타내는 수를 표시합니다.
❸ 조사한 수에 맞게 그림을 그립니다.
❹ 그림그래프에 알맞은 제목을 씁니다. → 제목을 먼저 써도 됩니다.

종류별 빵 판매량

종류	크림빵	단팥빵	식빵	합계
판매량(개)	23	20	15	58

종류별 빵 판매량 ← ❹ 제목 쓰기

종류	판매량
크림빵	(큰 그림 2개, 작은 그림 3개)
단팥빵	(큰 그림 2개)
식빵	(큰 그림 1개, 작은 그림 5개)

❸ 그림으로 나타내기

10개, 1개
❶ 그림 정하기
❷ 단위 정하기

주의 개념

그림그래프로 나타낼 때 주의할 점

- 그림그래프에서 그림은 자료의 특징을 잘 나타낼 수 있는 것으로 정합니다.
- 조사한 수를 간단하게 나타낼 수 있도록 그림이 나타내는 수를 정합니다.
  예) 조사한 수가 120개, 240개, ...일 때 큰 그림은 100개, 작은 그림은 10개를 나타내도록 정합니다.

[7~8] 마을별 심어져 있는 나무 수를 조사하여 나타낸 표를 보고 그림그래프로 나타내려고 합니다. 물음에 답하세요.

마을별 나무 수

마을	달	별	구름	무지개	합계
나무 수(그루)	210	500	350	430	1490

7 그림의 단위를 (큰 나무)과 (작은 나무)으로 정할 때, 각각 몇 그루로 나타내면 좋을까요?

(큰 나무) (　　　　　　), (작은 나무) (　　　　　　)

▶ 나무 수는 몇백몇십 그루로 나타냈습니다.

8 표를 보고 그림그래프로 나타내 보세요.

마을별 나무 수

마을	나무 수
달	
별	
구름	
무지개	

(큰 나무) □ 그루
(작은 나무) □ 그루

? 합계인 1490그루를 그림그래프에는 나타내지 않나요?

그림그래프는 자료의 수를 비교하기 위한 것이므로 합계는 나타내지 않습니다.

기본에서 응용으로

1 그림그래프 알아보기

- 그림그래프
  조사한 수를 그림으로 나타낸 그래프

가게별 주스 판매량

가게	판매량
가	
나	
다	

100잔
10잔

2 그림그래프의 내용 알아보기

좋아하는 운동별 학생 수

운동	학생 수
축구	
야구	
농구	

10명
1명

- 가장 많은 학생들이 좋아하는 운동: 축구
- 가장 적은 학생들이 좋아하는 운동: 농구

[1~3] 마을별 병원 수를 조사하여 나타낸 그림그래프입니다. 물음에 답하세요.

마을별 병원 수

마을	병원 수
은하	
행복	
반달	
꿈	

10개
1개

1 그림 과 은 각각 몇 개를 나타낼까요?

( ), ( )

2 은하 마을에 있는 병원은 몇 개일까요?

( )

3 반달 마을에 있는 병원은 몇 개일까요?

( )

[4~6] 민우네 학교에서 일주일 동안 배출된 종류별 재활용 쓰레기의 양을 조사하여 나타낸 그림그래프입니다. 물음에 답하세요.

종류별 재활용 쓰레기의 양

종류	재활용 쓰레기의 양
종이류	
플라스틱류	
캔류	
병류	

10 kg
1 kg

4 가장 적게 배출된 재활용 쓰레기의 종류는 무엇일까요?

( )

5 플라스틱류와 병류 중 어느 것이 몇 kg 더 많이 배출되었나요?

( ), ( )

6 민우네 학교에서 가장 많이 줄여야 하는 재활용 쓰레기의 종류는 무엇이라고 생각하나요?

( )

6

[7~9] 어느 김밥 가게에서 일주일 동안 팔린 종류별 김밥 수를 조사하여 나타낸 그림그래프입니다. 물음에 답하세요.

종류별 팔린 김밥 수

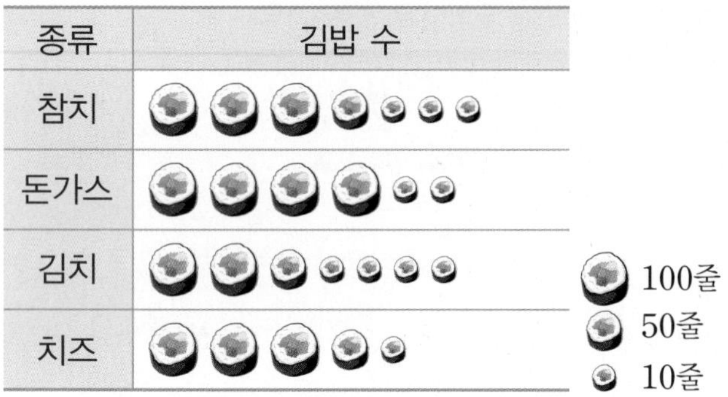

종류	김밥 수
참치	
돈가스	
김치	
치즈	

100줄
50줄
10줄

7 둘째로 많이 팔린 김밥은 무엇이고, 몇 줄 팔렸을까요?

( ), ( )

8 가장 많이 팔린 김밥과 가장 적게 팔린 김밥의 팔린 김밥 수의 차는 몇 줄일까요?

( )

창의+ 서술형

9 이 김밥 가게에서 김밥 포장지에 종류를 표시하는 붙임딱지를 준비하려고 합니다. 어떤 붙임딱지를 가장 많이 준비해야 좋을지 쓰고, 그 까닭을 써 보세요.

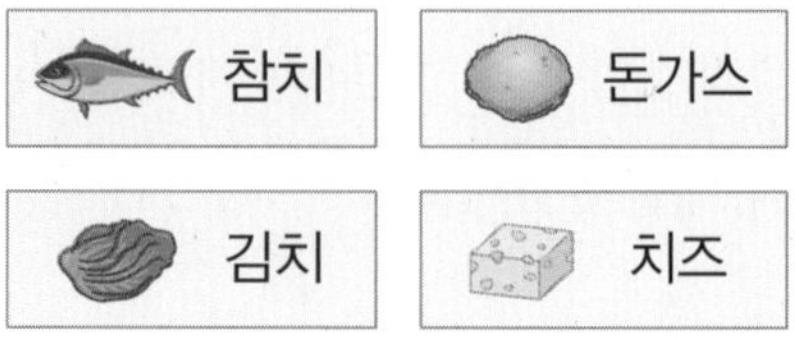

참치 돈가스
김치 치즈

( )

까닭

[10~12] 혜지가 3개월 동안 받은 칭찬 점수를 조사하여 나타낸 그림그래프입니다. 물음에 답하세요.

월별 받은 칭찬 점수

월	칭찬 점수
4월	◎◎○○○○
5월	◎◎◎○
6월	◎○○○○○○○○

◎ 10점
○ 1점

10 칭찬 점수를 많이 받은 달부터 차례로 써 보세요.

( )

11 4월부터 6월까지 혜지가 받은 칭찬 점수는 모두 몇 점일까요?

( )

12 혜지네 반은 매달 받은 칭찬 점수가 20점보다 높으면 사탕을 1봉지씩 받습니다. 사탕이 1봉지에 15개씩 들어 있을 때 3개월 동안 혜지가 받은 사탕은 모두 몇 개일까요?

( )

13 수호가 가지고 있는 책의 수를 종류별로 조사하여 나타낸 그림그래프입니다. 과학책 수가 동화책 수의 $\frac{1}{3}$일 때 과학책은 몇 권일까요?

종류별 책 수

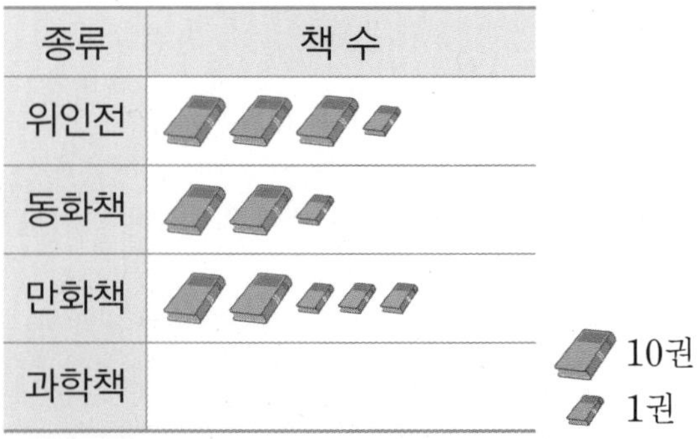

종류	책 수
위인전	
동화책	
만화책	
과학책	

10권
1권

( )

3 그림그래프로 나타내기

좋아하는 민속놀이별 학생 수 ← 알맞은 제목 쓰기

민속놀이	학생 수
연날리기	☺☺☺☺ ← 그림으로 나타내기
투호놀이	☺☺☺☺☺
팽이치기	☺☺☺☺

그림과 단위 정하기: ☺ 10명, ☺ 1명

[14~16] 농장별 고구마 수확량을 조사하여 나타낸 표입니다. 물음에 답하세요.

농장별 고구마 수확량

농장	싱싱	푸른	초록	합계
수확량(상자)	51	33	42	126

14 표를 보고 그림그래프로 나타낼 때 그림을 몇 가지로 나타내는 것이 좋을까요?

( )

15 표를 보고 그림그래프로 나타내 보세요.

농장별 고구마 수확량

농장	수확량
싱싱	
푸른	
초록	

□상자 □상자

16 표와 그림그래프 중에서 그림그래프로 나타냈을 때 좋은 점을 써 보세요.

[17~19] 마을별 초등학생이 있는 가구 수를 조사하여 나타낸 표와 그림그래프입니다. 물음에 답하세요.

마을별 초등학생이 있는 가구 수

마을	다정	기쁨	보람	사랑	행복	합계
가구 수(가구)	400	160			240	1350

마을별 초등학생이 있는 가구 수

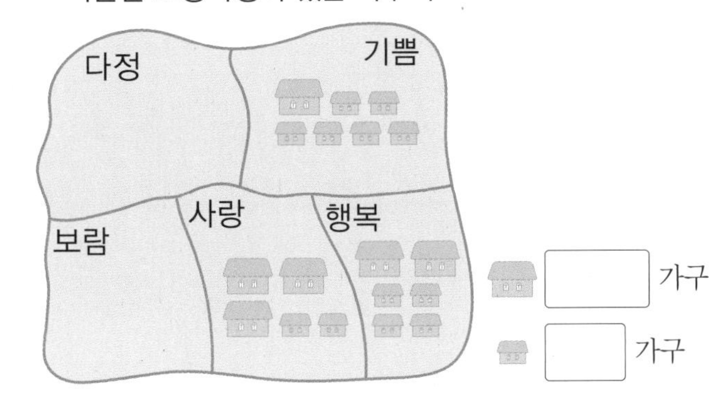

17 그림그래프에서 그림 🏠과 🏠은 각각 몇 가구를 나타낼까요?

🏠 ( ), 🏠 ( )

서술형

18 보람 마을의 초등학생이 있는 가구는 몇 가구인지 풀이 과정을 쓰고 답을 구해 보세요.

풀이

답

19 위의 그림그래프를 완성해 보세요.

4 자료를 조사하여 그림그래프로 나타내기

① 조사하고 싶은 주제 정하기
② 주제에 맞는 조사 항목 정하기
③ 자료 수집 방법을 정하고 자료 조사하기
④ 조사한 자료를 표와 그림그래프로 나타내기

[20~21] 민주네 학교 3학년 학생들이 보고 싶은 공연을 조사하였습니다. 물음에 답하세요.

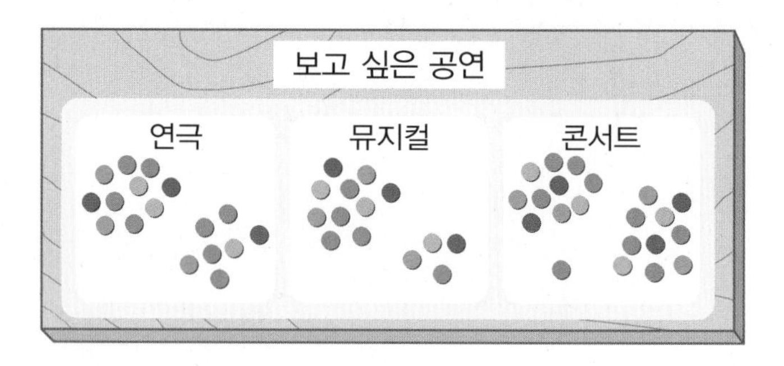

20 조사한 자료를 보고 표로 나타내 보세요.

보고 싶은 공연별 학생 수

공연	연극	뮤지컬	콘서트	합계
학생 수(명)	17			

21 표를 보고 그림그래프로 나타내 보세요.

공연	학생 수
연극	
뮤지컬	
콘서트	

☺ □명 ☺ □명

22 조사한 자료를 보고 표과 그림그래프로 나타내 보세요.

기르고 싶은 반려동물

고양이	고양이	햄스터	고양이	도마뱀
햄스터	고양이	강아지	고양이	고양이
강아지	도마뱀	고양이	강아지	강아지
도마뱀	고양이	강아지	고양이	강아지

기르고 싶은 반려동물별 학생 수

동물	강아지	고양이	햄스터	도마뱀	합계
학생 수(명)					

창의+

23 주하네 학교 학생들이 부모님께 듣고 싶은 말을 조사하였습니다. 조사 결과가 다음과 같을 때, 그림그래프로 나타내 보세요.

부모님께 듣고 싶은 말

사랑해	고마워	잘했어
36명	24명	52명

부모님께 듣고 싶은 말별 학생 수

말	학생 수
사랑해	
고마워	
잘했어	

☺ 10명 ☺ 1명

5 단위를 바꿔 그림그래프로 나타내기

그림그래프에서 단위를 3가지로 하면 단위를 2가지로 나타낼 때보다 그림 수가 줄어서 편리합니다.

16개 ➡ 10개 1개 … 1개

16개 ➡ 10개 5개 1개

[24~25] 어느 옷 가게에서 하루에 판 옷의 수를 조사하여 나타낸 표입니다. 물음에 답하세요.

종류별 옷 판매량

종류	티셔츠	바지	점퍼	합계
판매량(벌)	35	19	27	81

24 표를 보고 ◎은 10벌, ○은 1벌로 하여 그림그래프로 나타내 보세요.

종류별 옷 판매량

종류	판매량
티셔츠	
바지	
점퍼	

◎10벌 ○1벌

25 표를 보고 ◎은 10벌, △은 5벌, ○은 1벌로 하여 그림그래프로 나타내 보세요.

종류별 옷 판매량

종류	판매량
티셔츠	
바지	
점퍼	

◎10벌 △5벌 ○1벌

6 조건을 보고 그림그래프 완성하기

① 주어진 그림그래프에서 그림이 나타내는 단위의 수를 알아봅니다.
② 주어진 조건에 맞게 모르는 항목의 수량을 구한 후 그림그래프를 완성합니다.

26 지점별 하루 동안 햄버거 판매량을 조사하여 나타낸 그림그래프입니다. 별 지점의 판매량이 달 지점의 판매량보다 15개 더 많을 때 그림그래프를 완성해 보세요.

지점별 햄버거 판매량

지점	판매량
달	🍔🍔 (10개 2개, 1개 5개)
꽃	🍔🍔🍔🍔 (10개 4개, 1개 4개)
별	

10개 1개

27 캠핑장별 캠핑을 온 가구 수를 조사하여 나타낸 그림그래프입니다. 다 캠핑장에 온 가구 수가 나 캠핑장에 온 가구 수의 2배일 때 그림그래프를 완성해 보세요.

캠핑장별 캠핑을 온 가구 수

캠핑장	가구 수
가	(100가구 1개, 10가구 3개, 1가구 2개)
나	
다	(100가구 1개, 1가구 8개)
라	(100가구 1개, 1가구 2개)

100가구 10가구 1가구

응용에서 최상위로

필요한 수, 금액 구하기

지민이네 학교 3학년의 반별 학생 수를 조사하여 나타낸 그림그래프입니다. 3학년 학생들에게 한 학생당 연필을 3자루씩 나누어 주려면 연필은 모두 몇 자루를 준비해야 할까요?

반별 학생 수

반	학생 수
1반	◉◉◉○
2반	◉◉○○○○○○○○
3반	◉◉○○○

◉ 10명
○ 1명

( )

● 핵심 NOTE • 먼저 그림그래프에서 반별 학생 수를 알아보고 전체 학생 수를 구해 봅니다.

1-1 어느 아파트의 동별 가구 수를 조사하여 나타낸 그림그래프입니다. 한 가구당 주차 공간을 2칸씩으로 하여 주차장을 만든다면 주차 공간을 모두 몇 칸으로 만들어야 할까요?

( )

동별 가구 수

동	가구 수
1동	■■■▪▪
2동	■■▪▪▪▪▪▪▪
3동	■▪▪▪▪▪▪▪
4동	■■■■▪

■ 10가구
▪ 1가구

1-2 어느 마을의 마트별 하루 동안 판매한 아이스크림 수를 조사하여 나타낸 그림그래프입니다. 아이스크림 한 개의 값이 800원일 때 가 마트의 아이스크림 판매액은 라 마트의 아이스크림 판매액보다 얼마나 더 많을까요?

( )

마트별 판매한 아이스크림 수

마트	판매량
가	▮▮▮▮▮
나	▮▮▮▯▯
다	▮▮▮▮▮▮▯
라	▮▮▮▮▯▯▯

▮ 10개
▯ 1개

심화유형 2

그림이 나타내는 수 구하기

마을별 공공 자전거 수를 조사하여 나타낸 그림그래프입니다. 은하 마을과 한라 마을의 공공 자전거 수의 합이 47대일 때 별빛 마을의 공공 자전거 수는 몇 대일까요? (단, 큰 그림이 나타내는 수는 작은 그림이 나타내는 수의 10배입니다.)

(　　　　　　　　)

마을별 공공 자전거 수

마을	공공 자전거 수
사랑	
은하	
한라	
별빛	

□대
□대

● 핵심 NOTE
• 은하 마을과 한라 마을의 그림의 수를 더하여 큰 그림과 작은 그림이 각각 몇 대를 나타내는지 알아봅니다.

2-1 어느 수목원에 심어져 있는 나무 수를 조사하여 나타낸 그림그래프입니다. 소나무와 은행나무 수의 합이 380그루일 때 벚나무는 몇 그루일까요? (단, 큰 그림이 나타내는 수는 작은 그림이 나타내는 수의 10배입니다.)

(　　　　　　　　)

종류별 나무 수

종류	나무 수
소나무	
은행나무	
벚나무	
행복나무	

□그루
□그루

2-2 목장별 우유 생산량을 조사하여 나타낸 그림그래프입니다. 하늘 목장과 바다 목장의 우유 생산량의 합이 230 kg이라면 초록 목장의 우유 생산량은 몇 kg일까요? (단, 큰 그림이 나타내는 수는 작은 그림이 나타내는 수의 5배입니다.)

(　　　　　　　　)

목장별 우유 생산량

목장	생산량
초록	
하늘	
바다	
싱싱	

□kg
□kg

심화유형 3

조건을 보고 표와 그림그래프 완성하기

승준이와 친구들이 1년 동안 읽은 책 수를 조사하여 나타낸 표와 그림그래프입니다. 인영이와 한성이가 읽은 책 수가 같을 때 표와 그림그래프를 완성해 보세요.

학생별 읽은 책 수

이름	책 수(권)
승준	23
인영	
한성	
합계	93

학생별 읽은 책 수

이름	책 수
승준	
인영	
한성	

10권
1권

● 핵심 NOTE
• 합계와 조건을 이용하여 인영이와 한성이가 읽은 책 수를 구한 후 표와 그림그래프를 완성합니다.

3-1

태하네 학교 학생들이 겨울 방학 때 가고 싶은 장소를 조사하여 나타낸 표와 그림그래프입니다. 스키장을 가고 싶은 학생 수와 놀이공원을 가고 싶은 학생 수가 같을 때 표와 그림그래프를 완성해 보세요.

가고 싶은 장소별 학생 수

장소	학생 수(명)
스키장	
워터파크	207
놀이공원	
합계	831

가고 싶은 장소별 학생 수

장소	학생 수
스키장	
워터파크	
놀이공원	

◎ 100명
△ 10명
○ 1명

3-2

가게별 인형 판매량을 조사하여 나타낸 그림그래프입니다. 전체 인형 판매량이 731개이고, 다솜 가게의 인형 판매량이 신비 가게의 2배일 때 그림그래프를 완성해 보세요.

가게별 인형 판매량

가게	판매량
구름	◎◎○○○○○
다솜	
해피	◎○○○○○○
신비	

◎ 100개
○ 10개
○ 1개

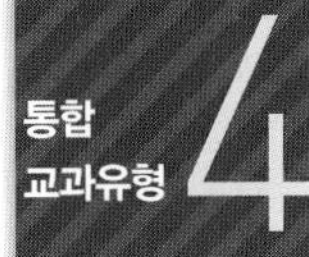

그림그래프를 보고 조건에 맞는 항목 구하기

전기 자동차는 전기를 동력으로 움직이는 자동차로 운행 중 오염물질을 배출하지 않아 친환경 자동차로 주목 받고 있습니다. 휘발유 자동차를 전기 자동차로 바꾸면 연간 이산화탄소를 약 2톤 줄일 수 있는데 이것은 소나무를 약 350그루 심은 효과와 같다고 합니다. 다음은 지역별 전기 자동차 수를 조사하여 나타낸 그림그래프입니다. 은희가 사는 지역을 찾아 써 보세요.

내가 사는 지역의 전기 자동차 수는 전기 자동차 수가 가장 많은 지역의 전기 자동차 수보다 299대만큼 더 적어.

지역별 전기 자동차 수

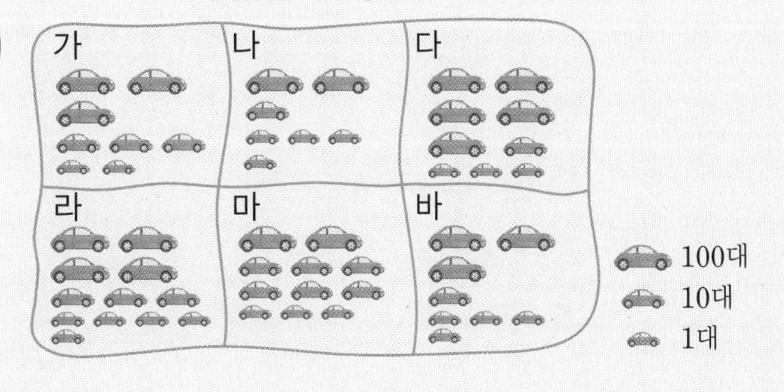

1단계 전기 자동차 수가 가장 많은 지역 찾기

2단계 전기 자동차 수가 가장 많은 지역의 전기 자동차 수보다 299대만큼 더 적은 지역 찾기

(　　　　　　　　)

● **핵심 NOTE**

1단계 전기 자동차 수가 가장 많은 지역을 찾습니다.

2단계 전기 자동차 수가 **1단계**에서 찾은 지역의 전기 자동차 수보다 299대만큼 더 적은 지역을 찾습니다.

4-1

마을별 저공해차 등록 수를 조사하여 나타낸 그림그래프입니다. 민수가 사는 마을을 찾아 써 보세요.

내가 사는 마을은 저공해차 등록 수가 가장 적은 마을의 저공해차 등록 수보다 50대만큼 더 많고 강을 기준으로 윗부분에 있어.

마을별 저공해차 등록 수

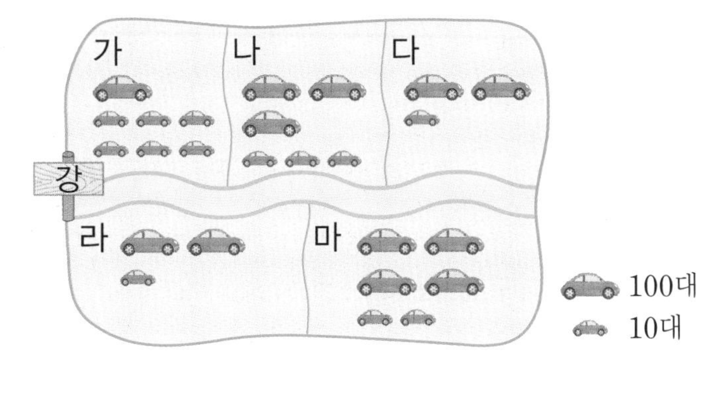

(　　　　　　　　)

6

단원 평가 Level 1

점수

확인

[1~4] 윤아네 학교 3학년 학생들이 하고 싶은 집안일을 조사하여 나타낸 그림그래프입니다. 물음에 답하세요.

하고 싶은 집안일별 학생 수

집안일	학생 수
설거지	
신발 정리	
방 청소	
분리수거	

10명 1명

1 그림 과 은 각각 몇 명을 나타낼까요?

( )

( )

2 방 청소를 하고 싶은 학생은 몇 명일까요?

( )

3 가장 많은 학생들이 하고 싶은 집안일은 무엇일까요?

( )

4 가장 적은 학생들이 하고 싶은 집안일은 무엇일까요?

( )

[5~8] 지우네 반과 혜린이네 반 학생들이 좋아하는 계절을 조사하였습니다. 물음에 답하세요.

좋아하는 계절

봄	여름	봄	여름	가을	겨울	여름	봄
겨울	가을	가을	겨울	겨울	가을	봄	여름
봄	여름	겨울	겨울	봄	봄	봄	가을
가을	봄	봄	봄	여름	여름	겨울	가을
봄	가을	겨울	가을	겨울	가을	가을	여름

5 좋아하는 계절이 가을인 학생은 모두 몇 명일까요?

( )

6 조사한 자료를 보고 표로 나타내 보세요.

좋아하는 계절별 학생 수

계절	봄	여름	가을	겨울	합계
학생 수(명)					

7 표를 보고 그림그래프로 나타내 보세요.

좋아하는 계절별 학생 수

계절	학생 수
봄	
여름	
가을	
겨울	

10명 1명

8 좋아하는 학생 수가 많은 계절부터 차례로 써 보세요.

( )

[9~11] 어느 분식점에서 하루 동안 종류별 팔린 음식 수를 조사하여 나타낸 그림그래프입니다. 물음에 답하세요.

종류별 팔린 음식 수

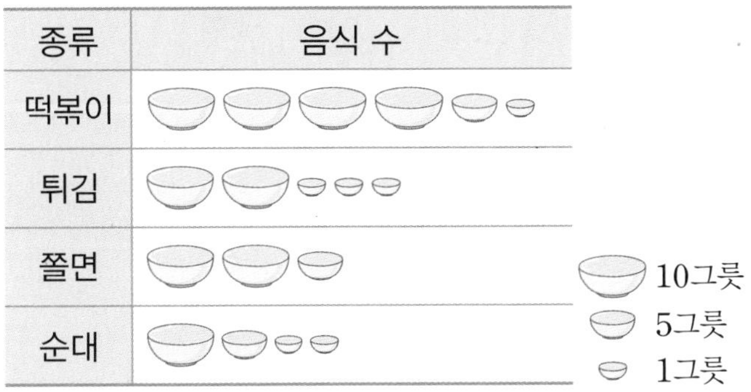

종류	음식 수
떡볶이	
튀김	
쫄면	
순대	

10그릇
5그릇
1그릇

9 튀김은 순대보다 몇 그릇 더 많이 팔렸을까요?

(　　　　　　　)

10 이 분식점에서 하루 동안 팔린 음식은 모두 몇 그릇일까요?

(　　　　　　　)

11 이 분식점에서는 어떤 음식의 재료를 가장 많이 준비하는 것이 좋을까요?

(　　　　　　　)

[12~15] 초등학교별 학생 수를 조사하여 나타낸 표입니다. 물음에 답하세요.

초등학교별 학생 수

학교	가	나	다	라	합계
학생 수(명)	153	231	137	210	731

12 표를 보고 그림그래프로 나타내려고 합니다. 그림의 단위를  , , 로 정할 때 각각 몇 명으로 하면 좋을까요?

(　　　　), (　　　　), (　　　　)

13 표를 보고 그림그래프로 나타내 보세요.

초등학교별 학생 수

학교	학생 수
가	
나	
다	
라	

□명 □명 □명

14 학생 수가 둘째로 많은 초등학교는 어느 초등학교일까요?

(　　　　　　　)

15 학생 수가 가장 많은 초등학교는 가장 적은 초등학교보다 학생 수가 몇 명 더 많을까요?

(　　　　　　　)

6

서술형 문제

[16~18] 어느 지역의 편의점 수를 조사하여 나타낸 그림그래프입니다. 물음에 답하세요.

동네별 편의점 수

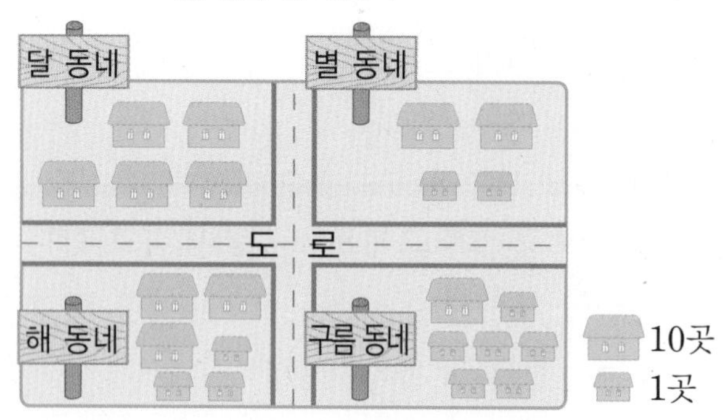

16 그림그래프를 보고 표를 완성해 보세요.

동네별 편의점 수

동네	달	별	해	구름	합계
편의점 수(곳)	50				

17 편의점 수가 30곳보다 적은 동네를 모두 써 보세요.

(   )

18 편의점 수가 가장 적은 동네에 편의점이 10곳 더 생기면 편의점 수가 가장 적은 동네는 어느 동네가 될까요?

(   )

19 영주네 반에서 모둠별로 모은 빈 병의 수를 조사하여 나타낸 그림그래프입니다. 마트에 빈 병을 1개 갖다주면 70원을 받을 때 영주네 반에서 모은 빈 병을 모두 마트에 갖다주면 얼마를 받을 수 있는지 풀이 과정을 쓰고 답을 구해 보세요.

모둠별 모은 빈 병 수

모둠	빈 병 수
가	
나	
다	

10개
1개

풀이

답

20 어느 마을의 연도별 신생아 수를 조사하여 나타낸 그림그래프입니다. 연도별 신생아 수를 구하여 연도가 지날수록 신생아 수는 어떻게 변하였는지 설명해 보세요.

연도별 신생아 수

연도	신생아 수
2021년	
2022년	
2023년	
2024년	

100명
10명
1명

설명

단원 평가 Level 2

점수

확인

[1~4] 희준이네 학교 학생들이 좋아하는 동물을 조사하여 나타낸 그림그래프입니다. 물음에 답하세요.

좋아하는 동물별 학생 수

동물	학생 수
기린	(10명 그림 2개, 5명 그림 1개, 1명 그림 3개)
코끼리	(10명 그림 1개, 5명 그림 1개)
원숭이	(10명 그림 3개, 1명 그림 3개)
펭귄	(10명 그림 3개, 5명 그림 1개, 1명 그림 4개)

10명 5명 1명

1 그림 (큰 그림), (중간 그림), (작은 그림)은 각각 몇 명을 나타낼까요?

(큰 그림) (　　　　　　)
(중간 그림) (　　　　　　)
(작은 그림) (　　　　　　)

2 코끼리를 좋아하는 학생은 몇 명일까요?

(　　　　　　)

3 펭귄을 좋아하는 학생 수는 기린을 좋아하는 학생 수보다 몇 명 더 많을까요?

(　　　　　　)

4 좋아하는 학생 수가 적은 동물부터 차례로 써 보세요.

(　　　　　　)

[5~8] 민주네 학교 3학년 학생들이 생일에 받고 싶은 선물을 조사하여 나타낸 표입니다. 물음에 답하세요.

받고 싶은 선물별 학생 수

선물	휴대 전화	게임기	자전거	장난감	합계
학생 수(명)	25	37		24	117

5 자전거를 받고 싶은 학생은 몇 명일까요?

(　　　　　　)

6 표를 보고 그림그래프로 나타내 보세요.

받고 싶은 선물별 학생 수

선물	학생 수
휴대 전화	
게임기	
자전거	
장난감	

10명 1명

7 가장 많은 학생들이 받고 싶은 선물은 무엇일까요?

(　　　　　　)

8 표를 그림그래프로 나타냈을 때 편리한 점을 써 보세요.

[9～11] 윤서네 학교 3학년 학생들이 배우고 싶은 방과 후 수업을 조사하였습니다. 물음에 답하세요.

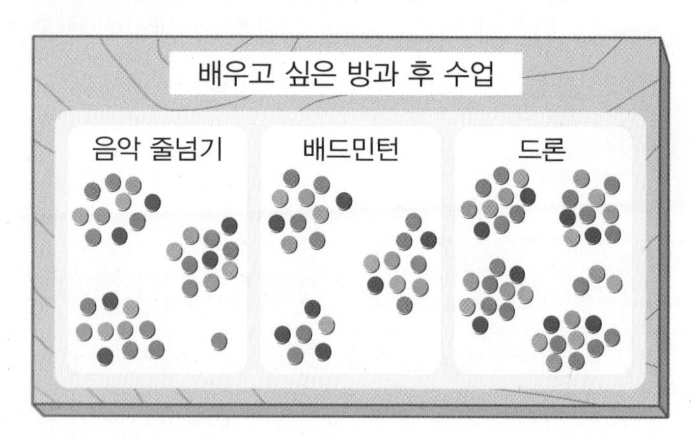

9 조사한 내용을 보고 표로 나타내 보세요.

배우고 싶은 방과 후 수업별 학생 수

수업	음악 줄넘기	배드민턴	드론	합계
학생 수 (명)	31			

10 표를 보고 그림그래프로 나타내 보세요.

수업	학생 수
음악 줄넘기	
배드민턴	
드론	

10명 1명

11 윤서네 학교에서 방과 후 수업을 새로 한 개 더 만든다면 어떤 수업을 만드는 것이 좋을까요?

( )

[12～15] 농장별 닭의 수를 조사하여 나타낸 그림그래프입니다. 물음에 답하세요.

농장별 닭의 수

농장	닭의 수
푸름	
별빛	
싱싱	
맑음	

10마리
1마리

12 기르는 닭의 수가 가장 많은 농장과 가장 적은 농장의 기르는 닭의 수의 차를 구해 보세요.

( )

13 푸름 농장보다 닭을 더 많이 기르는 농장을 모두 써 보세요.

( )

14 기르는 닭의 수가 싱싱 농장의 2배인 농장은 어느 농장일까요?

( )

15 일주일 동안 닭 한 마리가 달걀을 5개씩 낳는다면 네 농장에서 일주일 동안 낳은 달걀은 모두 몇 개일까요?

( )

[16~18] 과수원별 귤 수확량을 조사하여 나타낸 표와 그림그래프입니다. 물음에 답하세요.

과수원별 귤 수확량

과수원	가	나	다	라	합계
수확량(상자)		152		241	

과수원별 귤 수확량

과수원	수확량
가	
나	
다	
라	

100상자
10상자
1상자

16 표와 그림그래프를 완성해 보세요.

17 바르게 설명한 것을 찾아 기호를 써 보세요.

㉠ 귤 수확량이 둘째로 많은 과수원은 나 과수원입니다.
㉡ 귤 수확량이 라 과수원보다 많은 과수원은 가 과수원과 다 과수원입니다.
㉢ 다 과수원의 귤 수확량은 나 과수원의 귤 수확량의 2배입니다.

( )

18 귤 수확량이 가장 많은 과수원과 둘째로 적은 과수원의 귤 수확량의 차는 몇 상자일까요?

( )

서술형 문제

19 은우네 학교 3학년 학생들이 배우고 싶은 운동을 조사하여 나타낸 그림그래프입니다. 그림그래프를 보고 알 수 있는 내용을 2가지 써 보세요.

배우고 싶은 운동별 학생 수

운동	학생 수
수영	
스키	
검도	
농구	

10명
1명

20 효정이네 학교 학생들의 등교 방법을 조사하여 나타낸 그림그래프입니다. 조사한 학생 수가 80명일 때 자전거로 등교하는 학생은 몇 명인지 풀이 과정을 쓰고 답을 구해 보세요.

등교 방법별 학생 수

등교 방법	학생 수
도보	
자전거	
버스	

10명
1명

풀이

답

6

사고력이 반짝

● 규칙에 따라 수를 늘어놓은 것입니다. ? 에 알맞은 수를 구해 보세요.

1	1	2	3	5	8	?	21

? 에 알맞은 수는 □

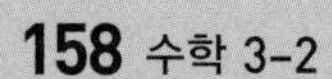

계산이 아닌 개념을 깨우치는

수학을 품은 연산

디딤돌 연산은 수학이다.

1~6학년(학기용)

수학 공부의 새로운 패러다임

차례

수학 좀 한다면

초등수학

응용탄탄북

3-2

- 서술형 문제 | 서술형 문제를 집중 연습해 보세요.
- 다시 점검하는 단원 평가 | 시험에 잘 나오는 문제를 한 번 더 풀어 단원을 확실하게 마무리해요.

서술형 문제

1

준서는 수학 문제를 24일 동안은 하루에 36개씩 풀고, 20일 동안은 하루에 42개씩 풀었습니다. 준서가 44일 동안 푼 수학 문제는 모두 몇 개인지 풀이 과정을 쓰고 답을 구해 보세요.

▶ 24일 동안 푼 수학 문제 수와 20일 동안 푼 수학 문제 수를 각각 구합니다.

풀이

답

2

어떤 수에 6을 곱해야 할 것을 잘못하여 뺐더니 147이 되었습니다. 바르게 계산하면 얼마인지 풀이 과정을 쓰고 답을 구해 보세요.

▶ 어떤 수를 □라 하고 잘못 계산한 식을 세워 어떤 수부터 구합니다.

풀이

답

3 사과를 한 상자에 32개씩 넣어 26상자를 만들었습니다. 이 사과를 한 사람에게 14개씩 28명에게 나누어 주면 남는 사과는 몇 개인지 풀이 과정을 쓰고 답을 구해 보세요.

풀이

답

▶ 곱셈을 이용하여 전체 사과의 수와 나누어 주는 사과의 수를 각각 구합니다.

4 선우는 문구점에서 색종이를 한 상자에 100장짜리 5상자와 한 봉지에 10장짜리 6봉지를 샀습니다. 민호는 선우가 산 색종이 수의 4배를 샀습니다. 민호는 선우보다 색종이를 몇 장 더 많이 샀는지 풀이 과정을 쓰고 답을 구해 보세요.

풀이

답

▶ 먼저 선우가 산 색종이 수를 구합니다.

5

재우는 20초 동안 110 m를 달리고, 민하는 30초 동안 160 m를 달립니다. 재우와 민하가 각각 같은 빠르기로 1분 동안 달렸다면 누가 몇 m 더 많이 달렸는지 풀이 과정을 쓰고 답을 구해 보세요.

▶ 1분은 60초임을 이용하여 재우와 민하가 1분 동안 달린 거리를 각각 구합니다.

풀이

답 ,

6

길이가 32 cm인 색 테이프 14장을 그림과 같이 12 cm씩 겹치게 이어 붙였습니다. 이어 붙인 색 테이프의 전체 길이는 몇 cm인지 풀이 과정을 쓰고 답을 구해 보세요.

▶ 색 테이프 ■장을 이어 붙이면 겹쳐진 부분은 (■ − 1)군데입니다.

12 cm 12 cm 12 cm
32 cm 32 cm ... 32 cm

풀이

답

7

한 봉지에 24개씩 들어 있는 하트 풍선이 38봉지 있고, 한 봉지에 120개씩 들어 있는 막대 풍선이 몇 봉지 있습니다. 하트 풍선과 막대 풍선이 모두 1752개라면 막대 풍선은 몇 봉지인지 풀이 과정을 쓰고 답을 구해 보세요.

풀이

답

▶ 먼저 하트 풍선의 수를 구한 후 막대 풍선의 수를 구합니다.

8

수 카드를 한 번씩만 사용하여 곱이 가장 큰 (두 자리 수)×(두 자리 수)의 곱셈식을 만들 때 가장 큰 곱은 얼마인지 풀이 과정을 쓰고 답을 구해 보세요.

3 4 7 9

풀이

답

▶ 두 수의 십의 자리에는 어떤 수가 와야 하는지 생각해 봅니다.

다시 점검하는 단원 평가 Level 1

점수 | 확인

1 계산해 보세요.

(1) 123×3

(2) 632×4

2 곱이 가장 큰 것을 찾아 기호를 써 보세요.

㉠ 211×4
㉡ 324×2
㉢ 222×3

( )

3 □ 안의 수 2가 실제로 나타내는 값은 얼마인지 구해 보세요.

$$\begin{array}{r} {}^{1}\,{}^{\boxed{2}}\quad \\ 4\;5\;7 \\ \times \quad\;\; 3 \\ \hline 1\;3\;7\;1 \end{array}$$

( )

4 곱의 크기를 비교하여 ○ 안에 >, =, < 중 알맞은 것을 써넣으세요.

7×38 ○ 4×52

5 가장 큰 수와 가장 작은 수의 곱을 구해 보세요.

53 46 60

( )

6 계산 결과가 큰 것부터 차례로 기호를 써 보세요.

㉠ 2×53 ㉡ 4×49
㉢ 7×31 ㉣ 6×24

( )

7 □ 안에 알맞은 수를 구해 보세요.

$13 \times 60 = 39 \times \square$

( )

8 대추가 한 상자에 127개씩 들어 있습니다. 4상자에 들어 있는 대추는 모두 몇 개일까요?

( )

9 32시간은 몇 분일까요?

( )

10 문구점에서 한 자루에 450원인 색연필 6자루를 사고 5000원을 냈습니다. 거스름돈으로 얼마를 받아야 할까요?

( )

11 ㉠과 ㉡에 알맞은 수의 합을 구해 보세요.

$65 \times 30 =$ ㉠
$27 \times 50 =$ ㉡

( )

12 민준이는 리코더 연습을 하루에 38분씩 했습니다. 민준이가 3주 동안 리코더 연습을 한 시간은 모두 몇 분일까요?

( )

13 □ 안에 알맞은 수를 써넣으세요.

$$\begin{array}{r} 6\,\square\,5 \\ \times \quad\quad 3 \\ \hline 2\,0\,2\,5 \end{array}$$

14 한 변의 길이가 18 cm인 정사각형 5개를 겹치지 않게 이어 붙여서 만든 도형입니다. 빨간색 선의 길이는 몇 cm일까요?

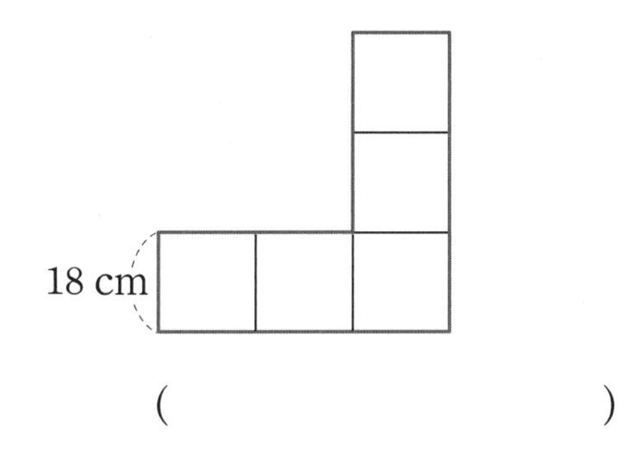

( )

15 주원이는 동화책을 매일 18쪽씩 읽었습니다. 주원이가 3월과 4월 두 달 동안 읽은 동화책은 모두 몇 쪽일까요?

( )

1

16 1부터 9까지의 수 중에서 □ 안에 들어갈 수 있는 수를 모두 구해 보세요.

$24 \times □0 < 1300$

(　　　　　　　　　　)

17 식품을 먹었을 때 몸속에서 발생하는 에너지의 양을 '열량'이라고 합니다. 기주네 가족이 피자 4조각과 곶감 28개를 간식으로 먹었다면 기주네 가족이 먹은 간식의 열량은 몇 킬로칼로리일까요?

간식	열량(킬로칼로리)
피자 1조각	262
곶감 1개	76

(　　　　　　　　　　)

18 오늘 서점에 들어온 책은 2000권입니다. 이 중 동화책은 한 상자에 24권씩 36상자, 위인전은 한 상자에 45권씩 18상자이고 나머지는 과학책입니다. 과학책은 몇 권일까요?

(　　　　　　　　　　)

서술형 문제

19 농구공을 한 시간에 75개씩 만드는 공장이 있습니다. 이 공장에서 하루에 8시간씩 5일 동안 만들 수 있는 농구공은 모두 몇 개인지 풀이 과정을 쓰고 답을 구해 보세요.

풀이

답

20 길이가 135 cm인 색 테이프 7장을 14 cm씩 겹치게 이어 붙였습니다. 이어 붙인 색 테이프의 전체 길이는 몇 cm인지 풀이 과정을 쓰고 답을 구해 보세요.

135 cm　　135 cm

14 cm　14 cm　14 cm

풀이

답

다시 점검하는 단원 평가 Level 2

점수 | 확인

1 덧셈을 곱셈으로 나타내고 계산해 보세요.

321+321+321

□ × □ = □

2 □ 안에 알맞은 수를 써넣으세요.

$17\times20=$ □

$17\times\ 9=$ □

$17\times29=$ □

3 □ 안에 알맞은 수를 써넣으세요.

(1) $4\times9=$ □ ➡ $40\times$ □ $=3600$

(2) $21\times4=$ □ ➡ $21\times$ □ $=840$

4 곱의 크기를 비교하여 ○ 안에 >, =, < 중 알맞은 것을 써넣으세요.

(1) 375×2 ○ 264×3

(2) 698×7 ○ 823×5

5 곱이 작은 것부터 차례로 기호를 써 보세요.

㉠ 491×5 ㉡ 687×3 ㉢ 502×4

( )

6 ㉠과 ㉡의 곱을 구해 보세요.

㉠ 10이 6개, 1이 9개인 수
㉡ 10이 8개인 수

( )

7 잘못 계산한 부분을 찾아 바르게 계산해 보세요.

$$\begin{array}{r} 3 \\ \times\ 2\ 7 \\ \hline 6 \\ 2\ 1 \\ \hline 2\ 7 \end{array}$$

➡ □

8 한 변의 길이가 168 cm인 정사각형이 있습니다. 이 정사각형의 네 변의 길이의 합은 몇 cm일까요?

( )

9 조기와 같은 물고기를 한 줄에 10마리씩 두 줄로 엮은 것을 '두름'이라고 합니다. 조기 한 두름은 20마리입니다. 조기 40두름은 모두 몇 마리일까요?

( )

10 □ 안에 알맞은 수를 써넣으세요.

$$\begin{array}{r} \square\,9 \\ \times\ 7\,0 \\ \hline 4\,8\,3\,\square \end{array}$$

11 수아는 수학 문제를 매일 15개씩 풉니다. 수아가 9월 한 달 동안 푼 수학 문제는 모두 몇 개일까요?

( )

12 한 시간에 48켤레의 운동화를 만드는 기계가 있습니다. 이 기계가 쉬지 않고 작동할 때 이틀 동안 만들 수 있는 운동화는 모두 몇 켤레일까요?

( )

13 □ 안에 들어갈 수 있는 자연수는 모두 몇 개일까요?

$$41 \times 24 < \square < 22 \times 45$$

( )

14 성주는 미술 시간에 길이가 5 cm인 이쑤시개를 한 변으로 하는 삼각형 18개를 각각 만들었습니다. 성주가 사용한 이쑤시개의 길이의 합은 몇 cm일까요?

( )

15 어떤 수에 34를 곱해야 할 것을 잘못하여 더했더니 102가 되었습니다. 바르게 계산한 값을 구해 보세요.

( )

16 5장의 수 카드 중 2장을 골라 한 번씩만 사용하여 만들 수 있는 두 자리 수 중에서 가장 큰 수와 가장 작은 수의 곱은 얼마일까요?

3 7 1 9 6

( )

17 버스 요금이 어린이는 550원, 청소년은 어린이의 2배보다 200원 더 싸다고 합니다. 어린이 6명과 청소년 5명의 버스 요금은 모두 얼마일까요?

( )

18 규칙을 찾아 35◎28의 값을 구해 보세요.

7◎9 = 64
20◎4 = 81
6◎12 = 73

( )

서술형 문제

19 종이꽃 한 개를 만드는 데 색 테이프가 29 cm 필요합니다. 한 상자에 종이꽃을 17개씩 담아 4상자를 만들려면 색 테이프는 모두 몇 cm 필요한지 풀이 과정을 쓰고 답을 구해 보세요.

풀이

답

20 사탕을 한 사람에게 13개씩 42명에게 주면 5개가 남고, 초콜릿을 한 사람에게 16개씩 51명에게 주려면 14개가 모자란다고 합니다. 사탕과 초콜릿 중 어느 것이 몇 개 더 많은지 풀이 과정을 쓰고 답을 구해 보세요.

풀이

답 ,

1

서술형 문제

1

사탕이 한 봉지에 14개씩 6봉지 있습니다. 이 사탕을 일주일 동안 매일 똑같이 나누어 먹는다면 하루에 몇 개씩 먹을 수 있는지 풀이 과정을 쓰고 답을 구해 보세요.

풀이

답

▶ 먼저 사탕은 모두 몇 개 있는지 구합니다.

2

어떤 수를 7로 나누었더니 몫이 13이고 나머지가 6이 되었습니다. 어떤 수를 9로 나누었을 때의 몫과 나머지의 차는 얼마인지 풀이 과정을 쓰고 답을 구해 보세요.

풀이

답

▶ 어떤 수를 □라 하고 식을 세워 봅니다.

3

나무 막대를 9 cm씩 잘랐더니 28도막이 되고 5 cm가 남았습니다. 자르기 전의 나무 막대의 길이는 몇 m 몇 cm인지 풀이 과정을 쓰고 답을 구해 보세요.

풀이

답

▶ 자르기 전의 나무 막대의 길이를 □cm라 하고 식을 세워 봅니다.

세 변의 길이가 모두 같은 삼각형을 그림과 같이 모양과 크기가 같은 삼각형 9개로 나누었습니다. 가장 큰 삼각형의 세 변의 길이의 합이 450 cm일 때 가장 작은 삼각형 한 개의 세 변의 길이의 합은 몇 cm인지 풀이 과정을 쓰고 답을 구해 보세요.

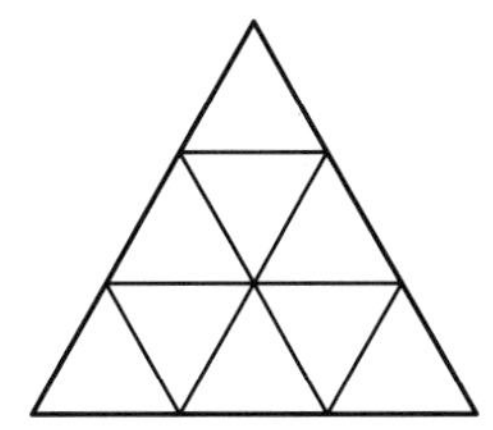

풀이

답

▶ 가장 큰 삼각형의 한 변의 길이를 구한 후 가장 작은 삼각형의 한 변의 길이를 구합니다.

5

3장의 수 카드 중 2장을 골라 한 번씩만 사용하여 만든 두 자리 수를 남은 수 카드의 수로 나누려고 합니다. 몫이 가장 작게 될 때 나눗셈의 몫과 나머지는 각각 얼마인지 풀이 과정을 쓰고 답을 구해 보세요.

9 2 6

풀이

답 몫: , 나머지:

▶ 몫이 가장 작게 되는 나눗셈식을 만들려면 나누어지는 수는 가장 작게, 나누는 수는 가장 크게 만들어야 합니다.

2

6

배구 선수가 134명 있습니다. 6명씩 팀을 나누어 배구 연습을 하려고 합니다. 남는 선수 없이 모두 배구 연습을 하려면 선수가 적어도 몇 명 더 있어야 하는지 풀이 과정을 쓰고 답을 구해 보세요.

풀이

답

▶ 6명씩 팀을 나누고 남는 선수도 팀을 만들어야 합니다.

7

길이가 234 m인 도로의 양쪽에 9 m 간격으로 나무를 심으려고 합니다. 도로의 처음과 끝에도 나무를 심는다면 필요한 나무는 모두 몇 그루인지 풀이 과정을 쓰고 답을 구해 보세요. (단, 나무의 두께는 생각하지 않습니다.)

풀이

답

▶ (도로 한쪽에 필요한 나무의 수)
=(도로 한쪽의 간격의 수)
+1

8

그림과 같은 직사각형 모양의 도화지의 가로를 4 cm씩 자르고, 세로를 3 cm씩 잘라서 작은 직사각형을 만들려고 합니다. 만들 수 있는 작은 직사각형은 모두 몇 개인지 풀이 과정을 쓰고 답을 구해 보세요.

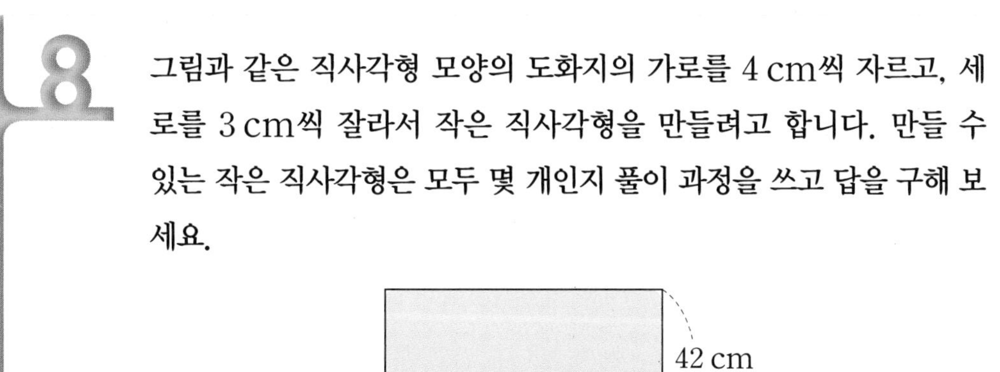

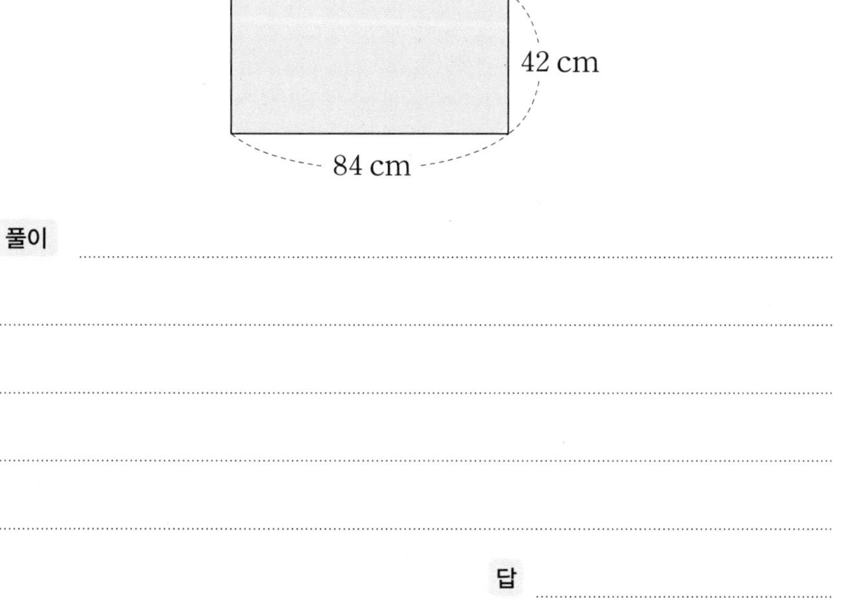

풀이 ....

답 ....

▶ 도화지의 가로와 세로를 나누어 생각합니다.

9

조건을 모두 만족시키는 두 자리 수는 얼마인지 풀이 과정을 쓰고 답을 구해 보세요.

- 80보다 크고 90보다 작은 수입니다.
- 7로 나누면 나머지가 3입니다.

풀이 ....

답 ....

▶ 먼저 7로 나누었을 때 나머지가 3인 두 자리 수를 구합니다.

2

다시 점검하는 단원 평가 Level 1

점수 | 확인

1 수 모형을 보고 □ 안에 알맞은 수를 써넣으세요.

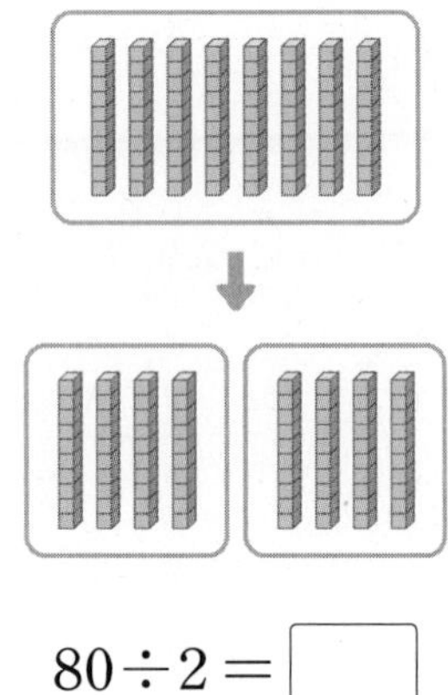

$80 \div 2 = \square$

2 □ 안에 알맞은 수를 써넣으세요.

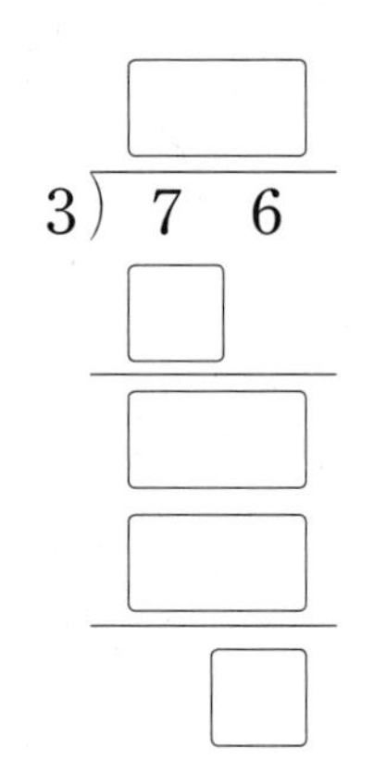

3 빈칸에 알맞은 수를 써넣으세요.

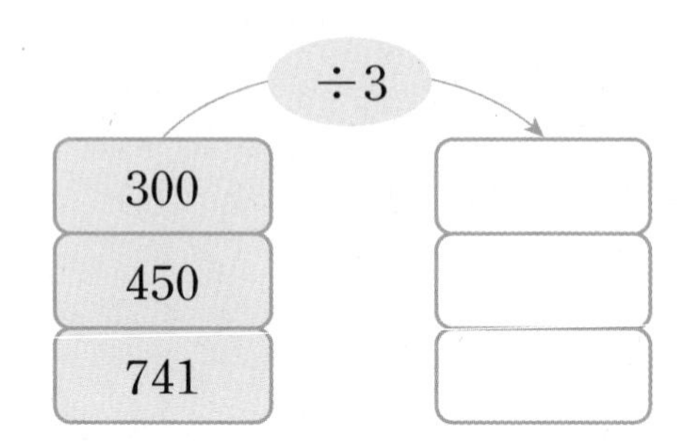

4 몫의 십의 자리 수가 다른 하나를 찾아 ○표 하세요.

$72 \div 3$	$84 \div 6$	$92 \div 4$
( )	( )	( )

5 몫의 크기를 비교하여 ○ 안에 >, =, < 중 알맞은 것을 써넣으세요.

$51 \div 3$ ○ $90 \div 5$

6 잘못 계산한 부분을 찾아 바르게 계산해 보세요.

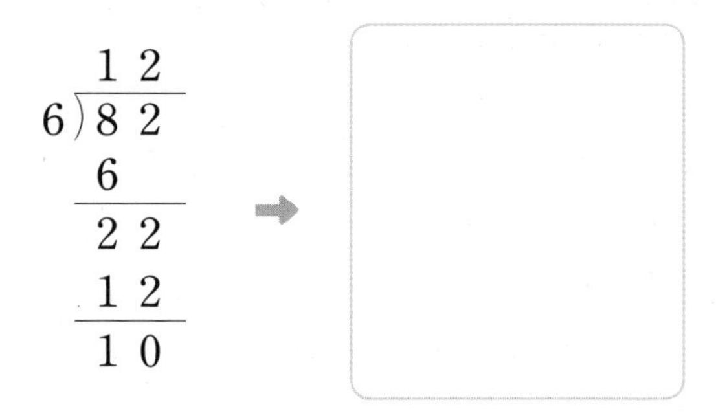

7 나머지가 가장 작은 것을 찾아 기호를 써 보세요.

㉠ $50 \div 3$ ㉡ $43 \div 4$
㉢ $74 \div 5$ ㉣ $67 \div 6$

(   )

8 두 나눗셈의 몫의 차를 구해 보세요.

$745 \div 5$ $816 \div 3$

( )

9 다음 나눗셈의 나머지가 될 수 있는 가장 큰 자연수를 구해 보세요.

$\square \div 7$

( )

10 어떤 수를 6으로 나누었더니 몫이 13이고 나머지가 2였습니다. 어떤 수를 2로 나눈 몫은 얼마일까요?

( )

11 나누어떨어지는 나눗셈을 만든 사람은 누구일까요?

승민: $560 \div 6$
아영: $732 \div 8$
준호: $792 \div 9$

( )

12 ㉠과 ㉡에 알맞은 수의 차를 구해 보세요.

㉠ $\div 3 = 133$
$486 \div 2 =$ ㉡

( )

13 샌드위치 한 개를 만드는 데 식빵 3장이 필요합니다. 식빵이 138장 있다면 샌드위치는 몇 개까지 만들 수 있을까요?

( )

14 색연필 325자루를 3명에게 똑같이 나누어 주려고 합니다. 한 명에게 색연필을 몇 자루까지 줄 수 있을까요?

( )

15 사과가 668개 있습니다. 사과를 한 상자에 9개씩 담는다면 몇 상자까지 담을 수 있고, 몇 개가 남는지 구해 보세요.

( ), ( )

16 피자 한 판은 6조각씩입니다. 97명이 피자를 한 조각씩 먹는다면 피자는 적어도 몇 판이 필요할까요?

( )

17 같은 모양은 같은 수를 나타냅니다. ●에 알맞은 수를 구해 보세요.

■ × 3 = 90
■ ÷ 5 = ▲
72 ÷ ▲ = ●

( )

18 쌈은 바늘을 묶어 세는 단위로 바늘 한 쌈은 바늘 24개를 말합니다. 바늘 가게에서 바늘 7쌈 중 반을 팔았습니다. 팔고 남은 바늘은 몇 개일까요?

( )

서술형 문제

19 준영이는 한자 능력 검정 시험 7급을 보기 위해 일주일 동안 하루에 5자씩 외우고 나머지는 5일 동안 매일 똑같이 나누어 외우려고 합니다. 나머지는 하루에 몇 자씩 외워야 하는지 풀이 과정을 쓰고 답을 구해 보세요.

한자 능력 검정 시험 7급: 100자

풀이

답

20 나누어떨어지는 나눗셈을 만들려고 합니다. 0부터 9까지의 수 중에서 □ 안에 들어갈 수 있는 수를 모두 구하는 풀이 과정을 쓰고 답을 구해 보세요.

5□ ÷ 4

풀이

답

다시 점검하는 단원 평가 Level 2

점수 | 확인

1 □ 안에 알맞은 수를 써넣으세요.

$6 \div 3 = \square$

$60 \div 3 = \square$

$600 \div 3 = \square$

2 몫이 가장 큰 것을 찾아 기호를 써 보세요.

㉠ $50 \div 5$　㉡ $60 \div 3$
㉢ $80 \div 2$　㉣ $90 \div 9$

(　　　　　　)

3 나눗셈의 몫을 찾아 이어 보세요.

$60 \div 5$ •	• 11
$66 \div 6$ •	• 12
$52 \div 4$ •	• 13

4 계산해 보고 계산이 맞는지 확인해 보세요.

$81 \div 5$

몫 (　　　　　　), 나머지 (　　　　　　)

확인 ....

5 잘못 계산한 부분을 찾아 바르게 계산해 보세요.

$$\begin{array}{r} 1\ 1 \\ 5\overline{)6\ 6} \\ 5 \\ \hline 6 \\ 5 \\ \hline 1 \end{array}$$

➡ □

6 몫의 크기를 비교하여 ○ 안에 >, =, < 중 알맞은 것을 써넣으세요.

$720 \div 4$ ○ $960 \div 6$

7 나머지가 더 큰 것의 기호를 써 보세요.

㉠ $921 \div 8$　㉡ $766 \div 7$

(　　　　　　)

8 나머지가 5가 될 수 없는 식을 찾아 기호를 써 보세요.

㉠ $\square \div 5$　㉡ $\square \div 6$
㉢ $\square \div 7$　㉣ $\square \div 8$

(　　　　　　)

9 자두 맛 사탕 156개와 포도 맛 사탕 132개가 있습니다. 사탕을 한 사람에게 8개씩 나누어 주면 몇 명에게 줄 수 있을까요?

( )

10 □ 안에 알맞은 수를 써넣으세요.

$\square \div 4 = 27 \cdots 3$

11 □ 안에 알맞은 수를 써넣으세요.

$$\begin{array}{r} 4\ 6 \\ \square \overline{)\ 9\ \square} \\ 8\ \ \\ \hline 1\ \square \\ 1\ 2 \\ \hline 1 \end{array}$$

12 같은 모양은 같은 수를 나타냅니다. ●와 ★에 알맞은 수의 합을 구해 보세요.

287÷3=■…▲
■÷2=●…★

( )

13 귤을 학생 6명에게 똑같이 나누어 주었더니 한 명에게 8개씩 주고 5개가 남았습니다. 처음에 있던 귤은 모두 몇 개일까요?

( )

14 호두과자가 한 상자에 12개씩 9상자 있습니다. 이 호두과자를 7명에게 똑같이 나누어 주려고 합니다. 한 명에게 몇 개씩 줄 수 있고, 몇 개가 남는지 구해 보세요.

( ), ( )

15 시나네 가족은 주말농장에서 고구마 78개를 수확하였습니다. 이 고구마를 한 봉지에 5개씩 남는 것이 없도록 똑같이 나누어 담으려면 고구마는 적어도 몇 개가 더 있어야 할까요?

( )

16 십의 자리 수가 4인 두 자리 수 중에서 3으로 나누어떨어지는 수들의 합을 구해 보세요.

(　　　　　　　　)

17 수 카드 3장을 한 번씩만 사용하여 몫이 가장 큰 (두 자리 수)÷(한 자리 수)를 만들고 몫과 나머지를 구해 보세요.

7　3　6

□□÷□=□…□

18 승아, 규민, 수현이가 말하는 조건을 모두 만족시키는 자연수를 구해 보세요.

승아: 70보다 크고 80보다 작은 수야.
규민: 6으로 나누어떨어져.
수현: 4로 나누면 나머지가 2야.

(　　　　　　　　)

서술형 문제

19 어떤 수를 9로 나누어야 할 것을 잘못하여 6으로 나누었더니 몫이 26이고 나머지가 3이 되었습니다. 바르게 계산했을 때의 몫과 나머지는 얼마인지 풀이 과정을 쓰고 답을 구해 보세요.

풀이

답 몫: 　　　　, 나머지:

20 길이가 900 m인 길의 양쪽에 처음부터 끝까지 똑같은 간격으로 가로등이 세워져 있습니다. 가로등이 모두 12개일 때 가로등과 가로등 사이의 거리는 몇 m인지 풀이 과정을 쓰고 답을 구해 보세요. (단, 가로등의 두께는 생각하지 않습니다.)

풀이

답

서술형 문제

1

전체 길이가 13 cm인 초바늘을 그림과 같이 시계에 달았습니다. 초바늘이 시계를 한 바퀴 돌면서 만들어지는 큰 원의 지름은 몇 cm인지 풀이 과정을 쓰고 답을 구해 보세요.

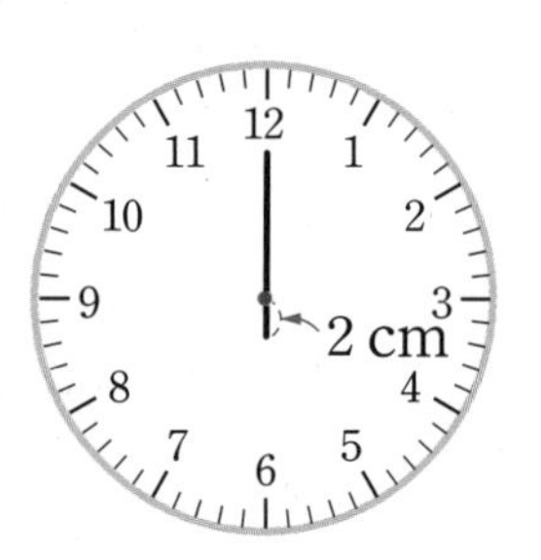

▶ 먼저 초바늘의 긴 쪽의 길이를 구합니다.

풀이

답

2

가장 큰 원과 가장 작은 원의 지름의 합은 몇 cm인지 풀이 과정을 쓰고 답을 구해 보세요.

㉠ 지름이 12 cm인 원
㉡ 반지름이 7 cm인 원
㉢ 컴퍼스를 10 cm만큼 벌려서 그린 원
㉣ 한 변의 길이가 18 cm인 정사각형 안에 그린 가장 큰 원

▶ 원의 지름 또는 반지름이 길수록 큰 원이므로 원의 지름 또는 반지름으로 같게 한 다음 길이를 비교합니다.

풀이

답

3

점 ㄱ, 점 ㄴ, 점 ㄷ은 각각 원의 중심이고 크기가 같은 작은 두 원의 지름은 각각 8 cm입니다. 삼각형 ㄱㄴㄷ의 세 변의 길이의 합이 46 cm일 때 큰 원의 지름은 몇 cm인지 풀이 과정을 쓰고 답을 구해 보세요.

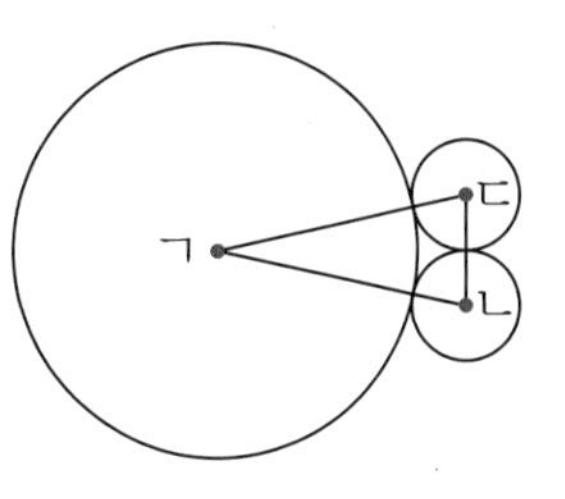

풀이

답

▶ 큰 원의 반지름을 □cm라 하고 삼각형 ㄱㄴㄷ의 세 변의 길이의 합이 46 cm임을 이용하여 □를 구합니다.

3

4

점 ㄴ, 점 ㄹ은 각각 원의 중심이고 큰 원의 반지름은 작은 원의 반지름의 2배입니다. 사각형 ㄱㄴㄷㄹ의 네 변의 길이의 합이 42 cm일 때 작은 원의 지름은 몇 cm인지 풀이 과정을 쓰고 답을 구해 보세요.

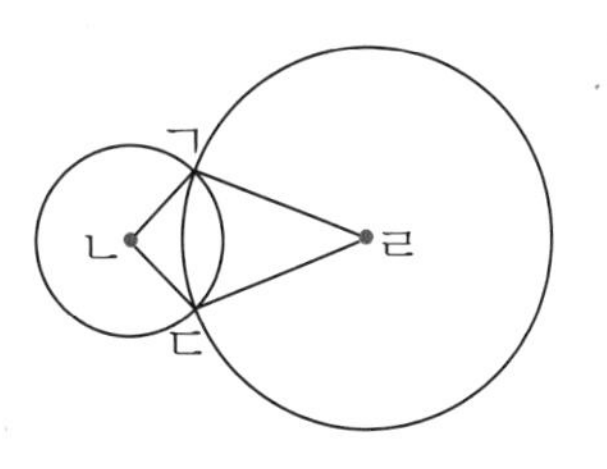

풀이

답

▶ 작은 원의 반지름을 □cm라고 하면 큰 원의 반지름은 (□+□) cm입니다.

5

크기가 같은 원 2개를 서로 다른 원의 중심을 지나도록 겹쳐서 그리고 직사각형을 그렸습니다. 직사각형의 네 변의 길이의 합은 몇 cm인지 풀이 과정을 쓰고 답을 구해 보세요.

10 cm

풀이

답

▶ 직사각형의 가로는 원의 반지름의 몇 배인지 알아봅니다.

6

직사각형 안에 지름이 10 cm인 원을 그림과 같이 서로 다른 원의 중심을 지나도록 겹쳐서 그렸습니다. 그린 원은 모두 몇 개인지 풀이 과정을 쓰고 답을 구해 보세요.

55 cm

풀이

답

▶ 직사각형의 가로를 원의 반지름의 □배라 하고 식을 세워 봅니다.

7

직사각형 안에 점 ㄱ, 점 ㄴ, 점 ㄷ, 점 ㄹ을 각각 원의 중심으로 하는 원 4개를 그린 것입니다. 작은 두 원의 지름이 같고 큰 두 원의 지름이 같습니다. 선분 ㄱㄹ의 길이는 몇 cm인지 풀이 과정을 쓰고 답을 구해 보세요.

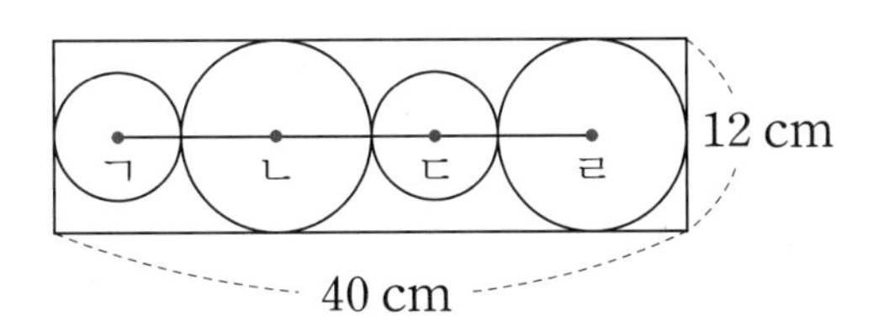

풀이

답

▶ 큰 원의 지름은 직사각형의 세로와 같고 작은 원의 지름은 직사각형의 가로를 이용하여 구합니다.

8

직사각형 안에 점 ㄴ과 점 ㄷ을 각각 원의 중심으로 하여 크기가 같은 원의 일부분을 그린 것입니다. 삼각형 ㄱㄴㄷ의 세 변의 길이의 합은 몇 cm인지 풀이 과정을 쓰고 답을 구해 보세요.

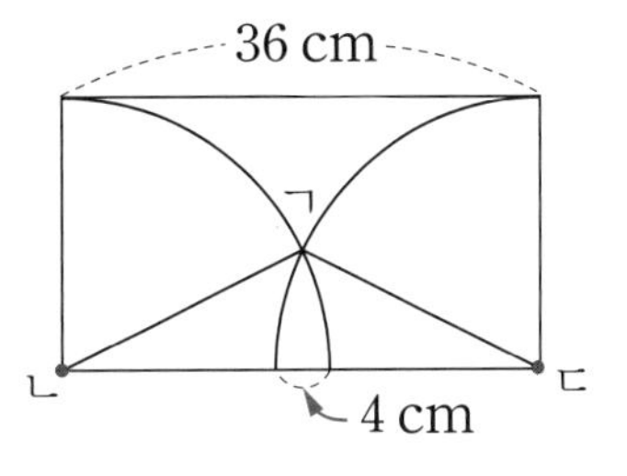

풀이

답

▶ 원의 반지름을 □cm라 하고 (선분 ㄴㄷ)＝36 cm임을 이용하여 □를 구합니다.

다시 점검하는 단원 평가 Level 1

점수 | 확인

1 원의 중심을 나타내는 점을 찾아 써 보세요.

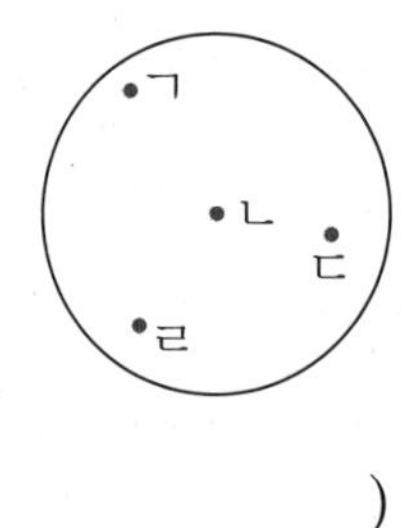

( )

2 원의 반지름은 몇 cm일까요?

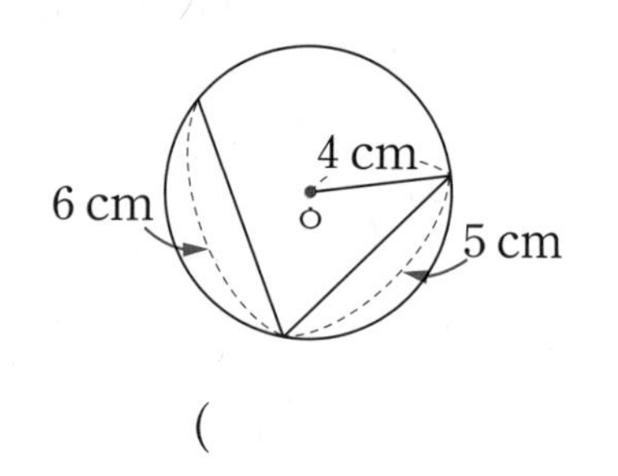

( )

3 원의 지름을 나타내는 선분을 찾아 써 보세요.

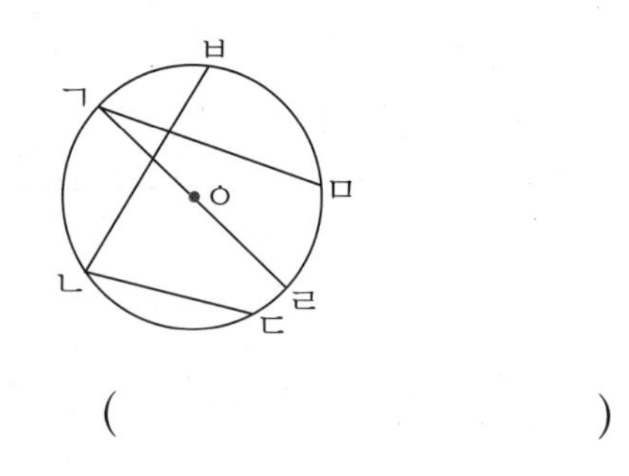

( )

4 다음과 같이 컴퍼스를 벌렸을 때 지름이 4 cm인 원을 그릴 수 있는 것을 찾아 기호를 써 보세요.

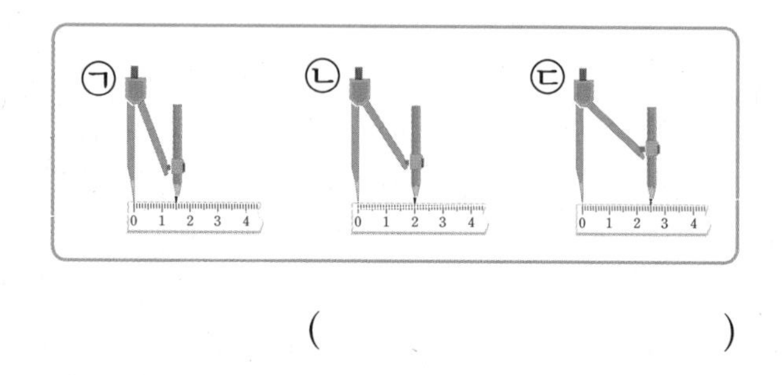

( )

5 선분 ㄱㄴ과 길이가 같은 선분을 찾아 써 보세요.

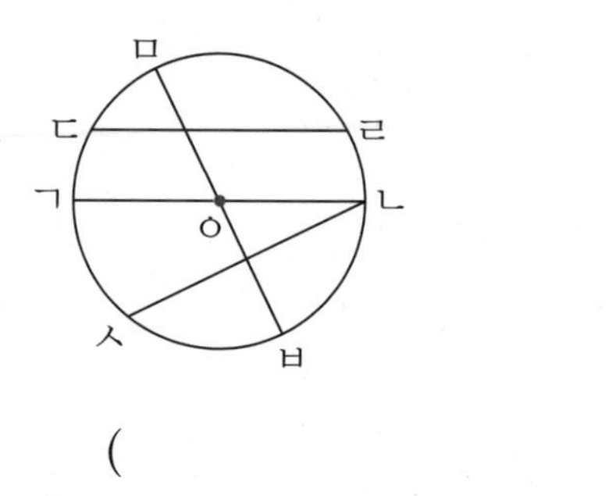

( )

6 컴퍼스를 이용하여 다음과 같은 모양을 그리려고 합니다. 컴퍼스의 침을 꽂아야 할 곳은 모두 몇 군데일까요?

( )

7 작은 원부터 차례로 기호를 써 보세요.

㉠ 지름이 12 cm인 원
㉡ 반지름이 5 cm인 원
㉢ 지름이 11 cm인 원

( )

8 원의 반지름은 같고 원의 중심을 옮겨 가며 그린 것을 찾아 기호를 써 보세요.

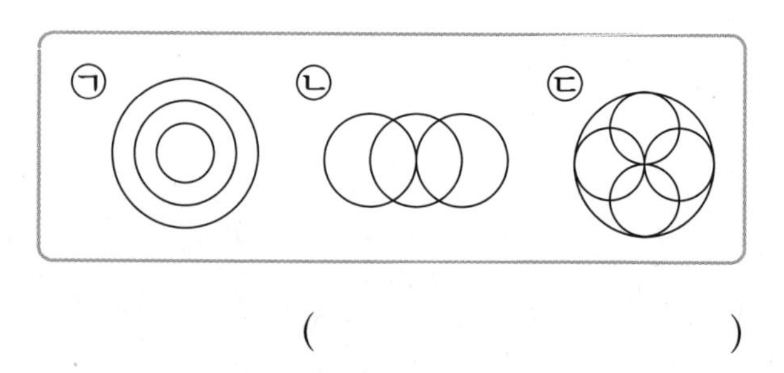

( )

9 직사각형 안에 크기가 같은 원 2개를 맞닿게 그렸습니다. 선분 ㄱㄴ의 길이는 몇 cm일까요?

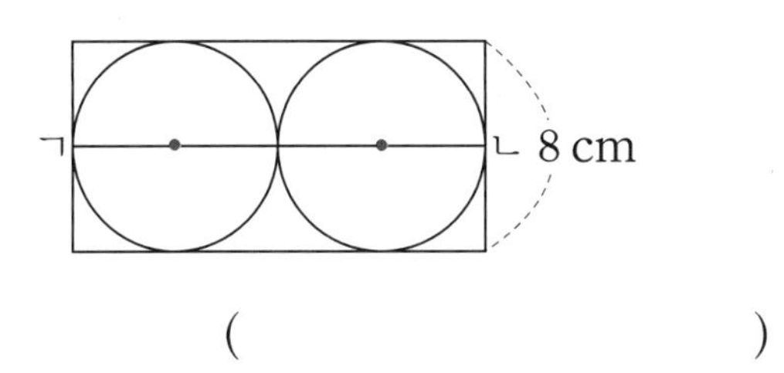

( )

10 큰 원의 지름이 12 cm일 때 작은 원의 반지름은 몇 cm일까요?

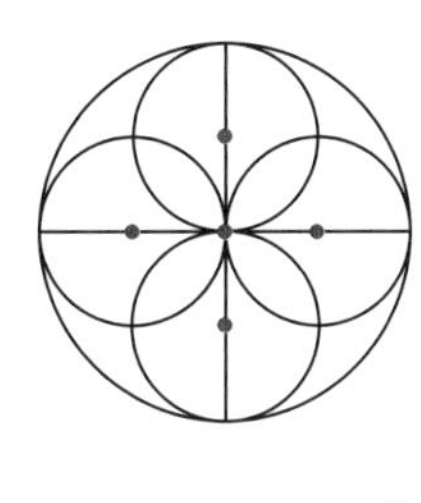

( )

11 점 ㄱ, 점 ㄴ은 각각 원의 중심입니다. 선분 ㄱㄴ의 길이는 몇 cm일까요?

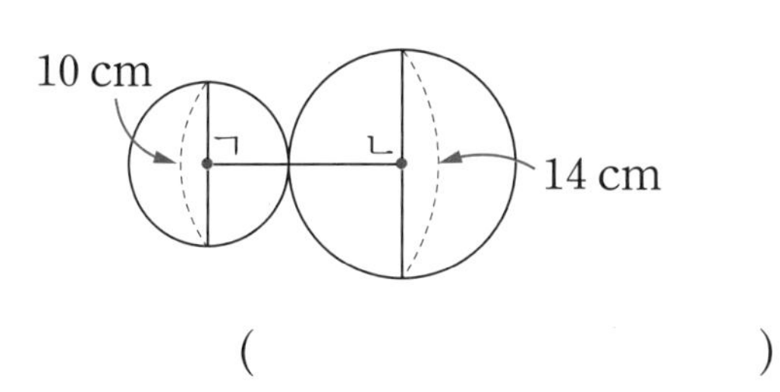

( )

12 오른쪽과 같은 모양을 그리기 위해 원을 그릴 때마다 바꿔야 하는 것을 찾아 기호를 써 보세요.

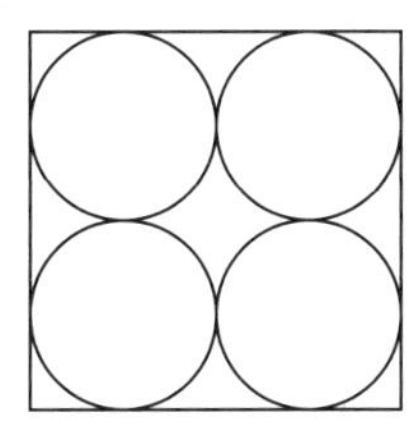

㉠ 원의 반지름	㉡ 원의 지름
㉢ 원의 크기	㉣ 원의 중심

( )

13 직사각형 안에 크기가 같은 원 3개를 맞닿게 그렸습니다. 직사각형의 네 변의 길이의 합은 몇 cm일까요?

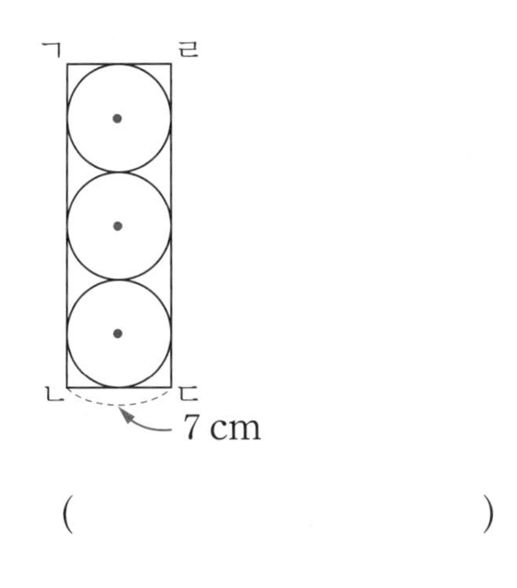

( )

14 크기가 같은 원 6개를 서로 다른 원의 중심을 지나도록 겹쳐서 그렸습니다. 선분 ㄱㄴ의 길이는 몇 cm일까요?

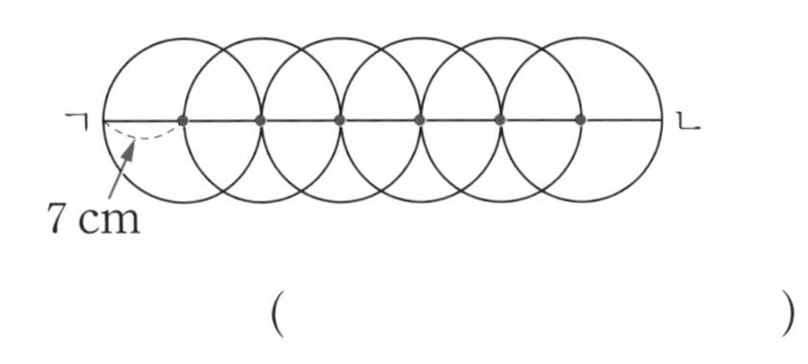

( )

15 직사각형 안에 크기가 다른 원 2개를 맞닿게 그렸습니다. 작은 원의 반지름은 몇 cm일까요?

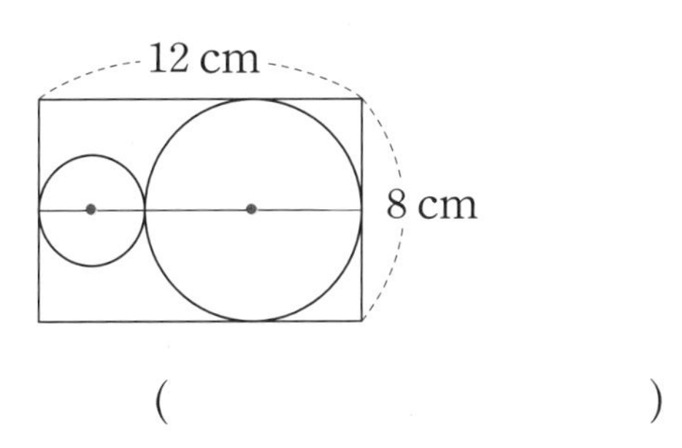

( )

16 크기가 같은 원 3개를 맞닿게 그린 것입니다. 세 원의 중심을 이어 만든 삼각형 ㄱㄴㄷ의 세 변의 길이의 합이 24 cm일 때 원의 지름은 몇 cm일까요?

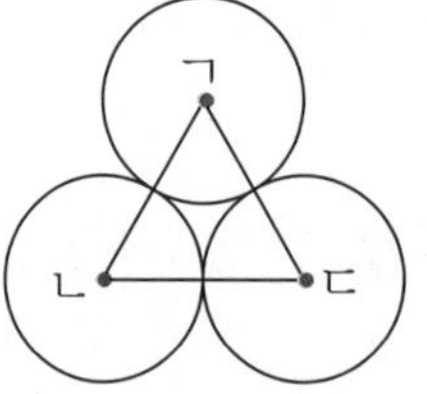

( )

17 직사각형 안에 지름이 2 cm인 원 5개를 서로 다른 원의 중심을 지나도록 겹쳐서 그렸습니다. 직사각형의 네 변의 길이의 합은 몇 cm일까요?

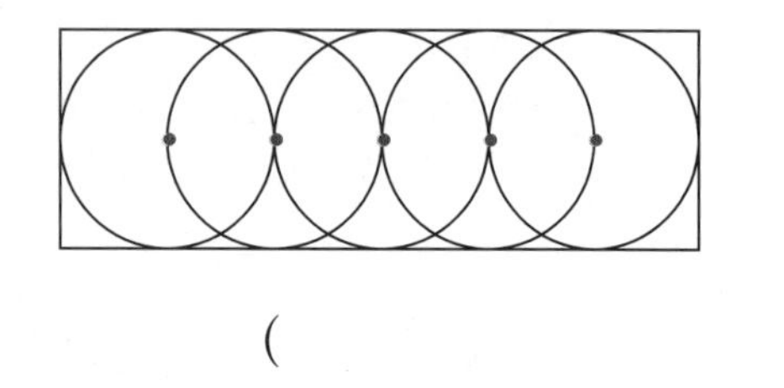

( )

18 점 ㄴ, 점 ㄷ은 각각 원의 중심이고 두 원의 중심과 두 원이 만나는 한 점을 이어 삼각형 ㄱㄴㄷ을 만들었습니다. 삼각형 ㄱㄴㄷ의 세 변의 길이의 합은 몇 cm일까요?

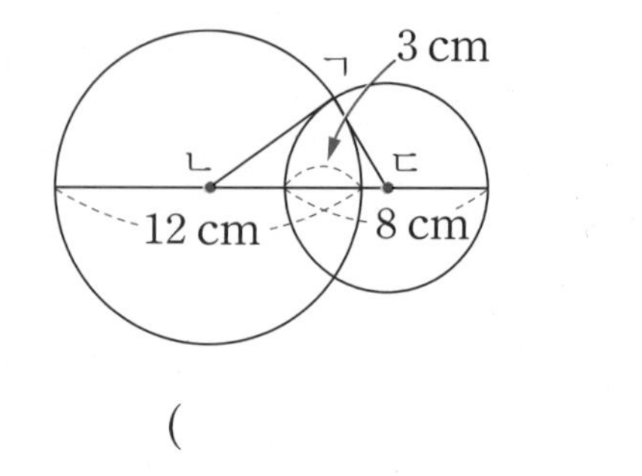

( )

서술형 문제

19 네 변의 길이의 합이 64 cm인 정사각형 안에 큰 원을 한 개 그리고 그 원 안에 크기가 같은 작은 원을 2개 그렸습니다. 작은 원의 반지름은 몇 cm인지 풀이 과정을 쓰고 답을 구해 보세요.

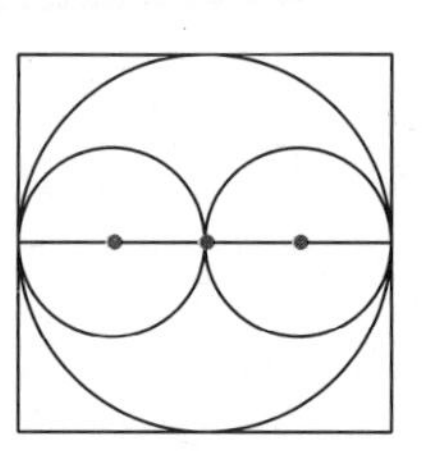

풀이

답

20 지름이 6 cm인 원 모양의 캔 음료 8개가 상자에 꼭 맞게 들어 있습니다. 캔 음료를 둘러싸고 있는 직사각형 모양의 굵은 선의 길이는 몇 cm인지 풀이 과정을 쓰고 답을 구해 보세요.
(단, 굵은 선의 두께는 생각하지 않습니다.)

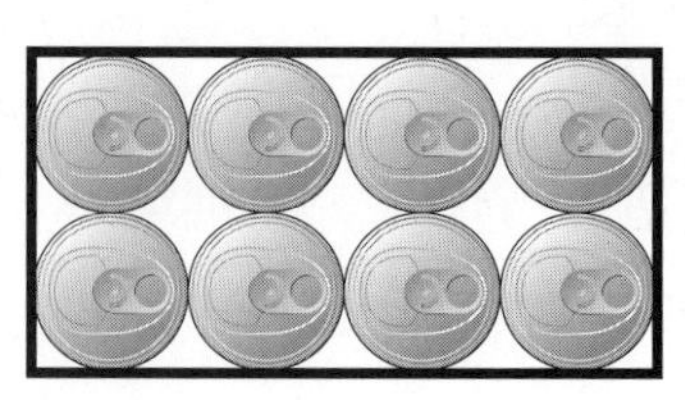

풀이

답

다시 점검하는 단원 평가 Level 2

점수 | 확인

1 원의 반지름을 모두 찾아 기호를 써 보세요.

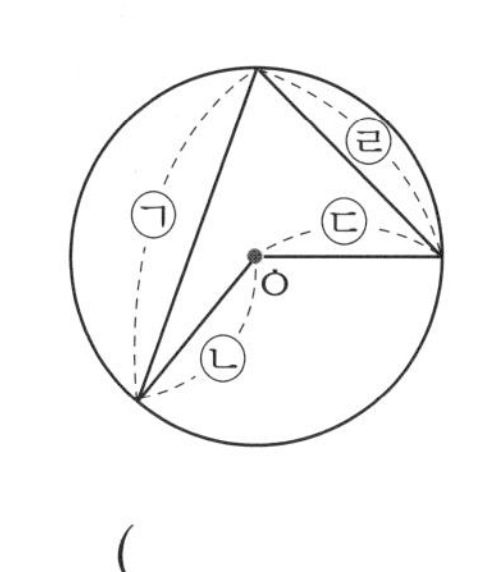

( )

2 길이가 가장 긴 선분을 찾아 써 보세요.

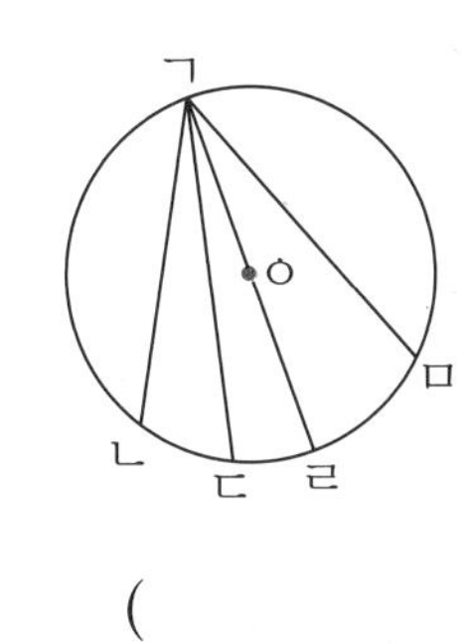

( )

3 원의 지름은 몇 cm일까요?

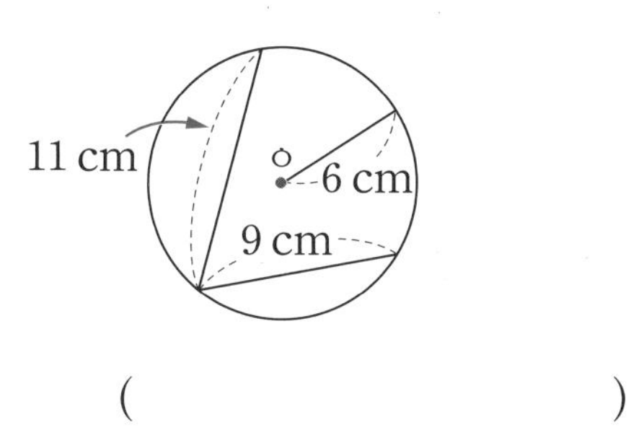

( )

4 큰 원부터 차례로 기호를 써 보세요.

㉠ 반지름이 4 cm인 원
㉡ 지름이 6 cm인 원
㉢ 반지름이 2 cm인 원
㉣ 지름이 7 cm인 원

( )

5 그림과 같이 정사각형 안에 가장 큰 원을 그렸습니다. 원의 지름은 몇 cm일까요?

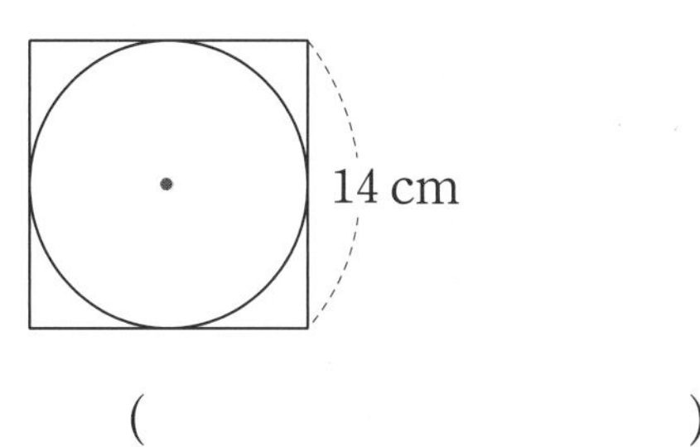

( )

6 큰 원 안에 크기가 같은 작은 원 2개를 맞닿게 그렸습니다. 작은 원의 반지름이 5 cm일 때 큰 원의 지름은 몇 cm일까요?

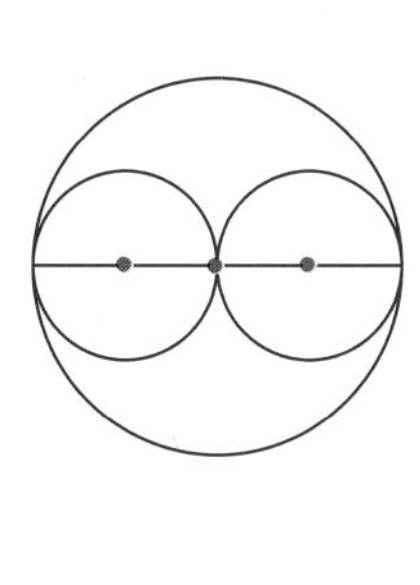

( )

7 원의 중심은 같고 원의 반지름이 다른 모양을 찾아 기호를 써 보세요.

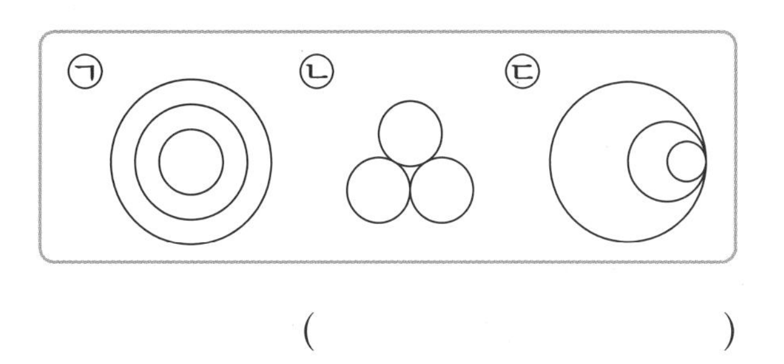

( )

8 선분 ㄱㄴ의 길이는 몇 cm일까요?

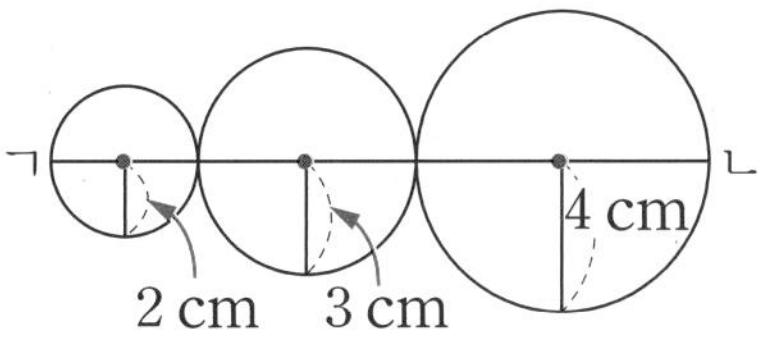

ㄱ ㄴ 2 cm 3 cm 4 cm

( )

9 다음과 같은 모양을 그릴 때 컴퍼스의 침을 꽂아야 할 곳은 모두 몇 군데일까요?

( )

10 직사각형 안에 반지름이 5 cm인 원 3개를 맞닿게 그렸습니다. 선분 ㄴㄷ의 길이는 몇 cm일까요?

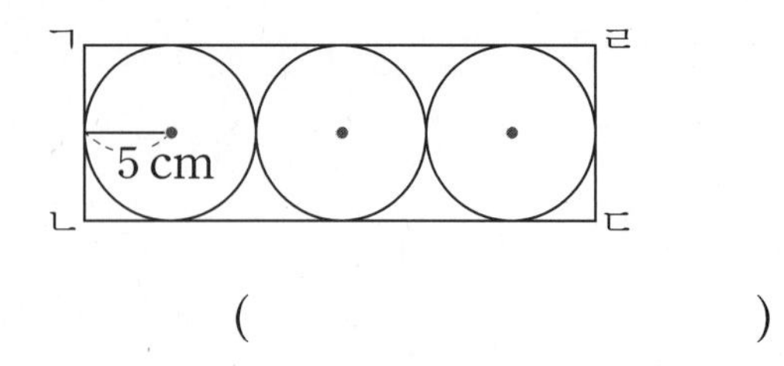

( )

11 점 ㄱ, 점 ㄴ, 점 ㄷ은 각각 원의 중심입니다. 가장 큰 원의 지름이 32 cm일 때 가장 작은 원의 반지름은 몇 cm일까요?

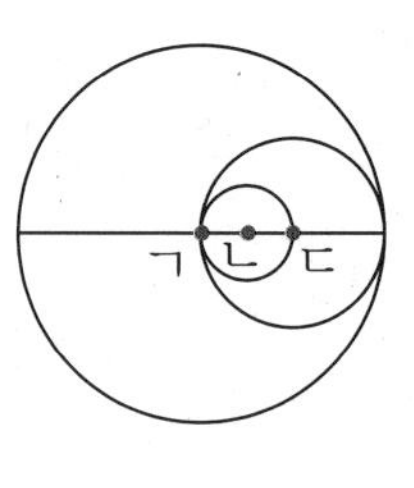

( )

12 정사각형 안에 반지름이 4 cm인 원 4개를 맞닿게 그렸습니다. 정사각형의 네 변의 길이의 합은 몇 cm일까요?

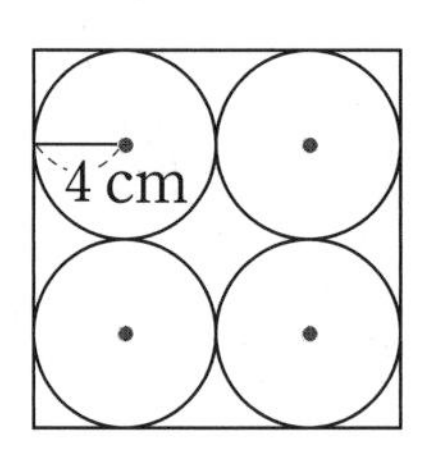

( )

13 직사각형 안에 크기가 같은 원 2개를 맞닿게 그렸습니다. 직사각형의 네 변의 길이의 합이 24 cm일 때 원의 지름은 몇 cm일까요?

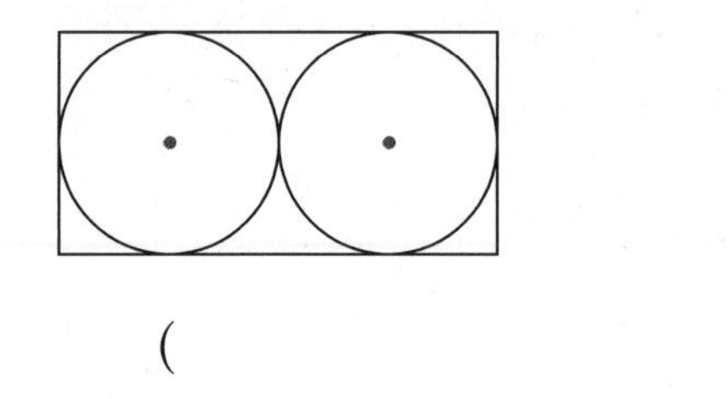

( )

14 크기가 같은 원 3개를 맞닿게 그린 것입니다. 직사각형 ㄱㄴㄷㄹ의 가로는 몇 cm일까요?

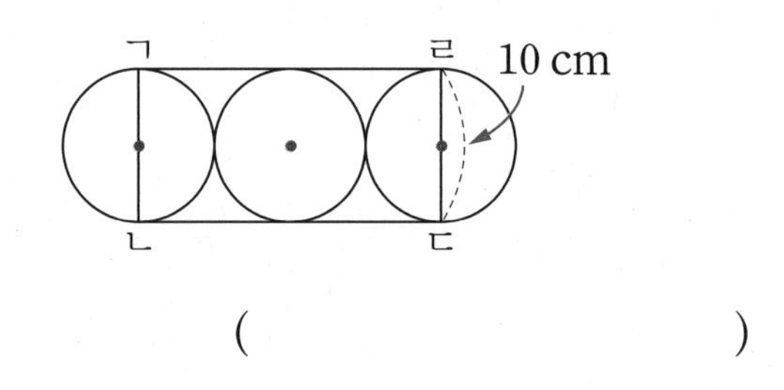

( )

15 직사각형 안에 크기가 같은 원 5개를 서로 다른 원의 중심을 지나도록 겹쳐서 그렸습니다. 원의 반지름은 몇 cm일까요?

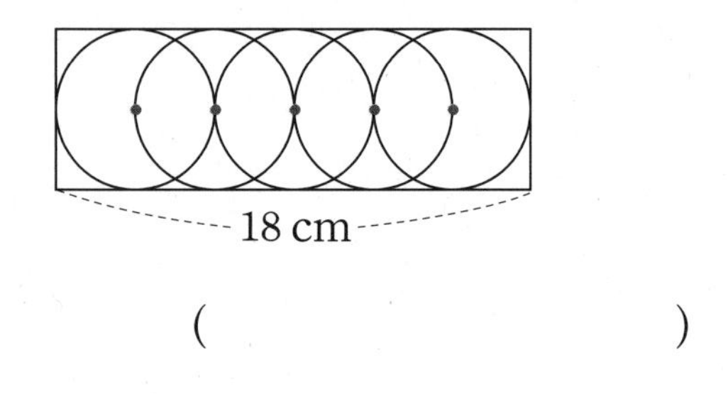

( )

16 크기가 같은 원 2개를 겹쳐서 그렸습니다. 점 ㄴ, 점 ㄹ은 각각 원의 중심이고 사각형 ㄱㄴㄷㄹ의 네 변의 길이의 합이 48 cm일 때 선분 ㄱㄹ의 길이는 몇 cm일까요?

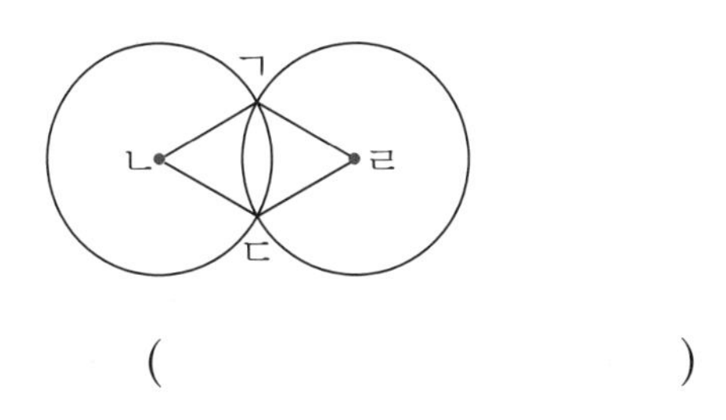

( )

17 큰 원 안에 크기가 같은 작은 원 3개를 맞닿게 그렸습니다. 점 ㄱ, 점 ㄴ, 점 ㄷ은 각각 원의 중심이고 큰 원의 지름이 30 cm일 때 선분 ㄱㄷ의 길이는 몇 cm일까요?

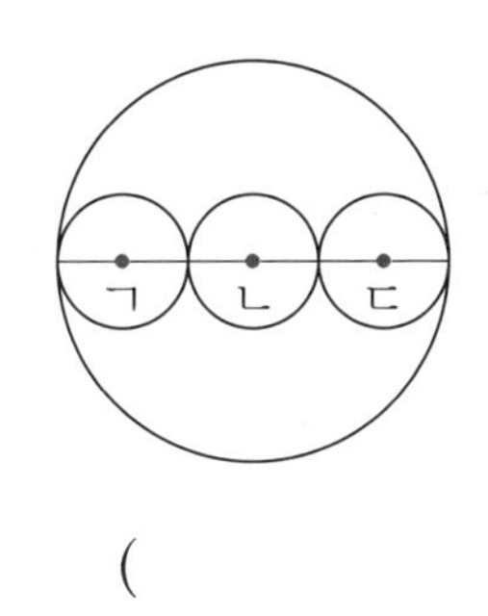

( )

18 한 변의 길이가 20 cm인 정사각형 안에 점 ㄴ, 점 ㄷ, 점 ㄹ을 각각 원의 중심으로 하여 원의 일부분을 그렸습니다. 선분 ㄴㅁ의 길이는 몇 cm일까요?

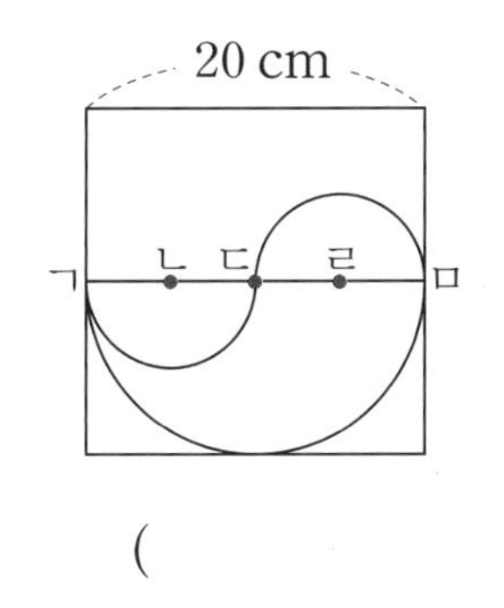

( )

서술형 문제

19 반지름이 6 cm인 원 8개를 맞닿게 그리고 원의 중심을 이어 직사각형을 만들었습니다. 직사각형의 네 변의 길이의 합은 몇 cm인지 풀이 과정을 쓰고 답을 구해 보세요.

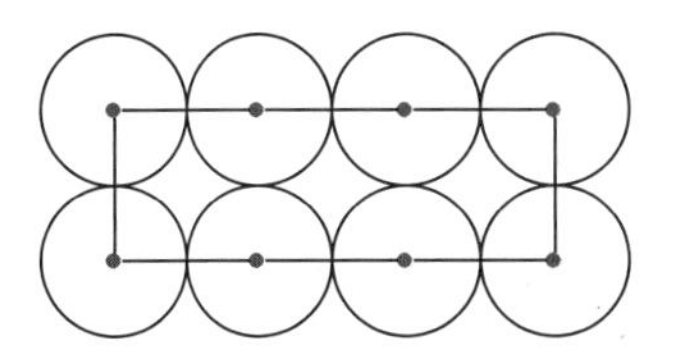

풀이

답

20 지름이 4 cm인 원을 맞닿게 그리고 바깥쪽에 있는 원의 중심을 이어 삼각형을 만들고 있습니다. 만든 삼각형의 세 변의 길이의 합이 60 cm가 되려면 원은 몇 개 그려야 하는지 풀이 과정을 쓰고 답을 구해 보세요.

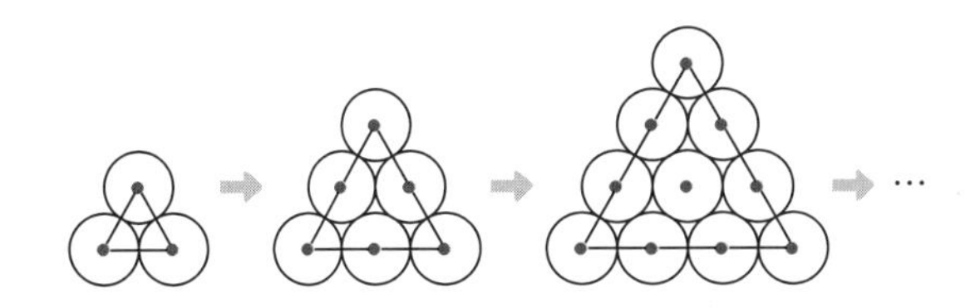

풀이

답

3

서술형 문제

1

수민, 지훈, 다연이가 각각 먹은 젤리의 수입니다. 젤리를 가장 많이 먹은 사람은 누구인지 풀이 과정을 쓰고 답을 구해 보세요.

• 수민: 9개의 $\frac{1}{3}$ • 지훈: 8개의 $\frac{1}{2}$ • 다연: 10개의 $\frac{1}{5}$

풀이

답

▶ 9의 $\frac{1}{3}$은 얼마인지 알아보려면 9를 3묶음으로 똑같이 나누어 봅니다.

2

㉠과 ㉡에 알맞은 수의 차는 얼마인지 풀이 과정을 쓰고 답을 구해 보세요.

• 자연수가 1이고 분모가 5인 대분수는 ㉠개입니다.
• 분모가 8인 진분수는 ㉡개입니다.

풀이

답

▶ 대분수는 자연수와 진분수로 이루어진 분수이고, 진분수는 분자가 분모보다 작은 분수입니다.

3

재윤이가 4일 동안 축구를 한 시간을 나타낸 표입니다. 재윤이가 축구를 가장 오래 한 날은 무슨 요일인지 풀이 과정을 쓰고 답을 구해 보세요.

월요일	화요일	수요일	목요일
$\frac{12}{7}$시간	$2\frac{1}{7}$시간	$1\frac{6}{7}$시간	$\frac{16}{7}$시간

풀이

답

▶ 대분수 또는 가분수로 같게 하여 분수의 크기를 비교합니다.

4

□ 안에 들어갈 수 있는 자연수는 모두 몇 개인지 풀이 과정을 쓰고 답을 구해 보세요.

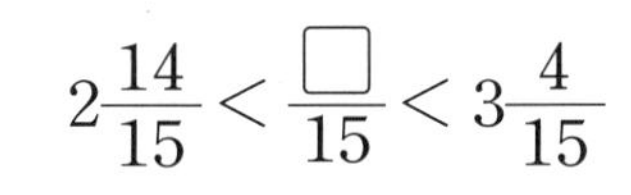

풀이

답

▶ 대분수를 가분수로 나타낸 후 □ 안에 들어갈 수 있는 자연수를 구합니다.

5

어떤 수의 $\frac{5}{7}$가 45입니다. 어떤 수의 $\frac{2}{3}$는 얼마인지 풀이 과정을 쓰고 답을 구해 보세요.

풀이

답

▶ 어떤 수의 $\frac{5}{7}$가 45임을 이용하여 어떤 수부터 구합니다.

6

다음과 같이 규칙에 따라 분수를 늘어놓았습니다. 11째에 놓이는 분수를 대분수로 나타내는 풀이 과정을 쓰고 답을 구해 보세요.

$\frac{1}{2}$ $\frac{4}{3}$ $\frac{7}{4}$ $\frac{10}{5}$

풀이

답

▶ 분모와 분자에 각각 어떤 규칙이 있는지 찾아봅니다.

[7~8] 다음은 민주의 일기입니다. 물음에 답하세요.

○월 ○일 ○요일 날씨: 맑음

오늘은 가족과 함께 고구마밭에서 고구마를 캤다.

내가 직접 캔 고구마는 우리 가족이 캔 전체 고구마의 $\frac{2}{9}$였다.

내가 캔 고구마 16개를 할머니 댁에 보내 드렸다. 뿌듯한 하루였다.

7

민주네 가족이 캔 고구마는 몇 개인지 풀이 과정을 쓰고 답을 구해 보세요.

풀이

답

▶ 먼저 민주네 가족이 캔 고구마의 $\frac{2}{9}$가 16개이므로 민주네 가족이 캔 고구마의 $\frac{1}{9}$은 몇 개인지 구해 봅니다.

8

할머니 댁에 고구마를 보내 드리고 남은 고구마의 $\frac{4}{7}$는 이웃에 나누어 주었습니다. 이웃에 나누어 준 고구마는 몇 개인지 풀이 과정을 쓰고 답을 구해 보세요.

풀이

답

▶ 먼저 할머니 댁에 고구마를 보내 드리고 남은 고구마는 몇 개인지 구합니다.

다시 점검하는 단원 평가 Level 1

점수 | 확인

1 진분수는 모두 몇 개일까요?

$\frac{7}{6}$ $\frac{7}{8}$ $1\frac{1}{13}$ $\frac{1}{5}$ $\frac{9}{9}$

(　　　　　　　　)

2 □ 안에 알맞은 수를 구해 보세요.

24는 56의 $\frac{\square}{7}$입니다.

(　　　　　　　　)

3 가분수가 아닌 것은 어느 것일까요? (　　　　)

① $\frac{5}{7}$　② $\frac{7}{6}$　③ $\frac{8}{5}$

④ $\frac{12}{12}$　⑤ $\frac{4}{3}$

4 나타내는 수가 가장 큰 것을 찾아 기호를 써 보세요.

㉠ 36의 $\frac{1}{4}$　㉡ 48의 $\frac{1}{6}$　㉢ 20의 $\frac{1}{2}$

(　　　　　　　　)

5 □ 안에 알맞은 수를 구해 보세요.

□의 $\frac{3}{5}$은 27입니다.

(　　　　　　　　)

6 지민이는 빵을 만들기 위해 그릇에 계량컵으로 밀가루 2컵을 넣고 물 1컵과 $\frac{1}{6}$컵을 넣었습니다. 지민이가 빵을 만들기 위해 사용한 밀가루와 물은 모두 몇 컵인지 대분수로 나타내 보세요.

(　　　　　　　　)

7 분모가 5인 진분수는 모두 몇 개일까요?

(　　　　　　　　)

8 ○ 안에 >, =, < 중 알맞은 것을 써넣으세요.

$$12의\ \frac{5}{6}\ \bigcirc\ 38의\ \frac{4}{19}$$

9 ㉠과 ㉡에 알맞은 수의 차를 구해 보세요.

- 8은 24의 $\frac{1}{㉠}$입니다.
- 35는 56의 $\frac{㉡}{8}$입니다.

(　　　　　　　　)

10 다음 분수가 대분수일 때 □ 안에 들어갈 수 있는 자연수를 모두 구해 보세요.

$$7\frac{\square}{4}$$

(　　　　　　　　)

11 민호가 딸기 15개 중에서 9개를 먹었습니다. 15를 3씩 묶으면 민호가 먹은 딸기는 전체의 얼마인지 분수로 나타내 보세요.

(　　　　　　　　)

12 상자에 있는 귤 42개 중에서 $\frac{2}{7}$만큼이 썩었습니다. 썩지 않은 귤은 몇 개일까요?

(　　　　　　　　)

13 사과나무의 높이는 $3\frac{2}{7}$ m, 감나무의 높이는 $3\frac{5}{7}$ m, 배나무의 높이는 $\frac{20}{7}$ m입니다. 높은 나무부터 차례로 써 보세요.

(　　　　　　　　)

14 4장의 수 카드 중에서 2장을 골라 한 번씩 사용하여 만들 수 있는 가분수는 모두 몇 개일까요?

4　6　3　5

(　　　　　　　　)

15 상자 한 개를 포장하는 데 색 테이프가 1 m 필요합니다. 색 테이프 $\frac{54}{7}$ m로 상자를 몇 개까지 포장할 수 있을까요?

(　　　　　　　　)

16 분모와 분자의 합이 14이고 차가 8인 가분수가 있습니다. 이 가분수를 구하고, 대분수로 나타내 보세요.

가분수 (　　　　　　　　)

대분수 (　　　　　　　　)

17 주사위 3개를 던져서 나온 결과가 다음과 같을 때 주사위의 눈의 수를 한 번씩 모두 사용하여 가장 큰 대분수를 만들었습니다. 만든 대분수를 가분수로 나타내 보세요.

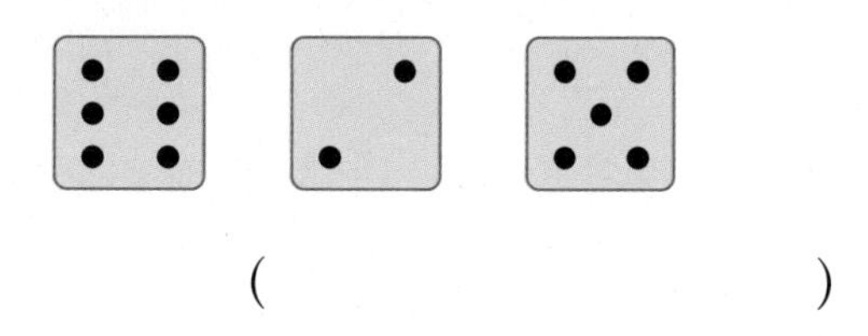

(　　　　　　　　)

18 □ 안에 들어갈 수 있는 자연수를 모두 구해 보세요.

$$\frac{46}{8} < \square < \frac{46}{5}$$

(　　　　　　　　)

서술형 문제

19 연필 36자루 중에서 유찬이는 전체의 $\frac{1}{6}$을 가졌고 혜원이는 전체의 $\frac{1}{4}$을 가졌습니다. 혜원이가 유찬이보다 연필을 몇 자루 더 많이 가졌는지 풀이 과정을 쓰고 답을 구해 보세요.

풀이

답

20 ㉠과 ㉡에 알맞은 수의 합은 얼마인지 풀이 과정을 쓰고 답을 구해 보세요.

- 자연수가 1이고 분모가 6인 대분수는 ㉠개입니다.
- 분모가 4인 진분수는 ㉡개입니다.

풀이

답

다시 점검하는 단원 평가 Level 2

점수 | 확인

1 □ 안에 알맞은 수를 써넣으세요.

(1) 6은 54의 $\dfrac{1}{\square}$입니다.

(2) 24는 42의 $\dfrac{\square}{7}$입니다.

2 가장 큰 분수를 찾아 써 보세요.

$2\dfrac{2}{11}$ $1\dfrac{10}{11}$ $2\dfrac{1}{11}$

( )

3 □ 안에 알맞은 수가 다른 하나를 찾아 기호를 써 보세요.

㉠ 18의 $\dfrac{8}{9}$은 □입니다.

㉡ 20의 $\dfrac{4}{5}$는 □입니다.

㉢ 63의 $\dfrac{2}{7}$는 □입니다.

( )

4 수직선에서 ㉠이 나타내는 수를 대분수로 나타내 보세요.

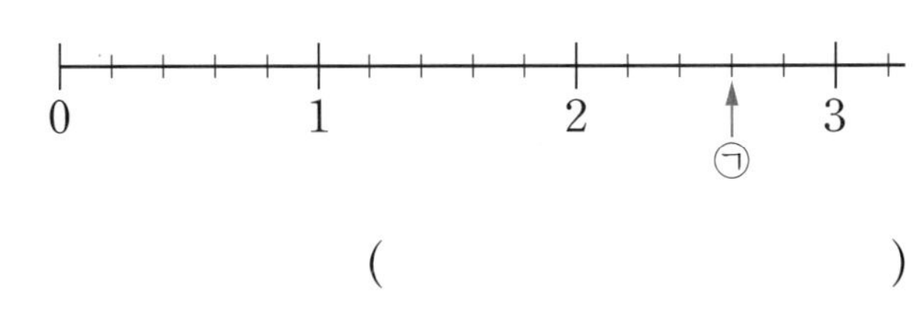

( )

5 대분수는 가분수로, 가분수는 대분수로 바르게 나타낸 것은 어느 것일까요? ( )

① $\dfrac{62}{9}=6\dfrac{2}{9}$ ② $4\dfrac{1}{7}=\dfrac{41}{7}$

③ $\dfrac{24}{7}=3\dfrac{4}{7}$ ④ $5\dfrac{3}{8}=\dfrac{43}{8}$

⑤ $\dfrac{53}{11}=5\dfrac{2}{11}$

6 연주네 가족은 복숭아 20개 중에서 $\dfrac{2}{5}$만큼을 먹었습니다. 연주네 가족이 먹은 복숭아는 몇 개일까요?

( )

7 분모가 6인 진분수를 모두 써 보세요.

( )

8 주머니에 빨간색 구슬과 노란색 구슬이 모두 54개 들어 있습니다. 노란색 구슬 수는 전체 구슬 수의 $\frac{3}{9}$입니다. 노란색 구슬은 몇 개일까요?

( )

9 학교에서 병원까지의 거리는 $4\frac{1}{3}$ km이고 학교에서 도서관까지의 거리는 $\frac{14}{3}$ km입니다. 병원과 도서관 중 학교에서 더 먼 곳은 어디일까요?

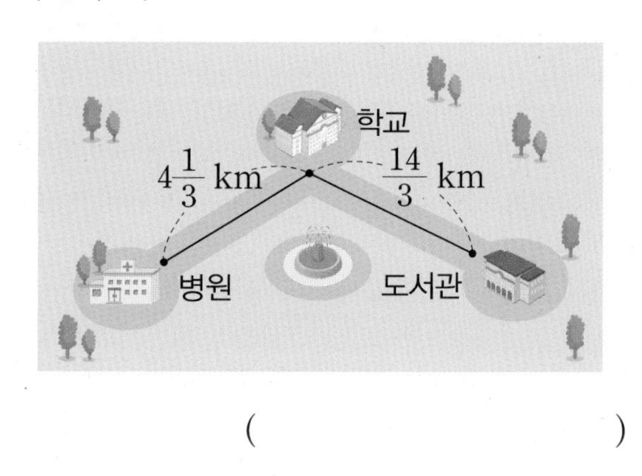

( )

10 체리가 30개 있습니다. 민수는 전체 체리 수의 $\frac{7}{10}$을 먹고 나머지는 채원이가 모두 먹었습니다. 채원이가 먹은 체리는 몇 개일까요?

( )

11 어떤 수의 $\frac{1}{6}$은 12입니다. 어떤 수의 $\frac{1}{8}$은 얼마일까요?

( )

12 서희네 반 여학생 수는 전체 학생 수의 $\frac{4}{9}$입니다. 서희네 반 여학생이 16명일 때 전체 학생은 몇 명일까요?

( )

13 3보다 크고 4보다 작은 대분수 중에서 분모와 분자의 합이 6인 대분수는 모두 몇 개일까요?

( )

14 □ 안에 들어갈 수 있는 자연수를 모두 구해 보세요.

$$3\frac{\square}{8} < \frac{27}{8}$$

( )

15 떡케이크가 $2\frac{4}{6}$판 있습니다. 떡케이크를 한 명이 $\frac{1}{6}$판씩 먹으면 모두 몇 명이 먹을 수 있을까요?

( )

16 ㉠과 ㉡에 알맞은 수의 합을 구해 보세요.

- $2\frac{3}{8}$은 $\frac{1}{8}$이 ㉠개입니다.
- $3\frac{4}{7}$는 $\frac{1}{7}$이 ㉡개입니다.

( )

17 4장의 수 카드를 한 번씩 모두 사용하여 만들 수 있는 가장 큰 대분수를 가분수로 나타냈을 때 분모와 분자의 합을 구해 보세요.

6 3 7 2

( )

18 한 자리 수인 짝수 중에서 3개를 골라 한 번씩 사용하여 대분수를 만들려고 합니다. 4보다 크고 5보다 작은 대분수를 모두 구해 보세요.

( )

서술형 문제

19 예진이는 연필 36자루를 가지고 있습니다. 그 중에서 $\frac{1}{3}$을 준호에게 주고 나머지의 $\frac{3}{8}$을 윤아에게 주었습니다. 예진이에게 남은 연필은 몇 자루인지 풀이 과정을 쓰고 답을 구해 보세요.

풀이

답

20 ●와 ■에 공통으로 들어갈 수 있는 자연수는 모두 몇 개인지 풀이 과정을 쓰고 답을 구해 보세요.

$$2\frac{5}{12} < \frac{●}{12} < 3\frac{1}{12}$$

$$3\frac{7}{9} < \frac{■}{9} < 4\frac{5}{9}$$

풀이

답

4

서술형 문제

1 들이가 1 L인 물통에 물을 가득 채워 3번 붓고, 들이가 300 mL인 컵에 물을 가득 채워 4번 부었더니 대야에 물이 거의 가득 찼습니다. 대야의 들이는 약 몇 L인지 풀이 과정을 쓰고 답을 구해 보세요.

▶ 대야의 들이를 어림하여 L 단위로 답해야 합니다.

풀이

답 약

2 들이가 각각 1 L, 500 mL, 300 mL인 3개의 그릇을 모두 이용하여 큰 통에 물을 2 L 400 mL 담으려고 합니다. 물을 담을 수 있는 방법을 설명해 보세요.

▶ 1 L = 1000 mL이고, 물을 담을 수 있는 방법을 덧셈식으로 나타내 봅니다.

설명

3

㉮ 물통에는 물이 12 L 700 mL 들어 있고, ㉯ 물통에는 물이 9 L 800 mL 들어 있습니다. 두 물통에 들어 있는 물의 양이 같아지도록 하려면 ㉮ 물통에서 ㉯ 물통으로 물을 몇 L 몇 mL만큼 옮기면 되는지 풀이 과정을 쓰고 답을 구해 보세요.

풀이

답

▶ 먼저 ㉯ 물통보다 ㉮ 물통에 더 들어 있는 물의 양을 구합니다.

4

들이가 5 L인 주전자에 물이 2 L 600 mL 들어 있습니다. 이 주전자에 들이가 400 mL인 컵에 물을 가득 채운 후 2번 부었습니다. 주전자에 물을 가득 채우려면 들이가 400 mL인 컵으로 적어도 몇 번 더 부어야 하는지 풀이 과정을 쓰고 답을 구해 보세요.

풀이

답

▶ 먼저 주전자에 물을 부은 후 주전자에 들어 있는 물의 양을 구합니다.

5

민재와 하린이가 주운 밤의 무게의 합은 3 kg 700 g이고, 하린이와 승현이가 주운 밤의 무게의 합은 2 kg 250 g입니다. 민재, 하린, 승현이가 주운 밤의 무게의 합이 5 kg일 때 밤을 가장 많이 주운 사람과 가장 적게 주운 사람의 밤의 무게의 차는 몇 kg 몇 g인지 풀이 과정을 쓰고 답을 구해 보세요.

풀이

답

▶ 덧셈식으로 나타내 봅니다.
(민재)+(하린)
=3 kg 700 g
(하린)+(승현)
=2 kg 250 g
(민재)+(하린)+(승현)
=5 kg

6

빈 바구니에 무게가 같은 한라봉 7개를 담아 무게를 재어 보니 6 kg이었습니다. 그중에서 4개를 먹고 다시 무게를 재어 보니 2 kg 800 g이었습니다. 빈 바구니의 무게는 몇 g인지 풀이 과정을 쓰고 답을 구해 보세요.

풀이

답

▶ 먼저 한라봉 4개의 무게를 구해 봅니다.

7

가위 1개의 무게가 240 g이라면 필통 1개의 무게는 몇 g인지 풀이 과정을 쓰고 답을 구해 보세요. (단, 같은 종류의 물건끼리는 무게가 같습니다.)

가위 3개 | 풀 4개 | 풀 5개 | 필통 1개

풀이

답

▶ (가위 3개의 무게) =(풀 4개의 무게) 이므로 풀 4개의 무게를 구할 수 있습니다.

8

민규는 개와 고양이를 키우고 있습니다. 개와 고양이의 무게의 합은 14 kg 900 g이고, 개가 고양이보다 5 kg 300 g 더 무겁습니다. 개의 무게는 몇 kg 몇 g인지 풀이 과정을 쓰고 답을 구해 보세요.

풀이

답

▶ 개가 고양이보다 5 kg 300 g 더 무거우므로 개의 무게를 □라 하고 고양이의 무게를 □를 사용하여 나타내 봅니다.

다시 점검하는 단원 평가 Level 1

점수 | 확인

1 물감과 크레파스 중 어느 것이 클립 몇 개만큼 더 무거울까요?

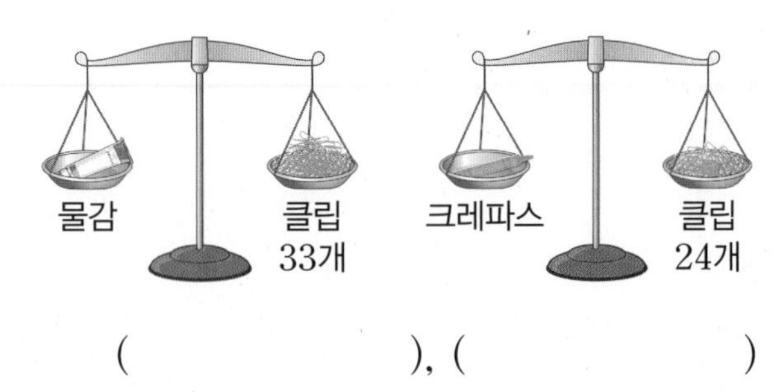

( ), ( )

2 들이가 다른 그릇 가, 나, 다를 각각 사용하여 모양과 크기가 같은 세 항아리에 물을 가득 채웠습니다. 다음과 같이 물을 부었을 때, 들이가 적은 것부터 차례로 기호를 써 보세요.

그릇	가	나	다
부은 횟수(번)	9	10	8

( )

3 들이를 비교하여 ○ 안에 >, =, < 중 알맞은 것을 써넣으세요.

(1) 5 L ○ 6500 mL

(2) 3700 mL ○ 3 L 70 mL

(3) 2 L 90 mL ○ 2090 mL

4 □ 안에 알맞은 수를 써넣으세요.

1800 kg보다 200 kg 더 무거운 무게

➡ □ t

5 옳은 것을 찾아 기호를 써 보세요.

㉠ 7030 mL = 70 L 30 mL
㉡ 2 mL = 2000 L
㉢ 8100 mL = 8 L 100 mL

( )

6 주은이가 어제 마신 우유는 1 L 40 mL이고 오늘 마신 우유는 1200 mL입니다. 어제와 오늘 중 주은이가 우유를 더 많이 마신 날은 언제일까요?

( )

7 무게가 무거운 것부터 차례로 기호를 써 보세요.

㉠ 6700 g ㉡ 8 kg 500 g
㉢ 8 kg 50 g ㉣ 5800 g

( )

8 들이가 가장 많은 것과 가장 적은 것의 합은 몇 mL일까요?

6 L 300 mL	5400 mL
2900 mL	4 L 700 mL

( )

9 무게를 비교하여 ○ 안에 >, =, < 중 알맞은 것을 써넣으세요.

(1) 4 kg 600 g + 2 kg 800 g ○ 8 kg

(2) 5 kg 900 g + 3 kg 400 g ○ 9 kg

10 들이가 더 적은 것의 기호를 써 보세요.

㉠ 3 L 600 mL+4 L 500 mL
㉡ 2 L 400 mL+5 L 800 mL

( )

11 상훈이는 스무디를 만들기 위해 딸기주스 1 L 600 mL와 우유 1 L 800 mL를 섞었습니다. 상훈이가 만든 스무디는 모두 몇 L 몇 mL일까요?

( )

12 책상의 무게는 14 kg 300 g이고 의자의 무게는 9800 g입니다. 책상과 의자의 무게는 모두 몇 kg 몇 g일까요?

( )

13 우유 3 L 600 mL 중에서 요거트를 만드는데 800 mL를 사용하였습니다. 남아 있는 우유는 몇 L 몇 mL일까요?

( )

14 □ 안에 알맞은 수를 써넣으세요.

	15	kg	□	g
−	□	kg	700	g
	11	kg	750	g

15 무게가 650 g인 상자에 책을 넣어 저울에 올려놓았더니 3 kg보다 170 g 더 가벼웠습니다. 책의 무게는 몇 kg 몇 g일까요?

( )

5

16 서희가 일주일 동안 마신 음료수의 종류와 양입니다. 서희가 일주일 동안 마신 음료수의 양은 모두 몇 L 몇 mL일까요?

> 주스: 2500 mL
> 우유: 3 L
> 두유: 1 L 700 mL

(　　　　　　　　　　)

17 아버지께서 고구마를 8 kg 700 g 사 오셨습니다. 그중에서 3 kg 500 g은 구워 먹고 2 kg 100 g은 이웃집에 나누어 주었습니다. 남은 고구마의 무게는 몇 kg 몇 g일까요?

(　　　　　　　　　　)

18 수박 한 통의 무게는 멜론 2통의 무게보다 1 kg 250 g 더 무겁습니다. 수박 한 통의 무게가 3450 g이라면 멜론 한 통의 무게는 몇 kg 몇 g일까요?

(　　　　　　　　　　)

서술형 문제

19 ㉮ 그릇에 물을 가득 채워 3번 부었더니 물통에 물이 가득 찼습니다. 이 물통에서 ㉯ 그릇을 사용하여 물을 모두 덜어 내려면 적어도 몇 번 덜어 내야 하는지 풀이 과정을 쓰고 답을 구해 보세요.

> ㉮ 그릇의 들이: 800 mL
> ㉯ 그릇의 들이: 600 mL

풀이 ....

답 ....

20 빈 상자에 감 6개를 담아 무게를 재었더니 3 kg 150 g이었습니다. 여기에 감 3개를 더 담았더니 4 kg 350 g이었습니다. 빈 상자의 무게는 몇 g인지 풀이 과정을 쓰고 답을 구해 보세요. (단, 감의 무게는 모두 같습니다.)

풀이 ....

답 ....

다시 점검하는 단원 평가 Level 2

점수 | 확인

1 주어진 물건 중 무게가 1 kg보다 가벼운 것을 찾아 기호를 써 보세요.

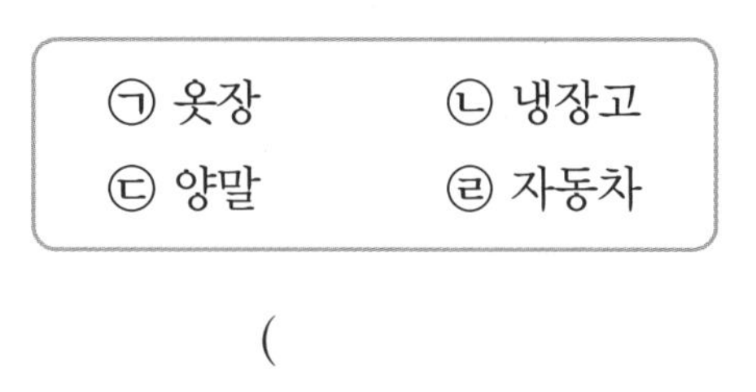

(　　　　　　　　)

2 들이가 다른 컵 가, 나, 다, 라를 각각 사용하여 모양과 크기가 같은 네 양동이에 물을 가득 채웠습니다. 다음과 같이 물을 부었을 때 물음에 답하세요.

컵	가	나	다	라
부은 횟수(번)	5	8	6	4

(1) 들이가 가장 적은 컵의 기호를 써 보세요.

(　　　　　　　　)

(2) 라 컵의 들이는 나 컵의 들이의 몇 배일까요?

(　　　　　　　　)

3 무게가 가장 가벼운 것을 찾아 기호를 써 보세요.

㉠ 4 kg 500 g　　㉡ 4010 g
㉢ 4200 g　　㉣ 5 kg 40 g

(　　　　　　　　)

4 계산해 보세요.

(1)
$$\begin{array}{r} 7\text{ L}\ \ 300\text{ mL} \\ +\ 5\text{ L}\ \ 800\text{ mL} \\ \hline \end{array}$$

(2)
$$\begin{array}{r} 13\text{ L}\ \ 200\text{ mL} \\ -\ \ 4\text{ L}\ \ 700\text{ mL} \\ \hline \end{array}$$

5 들이가 가장 많은 것과 가장 적은 것의 차는 몇 L 몇 mL일까요?

3600 mL　　3070 mL
2 L 800 mL　　2 L 90 mL

(　　　　　　　　)

6 잘못된 것을 모두 고르세요. (　　　　)

① 3 kg 200 g = 3200 g
② 45 kg 60 g = 4560 g
③ 9 kg 50 g = 9500 g
④ 20 kg 700 g = 20700 g
⑤ 8 kg 100 g = 8100 g

7 들이가 더 많은 것의 기호를 써 보세요.

㉠ 6 L 500 mL－2 L 900 mL
㉡ 7 L 400 mL－3 L 700 mL

( )

8 무게가 가장 무거운 것과 가장 가벼운 것의 차는 몇 kg 몇 g일까요?

2070 g	3 kg 10 g
3 kg 100 g	2700 g

( )

9 물이 ㉮ 통에는 4 L 600 mL 들어 있고 ㉯ 통에는 2 L 900 mL 들어 있습니다. 두 통에 들어 있는 물은 모두 몇 L 몇 mL일까요?

( )

10 분식점에서 식용유를 어제는 3 L 800 mL 사용하였고, 오늘은 6 L 200 mL 사용하였습니다. 오늘 사용한 식용유는 어제 사용한 식용유보다 몇 L 몇 mL 더 많을까요?

( )

11 어머니가 소고기 2 kg 700 g과 돼지고기 1 kg 800 g을 사 오셨습니다. 어머니가 사 오신 고기는 모두 몇 kg 몇 g일까요?

( )

12 밀가루 5 kg 중 부침개를 만드는 데 2700 g을 사용했습니다. 부침개를 만들고 남은 밀가루는 몇 kg 몇 g일까요?

( )

13 빨간색 물감 1300 mL와 노란색 물감을 섞었더니 주황색 물감 4 L 200 mL가 되었습니다. 노란색 물감은 몇 L 몇 mL 섞었을까요?

( )

14 하루 동안 물을 주아는 900 mL 마셨고, 재윤이는 주아보다 400 mL 더 많이 마셨습니다. 두 사람이 하루 동안 마신 물은 모두 몇 L 몇 mL일까요?

( )

15 아버지의 몸무게는 지은이의 몸무게의 2배보다 4 kg 900 g 더 무겁습니다. 지은이의 몸무게가 32 kg 700 g일 때 아버지의 몸무게는 몇 kg 몇 g일까요?

( )

16 빈 상자에 무게가 같은 구슬 7개를 넣어 무게를 재었더니 3 kg이었습니다. 빈 상자의 무게가 1 kg 600 g이라면 구슬 한 개의 무게는 몇 g일까요?

( )

17 한 상자에 40 kg인 사과 70상자를 트럭에 모두 실으려고 합니다. 트럭 한 대에 1 t까지 실을 수 있다면 트럭은 적어도 몇 대 필요할까요?

( )

18 무게가 2 kg 160 g인 빈 물통에 물을 반만큼 채운 후 무게를 재었더니 6 kg 340 g이었습니다. 물을 가득 채운 후 물통의 무게를 재면 몇 kg 몇 g일까요?

( )

서술형 문제

19 주스의 반을 재우가 마시고 나머지의 반을 민하가 마셨습니다. 민하가 마신 후 남은 주스의 반을 서우가 마셨더니 250 mL가 남았습니다. 처음에 있던 주스는 몇 L인지 풀이 과정을 쓰고 답을 구해 보세요.

풀이

답

20 접시 위에 배 1개를 올려놓고 무게를 재면 830 g이고, 접시 위에 사과 1개를 올려놓고 무게를 재면 720 g입니다. 같은 접시 위에 배 1개와 사과 1개를 올려놓고 무게를 재면 1 kg 410 g일 때 접시만의 무게는 몇 g인지 풀이 과정을 쓰고 답을 구해 보세요.

풀이

답

5

서술형 문제

[1~2] 편의점에서 어느 날 팔린 종류별 우유의 수를 조사하여 나타낸 그림그래프입니다. 물음에 답하세요.

종류별 팔린 우유의 수

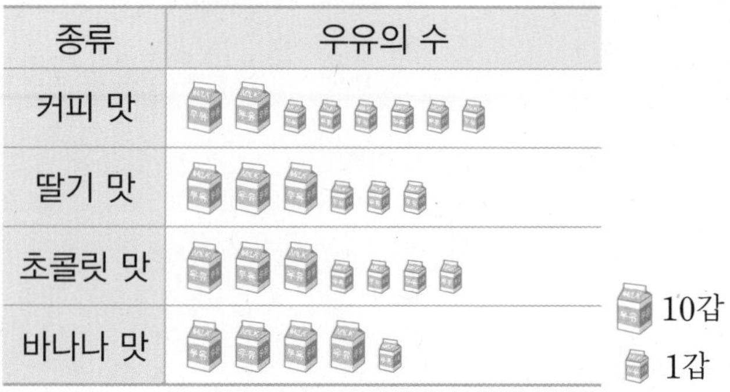

종류	우유의 수
커피 맛	
딸기 맛	
초콜릿 맛	
바나나 맛	

10갑
1갑

1

이 편의점에서는 가장 많이 팔린 우유를 다음 날 더 많이 준비하기로 하였습니다. 더 많이 준비해야 할 우유는 어느 것인지 풀이 과정을 쓰고 답을 구해 보세요.

풀이

답

▶ 가장 많이 팔린 우유를 더 많이 준비해야 합니다.

2

가장 많이 팔린 우유와 가장 적게 팔린 우유의 수의 차는 몇 갑인지 풀이 과정을 쓰고 답을 구해 보세요.

풀이

답

▶ 가장 많이 팔린 우유와 가장 적게 팔린 우유가 무엇인지 알아봅니다.

[3~4] 목장별 기르는 소의 수를 조사하여 나타낸 그림그래프입니다. 네 목장의 소가 모두 100마리일 때, 물음에 답하세요.

목장별 기르는 소의 수

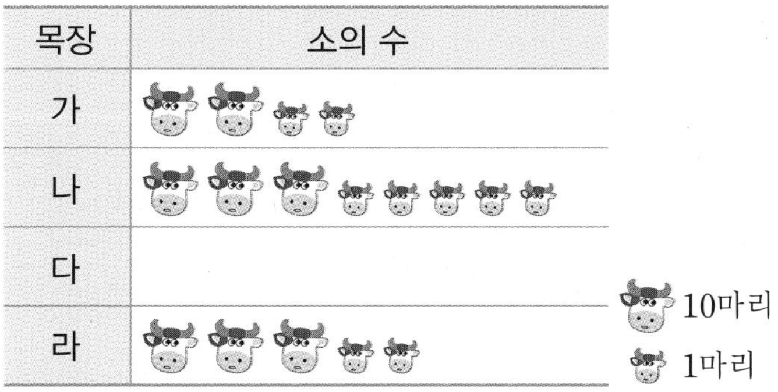

목장	소의 수
가	
나	
다	
라	

10마리
1마리

3

다 목장의 소는 몇 마리인지 풀이 과정을 쓰고 답을 구해 보세요.

풀이

답

▶ 가, 나, 라 목장의 소의 수를 각각 구합니다.

4

가 목장에서 기르는 소의 수는 다 목장에서 기르는 소의 수의 몇 배인지 풀이 과정을 쓰고 답을 구해 보세요.

풀이

답

▶ 가, 다 목장에서 기르는 소의 수를 비교해 봅니다.

[5~6] 기영이네 학교 3학년 학생 148명의 등교 방법을 조사하여 나타낸 그림그래프 입니다. 물음에 답하세요.

등교 방법별 학생 수

등교 방법	학생 수
승용차	
도보	
버스	
자전거	

10명

1명

5

도보를 이용하는 학생은 버스를 이용하는 학생보다 몇 명 더 많은지 풀이 과정을 쓰고 답을 구해 보세요.

풀이

답

▶ 조사한 전체 학생 수를 이용하여 버스를 이용하는 학생 수를 구합니다.

6

버스를 이용하는 학생 중 몇 명이 자전거를 이용하여 등교를 했더니 버스를 이용하는 학생과 자전거를 이용하는 학생 수가 같아졌습니다. 버스 대신 자전거를 이용한 학생은 몇 명인지 풀이 과정을 쓰고 답을 구해 보세요.

풀이

답

▶ 먼저 버스를 이용하는 학생과 자전거를 이용하는 학생 수의 차를 구합니다.

[7~8] 마을별 자동차 수를 조사하여 나타낸 그림그래프입니다. 나 마을의 자동차는 다 마을보다 50대 더 많고 네 마을의 자동차는 모두 1200대입니다. 물음에 답하세요.

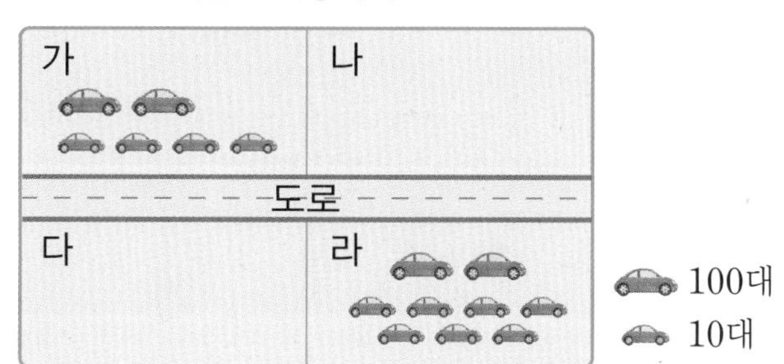

7

다 마을의 자동차는 몇 대인지 풀이 과정을 쓰고 답을 구해 보세요.

풀이

답

▶ 다 마을의 자동차 수를 □대라고 하면 나 마을의 자동차 수는 (□+50)대입니다.

8

도로의 위쪽 마을의 자동차는 모두 몇 대인지 풀이 과정을 쓰고 답을 구해 보세요.

풀이

답

▶ 도로의 위쪽에 있는 가 마을과 나 마을의 자동차 수의 합을 구합니다.

다시 점검하는 단원 평가 Level 1

점수 | 확인

[1~2] 하루 동안 가게별 리본끈 판매량을 조사하여 나타낸 그림그래프입니다. 물음에 답하세요.

가게별 리본끈 판매량

가게	판매량
가	
나	
다	
라	

10 m
1 m

1 다 가게보다 리본끈이 적게 팔린 가게를 모두 찾아 써 보세요.

( )

2 리본끈 1 m로 리본을 8개 만들 수 있을 때 라 가게에서 팔린 리본끈으로 만들 수 있는 리본은 모두 몇 개일까요?

( )

3 마을별 가구 수를 조사하여 나타낸 그림그래프입니다. 네 마을의 가구 수의 합이 780가구일 때 그림그래프를 완성해 보세요.

마을별 가구 수

마을	가구 수
해	
달	
별	
바람	

100가구 10가구

[4~7] 승아네 동네에서 병원별 환자 수를 조사하여 나타낸 표입니다. 물음에 답하세요.

병원별 환자 수

병원	치과	내과	안과	정형외과	합계
환자 수 (명)	34	20	22		110

4 표를 보고 그림그래프를 완성해 보세요.

병원별 환자 수

병원	환자 수
치과	
내과	
안과	
정형외과	

10명
1명

5 환자 수가 가장 적은 병원은 어느 병원일까요?

( )

6 환자 수가 같은 병원은 어느 병원과 어느 병원일까요?

( ), ( )

7 안과 환자는 정형외과 환자보다 몇 명 더 적은지 구해 보세요.

( )

[8~11] 재윤이네 반 학생들이 좋아하는 운동을 조사한 것입니다. 물음에 답하세요.

좋아하는 운동
야구 축구 축구 농구 축구 피구
축구 피구 축구 야구 축구 축구
축구 야구 피구 축구 야구 야구
축구 농구 야구 축구 야구 축구

8 야구를 좋아하는 학생은 몇 명일까요?

( )

9 조사한 것을 보고 표로 나타내 보세요.

좋아하는 운동별 학생 수

운동	야구	축구	농구	피구	합계
학생 수 (명)					

10 위 **9**의 표를 보고 그림그래프로 나타내 보세요.

좋아하는 운동별 학생 수

운동	학생 수
야구	
축구	
농구	
피구	

(큰 그림) 5명 (작은 그림) 1명

11 네 가지 운동 중에서 한 가지를 골라 운동 동아리를 만든다면 어떤 운동 동아리를 만드는 것이 좋을까요?

( )

[12~15] 어느 지역의 과수원별 사과 생산량을 조사하여 나타낸 표입니다. 물음에 답하세요.

과수원별 사과 생산량

과수원	사랑	초록	중앙	풍년	합계
생산량 (상자)	152	309		225	900

12 중앙 과수원의 사과 생산량은 몇 상자일까요?

( )

13 표를 보고 그림그래프로 나타낼 때 그림을 몇 가지로 하는 것이 좋을까요?

( )

14 표를 보고 그림그래프로 나타내 보세요.

과수원별 사과 생산량

과수원	생산량
사랑	
초록	
중앙	
풍년	

◉ 100상자 ○ 10상자 △ 1상자

15 사과를 가장 많이 생산한 과수원은 어느 과수원일까요?

( )

6

[16~17] 어느 가게에서 팔린 아이스크림의 수를 조사하여 나타낸 그림그래프입니다. 물음에 답하세요.

아이스크림별 판매량

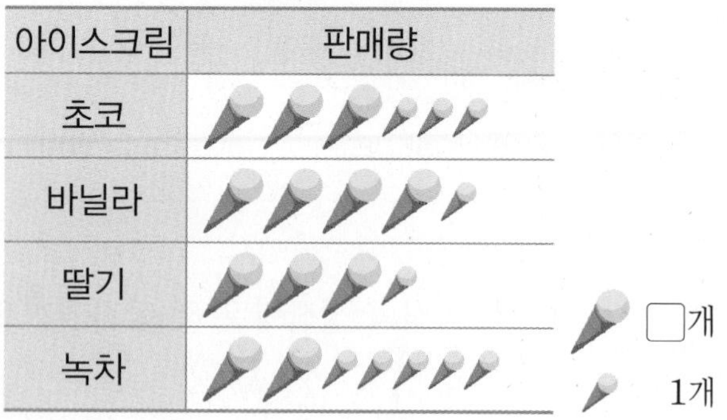

아이스크림	판매량
초코	
바닐라	
딸기	
녹차	

□개
1개

16 팔린 아이스크림이 모두 130개일 때 그림그래프에서  (큰 그림)은 아이스크림 몇 개를 나타낼까요?

(　　　　　　　　)

17 아이스크림 한 개의 가격이 800원일 때 초코 아이스크림의 판매 금액은 얼마일까요?

(　　　　　　　　)

18 지호네 모둠 학생들이 방학 동안 읽은 책 수를 조사하여 나타낸 그림그래프입니다. 지호가 읽은 책 수는 수아가 읽은 책 수보다 2권 더 많고, 재민이가 읽은 책 수의 3배일 때 네 학생들이 읽은 책은 모두 몇 권일까요?

학생별 읽은 책 수

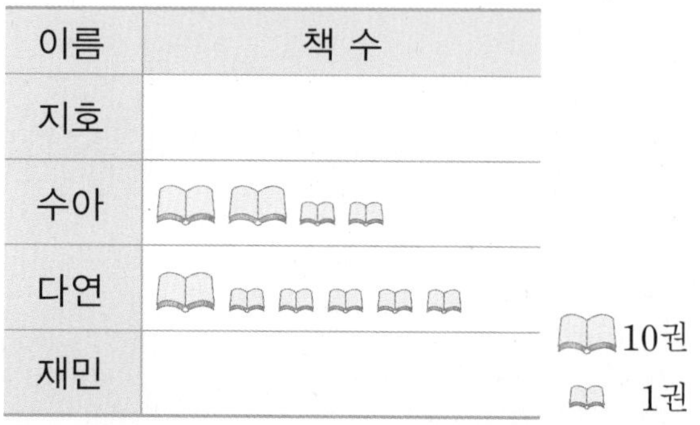

이름	책 수
지호	
수아	
다연	
재민	

10권
1권

(　　　　　　　　)

서술형 문제

19 3일 동안 모은 요일별 빈 병 수를 조사하여 나타낸 그림그래프입니다. 빈 병 10개를 공책 한 권으로 바꾸어 준다면 3일 동안 모은 빈 병은 공책 몇 권으로 바꿀 수 있는지 풀이 과정을 쓰고 답을 구해 보세요.

요일별 모은 빈 병 수

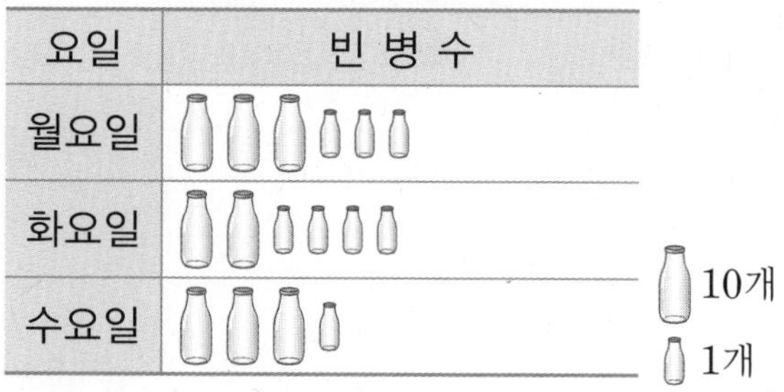

요일	빈 병 수
월요일	
화요일	
수요일	

10개
1개

풀이

답

20 목장별 소의 수를 조사하여 나타낸 그림그래프입니다. 소 한 마리는 사료를 하루에 3 kg씩 먹습니다. 가 목장은 다 목장보다 사료가 하루에 18 kg 더 많이 필요할 때 가 목장의 소는 몇 마리인지 풀이 과정을 쓰고 답을 구해 보세요.

목장별 소의 수

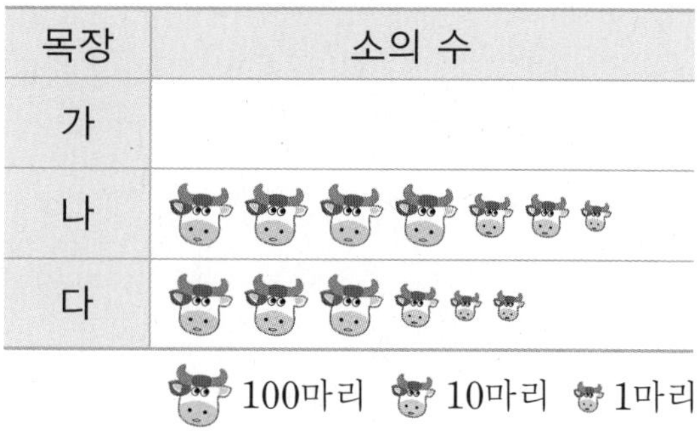

목장	소의 수
가	
나	
다	

100마리　10마리　1마리

풀이

답

다시 점검하는 단원 평가 Level 2

점수 | 확인

[1~3] 과수원별 사과 생산량을 조사하여 나타낸 그림그래프입니다. 물음에 답하세요.

과수원별 사과 생산량

과수원	생산량
가	
나	
다	
라	

100상자
10상자

1 사과 생산량이 330상자인 과수원은 어느 과수원인지 써 보세요.

( )

2 사과 생산량이 적은 과수원부터 차례로 기호를 써 보세요.

( )

3 그림그래프를 보고 옳은 것은 ○표, 옳지 않은 것은 ×표 하세요.

(1) 수량을 큰 그림으로 최대한 나타내고 나머지를 작은 그림으로 나타냈습니다. ( )

(2) 그림그래프를 보고 사과의 크기를 알 수 있습니다. ( )

(3) 생산량이 가장 많은 과수원은 라 과수원입니다. ( )

(4) 그림그래프를 보고 네 과수원의 사과 생산량의 합을 쉽게 알 수 있습니다. ( )

[4~7] 민성이가 5일 동안 컴퓨터를 한 시간을 조사하여 나타낸 표입니다. 물음에 답하세요.

요일별 컴퓨터를 한 시간

요일	월요일	화요일	수요일	목요일	금요일	합계
시간(분)	40	55	62	45	52	254

4 표를 보고 그림그래프로 나타내 보세요.

요일별 컴퓨터를 한 시간

요일	시간
월요일	
화요일	
수요일	
목요일	
금요일	

◉ 10분
○ 5분
△ 1분

5 ◉, ○, △은 각각 몇 분을 나타낼까요?

◉ ( )

○ ( )

△ ( )

6 컴퓨터를 가장 오래 한 날은 무슨 요일일까요?

( )

7 컴퓨터를 가장 오래 한 요일을 알아보려고 할 때 표와 그림그래프 중 어느 것이 더 편리할까요?

( )

[8～10] 민주네 학교 학생들이 좋아하는 과일을 조사한 것입니다. 물음에 답하세요.

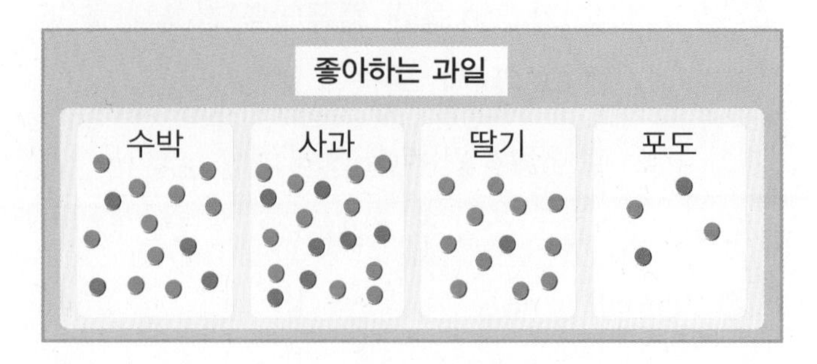

8 좋아하는 과일별 학생 수를 표로 나타내 보세요.

좋아하는 과일별 학생 수

과일	수박	사과	딸기	포도	합계
학생 수(명)					

9 위 **8**의 표를 보고 그림그래프로 나타내 보세요.

좋아하는 과일별 학생 수

과일	학생 수
수박	
사과	
딸기	
포도	

10명 1명

10 딸기를 좋아하는 학생 수는 포도를 좋아하는 학생 수의 몇 배일까요?

( )

[11～14] 음료수 한 개에 들어 있는 당류의 양을 각설탕으로 계산하여 나타낸 표입니다. 물음에 답하세요.

음료수별 각설탕 수

음료수	가	나	다	라	합계
각설탕 수(개)	12	20	7	16	55

11 표를 보고 그림그래프로 나타낼 때 그림을 몇 가지로 하는 것이 좋을까요?

( )

12 표를 보고 그림그래프로 나타내 보세요.

음료수별 각설탕 수

음료수	각설탕 수
가	
나	
다	
라	

10개 1개

13 각설탕이 가장 적게 들어 있는 음료수는 어느 음료수일까요?

( )

14 나 음료수 27개에 들어 있는 각설탕은 모두 몇 개일까요?

( )

[15~18] 수호가 요일별로 푼 수학 문제 수를 조사하여 나타낸 표와 그림그래프입니다. 물음에 답하세요.

요일별 푼 수학 문제 수

요일	월요일	화요일	수요일	목요일	합계
문제 수(개)	35	24	60		150

요일별 푼 수학 문제 수

요일	문제 수
월요일	????????
화요일	
수요일	
목요일	

? 10개
? 1개

15 목요일에 푼 수학 문제는 몇 개일까요?

( )

16 표를 보고 위의 그림그래프를 완성해 보세요.

17 수학 문제를 둘째로 많이 푼 날은 무슨 요일일까요?

( )

18 수학 문제를 한 개씩 풀 때마다 어머니께서 칭찬 붙임딱지를 3장씩 붙여 주셨습니다. 4일 동안 받은 칭찬 붙임딱지는 모두 몇 장일까요?

( )

서술형 문제

19 마을별 자전거 수를 조사하여 나타낸 그림그래프입니다. 세 마을의 자전거는 모두 72대이고 가 마을의 자전거 수는 다 마을의 자전거 수의 반입니다. 나 마을의 자전거는 몇 대인지 풀이 과정을 쓰고 답을 구해 보세요.

마을별 자전거 수

마을	자전거 수
가	
나	
다	🚲🚲🚲🚲🚲

🚲 10대
🚲 1대

풀이

답

20 다트 던지기에서 얻은 점수별 학생 수를 조사하여 나타낸 그림그래프입니다. 얻은 점수만큼 연필을 주려고 할 때, 준비해야 하는 연필은 모두 몇 자루인지 풀이 과정을 쓰고 답을 구해 보세요.

점수별 학생 수

점수	학생 수
1점	☺☺☺☺☺☺
2점	☺☺☺☺☺☺
3점	☺☺☺☺☺☺☺

☺ 10명
☺ 1명

풀이

답

6

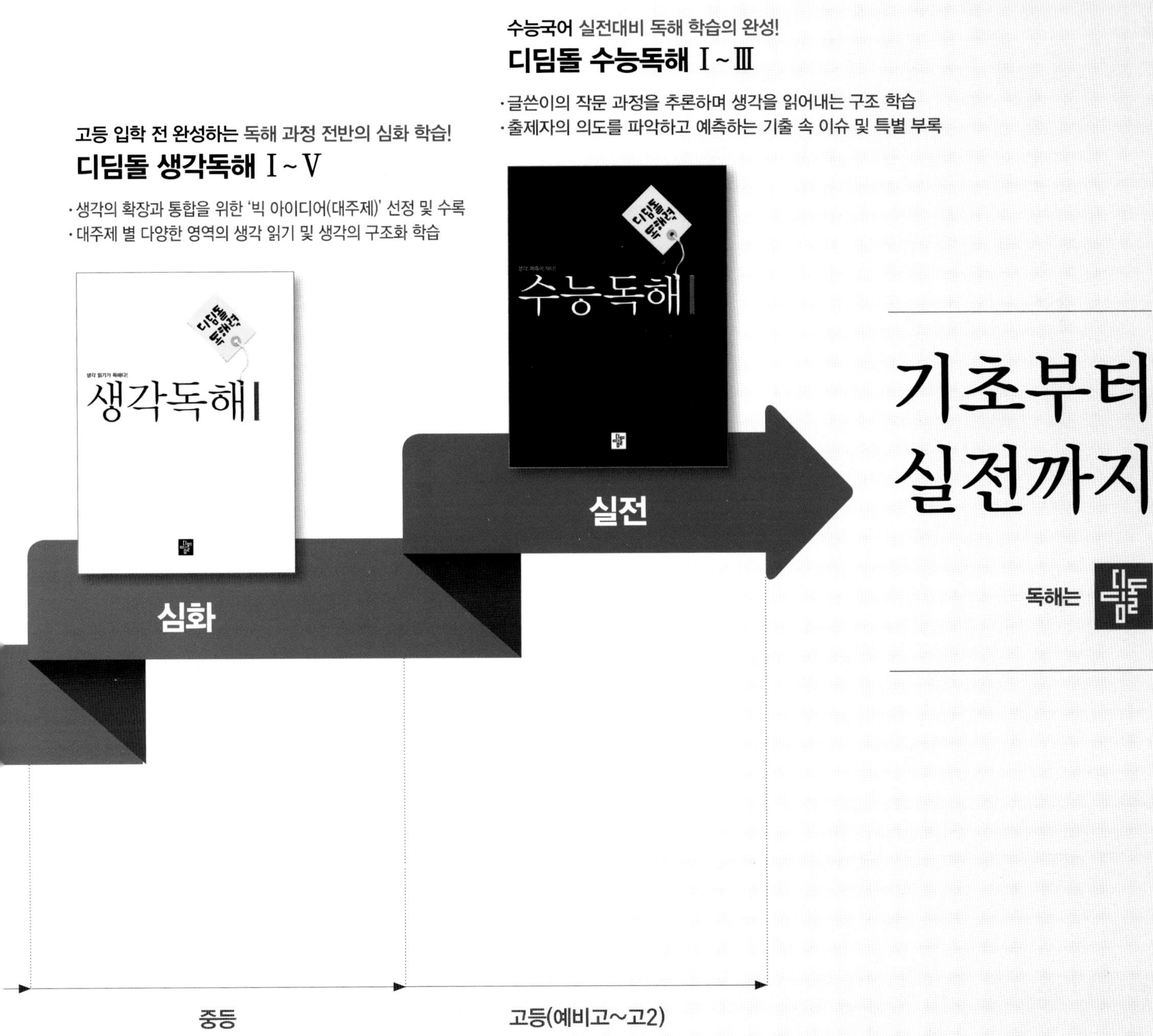

수능국어 실전대비 독해 학습의 완성!
디딤돌 수능독해 Ⅰ~Ⅲ
·글쓴이의 작문 과정을 추론하며 생각을 읽어내는 구조 학습
·출제자의 의도를 파악하고 예측하는 기출 속 이슈 및 특별 부록
고등 입학 전 완성하는 독해 과정 전반의 심화 학습!
디딤돌 생각독해 Ⅰ~Ⅴ
·생각의 확장과 통합을 위한 '빅 아이디어(대주제)' 선정 및 수록
·대주제 별 다양한 영역의 생각 읽기 및 생각의 구조화 학습
수능독해
생각독해
실전
심화
중등
고등(예비고~고2)
기초부터 실전까지
독해는 디딤돌

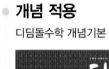

상위권의 기준

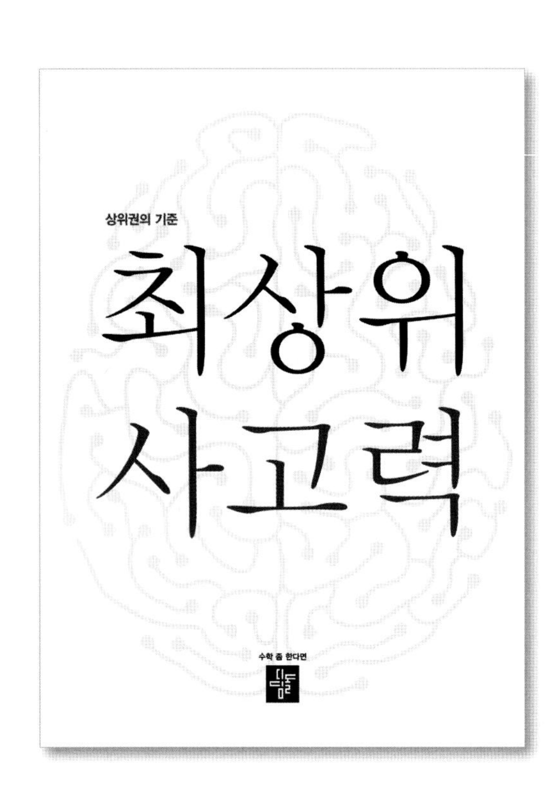

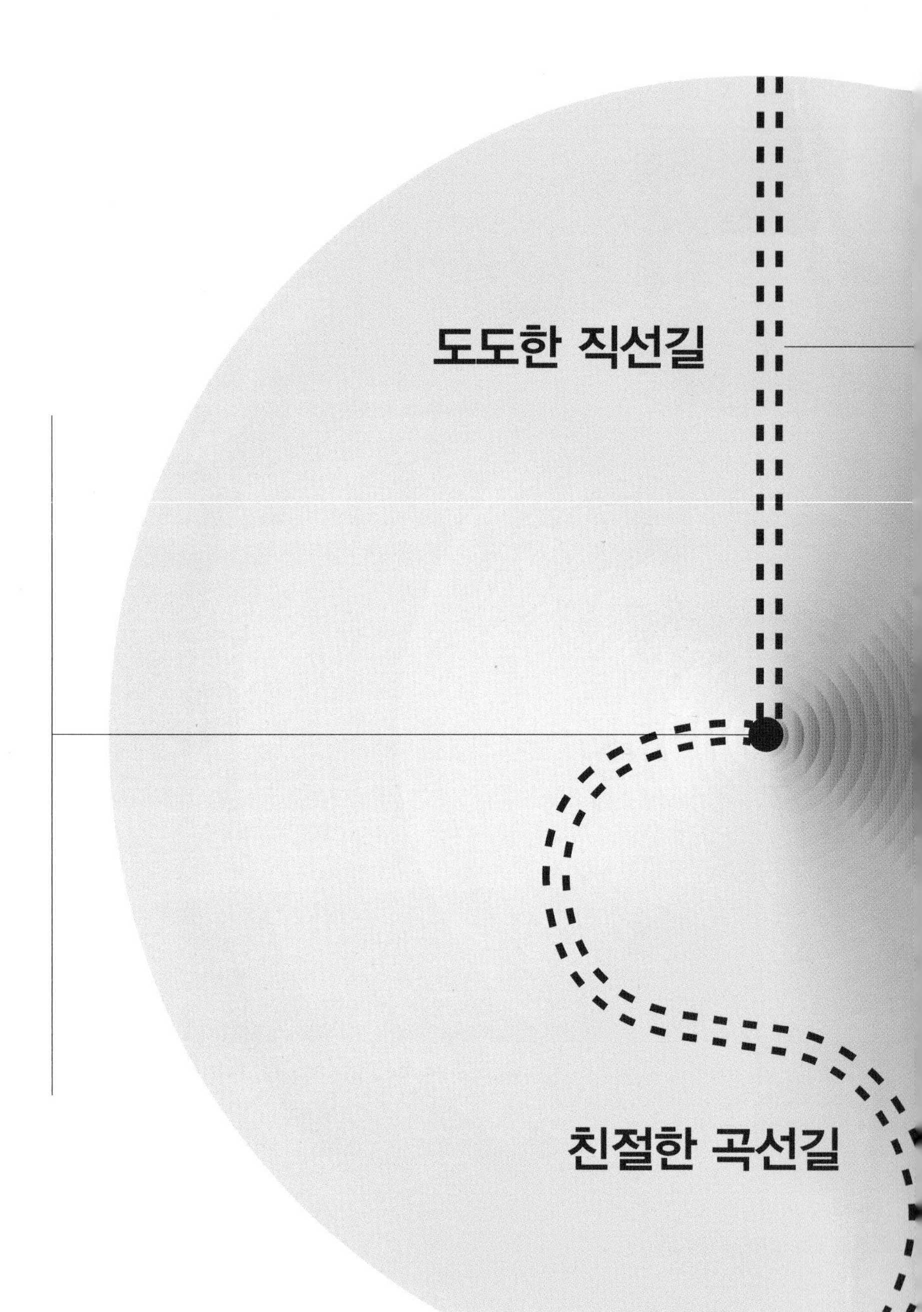

응용 | 정답과 풀이

3-2

수학 좀 한다면

디딤돌

1 곱셈

학생들은 교실에서 사물함, 책상, 의자 등 줄을 맞춰 배열된 사물들과 묶음 단위로 판매되는 학용품이나 간식 등 곱셈 상황을 경험합니다. 이 같은 상황에서 사물의 수를 세거나 필요한 금액 등을 계산할 때 곱셈을 적용할 수 있습니다. 곱셈을 배우는 이번 단원에서는 다양한 형태의 곱셈 계산 원리와 방법을 스스로 발견할 수 있도록 지도합니다. 수 모형 놓아 보기, 모눈의 수 묶어 세기 등의 다양한 활동을 통해 곱셈의 알고리즘이 어떻게 형성되는지를 스스로 탐구할 수 있도록 합니다. 이 단원에서 학습하는 다양한 형태의 곱셈은 고학년에서 학습하게 되는 넓이, 확률 개념 등의 바탕이 됩니다.

1 (세 자리 수)×(한 자리 수) (1) 8쪽

1 936, 3, 936

2 ⓔ 200, 800 / 848

3 (1) 248 (2) 486 (3) 996 (4) 844

2 212를 어림하면 200쯤이므로 212×4를 어림하여 구하면 약 $200 \times 4 = 800$입니다.

2 (세 자리 수)×(한 자리 수) (2) 9쪽

4 (1) 800, 40, 36, 876 (2) 500, 50, 20, 570

5 (1) 768 (2) 1869 (3) 636 (4) 964

5 (3)
$$\begin{array}{r} {\scriptstyle 1} \\ 318 \\ \times 2 \\ \hline 636 \end{array}$$
(4)
$$\begin{array}{r} {\scriptstyle 1} \\ 241 \\ \times 4 \\ \hline 964 \end{array}$$

3 (세 자리 수)×(한 자리 수) (3) 10쪽

6 (왼쪽에서부터) (1) 160, 988 / 7, 40, 200
(2) 150, 1956 / 2, 50, 600

7 (1) 1948 (2) 2568

7 (1)
$$\begin{array}{r} {\scriptstyle 1} \\ 974 \\ \times 2 \\ \hline 1948 \end{array}$$
(2)
$$\begin{array}{r} {\scriptstyle 1\,4} \\ 428 \\ \times 6 \\ \hline 2568 \end{array}$$

기본에서 응용으로 11~14쪽

1 300
2 213, 639
3 969
4 (1) < (2) >
5 848 cm
6 963개
7 ⓔ 수직선 200, 300, 400 (315 표시) /
ⓔ 300, 900 / 945
8 40
9 (선 잇기)
10 456개
11 520원
12 1688
13 ㉣
14 1804, 1804
15 564, 5, 2820
16 ⓔ 백의 자리를 계산할 때 십의 자리의 계산에서 올림한 수 1을 더하지 않고 계산했습니다. /
$$\begin{array}{r} {\scriptstyle 1} \\ 754 \\ \times 2 \\ \hline 1508 \end{array}$$
17 948
18 (1) > (2) <
19 625개
20 7320원
21 1889 cm
22 ⓔ 지수는 줄넘기를 매일 165번씩 합니다. 지수가 5일 동안 한 줄넘기는 모두 몇 번일까요? /
$165 \times 5 = 825$ (또는 165×5) / 825번
23 7
24 4
25 6, 3
26 721
27 920
28 1704

1 $121 \times 3 = 100 \times 3 + 20 \times 3 + 1 \times 3 = 363$이므로 빨간색 숫자 3이 실제로 나타내는 값은 300입니다.

2 곱셈에서는 곱하는 두 수를 바꾸어 곱해도 곱은 같습니다.

3 323씩 3번 뛰어 세었으므로 $323 \times 3 = 969$입니다.

4 (1) $423 \times 2 = 846$, $221 \times 4 = 884$
➡ $846 < 884$
(2) $231 \times 3 = 693$, $101 \times 6 = 606$
➡ $693 > 606$

5 정사각형의 네 변의 길이는 모두 같습니다.
따라서 정사각형의 네 변의 길이의 합은
$212 \times 4 = 848$(cm)입니다.

6 (3일 동안 만드는 장난감 수) $= 321 \times 3 = 963$(개)

7 315를 어림하면 300쯤이므로 315×3을 어림하여 구하면 약 $300 \times 3 = 900$입니다.

8 일의 자리 계산 $9 \times 5 = 45$에서 40을 십의 자리로 올림한 것이므로 40을 나타냅니다.

9 $272 \times 3 = 816$, $393 \times 2 = 786$, $214 \times 4 = 856$

10 (필요한 의자 수) $= 152 \times 3 = 456$(개)

서술형
11 예 (과자 2봉지의 가격) $= 740 \times 2 = 1480$(원)
(받아야 할 거스름돈) $= 2000 - 1480$
$= 520$(원)

단계	문제 해결 과정
①	과자 2봉지의 가격을 구했나요?
②	받아야 할 거스름돈은 얼마인지 구했나요?

12 100이 4개, 10이 1개, 1이 12개인 수는 422입니다.
➡ $422 \times 4 = 1688$

13 곱해지는 수 413에서 4는 400을 나타내므로 □ 안에 들어갈 수는 400×7을 계산한 것입니다.

15 564를 5번 더했으므로 564의 5배와 같습니다.
➡ $564 \times 5 = 2820$

서술형
16

단계	문제 해결 과정
①	잘못 계산한 까닭을 썼나요?
②	바르게 계산했나요?

17 삼각형 안에 있는 수는 237과 4입니다.
➡ $237 \times 4 = 948$

18 (1) $361 \times 5 = 1805$, $432 \times 4 = 1728$
➡ $1805 > 1728$
(2) $564 \times 2 = 1128$, $383 \times 3 = 1149$
➡ $1128 < 1149$

19 (전체 학생 수)
$= 23 + 24 + 27 + 26 + 25 = 125$(명)
(필요한 젤리 수) $= 125 \times 5 = 625$(개)

20 호주 돈 1달러가 915원이므로 호주 돈 8달러는 $915 \times 8 = 7320$(원)입니다.

21 (파란색 리본의 길이) $= 135 \times 7 = 945$(cm)
(초록색 리본의 길이) $= 236 \times 4 = 944$(cm)
(이어 붙인 리본 전체의 길이)
$= 945 + 944 = 1889$(cm)

22 예 (5일 동안 한 줄넘기 횟수) $= 165 \times 5 = 825$(번)

23 일의 자리 계산에서 $\square \times 4$의 일의 자리 수가 8인 것은 2×4 또는 7×4입니다. 이 중 십의 자리로 올림하여 십의 자리 수가 6이 되는 것은 7×4이므로 □ 안에 알맞은 수는 7입니다.

24
- 일의 자리 계산: $7 \times 6 = 42$이므로 십의 자리로 올림한 수는 4입니다.
- 백의 자리 계산: $2 \times 6 = 12$이므로 백의 자리로 올림한 수는 $14 - 12 = 2$입니다.
- 십의 자리 계산: $\square \times 6 = 28 - 4$, $\square \times 6 = 24$, $\square = 4$입니다.

25 같은 수를 곱하여 일의 자리 수가 9가 되는 것은 3×3, 7×7이므로 ㉡ $= 3$ 또는 ㉡ $= 7$입니다.
- ㉡ $= 3$일 때 십의 자리 계산에서 ㉠ $\times 3$의 일의 자리 수가 8이 되는 것은 6×3이므로 ㉠ $= 6$입니다.
➡ $663 \times 3 = 1989$(○)
- ㉡ $= 7$일 때 십의 자리 계산에서 ㉠ $\times 7$의 일의 자리 수가 4가 되는 것은 2×7이므로 ㉠ $= 2$입니다.
➡ $227 \times 7 = 1589$(×)

따라서 ㉠ $= 6$, ㉡ $= 3$입니다.

$$\begin{array}{r} 6\ 6\ 3 \\ \times \quad\ 3 \\ \hline 1\ 9\ 8\ 9 \end{array}$$

26 $102 ★ 7 = 102 \times 7 + 7 = 714 + 7 = 721$

27 $115 ◎ 9 = 115 \times 9 - 115 = 1035 - 115 = 920$

28 $8 ▲ 205$ ➡ $8 + 205 = 213$, $213 \times 8 = 1704$

4 (몇십)×(몇십), (몇십몇)×(몇십) 15쪽

1 (위에서부터) (1) 10 / 630, 6300 / 10
(2) 10 / 434, 4340 / 10

2 (1) 10, 10, 100, 2400 (2) 10, 10, 520, 1560

3 (1) 1400 (2) 1200 (3) 1350 (4) 4680

3 (1) $20\times70=20\times7\times10=140\times10=1400$
(2) $30\times40=30\times4\times10=120\times10=1200$
(3) $45\times30=45\times3\times10=135\times10=1350$
(4) $78\times60=78\times6\times10=468\times10=4680$

5 (몇)×(몇십몇) 16쪽

! 5, 4

4 (1) 24, 300, 324 (2) 280, 36, 316

5 (1) 260 (2) 204 (3) 504 (4) 171

6 296, =, 296

5 (1) $\begin{array}{r} {}^{2}\quad\\ 4\\ \times\,6\,5\\ \hline 2\,6\,0\end{array}$ (2) $\begin{array}{r} {}^{2}\quad\\ 6\\ \times\,3\,4\\ \hline 2\,0\,4\end{array}$

(3) $\begin{array}{r} {}^{1}\quad\\ 7\\ \times\,7\,2\\ \hline 5\,0\,4\end{array}$ (4) $\begin{array}{r} {}^{8}\quad\\ 9\\ \times\,1\,9\\ \hline 1\,7\,1\end{array}$

6 곱셈에서는 두 수를 바꾸어 곱해도 계산 결과는 같습니다.

$\begin{array}{r} {}^{5}\quad\\ 8\\ \times\,3\,7\\ \hline 2\,9\,6\end{array}$ $\begin{array}{r} {}^{5}\quad\\ 3\,7\\ \times\quad 8\\ \hline 2\,9\,6\end{array}$

6 (몇십몇)×(몇십몇)(1) 17쪽

7 (1) 320, 128, 448 (2) 840, 126, 966

8 (왼쪽에서부터) (1) 74, 37, 444 / 2, 10
(2) 95, 19, 285 / 5, 10

9 (1) 322 (2) 1428 (3) 576 (4) 806

9 (1) $\begin{array}{r} 2\,3\\ \times\,1\,4\\ \hline 9\,2\\ 2\,3\,0\\ \hline 3\,2\,2\end{array}$ (2) $\begin{array}{r} 3\,4\\ \times\,4\,2\\ \hline 6\,8\\ 1\,3\,6\,0\\ \hline 1\,4\,2\,8\end{array}$

(3) $\begin{array}{r} 4\,8\\ \times\,1\,2\\ \hline 9\,6\\ 4\,8\,0\\ \hline 5\,7\,6\end{array}$ (4) $\begin{array}{r} 2\,6\\ \times\,3\,1\\ \hline 2\,6\\ 7\,8\,0\\ \hline 8\,0\,6\end{array}$

7 (몇십몇)×(몇십몇)(2) 18쪽

10 (1) 700, 245, 945 (2) 920, 184, 1104

11 2400에 ○표

12 (1) 1748 (2) 1701 (3) 1924 (4) 1848

11 57을 어림하면 60쯤이고, 42를 어림하면 40쯤이므로 57×42를 어림하여 구하면 약 $60\times40=2400$입니다.

12 (1) $\begin{array}{r} 4\,6\\ \times\,3\,8\\ \hline 3\,6\,8\\ 1\,3\,8\,0\\ \hline 1\,7\,4\,8\end{array}$ (2) $\begin{array}{r} 6\,3\\ \times\,2\,7\\ \hline 4\,4\,1\\ 1\,2\,6\,0\\ \hline 1\,7\,0\,1\end{array}$

(3) $\begin{array}{r} 3\,7\\ \times\,5\,2\\ \hline 7\,4\\ 1\,8\,5\,0\\ \hline 1\,9\,2\,4\end{array}$ (4) $\begin{array}{r} 2\,4\\ \times\,7\,7\\ \hline 1\,6\,8\\ 1\,6\,8\,0\\ \hline 1\,8\,4\,8\end{array}$

기본에서 응용으로 19~22쪽

29 ④ **30** 90

31 30 **32** 4350

33 $60\times60=3600$ (또는 60×60) / 3600초

34 2800 킬로칼로리 **35** 4, 152

36 ③ $\begin{array}{r} {}^{1}\quad\\ 6\\ \times\,5\,2\\ \hline 3\,1\,2\end{array}$ ② $\begin{array}{r} {}^{5}\quad\\ 9\\ \times\,3\,6\\ \hline 3\,2\,4\end{array}$ ① $\begin{array}{r} {}^{1}\quad\\ 5\\ \times\,7\,3\\ \hline 3\,6\,5\end{array}$

37 (위에서부터) 8, 6
38 279문제
39 8
40 (위에서부터) 240, 80
41 465
42 196자
43 38, 21, 798 (또는 21, 38, 798)
44 (위에서부터) 4, 2, 4, 7, 2
45 775 m
46 2, 50, 650
47 예 45에서 4는 40을 나타내므로 $27 \times 40 = 1080$을 자리에 맞춰 써야 합니다. /

$$\begin{array}{r} 2\ 7 \\ \times\ 4\ 5 \\ \hline 1\ 3\ 5 \\ 1\ 0\ 8\ 0 \\ \hline 1\ 2\ 1\ 5 \end{array}$$

48 H, E, L, P
49 1203
50 1140
51 9, 5
52 (위에서부터) 3, 5, 7
53 592
54 1708
55 2006

29 ①, ②, ③, ⑤ 1200, ④ 1500

30 $60 \times 60 = 3600$이므로 $40 \times \square = 3600$입니다.
$40 \times 90 = 3600$에서 $\square = 90$입니다.

31 곱해지는 수가 25에서 50으로 2배가 되었으므로 곱하는 수는 60의 반인 30이 되어야 합니다.

32 ㉠ 10이 8개, 1이 7개인 수는 87입니다.
㉡ 10이 5개인 수는 50입니다.
따라서 ㉠과 ㉡의 곱은 $87 \times 50 = 4350$입니다.

34 (귤 20개의 열량) $= 80 \times 20 = 1600$(킬로칼로리)
(토마토 30개의 열량)
$= 40 \times 30 = 1200$(킬로칼로리)
(귤 20개와 토마토 30개의 열량)
$= 1600 + 1200 = 2800$(킬로칼로리)

35 곱셈에서 두 수를 바꾸어 곱해도 곱은 같습니다.

37

$$\begin{array}{r} 7 \\ \times\ 3\ ㉠ \\ \hline 2\ ㉡\ 6 \end{array}$$

• 일의 자리 계산: $7 \times$ ㉠의 일의 자리 수가 6이므로 ㉠ $= 8$입니다.
• 십의 자리 계산: $7 \times 3 = 21$이고, 일의 자리에서 올림한 수 5를 더하면 26이므로 ㉡ $= 6$입니다.

서술형
38 예 10월은 31일까지 있습니다.
주희는 수학 문제를 매일 9문제씩 31일 동안 풀었으므로 모두 $9 \times 31 = 279$(문제)를 풀었습니다.

단계	문제 해결 과정
①	10월이 31일까지 있음을 알고 곱셈식을 세웠나요?
②	10월 한 달 동안 모두 몇 문제를 풀었는지 구했나요?

39 $6 \times 45 = 270$이므로 $270 < \square \times 37$입니다.
$7 \times 37 = 259$, $8 \times 37 = 296$이므로 $\square$ 안에 들어갈 수 있는 가장 작은 자연수는 8입니다.

40 $15 = 5 \times 3$이므로 16×15는 16×5에 3을 곱한 것과 같습니다.

41 가장 큰 수는 31이고, 가장 작은 수는 15입니다.
➡ $31 \times 15 = 465$

42 1주일은 7일이므로 2주일은 $7 \times 2 = 14$(일)입니다.
(2주일 동안 외우는 한자 수) $= 14 \times 14 = 196$(자)

43 수를 몇십쯤으로 어림해 봅니다.
38 ➡ 40쯤, 13 ➡ 10쯤, 21 ➡ 20쯤
$40 \times 20 = 800$이므로 곱이 800에 가깝게 되는 두 수는 38과 21입니다.
➡ $38 \times 21 = 798$

44

$$\begin{array}{r} ㉠\ 7 \\ \times\ 1\ 6 \\ \hline 2\ 8\ ㉡ \\ ㉢\ 7\ 0 \\ \hline ㉣\ 5\ ㉤ \end{array}$$

• $7 \times 6 = 42$이므로 ㉡ $= 2$이고, 십의 자리로 4를 올림합니다.
• ㉠ $\times 6 = 28 - 4$이므로
㉠ $\times 6 = 24$, ㉠ $= 4$입니다.
• $4 \times 1 = 4$이므로 ㉢ $= 4$입니다.
• ㉤ $=$ ㉡ $= 2$입니다.
• $1 + 2 + 4 = 7$이므로 ㉣ $= 7$입니다.

45 (가로등 사이의 간격 수) $= 32 - 1 = 31$(군데)
(도로의 길이) $= 25 \times 31 = 775$(m)

46 곱해지는 수 26을 13×2로 바꾸어 2×25를 먼저 계산하는 방법입니다.

47

단계	문제 해결 과정
①	잘못 계산한 까닭을 썼나요?
②	바르게 계산했나요?

48 ㉠ $26 \times 34 = 884$ ➡ H, ㉡ $36 \times 24 = 864$ ➡ E,
㉢ $19 \times 47 = 893$ ➡ L, ㉣ $54 \times 17 = 918$ ➡ P

49 • 9♥4: $9\times4=36$보다 1만큼 더 작은 수 ➡ 35
• 10♥6: $10\times6=60$보다 1만큼 더 작은 수 ➡ 59
• 3♥21: $3\times21=63$보다 1만큼 더 작은 수 ➡ 62
따라서 28♥43은 $28\times43=1204$보다 1만큼 더 작은 수이므로 1203입니다.

50 만들 수 있는 가장 큰 두 자리 수는 95, 가장 작은 두 자리 수는 12입니다. ➡ $95\times12=1140$

51

$$\begin{array}{r} 5 \\ \times\ 9\ 6 \\ \hline 4\ 8\ 0 \end{array} \qquad \begin{array}{r} 9 \\ \times\ 5\ 6 \\ \hline 5\ 0\ 4 \end{array}$$

따라서 ㉠은 9, ㉡은 5입니다.

다른 풀이

(한 자리 수)×(두 자리 수)의 곱을 가장 크게 만들려면 한 자리 수에 가장 큰 수를 놓고, 나머지 수로 가장 큰 두 자리 수를 만들면 됩니다.
따라서 가장 큰 곱셈식은 $9\times56=504$입니다.

52

$$\begin{array}{r} ㉠\ ㉡ \\ \times\ ㉢\ 6 \\ \hline 2\ 6\ 6\ 0 \end{array}$$

• ㉡×6의 일의 자리 수가 0이므로 ㉡=5입니다.
• ㉠=3, ㉢=7인 경우: $35\times76=2660$ (○)
• ㉠=7, ㉢=3인 경우: $75\times36=2700$ (×)
➡ ㉠=3, ㉡=5, ㉢=7

53 어떤 수를 □라고 하여 잘못 계산한 식을 세우면 □+16=53이므로 □=53−16=37입니다.
따라서 바르게 계산하면 $37\times16=592$입니다.

54 어떤 수를 □라고 하여 잘못 계산한 식을 세우면 □−28=33이므로 □=33+28=61입니다.
따라서 바르게 계산하면 $61\times28=1708$입니다.

55 주어진 수를 □라고 하여 은희가 잘못 계산한 식을 세우면 □−34=25이므로 □=25+34=59입니다.
따라서 바르게 계산하면 $59\times34=2006$입니다.

응용에서 최상위로 23~26쪽

1 459 cm　1-1 1654 cm　1-2 50 cm
2 1, 2, 3
2-1 1, 2　2-2 44　2-3 2개
3 3, 5, 7, 2, 714　3-1 4, 3, 1, 8, 3448
3-2 8, 3, 5, 4, 4482 (또는 5, 4, 8, 3, 4482)
3-3 2, 7, 6, 9, 1863 (또는 6, 9, 2, 7, 1863)
4 1단계 예 (형광등을 16시간 사용할 때의 탄소 발자국)
=34×16=544(그램)
(컴퓨터를 21시간 사용할 때의 탄소 발자국)
=90×21=1890(그램)
2단계 예 544+1890=2434(그램)
/ 2434 그램
4-1 3100 그램

1 (색 테이프 3장의 길이의 합) $=165\times3=495$(cm)
18 cm씩 이어 붙인 부분이 2군데이므로
(겹쳐진 부분의 길이의 합) $=18\times2=36$(cm)입니다.
따라서 이어 붙인 색 테이프의 전체 길이는
$495-36=459$(cm)입니다.

1-1 (색 테이프 50장의 길이의 합)
$=37\times50=1850$(cm)
4 cm씩 이어 붙인 부분이 49군데이므로
(겹쳐진 부분의 길이의 합) $=4\times49=196$(cm)
입니다. 따라서 이어 붙인 색 테이프의 전체 길이는
$1850-196=1654$(cm)입니다.

1-2 (색 테이프 27장의 길이의 합) $=28\times27=756$(cm)
6 cm씩 이어 붙인 부분이 26군데이므로
(겹쳐진 부분의 길이의 합) $=6\times26=156$(cm)
입니다. 따라서 이어 붙인 색 테이프의 전체 길이는
$756-156=600$(cm)입니다.
장식 한 개를 만드는 데 사용한 색 테이프의 길이를
□ cm라고 하면 □×12=600, $50\times12=600$
이므로 □=50입니다.

2 42를 40쯤으로 어림하면 $40\times30=1200$이므로
□ 안에 3과 4를 넣어 봅니다.
□=3이면 $42\times30=1260$,
□=4이면 $42\times40=1680$입니다.
따라서 42×□0이 1500보다 작아야 하므로 □ 안에 들어갈 수 있는 수는 1, 2, 3입니다.

2-1 63을 60쯤으로 어림하면 $60\times20=1200$이므로 □ 안에 2와 3을 넣어 봅니다.
□=2이면 $63\times20=1260$,
□=3이면 $63\times30=1890$입니다.
따라서 63×□0이 1300보다 작아야 하므로 □ 안에 들어갈 수 있는 수는 1, 2입니다.

2-2 $70 \times 30 = 2100$입니다. ➡ $48 \times \square > 2100$
48을 50쯤으로 어림하면 $50 \times 42 = 2100$이므로 □ 안에 43과 44를 넣어 봅니다.
□ = 43이면 $48 \times 43 = 2064$,
□ = 44이면 $48 \times 44 = 2112$입니다.
따라서 $48 \times \square$가 2100보다 커야 하므로 □ 안에 들어갈 수 있는 자연수 중에서 가장 작은 수는 44입니다.

2-3 $167 \times 3 = 501$, $23 \times 25 = 575$입니다.
➡ $501 < \square \times 37 < 575$
37을 40쯤으로 어림하면 $13 \times 40 = 520$,
$15 \times 40 = 600$이므로 □ 안에 13, 14, 15, 16을 넣어 봅니다.
□ = 13이면 $13 \times 37 = 481$, □ = 14이면
$14 \times 37 = 518$, □ = 15이면 $15 \times 37 = 555$,
□ = 16이면 $16 \times 37 = 592$입니다.
따라서 $\square \times 37$이 501보다 크고 575보다 작아야 하므로 □ 안에 들어갈 수 있는 자연수는 14, 15로 모두 2개입니다.

3 ㉠㉡㉢ × ㉣에서 곱이 가장 작으려면 곱하는 수 ㉣에 가장 작은 수인 2를 놓고, 나머지 수 3, 5, 7로 가장 작은 ㉠㉡㉢을 만들어야 합니다. ➡ $357 \times 2 = 714$

3-1 ㉠㉡㉢ × ㉣에서 곱이 가장 크려면 곱하는 수 ㉣에 가장 큰 수인 8을 놓고, 나머지 수 1, 4, 3으로 가장 큰 ㉠㉡㉢을 만들어야 합니다. ➡ $431 \times 8 = 3448$

3-2 곱이 크려면 두 자리 수의 십의 자리에 가장 큰 수와 둘째로 큰 수인 8, 5를 놓고, 일의 자리에 셋째로 큰 수와 넷째로 큰 수인 4, 3을 놓아야 합니다.
$84 \times 53 = 4452$, $83 \times 54 = 4482$이므로 곱이 가장 큰 곱셈식은 $83 \times 54 = 4482$입니다.

3-3 곱이 작으려면 두 자리 수의 십의 자리에 가장 작은 수와 둘째로 작은 수인 2, 6을 놓고, 일의 자리에 셋째로 작은 수와 넷째로 작은 수인 7, 9를 놓아야 합니다.
$27 \times 69 = 1863$, $29 \times 67 = 1943$이므로 곱이 가장 작은 곱셈식은 $27 \times 69 = 1863$입니다.

4-1 (두루마리 화장지를 8개 생산할 때의 탄소 발자국)
$= 283 \times 8 = 2264$(그램)
(종이컵을 76개 생산할 때의 탄소 발자국)
$= 11 \times 76 = 836$(그램)
➡ (민호네 반에서 한 달 동안 줄인 탄소 발자국)
$= 2264 + 836 = 3100$(그램)

단원 평가 Level ❶

27~29쪽

1 216, 2, 432

2 $483 \times 6 = 2898$ (또는 483×6) / 2898

3 (선 잇기)

4 4, 172, 1720

5 550, 2200

6 예 80, 50, 4000 / 4187

7
$$\begin{array}{r} 4 \\ \times\ 3\ 6 \\ \hline 2\ 4 \\ 1\ 2\ 0 \\ \hline 1\ 4\ 4 \end{array}$$

8 54×30에 ○표

9 324 km

10 2075

11 (위에서부터) 4, 1, 2

12 775분

13 50, 600

14 665 m

15 8, 4, 2 / 336

16 2108

17 준서, 145번

18 1701

19 2262

20 820개

1 백 모형은 4개, 십 모형은 2개, 일 모형은 12개인데 일 모형 12개는 십 모형 1개, 일 모형 2개와 같으므로 $216 \times 2 = 432$입니다.

2 483을 6번 더했으므로 $483 \times 6 = 2898$입니다.

3 $30 \times 80 = 2400$, $50 \times 70 = 3500$,
$70 \times 30 = 2100$, $40 \times 60 = 2400$,
$70 \times 50 = 3500$

다른 풀이
(몇십) × (몇십)은 (몇) × (몇)의 계산 결과 뒤에 0을 2개 붙이므로 모두 계산하지 않고 (몇) × (몇)만 비교하여 찾을 수 있습니다.

4 40을 4×10으로 바꾸고 앞에서부터 차례로 계산합니다.

5 $11 \times 50 = 550$, $550 \times 4 = 2200$

6 79를 어림하면 80쯤이고, 53을 어림하면 50쯤이므로 79×53을 어림하여 구하면 약 $80 \times 50 = 4000$입니다.

7 36에서 3은 30을 나타내므로 4×30에서 120이라고 써야 하는데 12라고 써서 잘못 계산하였습니다.

8 $146 \times 9 = 1314$, $54 \times 30 = 1620$,
$26 \times 62 = 1612$ ➡ $1620 > 1612 > 1314$

9 (서울에서 순천까지의 거리)
$=108\times3=324$(km)

10 ㉠ 10이 7개, 1이 13개인 수는 83입니다.
㉡ 10이 2개, 1이 5개인 수는 25입니다.
따라서 ㉠과 ㉡의 곱은 $83\times25=2075$입니다.

11 일의 자리 계산에서 $4\times$□의 일의 자리 수가 6인 것은 4×4, 4×9입니다.
이 중 십의 자리로 올림하여 십의 자리 수가 5가 되는 것은 4이므로 □$=4$입니다.
➡ $314\times4=1256$

12 3월은 31일까지 있습니다.
(3월 한 달 동안 책을 읽은 시간)
$=25\times31=775$(분)

13 $24\times25=12\times2\times25$
$=12\times50=600$

14 (나무의 간격 수)$=8-1=7$(군데)
➡ (도로의 길이)$=7\times95=665$(m)

15 곱이 가장 큰 곱셈을 만들려면 가장 큰 수 8을 한 자리 수에 놓고, 나머지 수 4, 2로 가장 큰 두 자리 수를 만들어야 합니다.

$$\begin{array}{r} {}^{1} \\ 8 \\ \times\ 4\ 2 \\ \hline 3\ 3\ 6 \end{array}$$

16 $31\times17=527$이므로 ▲$=527$입니다.
▲$\times4=527\times4=2108$이므로 ♥$=2108$입니다.

17 (준서가 한 줄넘기 횟수)$=360\times4=1440$(번)
(은서가 한 줄넘기 횟수)$=185\times7=1295$(번)
따라서 준서가 은서보다 줄넘기를
$1440-1295=145$(번) 더 많이 했습니다.

18 7 ◎ 236 ➡ $7+236=243$, $243\times7=1701$

서술형
19 예 $7>5>4>3$이므로 만들 수 있는 가장 큰 세 자리 수는 754이고 남은 수는 3입니다.
따라서 $754\times3=2262$입니다.

평가 기준	배점(5점)
가장 큰 세 자리 수와 남은 수를 각각 구했나요?	2점
가장 큰 세 자리 수와 남은 수의 곱을 구했나요?	3점

서술형
20 예 (윤지네 반 학생들이 캔 고구마의 수)
$=25\times16=400$(개)
(정우네 반 학생들이 캔 고구마의 수)
$=35\times12=420$(개)
(두 반 학생들이 캔 고구마의 수)
$=400+420=820$(개)

평가 기준	배점(5점)
윤지네 반과 정우네 반 학생들이 캔 고구마의 수를 각각 구했나요?	3점
두 반 학생들이 캔 고구마는 모두 몇 개인지 구했나요?	2점

단원 평가 Level ❷

30~32쪽

1 400, 240, 8, 648 **2** ㉡
3 109, 872 **4** 238
5 $8\times24=192$ (또는 8×24) / 192
6 시영 **7** <
8 72세 **9** 1066
10 1652번 **11** 654
12 720시간 **13** 8
14 3620원 **15** 8개
16 (위에서부터) 9, 7, 1, 3
17 5
18 $82\times73=5986$ (또는 82×73) / 5986
19 1924 **20** 611 cm

1 162를 $100+60+2$로 생각하여 계산한 것입니다.

2 곱해지는 수 295에서 9는 90을 나타내므로 □ 안에 들어갈 수는 90×8을 계산한 것입니다.

3 곱셈에서는 곱하는 두 수를 바꾸어 곱해도 곱은 같습니다.

4 $7\times34=238$

5
$$\begin{array}{l} 8\times20=160 \\ \underline{8\times\ 4=\ 32} \\ 8\times24=192 \end{array}$$

6 시영: 일의 자리에서 십의 자리로 올림한 수 4를 더하지 않고 계산했습니다.

7 $6\times75=450$, $8\times59=472$
➡ $450<472$

8 (할아버지의 연세) $=6\times12=72$(세)

9 $82>51>29>13$이므로 가장 큰 수는 82이고 가장 작은 수는 13입니다.
➡ $82\times13=1066$

10 일주일은 7일이므로 $236\times7=1652$(번) 지나갑니다.

11 ㉠ 218의 7배 ➡ $218\times7=1526$
㉡ $218+218+218+218$ ➡ $218\times4=872$
따라서 ㉠과 ㉡의 차는 $1526-872=654$입니다.
다른 풀이
㉡은 218의 4배이므로 ㉠과 ㉡은 218의 3배만큼 차이가 납니다. ➡ $218\times3=654$

12 하루는 24시간이고, 9월은 30일까지 있습니다.
따라서 9월 한 달은 모두 $24\times30=720$(시간)입니다.

13 $24\times48=1152$입니다.
$144\times\square=1152$에서 $4\times\square$의 일의 자리 수가 2이므로 □는 3 또는 8입니다.
$\square=3$이면 $144\times3=432$ (×)
$\square=8$이면 $144\times8=1152$ (○)
따라서 $\square=8$입니다.

14 (연필 6자루의 가격) $=350\times6=2100$(원)
(봉투 8장의 가격) $=190\times8=1520$(원)
(합계) $=2100+1520=3620$(원)

15 (나누어 줄 응원봉의 수) $=152\times2=304$(개)
(산 응원봉의 수) $=24\times13=312$(개)
➡ (남는 응원봉의 수) $=312-304=8$(개)

16

```
    5 ㉠
  × ㉡ 3
  ------
  1 7 7
4 ㉢ 3 0
  ------
4 ㉣ 0 7
```

• ㉠×3의 일의 자리 수가 7이므로 ㉠=9입니다.
• 9×㉡의 일의 자리 수가 3이므로 ㉡=7입니다.
• $59\times7=413$이므로 ㉢=1입니다.
• $1+1+1=3$이므로 ㉣=3입니다.

17 63을 60쯤으로 어림하면 $60\times50=3000$이므로 □ 안에 5와 6을 넣어 봅니다.
$\square=5$이면 $63\times50=3150$,
$\square=6$이면 $63\times60=3780$입니다.
따라서 $63\times\square0$이 3500보다 작아야 하므로 □ 안에 들어갈 수 있는 수는 1, 2, 3, 4, 5이고 이 중에서 가장 큰 수는 5입니다.

18 곱이 크려면 두 자리 수의 십의 자리에 가장 큰 수와 둘째로 큰 수인 8, 7을 놓고, 일의 자리에 셋째로 큰 수와 넷째로 큰 수인 3, 2를 놓아야 합니다.
$83\times72=5976$, $82\times73=5986$이므로 곱이 가장 큰 곱셈식은 $82\times73=5986$입니다.

서술형
19 예 어떤 수를 □라고 하여 잘못 계산한 식을 세우면 $\square-26=48$이므로 $\square=48+26=74$입니다.
따라서 바르게 계산하면 $74\times26=1924$입니다.

평가 기준	배점(5점)
잘못 계산한 식을 이용하여 어떤 수를 구했나요?	2점
바르게 계산한 값을 구했나요?	3점

서술형
20 예 (색 테이프 19장의 길이의 합)
$=35\times19=665$(cm)
3 cm씩 이어 붙인 부분이 18군데이므로
(겹쳐진 부분의 길이의 합) $=3\times18=54$(cm)입니다.
(이어 붙인 색 테이프의 전체 길이)
$=665-54=611$(cm)

평가 기준	배점(5점)
색 테이프 19장의 길이의 합과 겹쳐진 부분의 길이의 합을 각각 구했나요?	3점
이어 붙인 색 테이프의 전체 길이를 구했나요?	2점

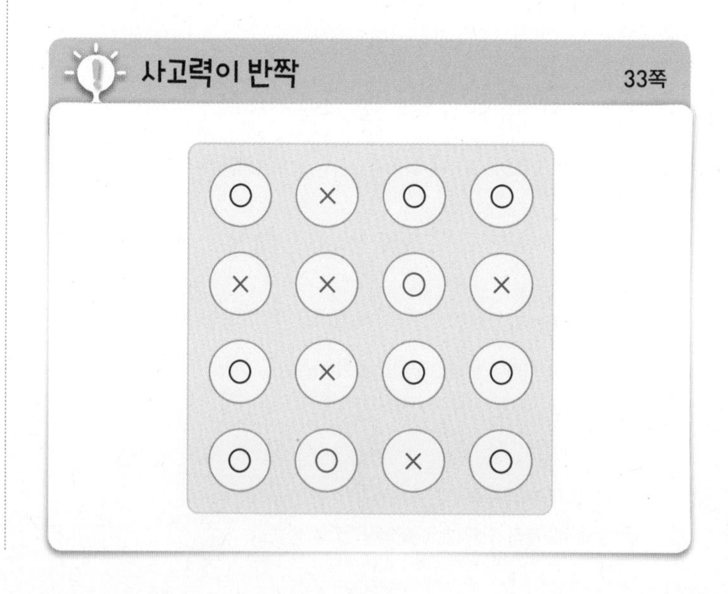

2 나눗셈

우리는 일상생활 속에서 많은 양의 물건을 몇 개의 그릇에 나누어 담거나 일정한 양을 몇 사람에게 똑같이 나누어 주어야 하는 경우를 종종 경험하게 됩니다. 이렇게 나눗셈이 이루어지는 실생활에서 나눗셈의 의미를 이해하고 식을 세워 문제를 해결할 수 있어야 합니다. 이 단원에서는 이러한 나눗셈 상황의 문제를 해결하기 위해 수 모형으로 조작해 보고 계산 원리를 발견하게 됩니다. 또한 나눗셈의 몫과 나머지의 의미를 바르게 이해하고 구하는 과정을 학습합니다. 이때 단순히 나눗셈 알고리즘의 훈련만으로 학습하는 것이 아니라 실생활의 문제 상황을 적절히 도입하여 곱셈과 나눗셈의 학습이 자연스럽게 이루어지도록 합니다.

1 (몇십)÷(몇) (1) — 36쪽

❶ 10

1 (1) 3, 30 (2) 1, 10

2 (1) 30 (2) 20

3 50÷5=10 (또는 50÷5) / 10개

2 (1) $6 \div 2 = 3$ ➡ $60 \div 2 = 30$
(2) $8 \div 4 = 2$ ➡ $80 \div 4 = 20$

3 (한 명에게 주는 초콜릿 수) $= 50 \div 5 = 10$(개)

2 (몇십)÷(몇) (2) — 37쪽

4 (위에서부터) (1) 5 / 6, 10 / 30 / 30, 5 / 0
(2) 4 / 5, 10 / 20 / 20, 4 / 0

5 (1) 35 / 2×35=70 (2) 15 / 4×15=60

6 80÷5=16 (또는 80÷5) / 16 cm

5 (1)
$$\begin{array}{r} 35 \\ 2\overline{)70} \\ 6 \\ \hline 10 \\ 10 \\ \hline 0 \end{array}$$
(2)
$$\begin{array}{r} 15 \\ 4\overline{)60} \\ 4 \\ \hline 20 \\ 20 \\ \hline 0 \end{array}$$

6 (한 도막의 길이) $= 80 \div 5 = 16$(cm)

3 (몇십몇)÷(몇) (1) — 38쪽

7 (1) 10, 2, 12 (2) 10, 1, 11

8 (1) 32 (2) 32 (3) 22 (4) 13

9 33÷3=11 (또는 33÷3) / 11명

8 (3)
$$\begin{array}{r} 22 \\ 4\overline{)88} \\ 8 \\ \hline 8 \\ 8 \\ \hline 0 \end{array}$$
(4)
$$\begin{array}{r} 13 \\ 3\overline{)39} \\ 3 \\ \hline 9 \\ 9 \\ \hline 0 \end{array}$$

9 (한 모둠의 학생 수) $= 33 \div 3 = 11$(명)

4 (몇십몇)÷(몇) (2) — 39쪽

10 (위에서부터) (1) 19 / 5, 10 / 45 / 45, 9 / 0
(2) 13 / 4, 10 / 12 / 12, 3 / 0

11 (1) 16 / 6×16=96 (2) 24 / 4×24=96

12 96÷8=12 (또는 96÷8) / 12권

11 (1)
$$\begin{array}{r} 16 \\ 6\overline{)96} \\ 6 \\ \hline 36 \\ 36 \\ \hline 0 \end{array}$$
(2)
$$\begin{array}{r} 24 \\ 4\overline{)96} \\ 8 \\ \hline 16 \\ 16 \\ \hline 0 \end{array}$$

12 (한 칸에 꽂아야 하는 동화책 수) $= 96 \div 8 = 12$(권)

기본에서 응용으로 — 40~43쪽

1 ( )(○)

2 20, 20

3 30

4 ㉡

5 10개

6 예성

7

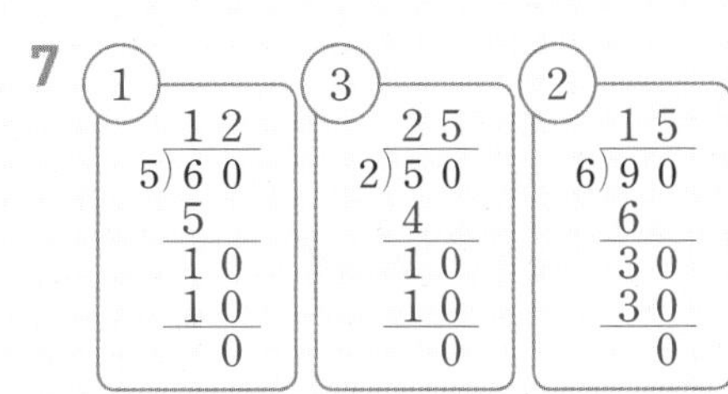

8 (1) 60 (2) 5	**9** 14포기
10 16명	**11** (1) $>$ (2) $<$
12 (　　)(○)	**13** 31
14 21개	**15** 24
16 11분	**17** 32 cm
18 예 60, 30 / 29	**19**
20 ㉡	
21 (1) 19, 19 (2) 54, 18, 54	
22 37	**23** 17개
24 28개	**25** 48, 16
26 44, 11	**27** 90

1 나눗셈식을 세로로 쓸 때 각 자리에 맞추어 몫을 씁니다.

2 나누어지는 수가 2배가 되고 나누는 수도 2배가 되면 몫은 같습니다.

3 $90 \div 3 = 30$

4 ㉠ $30 \div 3 = 10$ ㉡ $60 \div 2 = 30$
㉢ $60 \div 3 = 20$
따라서 몫이 가장 큰 것은 ㉡입니다.

5 귤 40개를 바구니 4개에 똑같이 나누어 담았으므로 한 바구니에 담은 귤은 $40 \div 4 = 10$(개)입니다.

6 $70 \div 2 = 35$이므로 $70 \div 2$의 몫은 40보다 작습니다.

8 나누는 수와 몫을 곱하면 나누어지는 수가 됩니다.
(1) $4 \times 15 = \square$에서 $\square = 60$입니다.
(2) $\square \times 18 = 90$에서 $5 \times 18 = 90$이므로 $\square = 5$입니다.

9 (화분 한 개에 심어야 하는 상추 모종 수)
$= 70 \div 5 = 14$(포기)

서술형
10 예 (전체 색종이의 수) $= 10 \times 8 = 80$(장)
(나누어 줄 수 있는 사람 수) $= 80 \div 5 = 16$(명)

단계	문제 해결 과정
①	색종이는 모두 몇 장인지 구했나요?
②	나누어 줄 수 있는 사람은 몇 명인지 구했나요?

11 (1) $68 \div 2 = 34$, $99 \div 3 = 33$ ➡ $34 > 33$
(2) $55 \div 5 = 11$, $48 \div 4 = 12$ ➡ $11 < 12$

12 나누어지는 수의 십의 자리 수를 나누는 수로 먼저 나눈 다음 일의 자리 수를 나누어야 합니다.

13 가장 큰 수는 93이고 가장 작은 수는 3입니다.
➡ $93 \div 3 = 31$

14 귤과 감은 모두 $44 + 40 = 84$(개)입니다.
한 봉지에 4개씩 담으므로 봉지는 모두
$84 \div 4 = 21$(개) 필요합니다.

15 $46 \div 2 = 23$이므로 □ 안에는 23보다 큰 수가 들어갈 수 있습니다.
따라서 □ 안에 들어갈 수 있는 자연수 중에서 가장 작은 수는 24입니다.

16 1시간 17분 $=$ 60분 $+$ 17분 $=$ 77분이므로 장미 한 개를 만드는 데 걸린 시간은 $77 \div 7 = 11$(분)입니다.

서술형
17 예 정사각형은 네 변의 길이가 같으므로
(정사각형의 네 변의 길이의 합) $= 24 \times 4 = 96$(cm)입니다.
정삼각형의 세 변의 길이의 합도 96 cm이고 정삼각형은 세 변의 길이가 같으므로
(정삼각형의 한 변의 길이) $= 96 \div 3 = 32$(cm)입니다.

단계	문제 해결 과정
①	정사각형의 네 변의 길이의 합을 구했나요?
②	정삼각형의 한 변의 길이를 구했나요?

18 58을 어림하면 60쯤이므로 $58 \div 2$를 어림하여 구하면 약 $60 \div 2 = 30$입니다.

19 $72 \div 6 = 12$, $56 \div 4 = 14$, $34 \div 2 = 17$
$85 \div 5 = 17$, $96 \div 8 = 12$, $42 \div 3 = 14$

20 ㉠ $78 \div 6 = 13$ ㉡ $98 \div 7 = 14$
㉢ $65 \div 5 = 13$
따라서 몫이 다른 하나는 ㉡입니다.

21 나누는 수와 몫을 곱하면 나누어지는 수가 됩니다.

22 만들 수 있는 가장 큰 두 자리 수는 74입니다.
➡ $74 \div 2 = 37$

23 (은호가 가져온 투명 페트병 수) $= 85 \div 5 = 17$(개)

서술형

24 예 (전체 찹쌀떡 수) $= 12 \times 7 = 84$(개)

(한 상자에 담아야 하는 찹쌀떡 수)

$= 84 \div 3 = 28$(개)

단계	문제 해결 과정
①	찹쌀떡은 모두 몇 개인지 구했나요?
②	한 상자에 담아야 하는 찹쌀떡은 몇 개인지 구했나요?

25 $96 \div 2 = 48$이므로 ♣ $= 48$입니다.
♣ $\div 3 =$ ●에서 $48 \div 3 = 16$이므로 ● $= 16$입니다.

26 $88 \div 2 = 44$이므로 ◆ $= 44$입니다.
★ $\times 4 =$ ◆에서 ★ $\times 4 = 44$, ★ $= 44 \div 4 = 11$입니다.

27 $24 \times 3 = 72$이므로 ♥ $= 72$입니다.
♥ $\div 4 =$ ●에서 $72 \div 4 = 18$이므로 ● $= 18$입니다.
➡ ♥ $+$ ● $= 72 + 18 = 90$

5 나머지가 있는 (몇십몇)÷(몇) (1) 44쪽

1 크게에 ○표 / 8, 56, 6 / 작게에 ○표

2 (1) 7 … 1 / $8 \times 7 = 56$, $56 + 1 = 57$
(2) 11 … 1 / $4 \times 11 = 44$, $44 + 1 = 45$

1 • 나머지가 나누는 수보다 크므로 몫을 1만큼 더 크게 하여 계산합니다.
• 뺄 수 없으면 몫을 1만큼 더 작게 하여 계산합니다.

6 나머지가 있는 (몇십몇)÷(몇) (2) 45쪽

❗ 17, 34, 34, 1

3 (위에서부터) (1) 23 / 8, 20 / 15 / 12, 3 / 3
(2) 12 / 6, 10 / 15 / 12, 2 / 3

4 (1) 15 … 2 / $3 \times 15 = 45$, $45 + 2 = 47$
(2) 14 … 2 / $4 \times 14 = 56$, $56 + 2 = 58$

5 $93 \div 8 = 11 \cdots 5$ (또는 $93 \div 8$) / 11, 5

4 (1)
```
    1 5
 3 ) 4 7
    3
   ----
    1 7
    1 5
   ----
      2
```
(2)
```
    1 4
 4 ) 5 8
    4
   ----
    1 8
    1 6
   ----
      2
```

7 (세 자리 수)÷(한 자리 수) (1) 46쪽

6 (위에서부터) (1) 0, 7 / 4, 100 / 2, 8, 7
(2) 2, 5 / 7, 100 / 1, 4, 20 / 3, 5, 5

7 (1) 130 / $6 \times 130 = 780$
(2) 134 … 1 / $3 \times 134 = 402$, $402 + 1 = 403$

8 $720 \div 5 = 144$ (또는 $720 \div 5$) / 144명

8 (세 자리 수)÷(한 자리 수) (2) 47쪽

❗ <, 두 자리 수에 ○표

9
```
    [1][0][0]          [9][8]
 3 ) [3] 0 0      3 ) 2 9 4
     3                2 7
    ------           ------
         0              2 4
                        2 4
                       ----
                          0
```

10 (1) 83 … 2 / $9 \times 83 = 747$, $747 + 2 = 749$
(2) 65 … 3 / $5 \times 65 = 325$, $325 + 3 = 328$

9 294를 어림하면 300쯤이므로 $294 \div 3$을 어림하여 구하면 약 $300 \div 3 = 100$입니다.

기본에서 응용으로 48~51쪽

28 (1) 9, 3 (2) 21, 2

29 5, 6에 ○표

30 86

31 4, 4

32 11개

33 (1) > (2) <

34
```
    1 5
 3 ) 4 7
    3
   ----
    1 7
    1 5
   ----
      2
```

35 18, 54, 54, 2, 56 / 맞습니다에 ○표

36 4, 8

37 2개

38 14, 140

39 ㉢

40 $720 \div 4 = 180$ (또는 $720 \div 4$) / 180장

41 2, 6에 ○표

42 1324

43 116명, 1개

44 (1) 34 (2) 73, 1

45 ( )(○)( )

46

$$\begin{array}{r} 7\ 5 \\ 8\,\overline{)\,6\ 0\ 5} \\ 5\ 6 \\ \hline 4\ 5 \\ 4\ 0 \\ \hline 5 \end{array}$$

47 $168 \div 7 = 24$ (또는 $168 \div 7$) / 24 cm

48 예 200, 40 / 충분합니다에 ○표

49 87

50 187, 2

51 132

52 99

53 42, 45, 48

54 91

28 (1)

$$\begin{array}{r} 9 \\ 8\,\overline{)\,7\ 5} \\ 7\ 2 \\ \hline 3 \end{array}$$

(2)

$$\begin{array}{r} 2\ 1 \\ 3\,\overline{)\,6\ 5} \\ 6 \\ \hline 5 \\ 3 \\ \hline 2 \end{array}$$

29 나머지는 나누는 수보다 작아야 하므로 5, 6은 나머지가 될 수 없습니다.

30 $■ \div 4 = 21 \cdots 2$에서 $4 \times 21 = 84$, $84 + 2 = 86$이므로 $■ = 86$입니다.

31 마카롱은 모두 $4 \times 6 = 24$(개)입니다.
한 명에게 5개씩 주면 $24 \div 5 = 4 \cdots 4$이므로 4명에게 나누어 주고 4개가 남습니다.

서술형
32 예 (전체 도넛의 수) $= 35 + 48 = 83$(개)
$83 \div 8 = 10 \cdots 3$이므로 8개씩 봉지 10개에 담고 3개가 남습니다. 남은 도넛 3개도 봉지에 담아야 하므로 봉지는 적어도 $10 + 1 = 11$(개) 필요합니다.

단계	문제 해결 과정
①	도넛은 모두 몇 개인지 구했나요?
②	나눗셈식을 세워 계산했나요?
③	봉지는 적어도 몇 개 필요한지 구했나요?

33 (1) $49 \div 3 = 16 \cdots 1$, $61 \div 5 = 12 \cdots 1$
➡ $16 > 12$
(2) $87 \div 7 = 12 \cdots 3$, $58 \div 4 = 14 \cdots 2$
➡ $12 < 14$

34 나머지 5가 나누는 수 3보다 크므로 잘못 계산하였습니다. 몫을 1만큼 더 크게 하여 나머지를 3보다 작게 해야 합니다.

35 $56 \div 3 = 18 \cdots 2$ ➡ $3 \times 18 = 54$, $54 + 2 = 56$

36

$$\begin{array}{r} 1\ ▲ \\ 4\,\overline{)\,6\ □} \\ 4 \\ \hline 2\ □ \end{array}$$

나눗셈이 나누어떨어지려면 $4 \times ▲ = 2□$이어야 합니다.
$4 \times 6 = 24$, $4 \times 7 = 28$이므로 □ 안에 들어갈 수 있는 수는 4, 8입니다.

37 $73 \div 5 = 14 \cdots 3$이므로 5개의 봉지에 14개씩 담으면 방울토마토가 3개 남습니다.
남은 3개에 2개를 더하면 5개가 되어 5개의 봉지에 똑같이 1개씩 더 담을 수 있고 남는 것이 없습니다.
따라서 방울토마토는 적어도 2개 더 필요합니다.

38 나누는 수가 같고 나누어지는 수가 10배가 되면 몫도 10배가 됩니다.

39 ㉠ $687 \div 4 = 171 \cdots 3$ ㉡ $864 \div 7 = 123 \cdots 3$
㉢ $898 \div 8 = 112 \cdots 2$
따라서 나머지가 다른 하나는 ㉢입니다.

40 (한 모둠에 주어야 하는 색종이 수)
$= 720 \div 4 = 180$(장)

41 4단 곱셈구구에서 곱의 십의 자리 수가 1인 경우를 찾아봅니다. $4 \times 3 = 12$, $4 \times 4 = 16$에서
$812 \div 4 = 203$, $816 \div 4 = 204$이므로
□ 안에 2, 6이 들어가면 나누어떨어집니다.

42 $928 \div 7 = 132 \cdots 4$이므로 휴대 전화의 비밀번호는 1324입니다.

서술형
43 예 7상자에 있는 쌓기나무는 $82 \times 7 = 574$(개)이고 낱개 7개가 있으므로 쌓기나무는 모두 $574 + 7 = 581$(개)입니다.
따라서 $581 \div 5 = 116 \cdots 1$이므로 116명에게 나누어 줄 수 있고, 1개가 남습니다.

단계	문제 해결 과정
①	전체 쌓기나무의 수를 구했나요?
②	쌓기나무를 몇 명에게 나누어 줄 수 있고, 몇 개가 남는지 구했나요?

44 (1)

$$\begin{array}{r} 34 \\ 9\overline{)306} \\ \underline{27} \\ 36 \\ \underline{36} \\ 0 \end{array}$$

(2)

$$\begin{array}{r} 73 \\ 6\overline{)439} \\ \underline{42} \\ 19 \\ \underline{18} \\ 1 \end{array}$$

45 $479 \div 5 = 95 \cdots 4$, $373 \div 7 = 53 \cdots 2$, $579 \div 6 = 96 \cdots 3$

46 나머지가 나누는 수보다 크므로 몫을 1만큼 더 크게 하여 계산합니다.

47 (한 명이 가지는 털실의 길이)
$= 168 \div 7 = 24$(cm)

48 196을 어림하면 200쯤이므로 $196 \div 5$를 어림하여 구하면 약 $200 \div 5 = 40$입니다.
쿠키 196개는 200개보다 적으므로 상자 40개는 쿠키를 모두 담기에 충분합니다.

49 어떤 수를 □라고 하면 $□ \div 6 = 14 \cdots 3$입니다.
$6 \times 14 = 84$, $84 + 3 = 87$에서 $□ = 87$입니다.
따라서 어떤 수는 87입니다.

50 어떤 수를 □라고 하면 $□ \div 5 = 150$,
$5 \times 150 = □$, $□ = 750$입니다.
따라서 어떤 수를 4로 나누면 $750 \div 4 = 187 \cdots 2$입니다.

51 어떤 수가 가장 큰 수가 되려면 나누는 수가 7이므로 나머지는 6이어야 합니다.
어떤 수를 □라고 하면 $□ \div 7 = 18 \cdots 6$입니다.
$7 \times 18 = 126$, $126 + 6 = 132$에서 $□ = 132$입니다.
따라서 어떤 수 중 가장 큰 자연수는 132입니다.

52 두 자리 수 중에서 8로 나누어떨어지는 가장 큰 수는 $8 \times 12 = 96$입니다. 따라서 8로 나누었을 때 나머지가 3인 가장 큰 두 자리 수는 $96 + 3 = 99$입니다.

53 3으로 나누었을 때 나머지가 0입니다.
$3 \times 14 = 42$, $3 \times 15 = 45$, $3 \times 16 = 48$이므로 조건을 만족시키는 수는 42, 45, 48입니다.

54 7로 나누었을 때 나머지가 0입니다.
$90 \div 7 = 12 \cdots 6$이고 $7 \times 13 = 91$, $7 \times 14 = 98$이므로 90과 100 사이의 수 중 7로 나누어떨어지는 수는 91, 98입니다.
$91 \div 5 = 18 \cdots 1$, $98 \div 5 = 19 \cdots 3$이므로 조건을 만족시키는 수는 91입니다.

응용에서 최상위로

52~55쪽

1 240장 **1-1** 525장 **1-2** 480개

2 (위에서부터) 4, 8 / 4 / 8 / 2

2-1 (위에서부터) 2 / 3 / 6 / 2, 8 / 7

2-2 2, 7

3 8, 5, 4, 21, 1

3-1 9, 7, 2, 48, 1 **3-2** 3, 5, 6, 9, 39, 5

3-3 2, 4, 5, 4, 4

4 **1단계** 예 (간격 수)
=(도로의 길이)÷(나무 사이의 간격)
$=98 \div 7 = 14$(군데)

2단계 예 도로의 처음과 끝에도 나무를 심어야 하므로
(한쪽에 심는 나무의 수)
=(간격 수)$+1 = 14 + 1 = 15$(그루)이고,
도로의 양쪽에 심어야 하므로
(양쪽에 심는 나무의 수)$= 15 \times 2 = 30$(그루)
입니다.

/ 30그루

4-1 32그루

1 가로: $80 \div 4 = 20$(장), 세로: $60 \div 5 = 12$(장)
➡ (만들 수 있는 카드의 수) $= 20 \times 12 = 240$(장)

1-1 가로: $75 \div 5 = 15$(장), 세로: $105 \div 3 = 35$(장)
➡ (만들 수 있는 카드의 수) $= 15 \times 35 = 525$(장)

1-2 주어진 모양을 2개 이어 붙이면 오른쪽과 같은 직사각형 모양이 됩니다.

8 cm
6 cm

가로: $120 \div 8 = 15$(개), 세로: $96 \div 6 = 16$(개)
➡ (만들 수 있는 모양의 수)
$= 15 \times 16 \times 2 = 480$(개)

다른 풀이
가로: $120 \div 6 = 20$(개), 세로: $96 \div 8 = 12$(개)
➡ (만들 수 있는 모양의 수)
$= 20 \times 12 \times 2 = 480$(개)

2

```
   1 7
㉠)6 ㉡
   ㉢
   2 ㉣
   ㉤ 8
     0
```

2㉣ − ㉤8 = 0이므로 ㉣ = 8, ㉤ = 2입니다.
㉠ × 7 = 28이므로 ㉠ = 4입니다.
㉡ = ㉣이므로 ㉡ = 8입니다.
6 − ㉢ = 2이므로 ㉢ = 4입니다.

2-1

```
   ㉠ 9
㉡)8 8
   ㉢
   ㉣ ㉤
   2 ㉥
     1
```

㉤ = 8입니다.
㉣8 − 2㉥ = 1이므로 ㉣ = 2, ㉥ = 7입니다.
8 − ㉢ = 2이므로 ㉢ = 6입니다.
㉡ × 9 = 27이므로 ㉡ = 3입니다.
3 × ㉠ = 6이므로 ㉠ = 2입니다.

2-2

```
  [1]㉡
5)9 ■
  [5]
  [4]㉠
   4 □
     2
```

5 × ㉡ = 4□이고, 5 × 8 = 40, 5 × 9 = 45이므로 ㉡은 8 또는 9입니다.
물감이 묻은 부분의 수를 ㉠이라 할 때
㉡ = 8이면 4㉠ − 40 = 2이므로 ㉠ = 2입니다.
㉡ = 9이면 4㉠ − 45 = 2이므로 ㉠ = 7입니다.

3 나누어지는 수가 가장 크고, 나누는 수가 가장 작을 때 몫이 가장 큽니다.
4, 8, 5로 만들 수 있는 가장 큰 두 자리 수는 85이고, 가장 작은 한 자리 수는 4이므로 85 ÷ 4의 몫이 가장 큽니다.
➡ 85 ÷ 4 = 21 ⋯ 1

3-1 나누어지는 수가 가장 크고, 나누는 수가 가장 작을 때 몫이 가장 큽니다.
2, 7, 9로 만들 수 있는 가장 큰 두 자리 수는 97이고, 가장 작은 한 자리 수는 2이므로 97 ÷ 2의 몫이 가장 큽니다.
➡ 97 ÷ 2 = 48 ⋯ 1

3-2 나누어지는 수가 가장 작고, 나누는 수가 가장 클 때 몫이 가장 작습니다.
6, 5, 9, 3으로 만들 수 있는 가장 작은 세 자리 수는 356이고 가장 큰 한 자리 수는 9이므로 356 ÷ 9의 몫이 가장 작습니다.
➡ 356 ÷ 9 = 39 ⋯ 5

3-3 수 카드 3장으로 만들 수 있는 나눗셈식을 모두 구하면
45 ÷ 2 = 22 ⋯ 1, 54 ÷ 2 = 27,
42 ÷ 5 = 8 ⋯ 2, 24 ÷ 5 = 4 ⋯ 4,
52 ÷ 4 = 13, 25 ÷ 4 = 6 ⋯ 1입니다.
이 중 나머지가 가장 큰 나눗셈식은 24 ÷ 5 = 4 ⋯ 4입니다.

4-1 도로의 한쪽에서
(가로수 사이의 간격 수) = 90 ÷ 6 = 15(군데)이고, 도로의 처음과 끝에도 가로수를 심어야 하므로
(한쪽에 심는 가로수의 수) = 15 + 1 = 16(그루)입니다.
따라서 (양쪽에 심는 가로수의 수) = 16 × 2 = 32(그루)입니다.

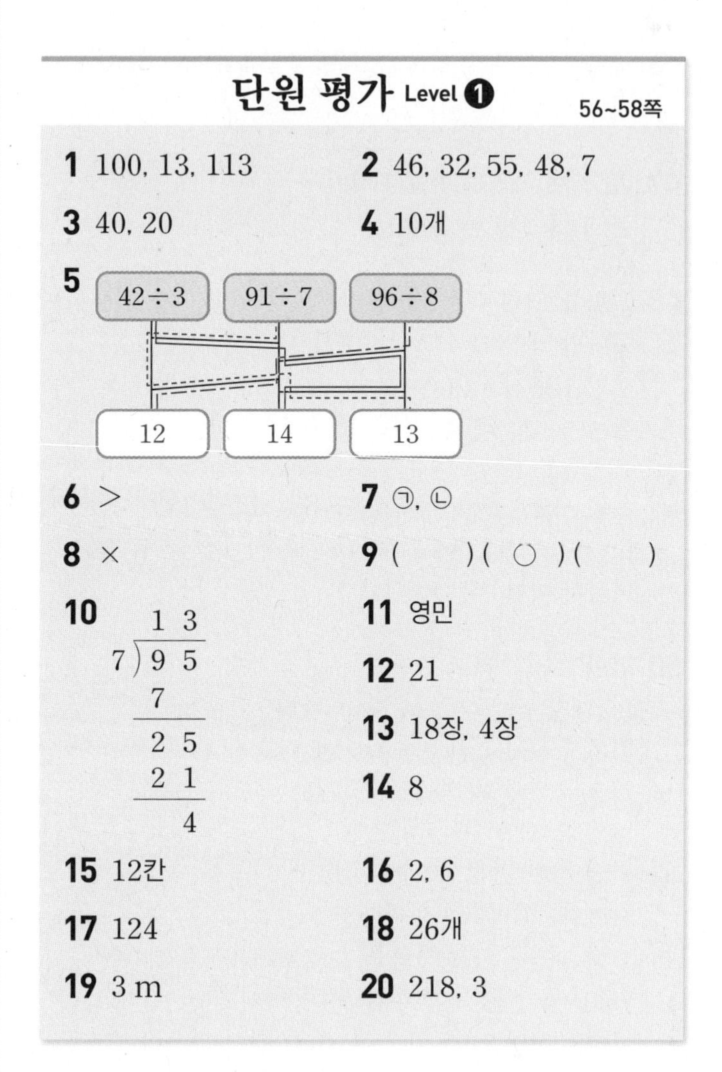

단원 평가 Level ❶

56~58쪽

1 100, 13, 113
2 46, 32, 55, 48, 7
3 40, 20
4 10개
5

6 >
7 ㉠, ㉡
8 ×
9 ( )(○)( )
10

```
   1 3
7)9 5
  7
  2 5
  2 1
    4
```

11 영민
12 21
13 18장, 4장
14 8
15 12칸
16 2, 6
17 124
18 26개
19 3 m
20 218, 3

1 452를 400 + 52로 생각하여 계산한 것입니다.

3 80 ÷ 2 = 40, 40 ÷ 2 = 20

4 (한 명이 가지는 사탕의 수) = 30 ÷ 3 = 10(개)

5 42 ÷ 3 = 14, 91 ÷ 7 = 13, 96 ÷ 8 = 12

6 38 ÷ 2 = 19, 72 ÷ 4 = 18 ➡ 19 > 18

7 나누는 수는 나머지보다 항상 커야 합니다.
따라서 나누는 수가 6과 같거나 6보다 작으면 나머지가 6이 될 수 없습니다.

8 나누는 수와 몫의 곱에 나머지를 더했을 때 나누어지는 수가 되는지 확인해 봅니다.
$5\times13=65$, $65+2=67$이므로 잘못된 계산입니다.

9 $720\div4=180$, $58\div4=14\cdots2$,
$435\div3=145$이므로 나누어떨어지지 않는 나눗셈은 $58\div4$입니다.

10 나머지 11이 나누는 수 7보다 크므로 잘못 계산하였습니다. 몫을 1만큼 더 크게 하여 나머지가 나누는 수보다 작도록 해야 합니다.

11 $77\div6=12\cdots5$이므로 몫은 두 자리 수이고 나머지는 6보다 작습니다.

다른 풀이
나누어지는 수의 십의 자리 수가 나누는 수보다 크므로 몫은 두 자리 수입니다. 또 나머지는 나누는 수보다 항상 작으므로 나머지는 나누는 수인 6보다 작습니다.

12 $54\div3=18$이므로 ■ $=18$입니다.
$87\div6=14\cdots3$이므로 ◆ $=3$입니다.
➡ ■ $+$ ◆ $=18+3=21$

13 (전체 색종이의 수) $=10\times13=130$(장)
$130\div7=18\cdots4$이므로 색종이를 한 명에게 18장씩 줄 수 있고, 4장이 남습니다.

14 나누는 수와 몫의 곱에 나머지를 더하면 나누어지는 수가 되어야 합니다.
$\square\times7=62-6$, $\square\times7=56$, $\square=8$입니다.

15 (전체 동화책의 수) $=10\times7=70$(권)
$70\div6=11\cdots4$이므로 6권씩 11칸에 꽂고 4권이 남습니다.
남은 4권도 꽂아야 하므로 책꽂이는 적어도
$11+1=12$(칸) 필요합니다.

16
```
    1 ▲
4 ) 5 □
    4
    ───
    1 □
```
나눗셈이 나누어떨어지려면
$4\times$ ▲ $=1\square$이어야 합니다.
$4\times3=12$, $4\times4=16$이므로 □ 안에 들어갈 수 있는 수는 2, 6입니다.

17 곱셈과 나눗셈의 관계를 이용하면
◆ $\times2=80$에서 ◆ $=80\div2=40$입니다.
◆ $\div5=$ ●에서 $40\div5=8$이므로 ● $=8$입니다.
$992\div$ ● $=$ ★에서 $992\div8=124$이므로
★ $=124$입니다.

18 (가로등 사이의 간격 수) $=84\div7=12$(군데)
(도로의 한쪽에 세우는 가로등 수)
$=$ (간격 수) $+1=12+1=13$(개)
따라서 (도로의 양쪽에 세우는 가로등 수)
$=13\times2=26$(개)입니다.

서술형
19 예 $83\div5=16\cdots3$이므로 장난감을 16개까지 만들 수 있고, 남은 철사는 3 m입니다.

평가 기준	배점(5점)
문제에 알맞은 나눗셈식을 세웠나요?	2점
남은 철사는 몇 m인지 구했나요?	3점

서술형
20 예 $8>7>5>4$이므로 만들 수 있는 가장 큰 세 자리 수는 875입니다.
따라서 875를 남은 한 수인 4로 나누면
$875\div4=218\cdots3$이므로 몫은 218, 나머지는 3입니다.

평가 기준	배점(5점)
가장 큰 세 자리 수를 구했나요?	2점
가장 큰 세 자리 수를 남은 한 수로 나누었을 때의 몫과 나머지를 구했나요?	3점

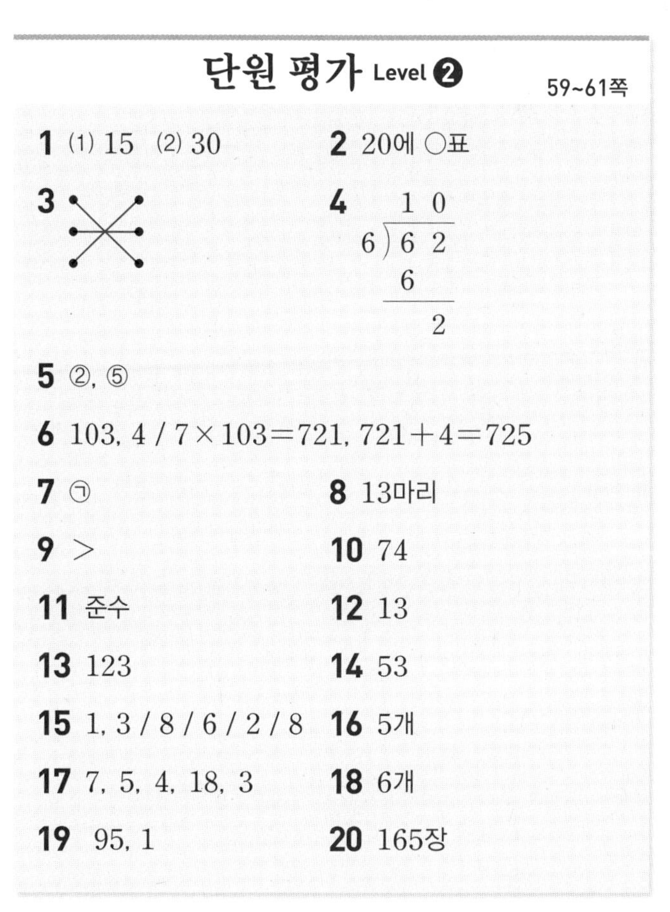

단원 평가 Level ❷

59~61쪽

1 (1) 15 (2) 30
2 20에 ○표
3 (선 잇기)
4
```
      1 0
6 ) 6 2
    6
    ───
      2
```
5 ②, ⑤
6 103, 4 / $7\times103=721$, $721+4=725$
7 ㉠
8 13마리
9 >
10 74
11 준수
12 13
13 123
14 53
15 1, 3 / 8 / 6 / 2 / 8
16 5개
17 7, 5, 4, 18, 3
18 6개
19 95, 1
20 165장

2 78을 어림하면 80쯤이므로 $78 \div 4$를 어림하여 구하면 약 $80 \div 4 = 20$입니다.

3 $24 \div 2 = 12$, $57 \div 3 = 19$, $60 \div 3 = 20$
$80 \div 4 = 20$, $95 \div 5 = 19$, $48 \div 4 = 12$

4 십의 자리 계산에서 $60 \div 6 = 10$이므로 몫 1을 십의 자리 위에 쓰고 몫의 일의 자리에 0을 써야 합니다.

5 나머지는 나누는 수보다 항상 작아야 합니다.

6
```
    1 0 3
 7)7 2 5
   7
   ─────
     2 5
     2 1
   ─────
       4
```
$725 \div 7 = 103 \cdots 4$
확인 $7 \times 103 = 721$, $721 + 4 = 725$

7 ㉠ $89 \div 6 = 14 \cdots 5$
㉡ $138 \div 9 = 15 \cdots 3$
➡ $5 > 3$

8 기린 한 마리의 다리는 4개입니다.
(기린의 수) $= 52 \div 4 = 13$(마리)

9 $47 \div 3 = 15 \cdots 2$, $71 \div 5 = 14 \cdots 1$
➡ $15 > 14$

10 5로 나누었을 때 나머지가 될 수 있는 수 중에서 가장 큰 수는 4입니다.
$5 \times 14 = 70$, $70 + 4 = 74$
따라서 ■에 알맞은 가장 큰 자연수는 74입니다.

11 $45 \div 6 = 7 \cdots 3$이므로 탕후루를 7개 만들 수 있고, 남는 딸기는 3개입니다.

12 $84 \div 6 = 14$이므로 □ 안에는 14보다 작은 수가 들어갈 수 있습니다.
따라서 □ 안에 들어갈 수 있는 자연수 중에서 가장 큰 수는 13입니다.

13 $984 \div 8 = 123$

14 $795 \div 5 = 159$이므로 $3 \times □ = 159$입니다.
곱셈과 나눗셈의 관계를 이용하면
$□ = 159 \div 3 = 53$입니다.

15
```
     ㉠ ㉡
 6)㉢ 2
    ㉣
   ─────
    ㉤ 2
    1 ㉥
   ─────
      4
```
㉤2 − 1㉥ = 4이므로 ㉤ = 2, ㉥ = 8입니다.
6 × ㉡ = 18이므로 ㉡ = 3입니다.
6 × ㉠ = ㉣이고, ㉣은 한 자리 수이므로 ㉠ = 1, ㉣ = 6입니다.
㉢ − 6 = 2이므로 ㉢ = 8입니다.

16 $99 \div 8 = 12 \cdots 3$이므로 8명에게 12개씩 주면 3개가 남습니다. $3 + 5 = 8$이므로 5개가 더 있으면 한 명에게 13개씩 나누어 줄 수 있습니다.

17 나누어지는 수가 가장 크고 나누는 수가 가장 작을 때 몫이 가장 큽니다.
4, 5, 7로 만들 수 있는 가장 큰 두 자리 수는 75이고, 가장 작은 한 자리 수는 4이므로 $75 \div 4$의 몫이 가장 큽니다.
➡ $75 \div 4 = 18 \cdots 3$

18 (지우개 1묶음의 수) $= 57 \div 3 = 19$(개)
(지우개 2묶음의 수) $= 19 \times 2 = 38$(개)
(클립 1묶음의 수) $= 64 \div 4 = 16$(개)
(클립 2묶음의 수) $= 16 \times 2 = 32$(개)
➡ $38 - 32 = 6$이므로 지우개 2묶음은 클립 2묶음보다 6개 더 많습니다.

참고 클립 2묶음의 수를 구할 때 $64 \div 2 = 32$(개)로 바로 구할 수도 있습니다.

서술형
19 예 어떤 수를 □라고 하면 $□ \div 7 = 54 \cdots 3$입니다.
$7 \times 54 = 378$, $378 + 3 = 381$이므로 $□ = 381$입니다.
따라서 바르게 계산하면 $381 \div 4 = 95 \cdots 1$이므로 몫은 95, 나머지는 1입니다.

평가 기준	배점(5점)
어떤 수를 구했나요?	2점
바르게 계산했을 때의 몫과 나머지를 구했나요?	3점

서술형
20 예 가로: $75 \div 5 = 15$(장), 세로: $44 \div 4 = 11$(장)
따라서 만들 수 있는 카드는 모두 $15 \times 11 = 165$(장)입니다.

평가 기준	배점(5점)
가로로 몇 장씩, 세로로 몇 장씩 만들 수 있는지 구했나요?	3점
만들 수 있는 카드는 모두 몇 장인지 구했나요?	2점

3 원

학생들은 2학년 1학기에 기본적인 평면도형과 입체도형의 구성과 함께 원을 배웠습니다. 일상생활에서 둥근 모양의 물체를 찾아보고 그러한 모양을 원이라고 학습하였으므로 학생들은 원을 찾아보고 본뜨는 활동을 통해 원을 이해하고 있습니다. 이 단원은 원을 그리는 방법을 통하여 원의 의미를 이해하는 데 중점을 두고 있습니다. 정사각형 안에 꽉 찬 원 그리기, 띠 종이를 이용하여 원 그리기, 컴퍼스를 이용하여 원 그리기 활동 등을 통하여 원의 의미를 이해할 수 있을 것입니다. 또한 원의 지름과 반지름의 성질, 원의 지름과 반지름 사이의 관계를 이해함으로써 6학년 1학기 원의 넓이의 학습을 준비합니다.

1 원의 중심, 반지름, 지름 64쪽

1 (1) ㅇ (2) ㄱㅇ (또는 ㅇㄱ), ㄴㅇ (또는 ㅇㄴ), ㄷㅇ (또는 ㅇㄷ) (3) ㄴㄷ (또는 ㄷㄴ)

2 예

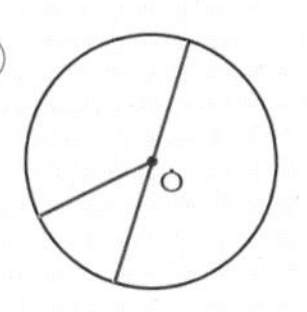

2 원의 성질 65쪽

! 2, 6

3 선분 ㅁㅂ (또는 선분 ㅂㅁ)

4 (1) 4 (2) 10

5

3 원의 지름은 원 위의 두 점을 이은 선분 중 원의 중심을 지나는 선분으로 길이가 가장 깁니다.

4 (1) 한 원에서 반지름의 길이는 모두 같습니다.
(2) 한 원에서 지름의 길이는 모두 같습니다.

5 (반지름이 4 cm인 원의 지름) $= 4 \times 2 = 8$(cm)
(반지름이 2 cm인 원의 지름) $= 2 \times 2 = 4$(cm)
(지름이 6 cm인 원의 반지름) $= 6 \div 2 = 3$(cm)

3 컴퍼스를 이용하여 원 그리기 66쪽

6

7

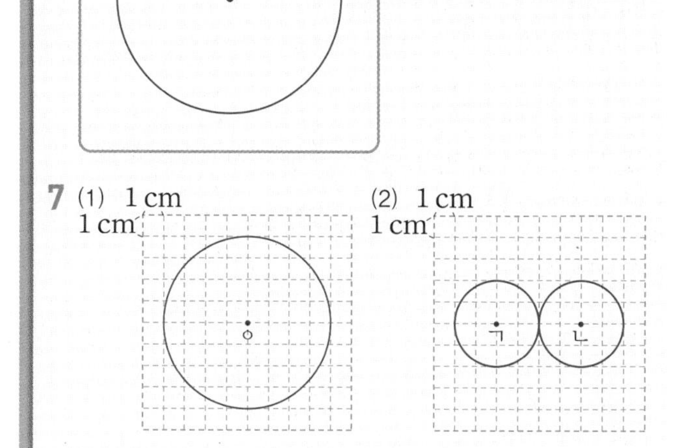

6 컴퍼스를 주어진 원의 반지름(1.5 cm)만큼 벌린 다음 컴퍼스의 침을 원의 중심에 꽂고 컴퍼스를 돌려 원을 그립니다.

7 (1) 컴퍼스를 4 cm(모눈 4칸)만큼 벌린 다음 컴퍼스의 침을 점 ㅇ에 꽂고 컴퍼스를 돌려 원을 그립니다.
(2) 컴퍼스를 2 cm(모눈 2칸)만큼 벌린 다음 컴퍼스의 침을 점 ㄱ과 점 ㄴ에 각각 꽂고 컴퍼스를 돌려 두 원을 각각 그립니다.

4 원을 이용하여 여러 가지 모양 그리기 67쪽

8

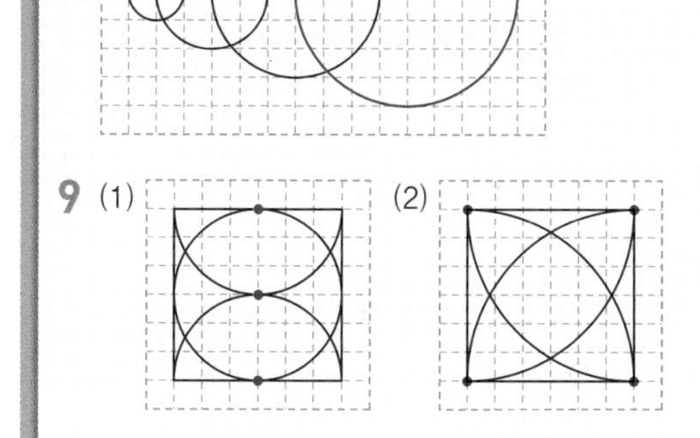

/ 4, 1

9 (1) (2)

8 반지름이 모눈 1칸씩 늘어나는 규칙입니다. 셋째 원의 반지름이 모눈 3칸이므로 셋째 원의 중심에서 오른쪽으로 모눈 4칸 이동한 곳에 원의 중심을 잡고, 반지름이 모눈 4칸인 원을 그립니다.

기본에서 응용으로

68~73쪽

1 점 ㄴ

2 선분 ㄱㅇ (또는 선분 ㅇㄱ), 선분 ㄴㅇ (또는 선분 ㅇㄴ)

3 예 

4 10 cm

5 예 원의 중심을 지나게 그리지 않았기 때문입니다.

6 7, 7

7 선분 ㄴㄷ (또는 선분 ㄷㄴ)

8 도윤, 선우

9 12 cm, 6 cm

10 7 cm

11 18 cm

12 24 cm

13

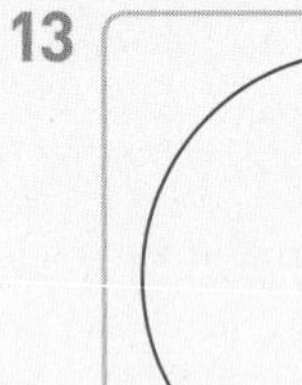

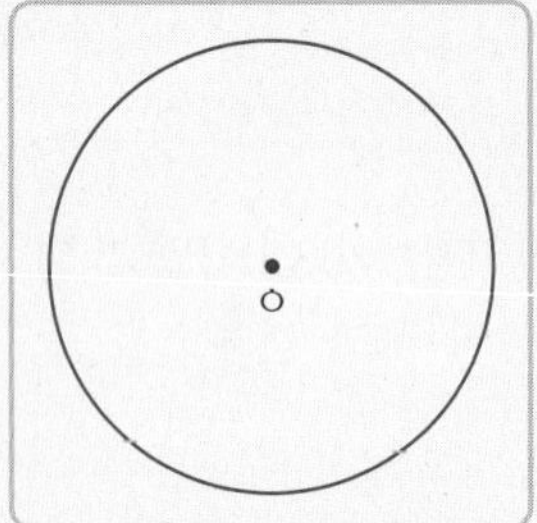

14 (1) 4 cm (2) 3 cm

15

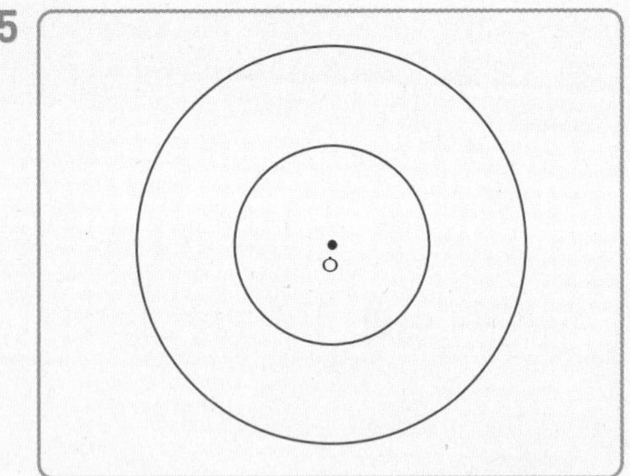

16 ㉡, ㉠, ㉣, ㉢

17 

18 나, 다

19 ②

20 ㉢

21 (○)( )

22 7군데

23 

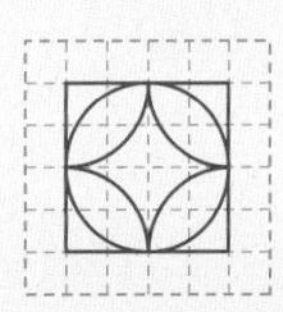

24 예 원의 중심은 오른쪽으로 모눈 1칸씩 옮겨 가고, 원의 반지름은 모눈 1칸씩 늘어납니다.

25 

26 18 cm

27 3 cm

28 3 cm

29 10 cm

30 7 cm

31 30 cm

32 3 cm

33 72 cm

34 112 cm

35 3 cm

1 원의 중심은 원의 한가운데에 있는 점입니다.

2 원의 중심 ㅇ과 원 위의 한 점을 이은 선분을 모두 찾습니다.

4 지름은 원 위의 두 점을 이은 선분 중 원의 중심 ㅇ을 지나는 선분이므로 10 cm입니다.

5 원의 지름은 원 위의 두 점을 이은 선분 중 원의 중심을 지나는 선분입니다.

6 한 원에서 반지름의 길이는 모두 같습니다.

7 원을 똑같이 둘로 나누는 선분은 원의 지름입니다.
원의 지름은 원의 중심을 지나는 선분 ㄴㄷ입니다.

8 도윤: 한 원에서 지름은 셀 수 없이 많습니다.
선우: 원을 똑같이 둘로 나누는 것은 원의 지름입니다.

9 (선분 ㄷㅁ) $=$ (선분 ㄱㄹ) $= 12$ cm
(선분 ㅇㄴ) $= 12 \div 2 = 6$(cm)

10 정사각형 안에 그린 가장 큰 원의 지름은 정사각형의 한 변의 길이와 같은 7 cm입니다.

11 큰 원의 반지름은 8 cm입니다.
작은 원의 반지름이 5 cm이므로 작은 원의 지름은 $5 \times 2 = 10$(cm)입니다.
따라서 선분 ㄱㄷ의 길이는 큰 원의 반지름과 작은 원의 지름의 합과 같으므로 $8 + 10 = 18$(cm)입니다.

서술형
12 예 (큰 원의 반지름) $=$ (작은 원의 지름)
$= 6 \times 2 = 12$(cm)
(큰 원의 지름) $= 12 \times 2 = 24$(cm)

단계	문제 해결 과정
①	큰 원의 반지름은 몇 cm인지 구했나요?
②	큰 원의 지름은 몇 cm인지 구했나요?

13 주어진 선분만큼 컴퍼스를 벌린 후 컴퍼스의 침을 점 ㅇ에 꽂고 컴퍼스를 돌려 원을 그립니다.

14 컴퍼스를 벌린 정도가 원의 반지름이 됩니다.

15 컴퍼스를 각각 1 cm, 2 cm만큼 벌려서 원을 그립니다.

16 각 원의 지름을 구해 봅니다.
㉠ 10 cm ㉡ $6 \times 2 = 12$(cm) ㉢ 4 cm
㉣ $3 \times 2 = 6$(cm)
따라서 지름의 길이를 비교하면 $12 > 10 > 6 > 4$이고 지름이 길수록 큰 원이므로 ㉡, ㉠, ㉣, ㉢입니다.

17 왼쪽 교통 표지판의 반지름만큼 컴퍼스를 벌린 다음 컴퍼스의 침을 오른쪽 교통 표지판의 중심에 꽂고 컴퍼스를 돌려 원을 그립니다.

18 눈금 한 칸이 100 m를 나타내므로 지우네 집을 원의 중심으로 하고 반지름이 눈금 2칸인 원을 그린 후 원 안에 있는 놀이터를 찾아보면 나, 다입니다.

19 반지름이 같은 것은 원의 크기가 모두 같은 ②입니다.

20 ㉠ ㉡

21 왼쪽 그림은 원의 중심은 모두 같고 반지름이 모눈 1칸씩 늘어납니다.
오른쪽 그림은 원의 중심이 오른쪽으로 모눈 5칸, 7칸 옮겨 가고, 반지름은 모눈 1칸씩 늘어납니다.

22 ➡ 원의 중심은 모두 7군데입니다.

23 한 변이 모눈 4칸인 정사각형 그리기 → 정사각형 안에 반지름이 모눈 2칸인 원 그리기 → 정사각형의 각 꼭짓점을 원의 중심으로 하고, 반지름이 모눈 2칸인 원의 일부분을 4개 그리기

서술형
24

단계	문제 해결 과정
①	원의 중심을 넣어 규칙을 설명했나요?
②	원의 반지름을 넣어 규칙을 설명했나요?

25 반지름이 모눈 2칸인 반원 4개를 그리고 한 변이 모눈 4칸인 정사각형 일부를 그립니다.

26 선분 ㄱㄴ의 길이는 세 원의 지름을 합한 것과 같습니다.
세 원의 지름은 각각 2 cm, 6 cm, 10 cm이므로
(선분 ㄱㄴ) $= 2 + 6 + 10 = 18$(cm)입니다.

27 가장 큰 원의 반지름은 $24 \div 2 = 12$(cm)이고,
중간 원의 반지름은 $12 \div 2 = 6$(cm)입니다.
따라서 가장 작은 원의 반지름은 $6 \div 2 = 3$(cm)입니다.

28 큰 원의 지름은 작은 원의 반지름의 4배이므로 작은 원의 반지름은 $12 \div 4 = 3$(cm)입니다.

29 (작은 원의 반지름) $= 10 \div 2 = 5$(cm)
(큰 원의 반지름) $= 14 \div 2 = 7$(cm)
➡ (선분 ㄱㄴ) $= 5 + 7 - 2 = 10$(cm)

30 가장 큰 원의 지름은 작은 세 원의 지름의 합과 같습니다.
작은 세 원의 지름은 각각 8 cm, 4 cm, 2 cm이므로
가장 큰 원의 지름은 $8 + 4 + 2 = 14$(cm)입니다.
따라서 가장 큰 원의 반지름은 $14 \div 2 = 7$(cm)입니다.

31 삼각형의 한 변의 길이는 원의 지름과 같으므로
$5 \times 2 = 10$(cm)입니다.
따라서 삼각형의 세 변의 길이의 합은
$10 \times 3 = 30$(cm)입니다.

32 삼각형의 한 변의 길이는 $18 \div 3 = 6$(cm)이고, 삼각형의 한 변의 길이는 원의 지름의 2배이므로 원의 지름은 $6 \div 2 = 3$(cm)입니다.

33 직사각형의 네 변의 길이의 합은 원의 반지름의 12배이므로 $6 \times 12 = 72$(cm)입니다.

서술형
34 예 정사각형의 한 변의 길이는 원의 반지름의 4배이므로 $7 \times 4 = 28$(cm)입니다. 따라서 정사각형의 네 변의 길이의 합은 $28 \times 4 = 112$(cm)입니다.

단계	문제 해결 과정
①	정사각형의 한 변의 길이를 구했나요?
②	정사각형의 네 변의 길이의 합을 구했나요?

35 상자의 네 변의 길이의 합은 상평통보의 지름의 10배입니다.
상평통보의 지름의 길이를 □cm라고 하면
$□ \times 10 = 30$, $3 \times 10 = 30$이므로 $□ = 3$입니다.
따라서 상평통보의 지름은 3 cm입니다.

응용에서 최상위로

74~77쪽

1 30 cm	1-1 28 cm	1-2 12 cm
2 60 cm	2-1 72 cm	2-2 27 cm
3 21 cm	3-1 27 cm	3-2 20 cm

4 1단계 예 큰 원의 반지름이 5 cm이므로
(선분 ㄴㄷ)=(선분 ㄴㄱ)=5 cm이고,
작은 원의 반지름이 3 cm이므로
(선분 ㄹㄱ)= (선분 ㄹㄷ)=3 cm입니다.
2단계 예 (사각형 ㄱㄴㄷㄹ의 네 변의 길이의 합)
$=5+5+3+3=16$(cm)
/ 16 cm

4-1 39 cm

1 선분 ㄱㄴ의 길이는 원의 반지름의 6배이므로
(선분 ㄱㄴ) $= 5 \times 6 = 30$(cm)입니다.

1-1 선분 ㄱㄴ의 길이는 원의 반지름의 7배이고, 원의 반지름은 $8 \div 2 = 4$(cm)이므로
(선분 ㄱㄴ) $= 4 \times 7 = 28$(cm)입니다.

1-2 선분 ㄱㄴ의 길이는 원의 반지름의 9배이므로 원의 반지름은 $54 \div 9 = 6$(cm)입니다.
따라서 한 원의 지름은 $6 \times 2 = 12$(cm)입니다.

2 (직사각형의 가로)
= (작은 원의 지름) + (큰 원의 지름)
$= 8 + 12 = 20$(cm)
(직사각형의 세로)
= (작은 원의 반지름) + (큰 원의 반지름)
$= 4 + 6 = 10$(cm)
➡ (직사각형의 네 변의 길이의 합)
$= 20 + 10 + 20 + 10 = 60$(cm)

2-1 (직사각형의 가로)
= (큰 원의 반지름) + (작은 원의 반지름)
$= 7 + 5 = 12$(cm)
(직사각형의 세로)
= (큰 원의 지름) + (작은 원의 지름)
$= 14 + 10 = 24$(cm)
➡ (직사각형의 네 변의 길이의 합)
$= 12 + 24 + 12 + 24 = 72$(cm)

2-2 큰 원의 지름은 12 cm이므로 작은 원 2개의 지름의 합은 $36 - 12 - 12 = 12$(cm)입니다.
작은 원의 지름은 $12 \div 2 = 6$(cm)이고 반지름은 $6 \div 2 = 3$(cm)입니다.
작은 원의 반지름은 3 cm이고, 큰 원의 반지름은 $12 \div 2 = 6$(cm)입니다.
선분 ㄱㄹ은 큰 원의 반지름 3개와 작은 원의 반지름 3개를 더한 것과 같으므로
$6 + 6 + 6 + 3 + 3 + 3 = 27$(cm)입니다.

3 선분 ㄱㅁ의 길이는 정사각형의 한 변의 길이와 같고, 작은 원의 반지름의 4배이므로 작은 원의 반지름은 $28 \div 4 = 7$(cm)입니다.
따라서 선분 ㄴㅁ의 길이는 작은 원의 반지름의 3배이므로 $7 \times 3 = 21$(cm)입니다.

3-1 선분 ㄱㅁ의 길이는 정사각형의 한 변의 길이와 같고, 작은 원의 반지름의 4배이므로 작은 원의 반지름은 $36 \div 4 = 9$(cm)입니다.
따라서 선분 ㄱㄹ의 길이는 작은 원의 반지름의 3배이므로 $9 \times 3 = 27$(cm)입니다.

3-2 선분 ㄱㄷ의 길이는 큰 원의 지름입니다.
큰 원의 지름은 작은 원의 반지름의 4배이므로
$5 \times 4 = 20$(cm)입니다.

4-1 (가장 큰 원의 반지름) $= 28 \div 2 = 14$(cm)
(가장 작은 원의 반지름) $= 2 \div 2 = 1$(cm)
➡ 약 1 cm
(중간 원의 지름) $= 14 - 1 = 13$(cm) ➡ 약 13 cm
(삼각형 ㄱㄴㄷ의 세 변의 길이의 합)
= (중간 원의 지름) $\times 3 = 13 \times 3 = 39$(cm)
➡ 약 39 cm

단원 평가 Level ❶

78~80쪽

1 점 ㄹ

2 선분 ㄱㅇ(또는 선분 ㅇㄱ), 선분 ㄹㅇ(또는 선분 ㅇㄹ)

3

4 4 cm

5 성빈

6 5 cm

7 12 cm

8 8 cm

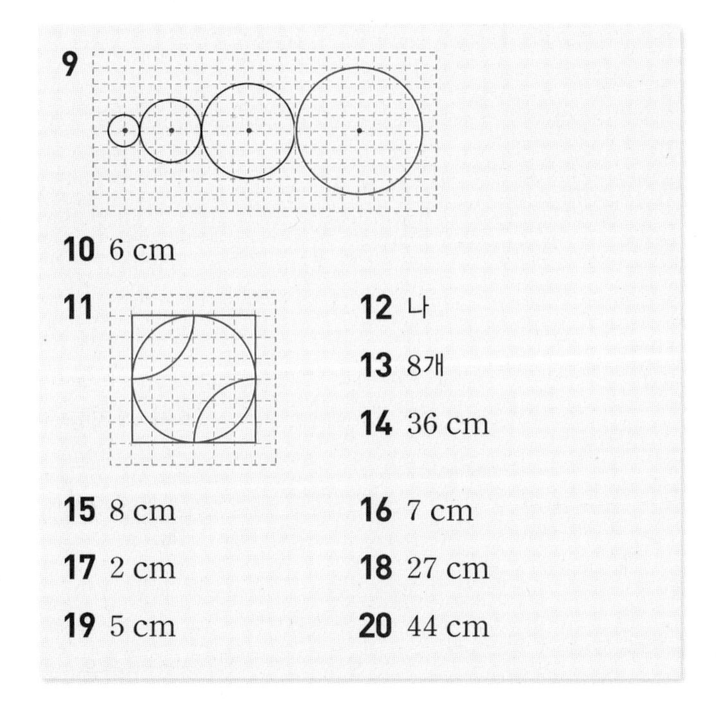

9
10 6 cm
11
12 나
13 8개
14 36 cm
15 8 cm
16 7 cm
17 2 cm
18 27 cm
19 5 cm
20 44 cm

2 원의 중심과 원 위의 한 점을 이은 선분이 원의 반지름입니다.

3 주어진 원의 반지름만큼 컴퍼스를 벌린 다음 컴퍼스의 침을 원의 중심에 꽂고 컴퍼스를 돌려 원을 그립니다.

4 컴퍼스를 2 cm만큼 벌려서 그린 원의 반지름은 2 cm이므로 지름은 $2 \times 2 = 4$(cm)입니다.

5 지호가 그린 원의 반지름은 $10 \div 2 = 5$(cm)입니다. 따라서 크기가 다른 원을 그린 사람은 성빈입니다.

6 왼쪽 원의 지름은 $7 \times 2 = 14$(cm)입니다. 따라서 두 원의 지름의 차는 $19 - 14 = 5$(cm)입니다.

7 선분 ㄴㅇ은 원의 반지름이고, 선분 ㄷㅂ은 원의 지름이므로 선분 ㄷㅂ의 길이는 $6 \times 2 = 12$(cm)입니다.

8 직사각형 안에 그릴 수 있는 가장 큰 원의 지름은 직사각형의 세로의 길이와 같습니다.
따라서 가장 큰 원의 지름은 8 cm입니다.

9 그려져 있는 원의 반지름이 모눈 1칸, 2칸, 3칸이므로 모눈 4칸인 원을 앞의 원과 맞닿도록 원의 중심을 옮겨 그립니다.

10 큰 원의 반지름은 작은 원의 반지름의 3배이므로 $2 \times 3 = 6$(cm)입니다.

11 한 변이 모눈 6칸인 정사각형 그리기 → 정사각형 안에 반지름이 모눈 3칸인 원 그리기 → 정사각형의 꼭짓점을 중심으로 하고 반지름이 모눈 3칸인 원의 일부분을 2개 그리기

12
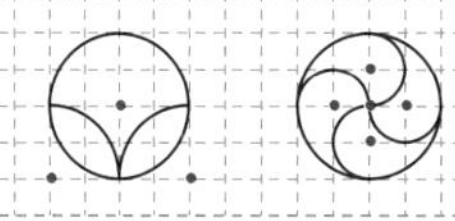

컴퍼스의 침을 꽂아야 할 곳은 원의 중심이므로 가와 다는 각각 5군데, 나는 3군데입니다.

13 직사각형 안에 그릴 수 있는 가장 큰 원의 지름은 직사각형의 세로의 길이와 같은 3 cm입니다.
따라서 원은 $24 \div 3 = 8$(개)까지 그릴 수 있습니다.

14 원의 지름이 18 cm이므로 원의 반지름은 9 cm입니다. 정사각형의 한 변의 길이는 원의 반지름과 같으므로 9 cm입니다.
따라서 정사각형의 네 변의 길이의 합은
$9 \times 4 = 36$(cm)입니다.

15 선분 ㄱㄴ의 길이는 두 원의 반지름의 합과 같으므로
$16 \div 2 = 8$(cm)입니다.

16 작은 원의 지름은 큰 원의 반지름과 같으므로
$28 \div 2 = 14$(cm)입니다.
선분 ㄱㄴ은 작은 원의 반지름이므로
$14 \div 2 = 7$(cm)입니다.

17 (선분 ㅁㅂ) = (선분 ㅁㄹ) = 8 cm이므로
(선분 ㄱㅂ) $= 14 - 8 = 6$(cm)입니다.
(선분 ㄱㄴ) = (선분 ㄱㅂ) = 6 cm이므로
(선분 ㄴㄷ) $= 8 - 6 = 2$(cm)입니다.

18 (선분 ㄱㄴ) $= 18 \div 2 = 9$(cm)
(선분 ㄱㄷ) $= 12 \div 2 = 6$(cm)
(선분 ㄴㄷ) $= 9 + 6 - 3 = 12$(cm)
➡ (삼각형 ㄱㄴㄷ의 세 변의 길이의 합)
$= 9 + 12 + 6 = 27$(cm)

서술형
19 예 원의 중심이 오른쪽으로 모눈 1칸씩 옮겨 가고, 원의 반지름이 1 cm, 2 cm, 3 cm로 1 cm씩 늘어나는 규칙입니다.
따라서 다섯째 원의 반지름은 5 cm입니다.

평가 기준	배점(5점)
규칙을 설명했나요?	3점
다섯째 원의 반지름의 길이를 구했나요?	2점

서술형
20 예 정사각형의 한 변의 길이는
(큰 원의 반지름) + (작은 원의 반지름)이므로
$6 + 5 = 11$(cm)입니다. 따라서 정사각형의 네 변의 길이의 합은 $11 \times 4 = 44$(cm)입니다.

평가 기준	배점(5점)
정사각형의 한 변의 길이를 구했나요?	2점
정사각형의 네 변의 길이의 합을 구했나요?	3점

단원 평가 Level ❷

81~83쪽

1 4 cm
2 선분 ㄱㄷ(또는 선분 ㄷㄱ)
3
4 9 cm
5 성아
6 50 cm
7 3군데
8 40 cm
9 ㉡, ㉠, ㉢
10 ④
11 4 cm
12 24 cm
13 31 cm
14 28 cm
15 10 cm
16 36 cm
17 38 cm
18 56 cm
19 12 cm
20 6 cm

1 원의 지름이 8 cm이므로 원의 반지름은
$8 \div 2 = 4$(cm)입니다.

2 원 위의 두 점을 이은 선분 중 길이가 가장 긴 선분은 원의 중심을 지나는 선분입니다.

4 컴퍼스를 원의 반지름만큼 벌려서 그려야 하므로
$18 \div 2 = 9$(cm)만큼 벌려서 그려야 합니다.

5 성아: 원의 지름은 반지름의 2배입니다.

6 1 m $=$ 100 cm이므로 원의 지름은 100 cm입니다.
따라서 원의 반지름은 $100 \div 2 = 50$(cm)입니다.

7 컴퍼스의 침을 꽂아야 할 곳은 원의 중심입니다.

8 정사각형의 한 변의 길이는 원의 지름과 같으므로
$5 \times 2 = 10$(cm)입니다.
따라서 정사각형의 네 변의 길이의 합은
$10 \times 4 = 40$(cm)입니다.

9 각 원의 반지름을 구해 봅니다.
㉠ $22 \div 2 = 11$(cm) ㉡ $3 \times 4 = 12$(cm)
㉢ 10 cm ➡ ㉡ $>$ ㉠ $>$ ㉢

10 반지름이 같으므로 원의 크기가 모두 같은 모양을 찾으면 ④입니다.

11
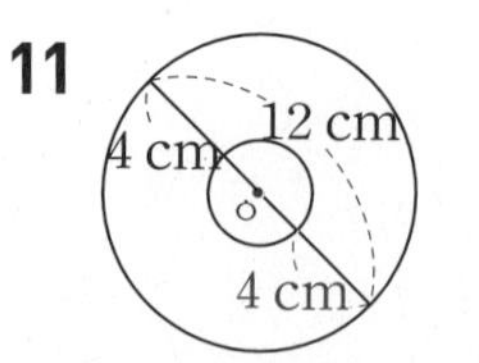

(작은 원의 지름)
$= 12 - 4 - 4$
$= 4$(cm)

12 사각형 ㄱㄴㄷㄹ의 네 변의 길이는 각각 원의 반지름인 6 cm와 같습니다.
따라서 사각형 ㄱㄴㄷㄹ의 네 변의 길이의 합은
$6 \times 4 = 24$(cm)입니다.

13 (선분 ㄱㄷ) $= 8 + 6 + 6 + 11 = 31$(cm)

14 중간 원의 반지름은 $7 \times 2 = 14$(cm)입니다.
따라서 가장 큰 원의 반지름은 $14 \times 2 = 28$(cm)입니다.

15 사각형의 네 변의 길이의 합은 원의 지름의 4배입니다.
따라서 한 원의 지름은 $40 \div 4 = 10$(cm)입니다.

16 직사각형의 가로는 원의 반지름의 6배이므로
$6 \times 6 = 36$(cm)입니다.

17 (중간 원의 반지름) $= 44 \div 2 = 22$(cm)
가장 작은 원의 지름은 $8 \times 2 = 16$(cm)이므로
(선분 ㄴㄹ) $= 22 + 16 = 38$(cm)입니다.

18 원의 지름은 작은 정사각형의 한 변의 길이와 같으므로 $28 \div 4 = 7$(cm)이고, 큰 정사각형의 한 변의 길이는 원의 지름의 2배이므로 $7 \times 2 = 14$(cm)입니다.
따라서 큰 정사각형의 네 변의 길이의 합은
$14 \times 4 = 56$(cm)입니다.

서술형
19 예 삼각형 ㄱㄴㄷ의 세 변의 길이의 합이 32 cm이므로 선분 ㄴㄱ과 선분 ㄴㄷ의 길이의 합은
$32 - 8 = 24$(cm)입니다. 선분 ㄴㄱ과 선분 ㄴㄷ은 원의 반지름으로 길이가 같으므로 원의 반지름은
$24 \div 2 = 12$(cm)입니다.

평가 기준	배점(5점)
선분 ㄴㄱ과 선분 ㄴㄷ의 길이의 합을 구했나요?	2점
원의 반지름의 길이를 구했나요?	3점

서술형
20 예 선분 ㄱㅁ의 길이는 정사각형의 한 변의 길이와 같고, 작은 원의 반지름의 4배이므로 작은 원의 반지름은
$8 \div 4 = 2$(cm)입니다.
따라서 선분 ㄱㄹ의 길이는 작은 원의 반지름의 3배이므로 $2 \times 3 = 6$(cm)입니다.

평가 기준	배점(5점)
작은 원의 반지름의 길이를 구했나요?	2점
선분 ㄱㄹ의 길이를 구했나요?	3점

4 분수

분수는 전체에 대한 부분, 비, 몫 등과 같이 여러 가지 의미를 가지고 있어 초등학생에게 어려운 개념입니다. 3-1에서 학생들은 원, 직사각형, 삼각형과 같은 영역을 등분할 하는 경험을 통하여 분수를 도입하였습니다. 이 단원에서는 이산량에 대한 분수를 알아봅니다. 이산량을 분수로 표현하는 것은 영역을 등분할 하여 분수로 표현하는 것보다 어렵습니다. 그것은 전체를 어떻게 부분으로 묶는가에 따라 표현되는 분수가 달라지기 때문입니다. 따라서 이 단원에서는 영역을 이용하여 분수를 처음 도입하는 것과 같은 방법으로 이산량을 등분할 하고 부분을 세어 보는 과정을 통해 이산량에 대한 분수를 도입하도록 합니다.

1 분수로 나타내기 86쪽

❶ 3, 3, 1, $\frac{1}{3}$

1 (1) $\frac{2}{3}$ (2) $\frac{3}{5}$

2 예 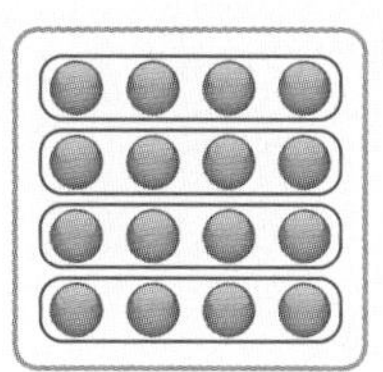 (1) 4 (2) $\frac{1}{4}$ (3) $\frac{3}{4}$

1 (1) 색칠한 부분은 전체 3묶음 중의 2묶음이므로 전체의 $\frac{2}{3}$입니다. ➡ 10은 15의 $\frac{2}{3}$입니다.
(2) 색칠한 부분은 전체 5묶음 중의 3묶음이므로 전체의 $\frac{3}{5}$입니다. ➡ 9는 15의 $\frac{3}{5}$입니다.

2 (2) 4는 전체 4묶음 중의 1묶음이므로 16의 $\frac{1}{4}$입니다.
(3) 12는 전체 4묶음 중의 3묶음이므로 16의 $\frac{3}{4}$입니다.

2 분수만큼은 얼마인지 알아보기 (1) 87쪽

3 (1) 7 (2) 14

4 (1) 12 (2) 16 (3) 18 (4) 15

5 (1) 2 / 6 (2) (위에서부터) 3 / 4, 4 / 12

3 (1) 21의 $\frac{1}{3}$은 21을 똑같이 3묶음으로 나눈 것 중의 1묶음이므로 7입니다.
(2) 21의 $\frac{2}{3}$는 21을 똑같이 3묶음으로 나눈 것 중의 2묶음이므로 $7 \times 2 = 14$입니다.

4 (1) 24의 $\frac{1}{2}$은 24를 똑같이 2묶음으로 나눈 것 중의 1묶음이므로 12입니다.
(2) 24의 $\frac{2}{3}$는 24를 똑같이 3묶음으로 나눈 것 중의 2묶음이므로 16입니다.
(3) 24의 $\frac{3}{4}$은 24를 똑같이 4묶음으로 나눈 것 중의 3묶음이므로 18입니다.
(4) 24의 $\frac{5}{8}$는 24를 똑같이 8묶음으로 나눈 것 중의 5묶음이므로 15입니다.

5 $\frac{▲}{■}$는 $\frac{1}{■}$의 ▲배입니다.

3 분수만큼은 얼마인지 알아보기 (2) 88쪽

6 (1) 2 (2) 10

7 (1) 8 (2) 15

8 (1) 3 (2) 9

6 (1) 16 cm의 $\frac{1}{8}$은 16 cm를 똑같이 8부분으로 나눈 것 중의 1부분이므로 2 cm입니다.
(2) 16 cm의 $\frac{5}{8}$는 16 cm를 똑같이 8부분으로 나눈 것 중의 5부분이므로 $2 \times 5 = 10$(cm)입니다.

7 (1) 20 cm를 똑같이 5부분으로 나눈 것 중의 1부분은 4 cm입니다.
20 cm의 $\frac{2}{5}$는 20 cm를 똑같이 5부분으로 나눈 것 중의 2부분이므로 $4 \times 2 = 8$(cm)입니다.
(2) 20 cm를 똑같이 4부분으로 나눈 것 중의 1부분은 5 cm입니다.
20 cm의 $\frac{3}{4}$은 20 cm를 똑같이 4부분으로 나눈 것 중의 3부분이므로 $5 \times 3 = 15$(cm)입니다.

8 (1) 12시간의 $\frac{1}{4}$은 12시간을 똑같이 4부분으로 나눈 것 중의 1부분이므로 3시간입니다.

(2) 12시간의 $\frac{3}{4}$은 12시간을 똑같이 4부분으로 나눈 것 중의 3부분이므로 $3 \times 3 = 9$(시간)입니다.

기본에서 응용으로

89~92쪽

1 $\frac{3}{6}$	**2** (1) 10, $\frac{4}{10}$ (2) 5, $\frac{2}{5}$
3 (1) $\frac{3}{5}$ (2) $\frac{4}{9}$	**4** $\frac{4}{7}$
5 준서	**6** 10
7 (1) 14 (2) 15	**8** ㉡
9 ㉢	**10** 15
11 32개	**12** 4개
13 900원	**14** (1) 50 (2) 80
15 (1) 12 (2) 5	**16** ㉡
17 (1) 9 (2) 6	**18** 4 km
19 해 바 라 기 / 0 1 2 3 4 5 6 7 8 9 10 11 12 13 14 15 16 17 18	/ 해바라기
20 25장	**21** 4개
22 12개	**23** (1) 32 (2) 42
24 20	**25** 18 cm

1 6은 전체 6묶음 중의 3묶음이므로 6은 12의 $\frac{3}{6}$입니다.

2 (1) 20개를 2개씩 묶으면 10묶음이고 8은 전체 10묶음 중의 4묶음이므로 20의 $\frac{4}{10}$입니다.

(2) 20개를 4개씩 묶으면 5묶음이고 8은 전체 5묶음 중의 2묶음이므로 20의 $\frac{2}{5}$입니다.

3 (1) 30을 6씩 묶으면 5묶음이고 18은 전체 5묶음 중의 3묶음이므로 30의 $\frac{3}{5}$입니다.

(2) 45를 5씩 묶으면 9묶음이고 20은 전체 9묶음 중의 4묶음이므로 45의 $\frac{4}{9}$입니다.

4 28장을 4장씩 묶으면 7묶음이 됩니다. 16은 전체 7묶음 중의 4묶음이므로 전체의 $\frac{4}{7}$입니다.

5 준서: 24를 4씩 묶으면 6묶음이고 12는 전체 6묶음 중의 3묶음이므로 24의 $\frac{3}{6}$입니다.

서술형
6 예 54를 9씩 묶으면 6묶음이고 9는 전체 6묶음 중의 1묶음이므로 54의 $\frac{1}{6}$입니다. ➡ ㉠=6

36을 6씩 묶으면 6묶음이고 24는 전체 6묶음 중의 4묶음이므로 36의 $\frac{4}{6}$입니다. ➡ ㉡=4

따라서 ㉠과 ㉡에 알맞은 수의 합은 $6+4=10$입니다.

단계	문제 해결 과정
①	㉠과 ㉡에 알맞은 수를 각각 구했나요?
②	㉠과 ㉡에 알맞은 수의 합을 구했나요?

7 (1) 21의 $\frac{2}{3}$는 21을 똑같이 3묶음으로 나눈 것 중의 2묶음이므로 14입니다.

(2) 21의 $\frac{5}{7}$는 21을 똑같이 7묶음으로 나눈 것 중의 5묶음이므로 15입니다.

8 ㉠ 27을 똑같이 3묶음으로 나눈 것 중의 1묶음이므로 9입니다.

㉡ 30을 똑같이 6묶음으로 나눈 것 중의 1묶음이므로 5입니다.

㉢ 18을 똑같이 3묶음으로 나눈 것 중의 1묶음이므로 6입니다.

9 ㉠ 21의 $\frac{1}{3}$이 7이므로 21의 $\frac{2}{3}$는 $7 \times 2 = 14$입니다.

㉡ 16의 $\frac{1}{8}$이 2이므로 16의 $\frac{7}{8}$은 $2 \times 7 = 14$입니다.

㉢ 32의 $\frac{1}{4}$이 8이므로 32의 $\frac{3}{4}$은 $8 \times 3 = 24$입니다.

따라서 □ 안에 알맞은 수가 다른 하나는 ㉢입니다.

10 $\frac{5}{6}$는 $\frac{1}{6}$이 5개이므로 ■의 $\frac{5}{6}$는 3의 5배인 15입니다.

11 (전체 수세미의 수)$=10 \times 4 = 40$(개)

40의 $\frac{1}{5}$이 8이므로 40의 $\frac{4}{5}$는 $8 \times 4 = 32$입니다.

따라서 선물한 수세미는 32개입니다.

서술형
12 예 사탕을 희주는 45의 $\frac{1}{5}$인 9개, 민아는 45의 $\frac{1}{9}$인 5개를 가졌습니다.

따라서 희주가 민아보다 사탕을 $9-5=4$(개) 더 많이 가졌습니다.

단계	문제 해결 과정
①	희주와 민아가 가진 사탕의 수를 각각 구했나요?
②	희주가 민아보다 사탕을 몇 개 더 많이 가졌는지 구했나요?

13 24의 $\frac{1}{8}$이 3이므로 24의 $\frac{3}{8}$은 $3\times3=9$입니다.
따라서 100원짜리 동전 9개이므로 모두 900원입니다.

14 (1) 1 m의 $\frac{1}{2}$은 1 m=100 cm를 똑같이 2부분으로 나눈 것 중의 1부분이므로 50 cm입니다.
(2) 1 m의 $\frac{4}{5}$는 1 m=100 cm를 똑같이 5부분으로 나눈 것 중의 4부분이므로 80 cm입니다.

15 1시간=60분입니다.
(1) 60분의 $\frac{1}{5}$은 $60\div5=12$(분)입니다.
(2) 60분의 $\frac{1}{12}$은 5분입니다.

16 ㉠ 12시간의 $\frac{1}{6}$이 2시간이므로 12시간의 $\frac{5}{6}$는 $2\times5=10$(시간)입니다.
㉡ 12시간의 $\frac{1}{4}$이 3시간이므로 12시간의 $\frac{3}{4}$은 $3\times3=9$(시간)입니다.
따라서 시간이 더 짧은 것은 ㉡입니다.

17 (1) 24시간의 $\frac{1}{8}$이 3시간이므로 24시간의 $\frac{3}{8}$은 $3\times3=9$(시간)입니다.
(2) 24시간의 $\frac{1}{4}$은 6시간입니다.

18 10 km의 $\frac{1}{5}$이 2 km이므로 10 km의 $\frac{3}{5}$은 6 km입니다. 6 km의 $\frac{1}{3}$이 2 km이므로 6 km의 $\frac{2}{3}$는 4 km입니다.
따라서 준서가 오늘 걸은 거리는 4 km입니다.

19 18의 $\frac{1}{3}$은 6, 18의 $\frac{2}{3}$는 12, 18의 $\frac{1}{6}$은 3, 18의 $\frac{5}{6}$는 15이므로 □ 안에 알맞은 글자를 써넣습니다.

20 40의 $\frac{1}{8}$이 5이므로 40의 $\frac{3}{8}$은 15입니다.
따라서 사용한 색종이가 15장이므로 남은 색종이는 $40-15=25$(장)입니다.

21 36의 $\frac{1}{9}$이 4이므로 36의 $\frac{5}{9}$는 20입니다.
연주가 먹은 딸기는 20개이므로 먹고 남은 딸기는 $36-20=16$(개)입니다. 따라서 16의 $\frac{1}{4}$은 4이므로 희연이가 먹은 딸기는 4개입니다.

22 56의 $\frac{1}{7}$이 8이므로 56의 $\frac{3}{7}$은 24입니다.
수현이가 먹고 남은 방울토마토는 $56-24=32$(개)입니다. 32의 $\frac{1}{8}$이 4이므로 32의 $\frac{5}{8}$는 20입니다.
따라서 남은 방울토마토는 $32-20=12$(개)입니다.

23 (1) □는 4씩 8묶음이므로 $4\times8=32$입니다.
(2) □의 $\frac{3}{7}$이 18이므로 □의 $\frac{1}{7}$은 $18\div3=6$입니다.
따라서 □는 6씩 7묶음이므로 $6\times7=42$입니다.

24 어떤 수의 $\frac{2}{5}$가 8이므로 어떤 수의 $\frac{1}{5}$은 $8\div2=4$입니다. 따라서 어떤 수는 4씩 5묶음이므로 $4\times5=20$입니다.

서술형
25 예 철사의 $\frac{1}{9}$이 12 cm이므로 전체 철사의 길이는 $12\times9=108$(cm)입니다. 108 cm의 $\frac{1}{6}$은 108 cm를 똑같이 6부분으로 나눈 것 중의 1부분이므로 $108\div6=18$(cm)입니다.

단계	문제 해결 과정
①	전체 철사의 길이를 구했나요?
②	전체 철사의 $\frac{1}{6}$은 몇 cm인지 구했나요?

4 진분수와 가분수 알아보기 93쪽

1 (1) $\frac{7}{8}$ (2) $\frac{8}{6}$　**2** $\frac{4}{5}$, $\frac{5}{5}$, $\frac{8}{5}$
3 진, 진, 가, 가, 진

1 (1) $\frac{1}{8}$이 7개이므로 $\frac{7}{8}$입니다.
(2) $\frac{1}{6}$이 8개이므로 $\frac{8}{6}$입니다.

3 분자가 분모보다 작으면 진분수이고, 분자가 분모와 같거나 분모보다 크면 가분수입니다.

5 대분수 알아보기 94쪽

4 (1) 예

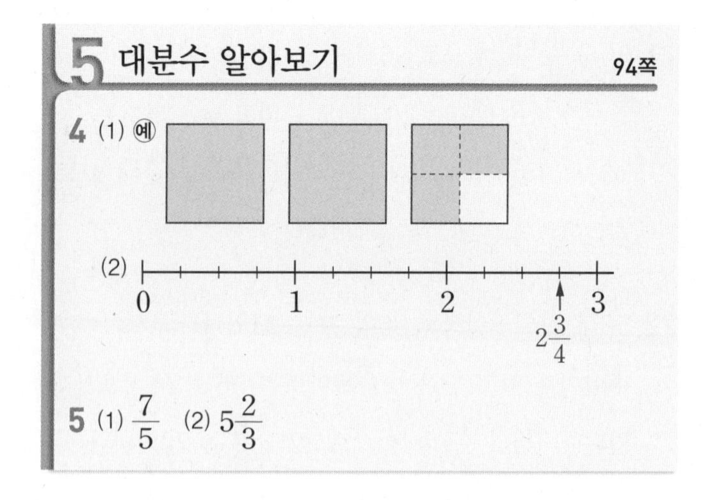

5 (1) $\frac{7}{5}$ (2) $5\frac{2}{3}$

5 (1) $1\frac{2}{5}$에서 자연수 $1=\frac{5}{5}$이므로 $1\frac{2}{5}=\frac{7}{5}$입니다.

(2) $\frac{17}{3}$에서 $\frac{15}{3}=5$이므로 $\frac{17}{3}=5\frac{2}{3}$입니다.

6 분모가 같은 분수의 크기 비교 95쪽

! <, <

6 <

7 (1) > (2) > (3) = (4) <

7 (1) 분자의 크기를 비교하면 $10>8$이므로 $\frac{10}{7}>\frac{8}{7}$입니다.

(2) 자연수의 크기를 비교하면 $5>4$이므로 $5\frac{1}{3}>4\frac{2}{3}$입니다.

(3) 가분수를 대분수로 나타내면 $\frac{13}{8}=1\frac{5}{8}$이므로 $1\frac{5}{8}=\frac{13}{8}$입니다.

(4) 대분수를 가분수로 나타내면 $2\frac{1}{9}=\frac{19}{9}$이므로 $\frac{15}{9}<\frac{19}{9}$입니다.

기본에서 응용으로 96~99쪽

26 $\frac{8}{5}$ 27 (1) 2, 3, 5 (2) 4, 8, 12

28 $\frac{10}{3}$

29 $\frac{4}{9}$, $\frac{10}{13}$, $\frac{2}{3}$ / $\frac{4}{4}$, $\frac{11}{8}$, $\frac{8}{3}$

30 $\frac{1}{4}$, $\frac{2}{4}$, $\frac{3}{4}$ 31 ㉢

32 4개 33 $\frac{10}{11}$

34 $\frac{6}{6}$

35 (1) $\frac{11}{8}$에 ○표 (2) $\frac{5}{6}$에 ○표

36

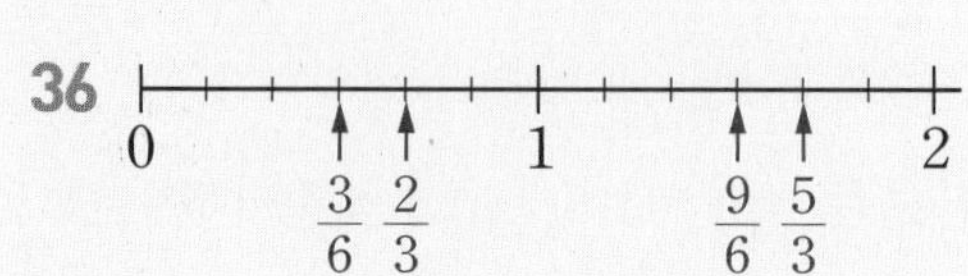

37 $2\frac{3}{5}$, $4\frac{3}{8}$에 ○표 38 1, 2, 3

39 (1) $2\frac{1}{7}$ (2) $\frac{36}{13}$

40 예 대분수는 자연수와 진분수로 이루어진 분수인데 자연수와 가분수로 나타냈습니다. / $3\frac{1}{4}$

41 13개 42 49

43 $9\frac{2}{3}$

44

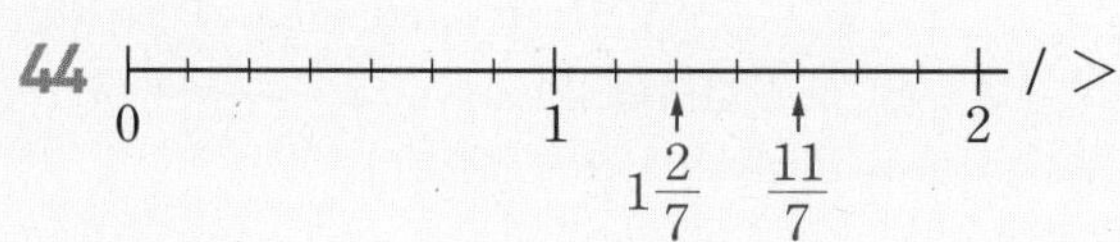

/ >

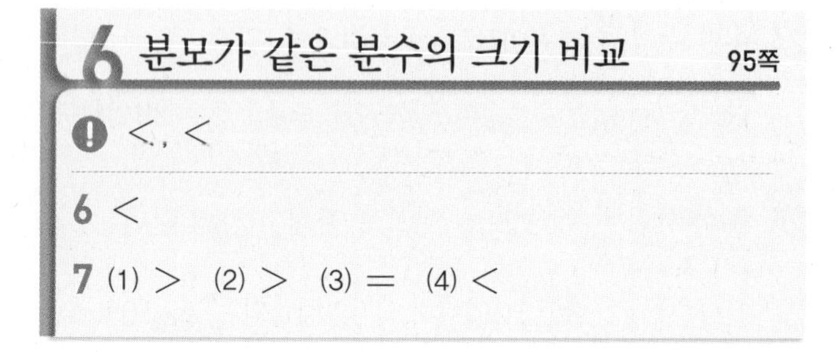

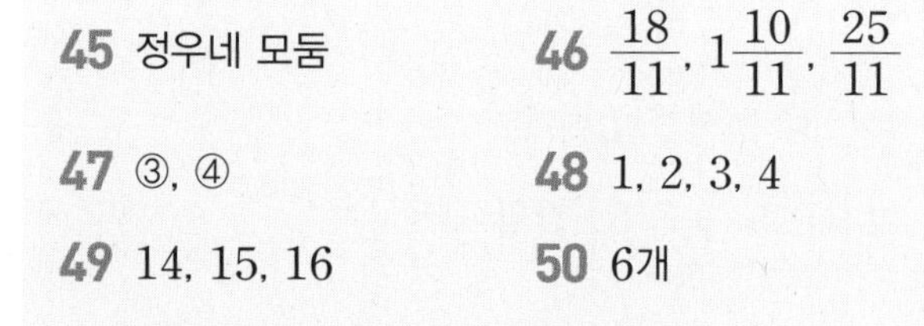

45 정우네 모둠 46 $\frac{18}{11}$, $1\frac{10}{11}$, $\frac{25}{11}$

47 ③, ④ 48 1, 2, 3, 4

49 14, 15, 16 50 6개

51 $3\frac{7}{8}$, $7\frac{3}{8}$, $8\frac{3}{7}$ 52 6개

26 $\frac{1}{5}$이 8개인 수는 $\frac{8}{5}$입니다.

27 자연수 1은 분자와 분모가 같습니다. 자연수 2는 분자가 분모의 2배이고, 자연수 3은 분자가 분모의 3배입니다.

28 작은 눈금 한 칸의 크기는 $\frac{1}{3}$입니다.

$1=\frac{3}{3}$, $2=\frac{6}{3}$, $3=\frac{9}{3}$이므로 화살표 ↓가 나타내는 분수는 $\frac{10}{3}$입니다.

29 진분수는 분자가 분모보다 작은 분수이므로 $\frac{4}{9}$, $\frac{10}{13}$, $\frac{2}{3}$입니다. 가분수는 분자가 분모와 같거나 분모보다 큰 분수이므로 $\frac{4}{4}$, $\frac{11}{8}$, $\frac{8}{3}$입니다.

30 진분수는 분자가 분모보다 작아야 합니다.
따라서 분모가 4인 진분수는 $\frac{1}{4}$, $\frac{2}{4}$, $\frac{3}{4}$입니다.

31 ㉢ 분자가 분모와 같은 가분수는 1과 크기가 같습니다.

서술형
32 예 가분수의 분모는 분자와 같거나 분자보다 작아야 합니다. 따라서 분모가 될 수 있는 수는 2, 3, 4, 5로 모두 4개입니다.

단계	문제 해결 과정
①	가분수의 분자와 분모의 크기를 비교했나요?
②	□ 안에 들어갈 수 있는 수는 모두 몇 개인지 구했나요?

33 분모가 11인 진분수이므로 분자는 1, 2, ..., 10이고 이 중 가장 큰 수는 10입니다. 따라서 분모가 11인 진분수 중에서 분자가 가장 큰 분수는 $\frac{10}{11}$입니다.

34 분모가 6인 가분수이므로 분자는 6, 7, 8, ...이고 이 중 가장 작은 수는 6입니다. 따라서 분모가 6인 가분수 중에서 분자가 가장 작은 분수는 $\frac{6}{6}$입니다.

35 (1) 분모와 분자의 합이 19인 분수는 $\frac{6}{13}$, $\frac{11}{8}$이고 이 중 가분수는 $\frac{11}{8}$입니다.
(2) 분모와 분자의 합이 11인 분수는 $\frac{7}{4}$, $\frac{5}{6}$이고 이 중 진분수는 $\frac{5}{6}$입니다.

36 $\frac{3}{6}$, $\frac{9}{6}$를 나타내려면 큰 눈금 한 칸을 똑같이 6칸으로 나누어야 하고, $\frac{2}{3}$, $\frac{5}{3}$를 나타내려면 큰 눈금 한 칸을 똑같이 3칸으로 나누어야 합니다.

37 자연수와 진분수로 이루어진 분수를 모두 찾으면 $2\frac{3}{5}$, $4\frac{3}{8}$입니다.

38 대분수는 자연수와 진분수로 이루어진 분수이므로 □ 안에는 분모인 4보다 작은 수가 들어가야 합니다.
따라서 □ 안에 들어갈 수 있는 자연수는 1, 2, 3입니다.

39 (1) $\frac{15}{7}$에서 $\frac{14}{7}=2$이므로 $\frac{15}{7}=2\frac{1}{7}$입니다.
(2) $2\frac{10}{13}$에서 자연수 $2=\frac{26}{13}$이므로 $2\frac{10}{13}=\frac{36}{13}$입니다.

서술형
40 $\frac{13}{4}$에서 $\frac{12}{4}=3$이므로 $\frac{13}{4}=3\frac{1}{4}$입니다.

단계	문제 해결 과정
①	잘못 나타낸 까닭을 썼나요?
②	대분수로 바르게 나타냈나요?

41 $1\frac{4}{9}$에서 자연수 $1=\frac{9}{9}$이므로 $1\frac{4}{9}=\frac{13}{9}$입니다.
따라서 $\frac{13}{9}$은 $\frac{1}{9}$이 13개인 수입니다.

42 $7\frac{2}{7}$에서 자연수 $7=\frac{49}{7}$이므로 $7\frac{2}{7}=\frac{51}{7}$입니다.
➡ ㉠=51
$\frac{34}{8}$에서 $\frac{32}{8}=4$이므로 $\frac{34}{8}=4\frac{2}{8}$입니다. ➡ ㉡=2
따라서 ㉠−㉡=51−2=49입니다.

43 $\frac{29}{9}=3\frac{2}{9}$입니다. 따라서 어떤 대분수는 $3\frac{2}{9}$의 자연수와 분모를 바꾼 수인 $9\frac{2}{3}$입니다.

44 수직선에서 오른쪽에 있는 수가 왼쪽에 있는 수보다 더 큽니다. ➡ $\frac{11}{7}>1\frac{2}{7}$

45 $\frac{15}{4}=3\frac{3}{4}$입니다. $3\frac{3}{4}>3\frac{1}{4}>2\frac{3}{4}$이므로 쓰레기를 가장 많이 주운 모둠은 정우네 모둠입니다.

46 $1\frac{10}{11}=\frac{21}{11}$이고 $\frac{18}{11}<\frac{21}{11}<\frac{25}{11}$이므로 작은 분수부터 차례로 쓰면 $\frac{18}{11}$, $1\frac{10}{11}$, $\frac{25}{11}$입니다.

47 $\frac{11}{9}=1\frac{2}{9}$이고, $\frac{21}{9}=2\frac{3}{9}$이므로 $1\frac{2}{9}$보다 크고 $2\frac{3}{9}$보다 작은 대분수가 아닌 것은 ③, ④입니다.

48 $\frac{40}{7}$에서 $\frac{35}{7}=5$이므로 $\frac{40}{7}=5\frac{5}{7}$입니다.
$5\frac{5}{7}>5\frac{●}{7}$이므로 ●에 알맞은 수는 5보다 작은 1, 2, 3, 4입니다.

서술형
49 예 $2\frac{1}{6}=\frac{13}{6}$, $2\frac{5}{6}=\frac{17}{6}$이므로 $\frac{13}{6}<\frac{□}{6}<\frac{17}{6}$입니다. 따라서 □ 안에 들어갈 수 있는 자연수는 14, 15, 16입니다.

단계	문제 해결 과정
①	대분수를 가분수로 나타냈나요?
②	□ 안에 들어갈 수 있는 자연수를 모두 구했나요?

50 분모가 5일 때: $\frac{2}{5}$ ➡ 1개

분모가 7일 때: $\frac{2}{7}$, $\frac{5}{7}$ ➡ 2개

분모가 9일 때: $\frac{2}{9}$, $\frac{5}{9}$, $\frac{7}{9}$ ➡ 3개

따라서 만들 수 있는 진분수는 모두 $1+2+3=6$(개)입니다.

51 먼저 자연수 부분에 수를 놓고, 남은 두 수로 진분수를 만듭니다. ➡ $3\frac{7}{8}$, $7\frac{3}{8}$, $8\frac{3}{7}$

52 분모가 3인 가분수: $\frac{78}{3}$, $\frac{87}{3}$

분모가 7인 가분수: $\frac{38}{7}$, $\frac{83}{7}$

분모가 8인 가분수: $\frac{37}{8}$, $\frac{73}{8}$

따라서 만들 수 있는 가분수는 모두 6개입니다.

응용에서 최상위로

100~103쪽

1 75개 **1-1** 10살 **1-2** 12 cm

2 $\frac{45}{7}$, $6\frac{3}{7}$ **2-1** $8\frac{2}{5}$, $\frac{42}{5}$ **2-2** $1\frac{3}{74}$, $\frac{77}{74}$

3 $\frac{2}{5}$ **3-1** $\frac{13}{7}$ **3-2** $2\frac{1}{5}$

4 1단계 예 전체 길이의 $\frac{9}{50}$가 18 cm이므로 전체 길이의 $\frac{1}{50}$은 2 cm이고, 전체 길이는 100 cm입니다.

2단계 예 1층 탑신 옥개부의 길이:
100 cm의 $\frac{1}{4}$ ➡ 25 cm
2층 탑신 옥개부의 길이:
100 cm의 $\frac{7}{20}$ ➡ 35 cm
따라서 두 길이의 차는 $35-25=10$(cm)입니다.

/ 10 cm

4-1 21 cm

1 45의 $\frac{2}{5}$는 18이므로 사과는 18개이고, 18의 $\frac{2}{3}$는 12이므로 복숭아는 12개입니다. 따라서 배, 사과, 복숭아는 모두 $45+18+12=75$(개)입니다.

1-1 40의 $\frac{7}{8}$은 35이므로 어머니의 나이는 35살입니다.

35의 $\frac{2}{7}$는 10이므로 소영이의 나이는 10살입니다.

1-2 첫째로 튀어 오른 공의 높이는 49 cm의 $\frac{4}{7}$이므로 28 cm입니다. 둘째로 튀어 오른 공의 높이는 28 cm의 $\frac{4}{7}$이므로 16 cm입니다.

따라서 두 높이의 차는 $28-16=12$(cm)입니다.

2 가장 큰 수 7을 분모로, 남은 두 수 4와 5로 만든 가장 작은 두 자리 수 45를 분자로 하여 가분수를 만들면 $\frac{45}{7}$입니다. $\frac{45}{7}$에서 $\frac{42}{7}=6$이므로 $\frac{45}{7}=6\frac{3}{7}$입니다.

2-1 가장 큰 수 8을 자연수로 하고, 남은 두 수 2와 5로 진분수 $\frac{2}{5}$를 만들어 가장 큰 대분수를 만들면 $8\frac{2}{5}$입니다.

$8\frac{2}{5}$에서 자연수 $8=\frac{40}{5}$이므로 $8\frac{2}{5}=\frac{42}{5}$입니다.

2-2 가장 작은 수 1을 자연수로 하고, 남은 세 수로 가장 작은 진분수를 만듭니다.
가장 작은 진분수는 분모는 크게, 분자는 작게 해야 하므로 가장 작은 대분수는 $1\frac{3}{74}$입니다.

$1\frac{3}{74}$에서 자연수 $1=\frac{74}{74}$이므로 $1\frac{3}{74}=\frac{77}{74}$입니다.

3 합이 7인 진분수의 분자와 분모는 다음과 같습니다.

분자	1	2	3
분모	6	5	4
차	5	3	1

이 중에서 차가 3인 경우는 분자가 2, 분모가 5인 경우이므로 조건을 모두 만족시키는 분수는 $\frac{2}{5}$입니다.

3-1 합이 20인 가분수의 분자와 분모는 다음과 같습니다.

분자	10	11	12	13	14	15	16	17	18	19
분모	10	9	8	7	6	5	4	3	2	1
차	0	2	4	6	8	10	12	14	16	18

이 중에서 차가 6인 경우는 분자가 13, 분모가 7인 경우이므로 조건을 모두 만족시키는 분수는 $\frac{13}{7}$입니다.

3-2 분모가 5인 대분수이므로 $■\frac{▲}{5}$꼴입니다.

$\frac{8}{5}=1\frac{3}{5}$이므로 $1\frac{3}{5}<■\frac{▲}{5}<2\frac{2}{5}$에서 $■\frac{▲}{5}$는 $1\frac{4}{5}$ 또는 $2\frac{1}{5}$이 될 수 있습니다.

$1\frac{4}{5}$ ➡ $1+5+4=10$, $2\frac{1}{5}$ ➡ $2+5+1=8$

따라서 조건을 모두 만족시키는 분수는 $2\frac{1}{5}$입니다.

4-1 전체 길이의 $\frac{1}{4}$이 15 cm이므로 전체 길이는 60 cm입니다.

상륜부의 길이: 60 cm의 $\frac{1}{5}$ ➡ 12 cm

(탑신부의 길이)$=60-12-15=33$(cm)

따라서 상륜부와 탑신부의 길이의 차는 $33-12=21$(cm)입니다.

단원 평가 Level ❶

104~106쪽

1 $\frac{2}{6}$	**2** 6
3 (1) 4 (2) 10	**4** (1) 5 (2) 2
5 $\frac{3}{4}$, $\frac{7}{8}$	**6** $\frac{9}{7}$
7 $\frac{12}{13}$	**8** (1) $5\frac{2}{9}$ (2) $\frac{58}{11}$
9 $3\frac{3}{8}$	**10** 2시간, 6 km
11 $\frac{20}{9}$, $\frac{13}{9}$	**12** (1) 54 (2) 35
13 학교, 병원, 도서관	**14** $\frac{5}{3}$, $\frac{7}{3}$, $\frac{9}{3}$, $\frac{7}{5}$, $\frac{9}{5}$, $\frac{9}{7}$
15 $1\frac{5}{7}$	**16** 21명
17 1, 2	**18** $\frac{23}{7}$ m, $\frac{24}{7}$ m
19 27	**20** 철사

1 색칠한 부분은 전체 6묶음 중의 2묶음이므로 전체의 $\frac{2}{6}$입니다.

2 14의 $\frac{3}{7}$은 14를 똑같이 7묶음으로 나눈 것 중의 3묶음이므로 6입니다.

3 (1) 12 cm의 $\frac{1}{3}$은 12 cm를 똑같이 3부분으로 나눈 것 중의 1부분이므로 4 cm입니다.

(2) 12 cm의 $\frac{5}{6}$는 12 cm를 똑같이 6부분으로 나눈 것 중의 5부분이므로 10 cm입니다.

4 (1) 12를 똑같이 12로 나누면 5는 12의 $\frac{5}{12}$입니다.

(2) 16을 똑같이 2묶음으로 나누면 8은 16의 $\frac{1}{2}$입니다.

6 작은 눈금 한 칸의 크기는 $\frac{1}{7}$입니다.

따라서 ㉠은 작은 눈금 9칸이므로 $\frac{9}{7}$입니다.

7 분모가 13인 진분수의 분자는 13보다 작은 수여야 합니다.

따라서 만들 수 있는 가장 큰 진분수는 $\frac{12}{13}$입니다.

8 (1) $\frac{47}{9}$에서 $\frac{45}{9}=5$이므로 $\frac{47}{9}=5\frac{2}{9}$입니다.

(2) $5\frac{3}{11}$에서 자연수 $5=\frac{55}{11}$이므로 $5\frac{3}{11}=\frac{58}{11}$입니다.

9 $\frac{1}{8}$이 27개인 수는 $\frac{27}{8}$입니다.

$\frac{27}{8}$에서 $\frac{24}{8}=3$이므로 $\frac{27}{8}=3\frac{3}{8}$입니다.

10 12시간의 $\frac{1}{6}$은 2시간입니다.

9 km의 $\frac{1}{3}$은 3 km이므로 9 km의 $\frac{2}{3}$는 6 km입니다.

11 $1\frac{7}{9}$에서 자연수 $1=\frac{9}{9}$이므로 $1\frac{7}{9}=\frac{16}{9}$입니다.

따라서 $\frac{13}{9}<\frac{16}{9}<\frac{20}{9}$이므로 가장 큰 분수는 $\frac{20}{9}$이고 가장 작은 분수는 $\frac{13}{9}$입니다.

12 (1) □는 9씩 6묶음이므로 $9 \times 6 = 54$입니다.

(2) □의 $\frac{4}{5}$가 28이므로 □의 $\frac{1}{5}$은 $28 \div 4 = 7$입니다.

따라서 □는 7씩 5묶음이므로 $7 \times 5 = 35$입니다.

13 대분수를 가분수로 나타내면 $1\frac{1}{8} = \frac{9}{8}$입니다.

따라서 $\frac{9}{8} < \frac{10}{8} < \frac{11}{8}$이므로 유나네 집에서 가까운 곳부터 차례로 쓰면 학교, 병원, 도서관입니다.

14 가분수는 분자가 분모와 같거나 분모보다 큰 분수입니다.

분모가 3인 가분수: $\frac{5}{3}$, $\frac{7}{3}$, $\frac{9}{3}$

분모가 5인 가분수: $\frac{7}{5}$, $\frac{9}{5}$

분모가 7인 가분수: $\frac{9}{7}$

15 분모가 7이고 분모와 분자의 합이 19이므로 분자는 $19 - 7 = 12$입니다.

가분수는 $\frac{12}{7}$이고 $\frac{7}{7} = 1$이므로 $\frac{12}{7} = 1\frac{5}{7}$입니다.

16 (두 반의 전체 학생 수)$= 22 + 27 = 49$(명)

49의 $\frac{1}{7}$이 7이므로 49의 $\frac{3}{7}$은 21입니다.

따라서 두 반의 여학생은 모두 21명입니다.

17 $\frac{11}{8} = 1\frac{3}{8}$이므로 $1\frac{□}{8} < 1\frac{3}{8}$에서 □ 안에 들어갈 수 있는 자연수는 1, 2입니다.

18 $\frac{22}{7} < \frac{□}{7} < 3\frac{4}{7}$입니다.

$3\frac{4}{7} = \frac{25}{7}$이므로 $\frac{22}{7} < \frac{□}{7} < \frac{25}{7}$에서 □ 안에 들어갈 수 있는 수는 23, 24입니다. 따라서 파란색 털실의 길이는 $\frac{23}{7}$ m 또는 $\frac{24}{7}$ m입니다.

서술형

19 예 어떤 수의 $\frac{1}{3}$이 15이므로 어떤 수는 $15 \times 3 = 45$입니다. 따라서 45의 $\frac{1}{5}$이 9이므로 45의 $\frac{3}{5}$은 $9 \times 3 = 27$입니다.

평가 기준	배점(5점)
어떤 수를 구했나요?	2점
어떤 수의 $\frac{3}{5}$을 구했나요?	3점

서술형

20 예 사용한 철사의 길이: 72 m의 $\frac{1}{9}$이 8 m이므로 72 m의 $\frac{4}{9}$는 $8 \times 4 = 32$(m)입니다.

사용한 색 테이프의 길이: 36 m의 $\frac{1}{6}$이 6 m이므로 36 m의 $\frac{5}{6}$는 $6 \times 5 = 30$(m)입니다.

따라서 $32 > 30$이므로 더 많이 사용한 것은 철사입니다.

평가 기준	배점(5점)
사용한 철사와 색 테이프의 길이를 각각 구했나요?	3점
더 많이 사용한 것은 무엇인지 구했나요?	2점

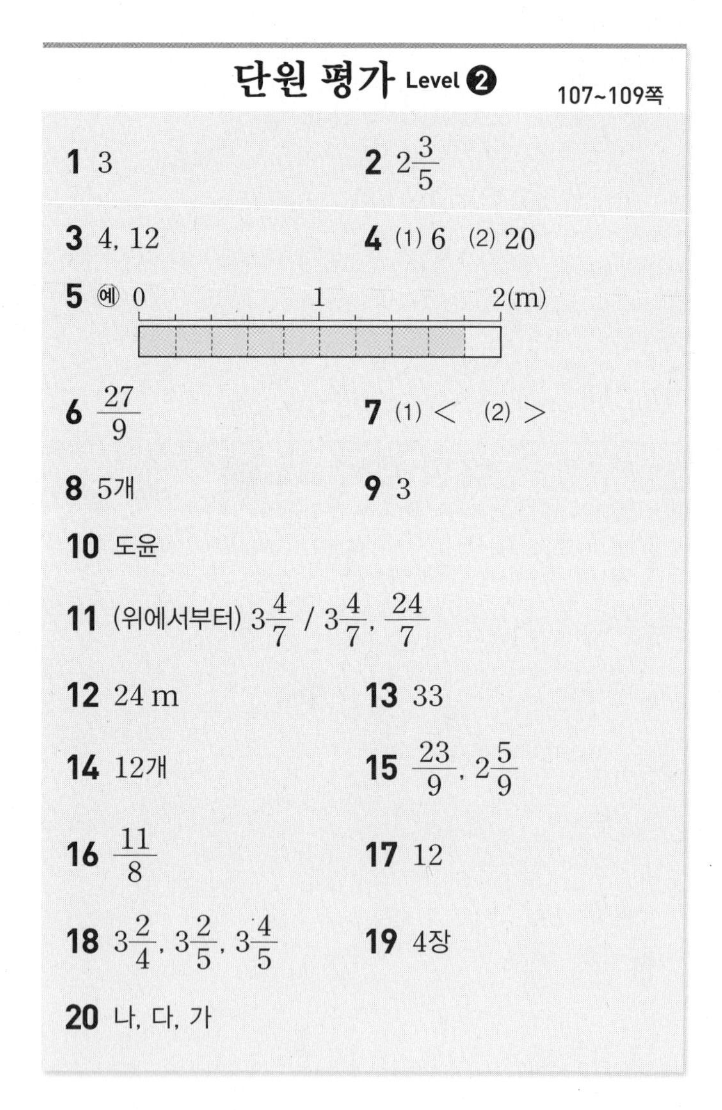

단원 평가 Level ❷

107~109쪽

1 3 **2** $2\frac{3}{5}$

3 4, 12 **4** (1) 6 (2) 20

5 예

6 $\frac{27}{9}$ **7** (1) < (2) >

8 5개 **9** 3

10 도윤

11 (위에서부터) $3\frac{4}{7}$ / $3\frac{4}{7}$, $\frac{24}{7}$

12 24 m **13** 33

14 12개 **15** $\frac{23}{9}$, $2\frac{5}{9}$

16 $\frac{11}{8}$ **17** 12

18 $3\frac{2}{4}$, $3\frac{2}{5}$, $3\frac{4}{5}$ **19** 4장

20 나, 다, 가

1 28을 7씩 묶으면 4묶음이 되고, 21은 4묶음 중의 3묶음이므로 21은 28의 $\frac{3}{4}$입니다.

3 20의 $\frac{1}{5}$은 4입니다. $\frac{3}{5}$은 $\frac{1}{5}$의 3배이므로 20의 $\frac{3}{5}$은 4의 3배인 12입니다.

4 (1) 24시간을 똑같이 4부분으로 나눈 것 중의 1부분이므로 6시간입니다.
(2) 24시간을 똑같이 6부분으로 나눈 것 중의 5부분이므로 20시간입니다.

5 $\frac{9}{5}$는 $\frac{1}{5}$이 9개이므로 9칸을 색칠합니다.

6 자연수 1을 분모가 9인 분수로 나타내면 $\frac{9}{9}$이므로 자연수 3을 분모가 9인 분수로 나타내려면 분자는 9의 3배가 되어야 합니다. ➡ $3=\frac{27}{9}$

7 (1) $1\frac{5}{9}=\frac{14}{9}$이므로 $\frac{11}{9}<\frac{14}{9}$입니다.
(2) $\frac{16}{5}=3\frac{1}{5}$이므로 $3\frac{2}{5}>3\frac{1}{5}$입니다.

8 분모가 6인 진분수는 $\frac{1}{6}$, $\frac{2}{6}$, $\frac{3}{6}$, $\frac{4}{6}$, $\frac{5}{6}$로 모두 5개입니다.

9 거꾸로 가분수를 대분수로 나타내면
$\frac{25}{11}$에서 $\frac{22}{11}=2$이므로 $\frac{25}{11}=2\frac{3}{11}$입니다.
따라서 □ 안에 알맞은 수는 3입니다.

10 승우: 18 m의 $\frac{1}{3}$이 6 m이므로 18 m의 $\frac{2}{3}$는 12 m입니다.
민아: 30 m의 $\frac{1}{5}$이 6 m이므로 30 m의 $\frac{3}{5}$은 18 m입니다.
도윤: 27 m의 $\frac{1}{9}$이 3 m이므로 27 m의 $\frac{4}{9}$는 12 m입니다.
따라서 바르게 말한 사람은 도윤입니다.

11 $3\frac{4}{7}=\frac{25}{7}$이므로 $\frac{22}{7}<\frac{25}{7}$입니다.
$2\frac{6}{7}=\frac{20}{7}$이므로 $\frac{24}{7}>\frac{20}{7}$입니다.
➡ $\frac{25}{7}>\frac{24}{7}$

12 어떤 막대의 $\frac{1}{4}$이 8 m이므로 이 막대의 $\frac{3}{4}$은 8 m의 3배인 24 m입니다.

13 6이 ㉠의 $\frac{2}{7}$이므로 ㉠의 $\frac{1}{7}$은 $6\div2=3$입니다.
➡ ㉠$=3\times7=21$
15의 $\frac{1}{5}$이 3이므로 15의 $\frac{4}{5}$는 $3\times4=12$입니다.
➡ ㉡$=12$
따라서 ㉠+㉡$=21+12=33$입니다.

14 21의 $\frac{1}{7}$이 3이므로 21의 $\frac{3}{7}$은 $3\times3=9$입니다.
따라서 남은 쿠키는 $21-9=12$(개)입니다.

15 가장 큰 수 9를 분모로, 남은 두 수 3과 2로 만든 두 자리 수 중 더 작은 23을 분자로 하여 가분수를 만들면 $\frac{23}{9}$입니다. $\frac{23}{9}$에서 $\frac{18}{9}=2$이므로 $\frac{23}{9}=2\frac{5}{9}$입니다.

16 분모가 8이고 분모와 분자의 합이 19이므로 분자는 $19-8=11$입니다.
따라서 조건을 모두 만족시키는 분수는 $\frac{11}{8}$입니다.

17 $\frac{7}{3}=2\frac{1}{3}$이고 $\frac{17}{3}=5\frac{2}{3}$이므로 $2\frac{1}{3}$보다 크고 $5\frac{2}{3}$보다 작은 자연수는 3, 4, 5입니다.
➡ $3+4+5=12$

18 3보다 크고 4보다 작은 대분수이므로 자연수가 3인 대분수를 만들어야 합니다.
나머지 수 2, 4, 5를 이용하여 만들 수 있는 진분수는 $\frac{2}{4}$, $\frac{2}{5}$, $\frac{4}{5}$이므로 구하는 대분수는 $3\frac{2}{4}$, $3\frac{2}{5}$, $3\frac{4}{5}$입니다.

서술형
19 예 준우에게 준 딱지는 40장의 $\frac{1}{5}$이므로 8장입니다.
준우에게 주고 남은 딱지는 $40-8=32$(장)입니다.
따라서 수호에게 준 딱지는 32장의 $\frac{1}{8}$이므로 4장입니다.

평가 기준	배점(5점)
준우에게 준 딱지는 몇 장인지 구했나요?	2점
수호에게 준 딱지는 몇 장인지 구했나요?	3점

서술형
20 예 다 막대의 길이를 대분수로 나타내면
$\frac{15}{9}$ m$=1\frac{6}{9}$ m입니다.
세 분수의 크기를 비교하면 $1\frac{8}{9}>1\frac{6}{9}>1\frac{5}{9}$이므로 길이가 긴 것부터 차례로 기호를 쓰면 나, 다, 가입니다.

평가 기준	배점(5점)
세 분수의 크기를 비교했나요?	3점
길이가 긴 것부터 차례로 기호를 썼나요?	2점

5 들이와 무게

들이와 무게는 측정 영역에서 학생들이 다루게 되는 핵심적인 속성입니다. 들이와 무게는 실생활과 직접적으로 연결되어 있기 때문에 들이와 무게의 측정 능력을 기르는 것은 실제 생활의 문제를 해결하는 데 필수적입니다. 따라서 들이와 무게를 지도할 때에는 다음과 같은 사항에 중점을 둡니다. 첫째, 측정의 필요성이 강조되어야 합니다. 둘째, 실제 측정 경험이 제공되어야 합니다. 셋째, 어림과 양감 형성에 초점을 두어야 합니다. 넷째, 실생활 및 타 교과와의 연계가 이루어져야 합니다. 이 단원은 초등학교에서 들이와 무게를 다루는 마지막 단원이므로 이러한 점을 강조하여 들이와 무게를 정확히 이해할 수 있도록 지도합니다.

1 들이 비교하기 112쪽

1 물병

2 ㉮, ㉯, 1

1 모양과 크기가 같은 그릇에 옮겨 담은 물의 높이를 비교하면 물병의 물을 옮겨 담은 쪽이 더 높으므로 물병의 들이가 더 많습니다.

2 ㉮ 그릇의 들이는 컵 5개, ㉯ 그릇의 들이는 컵 4개와 같으므로 ㉮ 그릇이 ㉯ 그릇보다 컵 1개만큼 들이가 더 많습니다.

2 들이의 단위 113쪽

3 (1) 400 (2) 2, 500

4 (1) 3000 (2) 8300 (3) 7060 (4) 4, 300

5 ( )(○)( )

3 (1) 큰 눈금 한 칸의 크기는 100 mL이므로 400 mL입니다.

(2) 큰 눈금 한 칸의 크기는 1 L, 작은 눈금 한 칸의 크기는 100 mL이므로 2 L 500 mL입니다.

4 1 L=1000 mL입니다.

(2) 8 L 300 mL= 8 L+ 300 mL
= 8000 mL+ 300 mL
= 8300 mL

(3) 7 L 60 mL=7 L+60 mL
=7000 mL+60 mL
=7060 mL

(4) 4300 mL=4000 mL+300 mL
=4 L+300 mL
=4 L 300 mL

5 3 L 40 mL=3 L+40 mL
=3000 mL+40 mL
=3040 mL

➡ 3400 mL > 3040 mL > 3004 mL

3 들이를 어림하고 재어 보기 114쪽

6 ㉎ 500 mL

7 (1) mL (2) L (3) mL

8 ㉎ 2500 mL

6 주스병의 들이는 들이가 1 L인 우유갑의 절반쯤이므로 약 500 mL라고 어림할 수 있습니다.

8 들이가 1 L=1000 mL인 통의 절반은 약 500 mL입니다.
따라서 수조의 들이는 약
1000 mL+1000 mL+500 mL=2500 mL입니다.

4 들이의 덧셈과 뺄셈 115쪽

❶ L, mL

9 (1) 8, 700 (2) 7600, 7, 600
(3) 5, 400 (4) 3100, 3, 100

10 (1) 7, 100 (2) 3, 900

11 3 L 600 mL

10 (1)

```
   1
  2 L 500 mL
+ 4 L 600 mL
------------
  7 L 100 mL
```

(2)

```
  4   1000
  5 L 300 mL
- 1 L 400 mL
------------
  3 L 900 mL
```

11 1 L 200 mL+2 L 400 mL=3 L 600 mL

기본에서 응용으로

116~119쪽

1 물병　　2 ㉮, ㉰, ㉯
3 2배　　4 ㉯
5 ㉱　　6 4배
7 ㉡　　8 (1) $<$　(2) $=$　(3) $>$
9 화요일　　10 ㉡, ㉢, ㉠, ㉣
11 ㉠ 1 L　　12 ㉣
13 (1) 대접　(2) 주사기　(3) 양동이
14 진호 /
㉠ 500 mL 샴푸 통으로 2번쯤 들어갈 것 같으니까 약 1000 mL야.
15 주하
16 (1) 14 L 200 mL　(2) 5 L 900 mL
17 6800 mL　　18 1 L 600 mL
19 ㉡　　20 2 L 300 mL
21 (위에서부터) 600, 4　　22 700 L
23 600 mL　　24 5 L 100 mL

1 물병을 가득 채웠던 물이 꽃병을 가득 채우고도 흘러 넘쳤으므로 물병의 들이가 더 많습니다.

2 물의 높이가 높을수록 들이가 더 많습니다.

3 물병은 컵 4개, 음료수병은 컵 8개이므로 음료수병의 들이는 물병 들이의 $8 \div 4 = 2$(배)입니다.

4 물을 부은 횟수가 적을수록 컵의 들이는 많습니다.
따라서 물을 부은 횟수가 가장 적은 ㉯ 컵의 들이가 가장 많습니다.

5 물을 부은 횟수가 많을수록 컵의 들이는 적습니다.
따라서 컵의 들이를 비교하면 ㉮$<$㉱$<$㉰$<$㉯입니다.

6 ㉮ 컵으로 12번, ㉯ 컵으로 3번 부은 들이가 같으므로 ㉯ 컵의 들이는 ㉮ 컵 들이의 $12 \div 3 = 4$(배)입니다.

7 ㉠ 5000 mL$=$5 L
㉢ 8049 mL$=$8 L 49 mL

8 (1) 6 L 350 mL$=$6350 mL
➡ 6350 mL$<$6530 mL
(2) 4 L 50 mL$=$4050 mL
➡ 4050 mL$=$4050 mL
(3) 2 L 400 mL$=$2400 mL
➡ 2400 mL$>$2140 mL

서술형
9 ㉠ 1 L 300 mL$=$1300 mL
1300 mL$>$1050 mL$>$930 mL이므로 물을 가장 많이 마신 요일은 화요일입니다.

단계	문제 해결 과정
①	마신 물의 양을 비교했나요?
②	물을 가장 많이 마신 요일을 구했나요?

10 ㉡ 4 L 95 mL$=$4095 mL
㉣ 5 L 720 mL$=$5720 mL
➡ 4095 mL$<$4850 mL$<$5600 mL$<$5720 mL이므로 ㉡$<$㉢$<$㉠$<$㉣입니다.

11 들이가 1L인 통에 반만큼 채운 물의 양은 약 500mL입니다.
따라서 주전자의 들이는
약 500 mL$+$500 mL$=$1 L입니다.

12 ㉠ 컵의 들이는 약 250 mL입니다.
㉡ 약병의 들이는 약 80 mL입니다.
㉢ 어항의 들이는 약 5 L입니다.

13 (1) 300 mL는 컵의 들이보다 조금 더 많으므로 대접이 알맞습니다.
(2) 3 mL는 아주 적은 들이이므로 주사기가 알맞습니다.

14 500 mL로 2번인 들이는 1000 mL 또는 1 L입니다.

15 실제 들이와 어림한 들이의 차가 적을수록 더 가깝게 어림한 것입니다. 2 L와 어림한 들이의 차를 각각 구해 보면 주하는 100 mL, 도윤이는 150 mL이므로 실제 들이에 더 가깝게 어림한 사람은 주하입니다.

16 (1)
$$\begin{array}{rrr} & {}^{1} & \\ & 9\text{ L} & 500\text{ mL} \\ + & 4\text{ L} & 700\text{ mL} \\ \hline & 14\text{ L} & 200\text{ mL} \end{array}$$
(2)
$$\begin{array}{rrr} & {}^{12} & {}^{1000} \\ & \cancel{13}\text{ L} & 400\text{ mL} \\ - & 7\text{ L} & 500\text{ mL} \\ \hline & 5\text{ L} & 900\text{ mL} \end{array}$$

17 가장 많은 들이: 5 L 200 mL$=$5200 mL
가장 적은 들이: 1600 mL
➡ 5200 mL$+$1600 mL$=$6800 mL

서술형
18 예 (남은 식용유의 양)
=(처음 식용유의 양)−(사용한 식용유의 양)
=2 L 500 mL−900 mL
=1 L 600 mL

단계	문제 해결 과정
①	문제에 알맞은 뺄셈식을 세웠나요?
②	남은 식용유의 양은 몇 L 몇 mL인지 구했나요?

19 ㉠ 2400 mL+1 L 700 mL
=2400 mL+1700 mL=4100 mL
㉡ 6 L 500 mL−1800 mL
=6500 mL−1800 mL=4700 mL
➡ 4100 mL＜4700 mL

20 (3명이 마신 우유의 양)=300×3=900(mL)
따라서 처음에 있던 우유는
1 L 400 mL+900 mL=2 L 300 mL입니다.

21 mL 단위의 계산: 1000 mL를 받아내림하면
1000+300−□=700, □=1300−700=600
입니다.
L 단위의 계산: 7−1−2=□이므로 □=4입니다.

22 (라면 국물 50 mL를 정화하는 데 필요한 맑은 물의 양)
=50×5=250(L)
(우유 30 mL를 정화하는 데 필요한 맑은 물의 양)
=150×3=450(L)
➡ 250 L+450 L=700 L

23 작은 눈금 한 칸의 크기는 100 mL입니다.
(두 수조에 들어 있는 물의 양의 차)
=1 L 700 mL−500 mL=1 L 200 mL
따라서 옮겨야 하는 물의 양은
1 L 200 mL=1200 mL의 절반인 600 mL입니다.

24 (두 물통에 들어 있는 물의 양의 차)
=7 L 500 mL−2 L 700 mL=4 L 800 mL
따라서 옮겨야 하는 물의 양은 4 L 800 mL의 절반인 2 L 400 mL입니다.
(가 물통에 들어 있는 물의 양)
=7 L 500 mL−2 L 400 mL=5 L 100 mL
(나 물통에 들어 있는 물의 양)
=2 L 700 mL+2 L 400 mL=5 L 100 mL

5 무게 비교하기 120쪽

1 테니스공
2 (1) 15개, 10개 (2) 풀, 지우개, 5

1 저울이 야구공 쪽으로 내려갔으므로 테니스공이 더 가볍습니다.

2 (2) 풀은 바둑돌 15개의 무게와 같고, 지우개는 바둑돌 10개의 무게와 같습니다.
따라서 풀이 지우개보다 바둑돌 15−10=5(개)만큼 더 무겁습니다.

6 무게의 단위 121쪽

3 (1) 5000 (2) 8 (3) 3070 (4) 4, 600
(5) 2 (6) 7000
4 (1) 650 (2) 2, 400

3 1 kg=1000 g, 1 t=1000 kg입니다.
(3) 3 kg 70 g=3 kg+70 g
=3000 g+70 g= 3070 g
(4) 4600 g=4000 g+600 g
=4 kg+600 g=4 kg 600 g

4 (2) 큰 눈금 한 칸의 크기는 1 kg=1000 g이고, 큰 눈금 한 칸을 10칸으로 나눈 작은 눈금 한 칸의 크기는 100 g이므로 2 kg 400 g입니다.

7 무게를 어림하고 재어 보기 122쪽

5 (1) kg (2) g (3) t
6 ㉢
7

5 1 t=1000 kg, 1 kg=1000 g임을 생각하여 물건의 무게에 알맞은 단위를 알아봅니다.

6 코끼리, 하마, 자동차, 비행기 등의 무게는 1 t보다 무겁습니다.

8 무게의 덧셈과 뺄셈 123쪽

❶ kg, g

8 (1) 8, 600 (2) 5700, 5, 700
(3) 2, 500 (4) 5400, 5, 400

9 (1) 9, 100 (2) 5, 900

10 현선, 600 g

10 (현선이가 주운 밤의 무게)−(민준이가 주운 밤의 무게)
=2 kg 400 g−1 kg 800 g=600 g이므로 현선이가 600 g 더 많이 주웠습니다.

기본에서 응용으로 124~127쪽

25 당근 **26** 공깃돌

27 2배 **28** 볼펜, 필통

29 2550 g **30** 호박

31 (1) < (2) > **32** 태하

33 ㉣, ㉡, ㉢, ㉠

34 (1) kg에 ○표 (2) g에 ○표 (3) t에 ○표

35 ㉡ / 예 책가방의 무게는 약 2 kg입니다.

36 ㉠ **37** 40배

38 (1) 19 kg 200 g (2) 4 kg 500 g

39 (1) > (2) < **40** 6 kg 300 g

41 7 kg 500 g **42** 4 kg 200 g

43 (위에서부터) 400, 2 **44** 2 kg 800 g

45 3 kg 400 g

46 예 책가방, 신발, 축구공 / 1 kg 900 g

47 2 kg 100 g **48** 800 g

49 540 g **50** 30 g

25 (고구마의 무게)<(감자의 무게),
(고구마의 무게)>(당근의 무게)
➡ (당근의 무게)<(고구마의 무게)<(감자의 무게)

26 똑같은 물건의 무게를 재는 데 더 적게 사용한 것이 한 개의 무게가 더 무거우므로 공깃돌이 바둑돌보다 더 무겁습니다.

27 귤은 바둑돌 10개, 딸기는 바둑돌 5개의 무게와 같으므로 귤의 무게는 딸기의 무게의 10÷5=2(배)입니다.

28 볼펜 4자루, 지우개 2개, 필통 1개의 무게가 같습니다. 따라서 수가 가장 많은 볼펜이 가장 가볍고, 수가 가장 적은 필통이 가장 무겁습니다.

29 2 kg보다 550 g 더 무거운 것은 2 kg 550 g입니다.
➡ 2 kg 550 g=2000 g+550 g=2550 g

30 호박의 무게는 1800 g, 무의 무게는 800 g이므로 호박이 더 무겁습니다.

31 (1) 5 kg 3 g=5000 g+3 g=5003 g
➡ 5003 g<5030 g
(2) 7 kg 70 g=7000 g+70 g= 7070 g
➡ 7700 g>7070 g

서술형
32 예 2 kg 450 g=2450 g입니다.
2450 g<2800 g이므로 밀가루를 더 많이 사용한 사람은 태하입니다.

단계	문제 해결 과정
①	단위를 같게 나타내 무게를 비교했나요?
②	밀가루를 더 많이 사용한 사람은 누구인지 구했나요?

33 ㉡ 3 kg 200 g=3200 g ㉢ 3 kg 40 g=3040 g
따라서 3400 g>3200 g>3040 g>2900 g이므로 ㉣>㉡>㉢>㉠입니다.

34 1 kg=1000 g, 1 t=1000 kg임을 생각하여 물건의 무게에 알맞은 단위를 알아봅니다.

36 1 kg짜리 설탕 한 봉지의 무게보다 더 가벼운 것은 배구공 1개입니다.

37 2 t=2000 kg입니다.
50×40=2000이므로 코끼리의 무게는 표범 무게의 약 40배입니다.

38 (1)
```
       1
    7 kg 500 g
 + 11 kg 700 g
 -------------
   19 kg 200 g
```
(2)
```
   13    1000
   14 kg 100 g
 −  9 kg 600 g
 -------------
    4 kg 500 g
```
(14에 사선 표시)

39 (1) 2 kg 700 g+5 kg 400 g=8 kg 100 g
➡ 8 kg 100 g>8 kg
(2) 8 kg 300 g−3 kg 700 g=4 kg 600 g
➡ 4 kg 600 g<5 kg

40 가장 무거운 무게: 3 kg 500 g
가장 가벼운 무게: 2800 g=2 kg 800 g
➡ 3 kg 500 g+2 kg 800 g=6 kg 300 g

41 (강아지의 무게)
=(세희가 강아지를 안고 잰 무게)−(세희의 몸무게)
=39 kg 300 g−31 kg 800 g=7 kg 500 g

서술형
42 예 (돼지고기의 무게)+(소고기의 무게)
=2 kg 400 g+1800 g
=2 kg 400 g+1 kg 800 g
=4 kg 200 g
따라서 돼지고기와 소고기의 무게는 모두 4 kg 200 g 입니다.

단계	문제 해결 과정
①	문제에 알맞은 덧셈식을 세웠나요?
②	돼지고기와 소고기의 무게의 합을 구했나요?

43 g 단위의 계산: 1000+□−500=900,
□=900−500=400
kg 단위의 계산: 6−1−□=3, 5−3=□, □=2

44 지호가 딴 감의 무게는 각각 1700 g과 1100 g입니다.
➡ 1700 g+1100 g=2800 g=2 kg 800 g

45 7 kg−3 kg 600 g=3 kg 400 g
따라서 3 kg 400 g을 더 담을 수 있습니다.

46 (책가방, 신발, 축구공의 무게의 합)
=1 kg 200 g+250 g+450 g=1 kg 900 g
다른 풀이
(신발, 학용품, 축구공의 무게의 합)
=250 g+1050 g+450 g=1750 g

47 음료수 2개의 무게는
4 kg 750 g−550 g=4 kg 200 g입니다.
4 kg 200 g=2 kg 100 g+2 kg 100 g이므로
음료수 1개의 무게는 2 kg 100 g입니다.

48 (고구마 1개의 무게)=320÷2=160(g)
(무 1개의 무게)=(고구마 5개의 무게)
=160×5=800(g)

49 (귤 1개의 무게)=360÷4=90(g)
(배 1개의 무게)=(귤 6개의 무게)=90×6=540(g)

50 (풀 1개의 무게)=135÷3=45(g)
(지우개 3개의 무게)=(풀 2개의 무게)
=45×2=90(g)
➡ (지우개 1개의 무게)=90÷3=30(g)

응용에서 최상위로

128~131쪽

1 예 수조에 1 L들이 물병에 물을 가득 채워 1번 붓고, 300 mL들이 컵에 물을 가득 채워 2번 붓습니다.

1-1 예 큰 통에 1 L들이 그릇에 물을 가득 채워 1번 붓고, 500 mL들이 그릇에 물을 가득 채워 1번 붓습니다. 그리고 200 mL들이 그릇에 물을 가득 채워 3번 붓습니다.

1-2 예 500 mL들이 그릇에 물을 가득 채우고, 200 mL들이 그릇으로 물을 가득 담아 2번 덜어 냅니다.

2 420 g **2-1** 550 g **2-2** 730 g

3 200 g **3-1** 400 g **3-2** 500 g

4 1단계 예 약 1 L 800 mL
=1000 mL+800 mL
=1800 mL입니다.
2단계 예 약 18 L=18000 mL입니다.
3단계 예 한 되는 약 1800 mL이므로 되로 □번 부으면 (1800×□) mL입니다.
1800×□=18000에서 □=10입니다.
/ 10번

4-1 10개

1 1 L 600 mL=1 L+600 mL
=1 L+300 mL+300 mL

1-1 2 L 100 mL=1 L+500 mL+600 mL
=1 L+500 mL+200 mL
+200 mL+200 mL

1-2 100 mL=500 mL−200 mL−200 mL

2 (감자 3개의 무게)=6 kg 720 g−4 kg 620 g
=2 kg 100 g
(감자 6개의 무게)
=(감자 3개의 무게)+(감자 3개의 무게)
=2 kg 100 g+2 kg 100 g=4 kg 200 g
(빈 상자의 무게)
=(감자 6개를 담은 상자의 무게)−(감자 6개의 무게)
=4 kg 620 g−4 kg 200 g=420 g

2-1 (고구마 2개의 무게)=5 kg 350 g−3 kg 750 g
=1 kg 600 g
(고구마 4개의 무게)
=(고구마 2개의 무게)+(고구마 2개의 무게)
=1 kg 600 g+1 kg 600 g=3 kg 200 g
(빈 바구니의 무게)
=(고구마 4개를 담은 바구니의 무게)
−(고구마 4개의 무게)
=3 kg 750 g−3 kg 200 g=550 g

2-2 (사과 4개의 무게)=8 kg 330 g−4 kg 530 g
=3 kg 800 g
(사과 8개의 무게)
=(사과 4개의 무게)+(사과 4개의 무게)
=3 kg 800 g+3 kg 800 g=7 kg 600 g
(빈 상자의 무게)
=(사과 8개를 담은 상자의 무게)−(사과 8개의 무게)
=8 kg 330 g−7 kg 600 g=730 g

다른 풀이
사과 4개를 덜어 낸 후 사과 4개를 담은 상자의 무게가 4 kg 530 g이므로
(빈 상자의 무게)
=(사과 4개를 담은 상자의 무게)−(사과 4개의 무게)
=4 kg 530 g−3 kg 800 g=730 g입니다.

3 ㉮+400 g=㉯이므로 ㉯는 ㉮보다 400 g 더 무겁습니다. 따라서 ㉮는 100 g, ㉯는 500 g입니다.
또 ㉮+㉯=㉰+400 g이고,
㉮+㉯=100 g+500 g=600 g이므로
㉰=600 g−400 g=200 g입니다.

3-1 ㉮+300 g=㉯이므로 ㉯는 ㉮보다 300 g 더 무겁습니다. 따라서 ㉮는 200 g, ㉯는 500 g입니다.
또 ㉮+㉯=㉰+300 g이고,
㉮+㉯=200 g+500 g=700 g이므로
㉰=700 g−300 g=400 g입니다.

3-2 (사과)+200 g=(배)이므로 배는 사과보다 200 g 더 무겁습니다. 따라서 (사과)=200 g, (배)=400 g 또는 (사과)=300 g, (배)=500 g입니다.
(사과)+(배)=(바나나)+100 g이므로
(사과)=200 g, (배)=400 g이라면
(바나나)=600 g−100 g=500 g이고,
(사과)=300 g, (배)=500 g이라면
(바나나)=800 g−100 g=700 g이 되어 조건에 맞지 않습니다.
따라서 바나나의 무게는 500 g입니다.

4-1 3 kg 750 g=3000 g+750 g=3750 g
한 개에 10냥인 금 □개의 무게는 (375×□) g입니다.
375×□=3750에서 □=10이므로 한 개에 10냥인 금이 10개 있으면 금 1관이 됩니다.

단원 평가 Level ❶

132~134쪽

1 호박
2 3, 200
3 ㉯
4 1 L 400 mL
5 (1) 1700 (2) 3, 50 (3) 2, 700 (4) 5020
6 (1) < (2) >
7 ㉠, ㉣
8
9 ㉣
10 (1) 노트북 (2) 헬리콥터 (3) 휴대 전화
11 ㉡
12 (1) 9 kg 100 g (2) 3 kg 900 g
13 현서
14 1 L 500 mL
15 하윤
16 600 g
17 1 L 400 mL
18 3 kg 200 g
19 수조
20 42 kg 300 g

1 저울이 내려간 쪽이 더 무거우므로 호박이 더 무겁습니다.

2 큰 눈금 한 칸은 1 kg을 나타내고 작은 눈금 한 칸은 100 g을 나타냅니다.
저울의 바늘이 3 kg에서 작은 눈금 2칸만큼 더 간 곳을 가리키므로 3 kg 200 g입니다.

3 통에 옮겨 담은 물의 높이를 비교하면 ㉯ 그릇의 물을 옮겨 담은 쪽이 더 높으므로 ㉯ 그릇의 들이가 더 많습니다.

4 1000 mL+400 mL=1400 mL
=1 L 400 mL

6 (1) 4 L 300 mL=4300 mL
➡ 4300 mL < 4700 mL
(2) 5 L 80 mL=5080 mL
➡ 5600 mL > 5080 mL

7 시금치 1단은 g으로, 냉장고 1대는 kg으로 나타낼 수 있습니다.

9 ㉢ 5 kg 50 g=5050 g ㉣ 4 kg 600 g=4600 g
4200 g<4600 g<5050 g<5500 g이므로
㉠<㉣<㉢<㉡입니다.
따라서 둘째로 가벼운 무게는 ㉣입니다.

11 ㉠ 4 L 700 mL+5 L 800 mL=10 L 500 mL
➡ 10 L 500 mL<10 L 800 mL

12 (1)

	1	
	2 kg	400 g
+	6 kg	700 g
	9 kg	100 g

(2)

	8	1000
	~~9~~ kg	300 g
−	5 kg	400 g
	3 kg	900 g

13 • 선우: 들이가 많을수록 같은 컵으로 물을 붓는 횟수가 적어지므로 들이가 더 많은 컵은 ㉯ 컵입니다.
• 현서: ㉮ 컵으로 대야에는 14번, 주전자에는 7번을 부어야 가득 차므로 대야의 들이는 주전자 들이의 14÷7=2(배)입니다.
• 주연: ㉮ 컵으로 대야에는 14번, 주전자에는 7번을 부어야 가득 차므로 주전자보다 대야에 물을 더 많이 담을 수 있습니다.

14 (노란색 페인트의 양)
=3 L 400 mL−1900 mL
=3 L 400 mL−1 L 900 mL=1 L 500 mL

15 (은솔이가 마신 물의 양)
=1200 mL+1 L 50 mL
=1 L 200 mL+1 L 50 mL
=2 L 250 mL
(하윤이가 마신 물의 양)
=1 L 400 mL+980 mL
=2 L 380 mL
따라서 2 L 250 mL<2 L 380 mL이므로 물을 더 많이 마신 사람은 하윤입니다.

16 우유 한 병의 무게가 500 g이므로 우유 5병의 무게는 500×5=2500(g)입니다.
따라서 빈 상자의 무게는
3 kg 100 g−2500 g=3100 g−2500 g=600 g
입니다.

17 (두 그릇에 들어 있는 물의 양의 차)
=3 L 900 mL−1 L 100 mL=2 L 800 mL
따라서 옮겨야 하는 물의 양은 2 L 800 mL의 절반인 1 L 400 mL입니다.

18 (고양이 무게)=(토끼 무게)+1 kg 400 g,
(토끼 무게)+(고양이 무게)=5 kg이므로
(토끼 무게)+(토끼 무게)+1 kg 400 g=5 kg입니다.
(토끼 무게)+(토끼 무게)
=5 kg−1 kg 400 g=3 kg 600 g,
3 kg 600 g=1 kg 800 g+1 kg 800 g이므로
(토끼 무게)=1 kg 800 g이고,
(고양이 무게)=1 kg 800 g+1 kg 400 g
=3 kg 200 g입니다.

서술형
19 예 1 L 100 mL=1100 mL입니다.
1830 mL>1100 mL>1000 mL이므로 들이가 가장 많은 것은 수조입니다.

평가 기준	배점(5점)
세 그릇의 들이를 비교했나요?	3점
들이가 가장 많은 것을 찾았나요?	2점

서술형
20 예 (상우가 딴 사과의 무게)
= 20 kg 800 g+700 g=21 kg 500 g
(두 사람이 딴 사과의 무게)
=20 kg 800 g+21 kg 500 g=42 kg 300 g

평가 기준	배점(5점)
상우가 딴 사과의 무게를 구했나요?	2점
두 사람이 딴 사과의 무게를 구했나요?	3점

단원 평가 Level ❷

135~137쪽

1 주스병 **2** 3, 200
3 하모니카, 3 **4** <
5 예 2 L **6** (1) kg (2) g (3) t
7 ㉠ **8** ㉰, ㉯, ㉮, ㉱
9 사과 **10** 2010 mL
11 민혁
12 (1) 4 L 100 mL (2) 1 L 700 mL
13 주하 **14** 3500 g
15 4 L 600 mL **16** (위에서부터) 350, 5
17 1500 mL **18** 500 g
19 6번 **20** 800 g

1 주스병에 가득 채운 물을 물병에 옮겨 담았을 때 물병이 가득 채워지지 않았으므로 들이가 더 적은 것은 주스병입니다.

2 큰 눈금 한 칸의 크기는 1 L, 작은 눈금 한 칸의 크기는 100 mL입니다.

3 오카리나는 공깃돌 26개, 하모니카는 공깃돌 29개의 무게와 같습니다. 따라서 하모니카가 오카리나보다 공깃돌 $29-26=3$(개)만큼 더 무겁습니다.

> **주의** '하모니카가 3개만큼 더 무겁습니다.'는 옳은 답이 아닙니다. 답을 쓸 때에는 반드시 기준이 되는 단위인 '공깃돌 ~ 개만큼 더 무겁습니다.'라고 써야 합니다.

4 7 kg 250 g=7250 g
따라서 7250 g<7320 g입니다.

5 세제 통의 들이는 500 mL의 약 4배이므로 약 2 L입니다.

7 ㉠ 8 kg 40 g　　㉡ 8400 g=8 kg 400 g
㉢ 8 kg보다 400 g 더 무거운 무게 ➡ 8 kg 400 g
따라서 나타내는 무게가 다른 하나는 ㉠입니다.

8 물을 부은 횟수가 적을수록 그릇의 들이가 많으므로 들이를 비교하면 ㉰>㉯>㉮>㉱입니다.

9 (복숭아의 무게)<(참외의 무게),
(복숭아의 무게)>(사과의 무게)
➡ (사과의 무게)<(복숭아의 무게)<(참외의 무게)

10 2 L 10 mL=2010 mL

11 민혁: 대야의 들이는 약 2 L입니다.

12 (1)
```
    1
  2 L  800 mL
+ 1 L  300 mL
-------------
  4 L  100 mL
```
(2)
```
    3      1000
  4 L  200 mL
- 2 L  500 mL
-------------
  1 L  700 mL
```

13 경준: 5300 g−5 kg=5 kg 300 g−5 kg
=300 g
주하: 5 kg−4 kg 800 g=200 g
따라서 300 g>200 g이므로 5 kg에 더 가깝게 어림한 사람은 주하입니다.

14 8 kg−4500 g=8000 g−4500 g=3500 g

15 가장 많은 들이: 6500 mL=6 L 500 mL
가장 적은 들이: 1 L 900 mL
➡ 6 L 500 mL−1 L 900 mL=4 L 600 mL

16 g 단위의 계산: 받아올림한 수를 생각하면
□+820=1000+170, □=1170−820=350입니다.
kg 단위의 계산: 1+1+□=7에서 □=7−2=5입니다.

17 (소린이가 마신 우유의 양)
=2 L 300 mL−1 L 500 mL=800 mL
(민우가 마신 우유의 양)
=2 L−1 L 300 mL=700 mL
➡ (두 사람이 마신 우유의 양)
=800 mL+700 mL=1500 mL

18 ㉮+300 g=㉯이므로 ㉯는 ㉮보다 300 g 더 무겁습니다.
따라서 ㉮는 300 g, ㉯는 600 g입니다.
㉮+㉯=㉰+400 g이고,
㉮+㉯=300 g+600 g=900 g이므로
㉰=900 g−400 g=500 g입니다.

서술형
19 예 (물통에 들어 있는 물의 양)
=600 mL+600 mL=1200 mL
㉯ 컵으로 □번 덜어 낸다고 하면 덜어 낸 물의 양은 200×□=1200에서 □=6입니다.
따라서 ㉯ 컵으로 6번 덜어 내야 합니다.

평가 기준	배점(5점)
물통에 들어 있는 물의 양을 구했나요?	2점
㉯ 컵으로 적어도 몇 번 덜어 내야 하는지 구했나요?	3점

서술형
20 예 작은 눈금 한 칸의 크기는 100 g입니다.
(고구마 1개의 무게)
=(고구마 7개를 담은 바구니의 무게)
−(고구마 6개를 담은 바구니의 무게)
=3600 g−3200 g=400 g
(고구마 6개의 무게)=400×6=2400(g)
(빈 바구니의 무게)
=(고구마 6개를 담은 바구니의 무게)
−(고구마 6개의 무게)
=3200 g−2400 g=800 g

평가 기준	배점(5점)
고구마 1개의 무게를 구했나요?	2점
빈 바구니의 무게를 구했나요?	3점

6 그림그래프

우리가 쉽게 접하는 인터넷, 텔레비전, 신문 등의 매체는 하루도 빠짐없이 통계적 정보를 쏟아내고 있습니다. 일기 예보, 여론 조사, 물가 오름세, 취미, 건강 정보 등 광범위한 주제가 다양한 통계적 과정을 거쳐 우리에게 소개되고 있습니다. 따라서 통계를 바르게 이해하고 합리적으로 사용할 수 있는 힘을 기르는 것은 정보화 사회에 적응하기 위해 대단히 중요하며, 미래 사회를 대비하는 지혜이기도 합니다. 통계는 처리하는 절차나 방법에 따라 결과가 달라지기 때문에 통계의 비전문가라 해도 자료의 수집, 정리, 표현, 해석 등과 같은 통계의 전 과정을 이해하는 것은 합리적 의사 결정을 위해 매우 중요합니다. 따라서 이 단원은 자료 표현의 기본이 되는 표와 그림그래프를 통해 간단한 방법으로 통계가 무엇인지 경험할 수 있도록 합니다.

1 그림그래프 알아보기 140쪽

1 예 모둠별 받은 칭찬 도장 수

2 10개, 1개

3 28개

3 나 모둠이 받은 칭찬 도장은 (큰 도장) 2개, (작은 도장) 8개이므로 $20+8=28$(개)입니다.

2 그림그래프의 내용 알아보기 141쪽

4 희망 농장

5 햇살 농장

6 9마리

4 큰 그림의 수가 가장 많은 농장은 희망 농장입니다.

5 큰 그림의 수가 가장 적은 농장은 햇살 농장입니다.

6 별빛 농장에서 기르는 돼지는 43마리, 우리 농장에서 기르는 돼지는 34마리이므로 별빛 농장의 돼지가 $43-34=9$(마리) 더 많습니다.

3 그림그래프로 나타내기 142쪽

7 예 100그루, 10그루

8 예

마을별 나무 수

마을	나무 수
달	
별	
구름	
무지개	

100 그루 / 10 그루

기본에서 응용으로 143~147쪽

1 10개, 1개

2 32개

3 45개

4 캔류

5 플라스틱류, 12 kg

6 예 종이류

7 참치김밥, 380줄

8 130줄

9 예 돈가스김밥 / 예 돈가스김밥이 가장 많이 팔렸으므로 돈가스김밥을 표시하는 붙임딱지를 가장 많이 준비하는 것이 좋습니다.

10 5월, 4월, 6월

11 73점

12 30개

13 7권

14 예 2가지

15 예

농장별 고구마 수확량

농장	수확량
싱싱	
푸른	
초록	

10 상자 / 1 상자

16 예 항목별 수가 많고 적음을 한눈에 비교하기 쉽습니다.

17 100가구, 10가구

18 230가구

19 마을별 초등학생이 있는 가구 수

다정 / 기쁨 / 보람 / 사랑 / 행복

100 가구 / 10 가구

20 14, 21, 52

21 예

보고 싶은 공연별 학생 수

공연	학생 수
연극	☻☺☺☺☺☺☺☺
뮤지컬	☻☺☺☺☺
콘서트	☻☻☺

☻ 10 명 ☺ 1 명

22 6, 9, 2, 3, 20 /

예 기르고 싶은 반려동물별 학생 수

동물	학생 수
강아지	☻☺
고양이	☻☺☺☺☺
햄스터	☺☺
도마뱀	☺☺☺

☻ 5명 ☺ 1명

23 부모님께 듣고 싶은 말별 학생 수

말	학생 수
사랑해	☻☻☻☺☺☺☺☺☺
고마워	☻☻☺☺☺☺
잘했어	☻☻☻☻☻☺☺

☻ 10명 ☺ 1명

24 종류별 옷 판매량

종류	판매량
티셔츠	◎◎◎○○○○○
바지	◎○○○○○○○○○
점퍼	◎◎○○○○○○○

◎10벌 ○1벌

25 종류별 옷 판매량

종류	판매량
티셔츠	◎◎◎△
바지	◎△○○○○
점퍼	◎◎△○○

◎10벌 △5벌 ○1벌

26 지점별 햄버거 판매량

지점	판매량
달	●●•••••
꽃	●●●●•••••
별	●●●●

● 10개
• 1개

27 캠핑장별 캠핑을 온 가구 수

캠핑장	가구 수
가	▲△△△▵▵
나	△△△△△▵▵▵▵
다	▲▵▵▵▵▵▵▵▵
라	▲▵▵

▲ 100가구
△ 10가구
▵ 1가구

2 큰 그림 3개, 작은 그림 2개이므로 30+2=32(개)입니다.

3 큰 그림 4개, 작은 그림 5개이므로 40+5=45(개)입니다.

4 큰 그림의 수가 가장 적은 재활용 쓰레기의 종류는 캔류입니다.

5 플라스틱류는 33 kg, 병류는 21 kg 배출되었으므로 플라스틱류가 병류보다 33−21=12(kg) 더 많이 배출되었습니다.

6 가장 많이 배출된 재활용 쓰레기는 종이류이므로 종이류를 가장 많이 줄여야 합니다.

7 큰 그림의 수를 비교하고, 큰 그림의 수가 같으면 작은 그림의 수를 비교합니다.
가장 많이 팔린 김밥은 돈가스김밥이고, 둘째로 많이 팔린 김밥은 참치김밥입니다.
참치김밥은 큰 그림이 3개, 중간 그림이 1개, 작은 그림이 3개이므로 300+50+30=380(줄)입니다.

8 가장 많이 팔린 김밥은 돈가스김밥으로 420줄 팔렸고, 가장 적게 팔린 김밥은 김치김밥으로 290줄 팔렸습니다.
➡ 420−290=130(줄)

서술형
9

단계	문제 해결 과정
①	어떤 붙임딱지를 가장 많이 준비해야 좋을지 썼나요?
②	까닭을 바르게 썼나요?

10 큰 그림이 4월은 2개, 5월은 3개, 6월은 1개이므로 칭찬 점수를 많이 받은 달부터 차례로 쓰면 5월, 4월, 6월입니다.

11 4월: 24점, 5월: 31점, 6월: 18점이므로 받은 칭찬 점수는 모두 24+31+18=73(점)입니다.

12 받은 칭찬 점수가 20점보다 높은 달은 4월과 5월이므로 혜지는 사탕 2봉지를 받았습니다. 따라서 혜지가 받은 사탕은 모두 15×2=30(개)입니다.

13 동화책이 21권이므로 21의 $\frac{1}{3}$은 7입니다.
따라서 과학책은 7권입니다.

14 10상자를 나타내는 그림과 1상자를 나타내는 그림 2가지로 나타내는 것이 좋습니다.

15 싱싱 농장: 51상자 ➡ 큰 그림 5개, 작은 그림 1개
푸른 농장: 33상자 ➡ 큰 그림 3개, 작은 그림 3개
초록 농장: 42상자 ➡ 큰 그림 4개, 작은 그림 2개

17 기쁨 마을과 행복 마을의 초등학생이 있는 가구 수를 나타낸 그림을 살펴보면 은 100가구, 은 10가구를 나타냅니다.

서술형
18 예 그림그래프에서 사랑 마을은 큰 그림이 3개, 작은 그림이 2개이므로 $300+20=320$(가구)이고, 합계가 1350가구이므로 보람 마을의 초등학생이 있는 가구는 $1350-400-160-320-240=230$(가구)입니다.

단계	문제 해결 과정
①	사랑 마을의 초등학생이 있는 가구 수를 구했나요?
②	보람 마을의 초등학생이 있는 가구 수를 구했나요?

19 다정 마을은 400가구이므로 큰 그림 4개를 그리고, 보람 마을은 230가구이므로 큰 그림 2개, 작은 그림 3개를 그립니다.

20 붙인 붙임딱지의 수를 세어 봅니다.

26 달 지점의 햄버거 판매량은 큰 그림 2개, 작은 그림 5개로 25개이므로 별 지점의 햄버거 판매량은 $25+15=40$(개)입니다.
따라서 그래프의 빈칸에 큰 그림 4개를 그립니다.

27 다 캠핑장에 온 가구는 108가구이므로 나 캠핑장에 온 가구는 $108 \div 2=54$(가구)입니다.
따라서 그래프의 빈칸에 중간 그림 5개, 작은 그림 4개를 그립니다.

응용에서 최상위로

148~151쪽

1 246자루 **1-1** 234칸 **1-2** 5600원
2 32대 **2-1** 310그루 **2-2** 130 kg
3 35, 35 /

학생별 읽은 책 수

이름	책 수
승준	■■▪▪▪
인영	■■■▪▪▪▪▪
한성	■■■▪▪▪▪▪

■ 10권 ▪ 1권

3-1 312, 312 /

가고 싶은 장소별 학생 수

장소	학생 수
스키장	◎◎◎△○○
워터파크	◎◎○○○○○○○○
놀이공원	◎◎◎△○○

◎ 100명 △ 10명 ○ 1명

3-2

가게별 인형 판매량

가게	판매량
구름	◎◎○○○∘∘
다솜	◎◎○○○○○○○∘∘
해피	◎∘∘∘∘∘∘
신비	◎○○○∘

◎ 100개 ○ 10개 ∘ 1개

4 1단계 예 큰 그림의 수가 가장 많은 지역은 다 지역입니다.
2단계 예 전기 자동차 수가 다 지역의 513대보다 299대만큼 더 적은 지역은 $513-299=214$(대)인 나 지역입니다.
/ 나 지역

4-1 다 마을

1 1반: 31명, 2반: 28명, 3반: 23명
따라서 3학년 학생은 모두 $31+28+23=82$(명)이므로 연필은 $82 \times 3=246$(자루)를 준비해야 합니다.

1-1 1동: 32가구, 2동: 27가구, 3동: 17가구, 4동: 41가구
따라서 이 아파트의 가구 수는 모두 $32+27+17+41=117$(가구)이므로 주차 공간을 모두 $117 \times 2=234$(칸)으로 만들어야 합니다.

1-2 아이스크림 판매량은 가 마트: 50개, 라 마트: 43개입니다. 따라서 가 마트와 라 마트의 아이스크림 판매량은 $50-43=7$(개) 차이가 나므로 가 마트의 판매액은 라 마트의 판매액보다 $800 \times 7=5600$(원) 더 많습니다.

2 은하 마을과 한라 마을의 그림의 수를 더하면 큰 그림은 4개, 작은 그림은 7개이고 47대를 나타내므로 큰 그림은 10대, 작은 그림은 1대를 나타냅니다.
따라서 별빛 마을의 공공 자전거 수는 32대입니다.

2-1 소나무와 은행나무의 그림의 수를 더하면 큰 그림은 3개, 작은 그림은 8개이고 380그루를 나타내므로 큰 그림은 100그루, 작은 그림은 10그루를 나타냅니다.
따라서 벚나무는 310그루입니다.

2-2 하늘 목장과 바다 목장의 그림의 수를 더하면 큰 그림은 4개, 작은 그림은 3개이고 230 kg을 나타내므로 큰 그림은 50 kg, 작은 그림은 10 kg을 나타냅니다. 따라서 초록 목장의 우유 생산량은 큰 그림 2개, 작은 그림 3개이므로 $100+30=130$(kg)입니다.

> **참고** 작은 그림이 □kg을 나타낼 때 큰 그림은 (□×5) kg을 나타냅니다.
> □×3+□×5×4=□×3+□×20=□×23,
> (□×20 → □+□+⋯+□ (23개))
> □×23=230, □=10이므로 작은 그림은 10kg, 큰 그림은 10×5=50(kg)을 나타냅니다.

3 (인영이가 읽은 책 수)+(한성이가 읽은 책 수)
$=93-23=70$(권)이고, 인영이와 한성이가 읽은 책 수가 같으므로
(인영이가 읽은 책 수)=(한성이가 읽은 책 수)
$=70\div2=35$(권)입니다.
승준: $23=20+3$ ➡ 큰 그림 2개, 작은 그림 3개
인영, 한성: $35=30+5$
➡ 큰 그림 3개, 작은 그림 5개

3-1 (스키장을 가고 싶은 학생 수)+(놀이공원을 가고 싶은 학생 수)$=831-207=624$(명)이고,
(스키장을 가고 싶은 학생 수)
=(놀이공원을 가고 싶은 학생 수)
$=624\div2=312$(명)입니다.
스키장, 놀이공원: $312=300+10+2$
➡ 큰 그림 3개, 중간 그림 1개, 작은 그림 2개
워터파크: $207=200+7$
➡ 큰 그림 2개, 작은 그림 7개

3-2 구름 가게: 232개, 해피 가게: 106개
신비 가게의 판매량을 □개라고 하면 다솜 가게의 판매량은 (□+□)개입니다.
232+□+□+106+□=731,
□+□+□=731−232−106=393,
□=393÷3=131입니다.
따라서 신비 가게의 판매량은 131개, 다솜 가게의 판매량은 $131\times2=262$(개)입니다.
다솜 가게: $262=200+60+2$
➡ 큰 그림 2개, 중간 그림 6개, 작은 그림 2개
신비 가게: $131=100+30+1$
➡ 큰 그림 1개, 중간 그림 3개, 작은 그림 1개

4-1 저공해차 등록 수가 가장 적은 마을은 큰 그림의 수가 가장 적은 가 마을입니다.
저공해차 등록 수가 가 마을의 160대보다 50대만큼 더 많은 마을은 $160+50=210$(대)인 다 마을과 라 마을이고, 이 중에서 강을 기준으로 윗부분에 있는 마을은 다 마을입니다.

단원 평가 Level ❶

152~154쪽

1 10명, 1명 **2** 24명

3 신발 정리 **4** 설거지

5 11명 **6** 12, 8, 11, 9, 40

7 좋아하는 계절별 학생 수

계절	학생 수
봄	◎○○
여름	○○○○○○○○
가을	◎○
겨울	○○○○○○○○○

◎ 10명 ○ 1명

8 봄, 가을, 겨울, 여름 **9** 6그릇

10 111그릇 **11** 예 떡볶이

12 예 100명, 10명, 1명

13 예 초등학교별 학생 수

학교	학생 수
가	◎○○○○○∘∘∘
나	◎◎○○○∘
다	◎○○○∘∘∘∘∘∘∘
라	◎◎○

◎ 100 명 ○ 10 명 ∘ 1 명

14 라 초등학교 **15** 94명

16 22, 33, 16, 121 **17** 별 동네, 구름 동네

18 별 동네 **19** 3920원

20 예 연도별 신생아 수는 2021년: 400명, 2022년: 313명, 2023년: 230명, 2024년: 102명으로 점점 줄어들고 있습니다.

2 큰 그림 2개, 작은 그림 4개이므로 24명입니다.

3 큰 그림의 수가 가장 많은 집안일은 신발 정리입니다.

4 큰 그림의 수가 가장 적은 집안일은 설거지, 방 청소이고 이 중에서 작은 그림의 수가 더 적은 집안일은 설거지입니다.

5 각 계절별로 ∨나 / 표시를 하여 빠짐없이 세어 봅니다.

7 봄: 큰 그림 1개, 작은 그림 2개, 여름: 작은 그림 8개, 가을: 큰 그림 1개, 작은 그림 1개, 겨울: 작은 그림 9개

8 큰 그림과 작은 그림의 수를 비교하여 좋아하는 학생 수가 많은 계절부터 차례로 쓰면 봄, 가을, 겨울, 여름입니다.

9 튀김: 23그릇, 순대: 17그릇
➡ $23-17=6$(그릇)

10 떡볶이: 46그릇, 튀김: 23그릇, 쫄면: 25그릇, 순대: 17그릇
➡ $46+23+25+17=111$(그릇)

11 가장 많이 팔린 떡볶이의 재료를 가장 많이 준비하는 것이 좋습니다.

12 학생 수는 세 자리 수이므로 큰 그림은 100명, 중간 그림은 10명, 작은 그림은 1명을 나타내면 좋을 것 같습니다.

13 가 초등학교: $153=100+50+3$
➡ 큰 그림 1개, 중간 그림 5개, 작은 그림 3개
나 초등학교: $231=200+30+1$
➡ 큰 그림 2개, 중간 그림 3개, 작은 그림 1개
다 초등학교: $137=100+30+7$
➡ 큰 그림 1개, 중간 그림 3개, 작은 그림 7개
라 초등학교: $210=200+10$
➡ 큰 그림 2개, 중간 그림 1개

14 큰 그림이 2개인 나와 라 초등학교 중에서 중간 그림의 수가 더 많은 나 초등학교의 학생 수가 가장 많고, 라 초등학교의 학생 수가 둘째로 많습니다.

15 학생 수가 가장 많은 학교는 나 초등학교로 231명이고, 가장 적은 학교는 다 초등학교로 137명입니다.
➡ $231-137=94$(명)

17 편의점 수가 30곳보다 적은 동네는 별 동네(22곳)와 구름 동네(16곳)입니다.

18 현재 편의점이 가장 적은 동네는 16곳인 구름 동네이므로 편의점이 10곳 더 생기면 $16+10=26$(곳)이 됩니다.
➡ 달 동네: 50곳, 별 동네: 22곳, 해 동네: 33곳
따라서 구름 동네에 10곳 더 생기면 편의점이 가장 적은 동네는 별 동네가 됩니다.

서술형
19 ㉮ 모둠별로 모은 빈 병 수를 모두 더하면
$25+17+14=56$(개)입니다.
따라서 $56\times70=3920$(원)을 받을 수 있습니다.

평가 기준	배점(5점)
모둠별로 모은 빈 병의 수는 모두 몇 개인지 구했나요?	2점
마트에 빈 병을 모두 갖다주면 얼마를 받을 수 있는지 구했나요?	3점

서술형
20

평가 기준	배점(5점)
연도별 신생아 수를 구했나요?	3점
신생아 수의 변화를 설명했나요?	2점

단원 평가 Level ❷

155~157쪽

1 10명, 5명, 1명　　**2** 15명

3 11명

4 코끼리, 기린, 원숭이, 펭귄

5 31명

6 받고 싶은 선물별 학생 수

선물	학생 수
휴대 전화	◎◎○○○○○
게임기	◎◎◎○○○○○○○
자전거	◎◎◎○
장난감	◎◎○○○○

◎ 10명 ○ 1명

7 게임기

8 ㉮ 가장 많은 학생들이 받고 싶은 선물과 가장 적은 학생들이 받고 싶은 선물을 한눈에 비교하기 쉽습니다.

9 26, 43, 100

10 ㉮ 배우고 싶은 방과 후 수업별 학생 수

수업	학생 수
음악 줄넘기	◎◎◎○
배드민턴	◎◎○○○○○○
드론	◎◎◎◎○○○

◎ 10명 ○ 1명

11 ㉮ 드론　　**12** 16마리

13 별빛 농장, 맑음 농장 **14** 별빛 농장

15 480개

16 233, 304, 930 /

과수원별 귤 수확량

과수원	수확량
가	
나	
다	
라	

100상자
10상자
1상자

17 ⓒ **18** 71상자

19 예 • 가장 많은 학생들이 배우고 싶은 운동은 스키입니다. / • 가장 적은 학생들이 배우고 싶은 운동은 검도입니다.

20 23명

2 큰 그림이 1개, 중간 그림이 1개이므로
$10+5=15$(명)입니다.

3 펭귄을 좋아하는 학생은 39명이고, 기린을 좋아하는 학생은 28명이므로 $39-28=11$(명) 더 많습니다.

4 큰 그림의 수부터 비교하고, 큰 그림의 수가 같으면 작은 그림의 수를 비교합니다.

5 (자전거를 받고 싶은 학생 수)
$=117-25-37-24=31$(명)

7 큰 그림의 수가 가장 많은 게임기와 자전거 중에서 작은 그림의 수가 더 많은 것은 게임기입니다.

11 드론 수업을 원하는 학생이 가장 많으므로 드론 수업을 새로 만드는 것이 좋습니다.

12 기르는 닭의 수가 가장 많은 농장은 큰 그림의 수가 가장 많은 별빛 농장으로 32마리이고, 가장 적은 농장은 큰 그림의 수가 가장 적은 싱싱 농장으로 16마리입니다. 따라서 기르는 닭의 수의 차는 $32-16=16$(마리)입니다.

13 푸름 농장: 23마리, 별빛 농장: 32마리,
싱싱 농장: 16마리, 맑음 농장: 25마리
따라서 푸름 농장보다 닭을 더 많이 기르는 농장은 별빛 농장, 맑음 농장입니다.

14 싱싱 농장의 기르는 닭의 수는 16마리이므로 기르는 닭의 수가 $16\times2=32$(마리)인 농장을 찾으면 별빛 농장입니다.

15 닭은 모두 $23+32+16+25=96$(마리)이므로 달걀은 모두 $96\times5=480$(개)입니다.

16 나 과수원: 152상자
➡ 큰 그림 1개, 중간 그림 5개, 작은 그림 2개
라 과수원: 241상자
➡ 큰 그림 2개, 중간 그림 4개, 작은 그림 1개
그림그래프에서 가 과수원: 233상자,
다 과수원: 304상자입니다.
➡ (합계)$=233+152+304+241=930$(상자)

17 ㉠ 귤 수확량이 둘째로 많은 과수원은 라 과수원입니다.
㉡ 가 과수원의 귤 수확량은 라 과수원보다 적습니다.

18 귤 수확량이 가장 많은 과수원은 다 과수원으로 304상자이고, 둘째로 적은 과수원은 가 과수원으로 233상자이므로 차는 $304-233=71$(상자)입니다.

서술형
19

평가 기준	배점(5점)
그림그래프를 보고 알 수 있는 내용 한 가지를 썼나요?	3점
그림그래프를 보고 알 수 있는 내용 다른 한 가지를 썼나요?	2점

서술형
20 예 도보로 등교하는 학생은 41명, 버스로 등교하는 학생은 16명입니다. 따라서 자전거로 등교하는 학생은 $80-41-16=23$(명)입니다.

평가 기준	배점(5점)
도보와 버스로 등교하는 학생 수를 각각 구했나요?	각 1점
자전거로 등교하는 학생 수를 구했나요?	3점

$1+1=2$, $1+2=3$, $2+3=5$, $3+5=8$이므로 앞의 두 수를 더해서 다음 칸에 쓰는 규칙입니다.
따라서 $5+8=?$, $?=13$입니다.
$8+13=21$이므로 ?에 알맞은 수를 바르게 구했습니다.

1 곱셈

서술형 문제

2~5쪽

1 1704개	2 918	3 440개
4 1680장	5 재우, 10 m	6 292 cm
7 7봉지	8 6882	

1 예 (24일 동안 푼 수학 문제 수)$=36\times24$
$=864$(개)
(20일 동안 푼 수학 문제 수)$=42\times20$
$=840$(개)
따라서 준서가 44일 동안 푼 수학 문제는 모두
$864+840=1704$(개)입니다.

단계	문제 해결 과정
①	24일 동안 푼 수학 문제 수와 20일 동안 푼 수학 문제 수를 각각 구했나요?
②	44일 동안 푼 수학 문제 수를 구했나요?

2 예 어떤 수를 □라 하고 잘못 계산한 식을 세우면
$□-6=147$이므로 $□=147+6=153$입니다.
따라서 바르게 계산하면 $153\times6=918$입니다.

단계	문제 해결 과정
①	어떤 수를 구했나요?
②	바르게 계산한 값을 구했나요?

3 예 (전체 사과의 수)$=32\times26=832$(개)
(나누어 주는 사과의 수)$=14\times28=392$(개)
따라서 남는 사과는 $832-392=440$(개)입니다.

단계	문제 해결 과정
①	전체 사과의 수와 나누어 주는 사과의 수를 각각 구했나요?
②	남는 사과의 수를 구했나요?

4 예 (선우가 산 색종이 수)$=500+60=560$(장)
(민호가 산 색종이 수)$=560\times4=2240$(장)
따라서 민호는 선우보다 색종이를
$2240-560=1680$(장) 더 많이 샀습니다.

단계	문제 해결 과정
①	선우가 산 색종이 수와 민호가 산 색종이 수를 각각 구했나요?
②	민호는 선우보다 색종이를 몇 장 더 많이 샀는지 구했나요?

5 예 (재우가 1분 동안 달린 거리)
$=110\times3=330$(m)
(민하가 1분 동안 달린 거리)
$=160\times2=320$(m)
따라서 1분 동안 재우가 민하보다
$330-320=10$(m) 더 많이 달렸습니다.

단계	문제 해결 과정
①	재우가 1분 동안 달린 거리와 민하가 1분 동안 달린 거리를 각각 구했나요?
②	누가 몇 m 더 많이 달렸는지 구했나요?

6 예 (색 테이프 14장의 길이의 합)
$=32\times14=448$(cm)
색 테이프 14장을 이어 붙이면 겹쳐진 부분은
$14-1=13$(군데)입니다.
(겹쳐진 부분의 길이의 합)$=12\times13$
$=156$(cm)
따라서 이어 붙인 색 테이프의 전체 길이는
$448-156=292$(cm)입니다.

단계	문제 해결 과정
①	색 테이프 14장의 길이의 합과 겹쳐진 부분의 길이의 합을 각각 구했나요?
②	이어 붙인 색 테이프의 전체 길이를 구했나요?

7 예 (하트 풍선의 수)$=24\times38=912$(개)
(막대 풍선의 수)$=1752-912=840$(개)
막대 풍선의 봉지 수를 □봉지라고 하면
$120\times□=840$입니다.
$120\times7=840$이므로 $□=7$입니다.
따라서 막대 풍선은 7봉지입니다.

단계	문제 해결 과정
①	하트 풍선의 수와 막대 풍선의 수를 각각 구했나요?
②	막대 풍선의 봉지 수를 구했나요?

8 예 곱이 가장 큰 곱셈식을 만들려면 두 수의 십의 자리에는 각각 7과 9가 와야 합니다.
$74\times93=6882$, $73\times94=6862$이므로 가장 큰 곱은 6882입니다.

단계	문제 해결 과정
①	두 수의 십의 자리에 와야 하는 수를 각각 구했나요?
②	가장 큰 곱은 얼마인지 구했나요?

다시 점검하는 **단원 평가 Level 1** 6~8쪽

1 (1) 369 (2) 2528		**2** ㉠
3 20	**4** >	**5** 2760
6 ㉢, ㉡, ㉣, ㉠		**7** 20
8 508개	**9** 1920분	**10** 2300원
11 3300	**12** 798분	**13** 7
14 216 cm	**15** 1098쪽	**16** 1, 2, 3, 4, 5
17 3176 킬로칼로리		**18** 326권
19 3000개	**20** 861 cm	

2 ㉠ $211\times4=844$ ㉡ $324\times2=648$
㉢ $222\times3=666$
➡ $844>666>648$
따라서 곱이 가장 큰 것은 ㉠입니다.

3 일의 자리 계산 $7\times3=21$에서 2를 십의 자리로 올림하여 쓴 것이므로 20을 나타냅니다.

4 $7\times38=266$, $4\times52=208$
➡ $266>208$

5 가장 큰 수는 60이고, 가장 작은 수는 46입니다.
➡ $60\times46=2760$

6 ㉠ $2\times53=106$ ㉡ $4\times49=196$
㉢ $7\times31=217$ ㉣ $6\times24=144$
➡ $217>196>144>106$
따라서 계산 결과가 큰 것부터 기호를 차례로 쓰면 ㉢, ㉡, ㉣, ㉠입니다.

7 곱해지는 수가 커진 만큼 곱하는 수가 작아지면 곱은 같습니다.
$13\times60=39\times$ 20 (3배, 3배)

8 (4상자에 들어 있는 대추의 수)$=127\times4=508$(개)

9 1시간은 60분이므로 32시간은 $32\times60=1920$(분)입니다.

10 (색연필 6자루의 값)$=450\times6=2700$(원)
➡ (거스름돈)$=5000-2700=2300$(원)

11 $65\times30=1950$이므로 ㉠$=1950$입니다.
$27\times50=1350$이므로 ㉡$=1350$입니다.
따라서 ㉠과 ㉡에 알맞은 수의 합은
$1950+1350=3300$입니다.

12 3주는 $7\times3=21$(일)입니다.
(3주 동안 리코더 연습을 한 시간)
$=38\times21=798$(분)

13 일의 자리 계산에서 $5\times3=15$이므로 십의 자리 계산 □$\times3$의 일의 자리 수는 $2-1=1$입니다.
따라서 $7\times3=21$이므로 □ 안에 알맞은 수는 7입니다.

14 빨간색 선의 길이는 18 cm인 변 12개의 길이의 합과 같습니다.
따라서 빨간색 선의 길이는 $18\times12=216$(cm)입니다.

15 (3월의 날수)$+$(4월의 날수)$=31+30=61$(일)
따라서 주원이가 3월과 4월 두 달 동안 읽은 동화책은 모두 $18\times61=1098$(쪽)입니다.

16 24를 20쯤으로 어림하면 $20\times60=1200$이므로 □ 안에 5와 6을 넣어 봅니다.
$24\times50=1200$, $24\times60=1440$이므로 □ 안에 들어갈 수 있는 수는 1, 2, 3, 4, 5입니다.

17 (피자 4조각의 열량)$=262\times4=1048$(킬로칼로리)
(곶감 28개의 열량)$=76\times28=2128$(킬로칼로리)
➡ $1048+2128=3176$(킬로칼로리)

18 (동화책의 수)$=24\times36=864$(권)
(위인전의 수)$=45\times18=810$(권)
➡ (과학책의 수)$=2000-864-810=326$(권)

서술형
19 예 농구공을 만드는 시간은 모두 $8\times5=40$(시간)입니다.
따라서 40시간 동안 만들 수 있는 농구공은 모두
$75\times40=3000$(개)입니다.

평가 기준	배점(5점)
농구공을 만드는 시간을 구했나요?	2점
만들 수 있는 농구공의 수를 구했나요?	3점

서술형
20 예 (색 테이프 7장의 길이의 합)$=135\times7=945$(cm)
겹쳐진 부분은 $7-1=6$(군데)이므로
(겹쳐진 부분의 길이의 합)$=14\times6=84$(cm)입니다.
따라서 이어 붙인 색 테이프의 전체 길이는
$945-84=861$(cm)입니다.

평가 기준	배점(5점)
색 테이프 7장의 길이의 합을 구했나요?	2점
겹쳐진 부분의 길이의 합을 구했나요?	2점
이어 붙인 색 테이프의 전체 길이를 구했나요?	1점

다시 점검하는 단원 평가 Level ❷ 9~11쪽

1 321, 3, 963 2 340, 153, 493
3 (1) 36, 90 (2) 84, 40 4 (1) $<$ (2) $>$
5 ㉢, ㉡, ㉠ 6 5520 7 예
$$\begin{array}{r} 3 \\ \times\ 2\ 7 \\ \hline 2\ 1 \\ 6\ 0 \\ \hline 8\ 1 \end{array}$$
8 672 cm 9 800마리
10 (위에서부터) 6, 0
11 450개 12 2304켤레
13 5개 14 270 cm 15 2312
16 1261 17 7800원 18 981
19 1972 cm 20 초콜릿, 251개

1 321을 3번 더하는 것은 321×3과 같습니다.

4 (1) $375\times2=750$, $264\times3=792$ ➡ $750<792$
(2) $698\times7=4886$, $823\times5=4115$
➡ $4886>4115$

5 ㉠ $491\times5=2455$ ㉡ $687\times3=2061$
㉢ $502\times4=2008$
➡ $2008<2061<2455$
따라서 곱이 작은 것부터 차례로 기호를 쓰면 ㉢, ㉡, ㉠입니다.

6 ㉠ 10이 6개, 1이 9개인 수는 69입니다.
㉡ 10이 8개인 수는 80입니다.
➡ $69\times80=5520$

7 곱해지는 수 3과 곱하는 수의 십의 자리인 20의 곱 60의 자리를 잘못 맞추어 썼습니다.

8 정사각형의 네 변의 길이는 모두 같습니다.
따라서 정사각형의 네 변의 길이의 합은
$168\times4=672$(cm)입니다.

9 (조기 40두름의 수)$=20\times40=800$(마리)

10
$$\begin{array}{r} ㉠\ 9 \\ \times\ 7\ 0 \\ \hline 4\ 8\ 3\ ㉡ \end{array}$$
곱하는 수의 일의 자리 수가 0이므로 ㉡$=0$입니다.
㉠$9\times7=483$이고 $9\times7=63$이므로
㉠$\times7=48-6$, ㉠$\times7=42$, ㉠$=6$입니다.

11 9월은 30일까지 있습니다. 따라서 수아가 9월 한 달 동안 푼 문제는 모두 $15\times30=450$(개)입니다.

12 하루는 24시간이므로 이틀은 $24\times2=48$(시간)입니다.
따라서 이틀 동안 만들 수 있는 운동화는 모두
$48\times48=2304$(켤레)입니다.

13 $41\times24=984$, $22\times45=990$이므로
$984<\square<990$입니다. 따라서 □ 안에 들어갈 수 있는 자연수는 985, 986, 987, 988, 989로 모두 5개입니다.

14 삼각형 18개를 만드는 데 사용한 이쑤시개는
$3\times18=54$(개)입니다.
따라서 성주가 사용한 이쑤시개의 길이의 합은
$5\times54=270$(cm)입니다.

15 어떤 수를 □라고 하면 $\square+34=102$,
$\square=102-34$, $\square=68$입니다.
따라서 바르게 계산하면 $68\times34=2312$입니다.

16 만들 수 있는 가장 큰 두 자리 수는 97이고, 가장 작은 두 자리 수는 13입니다.
따라서 두 수의 곱은 $97\times13=1261$입니다.

17 청소년의 버스 요금은 $550\times2=1100$(원)보다 200원 더 싸므로 $1100-200=900$(원)입니다.
(어린이 6명의 버스 요금)$=550\times6=3300$(원)
(청소년 5명의 버스 요금)$=900\times5=4500$(원)
➡ $3300+4500=7800$(원)

18 $7◎9\rightarrow7\times9=63$, $63+1=64$
$20◎4\rightarrow20\times4=80$, $80+1=81$
$6◎12\rightarrow6\times12=72$, $72+1=73$
두 수의 곱에 1을 더하는 규칙입니다.
$35◎28\rightarrow35\times28=980$, $980+1=981$

서술형
19 예 만들어야 할 종이꽃은 $17\times4=68$(개)입니다.
따라서 필요한 색 테이프의 길이는
$29\times68=1972$(cm)입니다.

평가 기준	배점(5점)
만들어야 할 종이꽃의 수를 구했나요?	2점
필요한 색 테이프의 길이를 구했나요?	3점

서술형
20 예 사탕은 $13\times42=546$(개)보다 5개 더 많으므로
$546+5=551$(개)입니다.
초콜릿은 $16\times51=816$(개)보다 14개 더 적으므로
$816-14=802$(개)입니다.
따라서 초콜릿이 사탕보다 $802-551=251$(개) 더 많습니다.

평가 기준	배점(5점)
사탕의 수와 초콜릿의 수를 각각 구했나요?	3점
어느 것이 몇 개 더 많은지 구했나요?	2점

2 나눗셈

서술형 문제

12~15쪽

1 12개	**2** 3	**3** 2 m 57 cm
4 150 cm	**5** 2, 8	**6** 4명
7 54그루	**8** 294개	**9** 87

1 예 사탕은 모두 $14\times6=84$(개) 있습니다.
따라서 일주일은 7일이므로 하루에 사탕을
$84\div7=12$(개)씩 먹을 수 있습니다.

단계	문제 해결 과정
①	사탕은 모두 몇 개인지 구했나요?
②	하루에 사탕을 몇 개씩 먹을 수 있는지 구했나요?

2 예 어떤 수를 □라고 하면 $\square\div7=13\cdots6$입니다.
$7\times13=91$, $91+6=97$이므로 $\square=97$입니다.
따라서 $97\div9=10\cdots7$이므로 몫과 나머지의 차는
$10-7=3$입니다.

단계	문제 해결 과정
①	어떤 수를 구했나요?
②	어떤 수를 9로 나누었을 때의 몫과 나머지의 차를 구했나요?

3 예 자르기 전의 나무 막대의 길이를 □ cm라고 하면
$\square\div9=28\cdots5$입니다.
$9\times28=252$, $252+5=257$이므로 $\square=257$입니다. 따라서 자르기 전의 나무 막대의 길이는
257 cm=2 m 57 cm입니다.

단계	문제 해결 과정
①	자르기 전의 나무 막대의 길이를 구하는 식을 세웠나요?
②	자르기 전의 나무 막대의 길이는 몇 m 몇 cm인지 구했나요?

4 예 가장 큰 삼각형의 한 변의 길이는
$450\div3=150$(cm)입니다.
가장 작은 삼각형의 한 변의 길이는
$150\div3=50$(cm)입니다.
따라서 가장 작은 삼각형 한 개의 세 변의 길이의 합은
$50+50+50=150$(cm)입니다.

단계	문제 해결 과정
①	가장 큰 삼각형의 한 변의 길이를 구했나요?
②	가장 작은 삼각형 한 개의 세 변의 길이의 합을 구했나요?

5 예 몫이 가장 작게 되려면 (가장 작은 두 자리 수)÷(가장 큰 한 자리 수)를 만들면 됩니다.
만들 수 있는 가장 작은 두 자리 수는 26이고 이때 남은 수 카드의 수는 9입니다.
따라서 $26\div9=2\cdots8$이므로 몫은 2이고 나머지는 8입니다.

단계	문제 해결 과정
①	몫이 가장 작게 되는 나눗셈식을 만들었나요?
②	만든 나눗셈의 몫과 나머지를 각각 구했나요?

6 예 $134\div6=22\cdots2$이므로 22팀이 되고 2명이 남습니다. 따라서 남는 선수 없이 모두 배구 연습을 하려면 선수가 적어도 $6-2=4$(명) 더 있어야 합니다.

단계	문제 해결 과정
①	문제에 알맞은 나눗셈식을 세워 몫과 나머지를 구했나요?
②	선수가 적어도 몇 명 더 있어야 하는지 구했나요?

7 예 (도로 한쪽의 간격의 수)$=234\div9=26$(군데)
(도로 한쪽에 필요한 나무의 수)$=26+1=27$(그루)
따라서 도로 양쪽에 필요한 나무는 모두
$27\times2=54$(그루)입니다.

단계	문제 해결 과정
①	도로 한쪽의 간격의 수를 구하여 도로 한쪽에 필요한 나무의 수를 구했나요?
②	도로 양쪽에 필요한 나무의 수를 구했나요?

8 예 도화지의 가로를 4 cm씩 자르면 $84\div4=21$(장), 세로를 3 cm씩 자르면 $42\div3=14$(장)으로 나눌 수 있습니다. 따라서 만들 수 있는 작은 직사각형은 모두
$21\times14=294$(개)입니다.

단계	문제 해결 과정
①	도화지의 가로와 세로를 각각 몇 장으로 나눌 수 있는지 구했나요?
②	만들 수 있는 작은 직사각형의 수를 구했나요?

9 예 $80\div7$의 몫이 11이므로 몫이 11일 때부터 생각해 봅니다.
$\square\div7=11\cdots3$인 경우:
$7\times11=77$, $77+3=80$, $\square=80$입니다.
$\square\div7=12\cdots3$인 경우:
$7\times12=84$, $84+3=87$, $\square=87$입니다.
$\square\div7=13\cdots3$인 경우:
$7\times13=91$, $91+3=94$, $\square=94$입니다.
따라서 80보다 크고 90보다 작은 두 자리 수는 87입니다.

단계	문제 해결 과정
①	7로 나누었을 때 나머지가 3인 수를 구했나요?
②	조건을 모두 만족시키는 수를 구했나요?

다시 점검하는 단원 평가 Level ❶

16~18쪽

1 40　2 25, 6, 16, 15, 1

3 100, 150, 247

4 ( )(○)( )　5 <

6
```
    1 3
 6)8 2
   6
   2 2
   1 8
     4
```

7 ㉣　8 123

9 6　10 40

11 준호　12 156

13 46개　14 108자루

15 74상자, 2개　16 17판　17 12

18 84개　19 13자　20 2, 6

3 $300 \div 3 = 100$, $450 \div 3 = 150$, $741 \div 3 = 247$

4 $72 \div 3 = 24$, $84 \div 6 = 14$, $92 \div 4 = 23$

5 $51 \div 3 = 17$, $90 \div 5 = 18$ ➡ $17 < 18$

6 나머지는 나누는 수보다 작아야 하는데 나머지 10이 나누는 수 6보다 크므로 잘못 계산했습니다.

7 ㉠ $50 \div 3 = 16 \cdots 2$　㉡ $43 \div 4 = 10 \cdots 3$
㉢ $74 \div 5 = 14 \cdots 4$　㉣ $67 \div 6 = 11 \cdots 1$

8 $745 \div 5 = 149$, $816 \div 3 = 272$
➡ $272 - 149 = 123$

9 나머지는 나누는 수보다 작습니다.
따라서 나누는 수가 7이므로 나머지가 될 수 있는 가장 큰 자연수는 6입니다.

10 (어떤 수)$\div 6 = 13 \cdots 2$에서
$6 \times 13 = 78$, $78 + 2 = 80$이므로 어떤 수는 80입니다.
➡ $80 \div 2 = 40$

11 승민: $560 \div 6 = 93 \cdots 2$, 아영: $732 \div 8 = 91 \cdots 4$
준호: $792 \div 9 = 88$

12 ㉠$\div 3 = 133$에서 $3 \times 133 =$㉠이므로 ㉠$=399$입니다.
$486 \div 2 = 243$이므로 ㉡$=243$입니다.
따라서 ㉠과 ㉡의 차는 $399 - 243 = 156$입니다.

13 (전체 식빵의 수)
$\div$(샌드위치 1개를 만드는 데 필요한 식빵의 수)
$= 138 \div 3 = 46$(개)

14 (전체 색연필의 수)$\div$(나누어 주는 사람 수)
$= 325 \div 3 = 108 \cdots 1$
따라서 한 명에게 색연필을 108자루까지 줄 수 있습니다.

15 (전체 사과의 수)$\div$(한 상자에 담는 사과의 수)
$= 668 \div 9 = 74 \cdots 2$
따라서 사과를 74상자까지 담을 수 있고, 2개가 남습니다.

16 $97 \div 6 = 16 \cdots 1$이므로 피자가 16판이면 1조각이 모자랍니다.
따라서 피자는 적어도 $16 + 1 = 17$(판)이 필요합니다.

17 • 곱셈과 나눗셈의 관계를 이용하면
■$= 90 \div 3 = 30$입니다.
• $30 \div 5 = 6$이므로 ▲$=6$입니다.
• $72 \div 6 = 12$이므로 ●$=12$입니다.

18 (바늘 7쌈의 수)$= 24 \times 7 = 168$(개)
바늘 168개의 반을 팔았으므로 팔고 남은 바늘도 168개의 반입니다.
➡ (팔고 남은 바늘의 수)$= 168 \div 2 = 84$(개)

서술형
19 예 (일주일 동안 외우는 한자 수)$= 5 \times 7 = 35$(자)
(남는 한자 수)$= 100 - 35 = 65$(자)
따라서 나머지는 하루에 $65 \div 5 = 13$(자)씩 외워야 합니다.

평가 기준	배점(5점)
일주일 동안 외우고 남는 한자 수를 구했나요?	3점
나머지는 하루에 몇 자씩 외워야 하는지 구했나요?	2점

서술형
20 예 □ 안의 수가 0이면 $50 \div 4 = 12 \cdots 2$이므로
50보다 2만큼 더 큰 수인 52와 52보다 4만큼 더 큰 수인 56은 4로 나누어떨어집니다.
따라서 □ 안에 들어갈 수 있는 수는 2, 6입니다.

평가 기준	배점(5점)
□ 안의 수가 0일 때 나눗셈을 계산했나요?	2점
□ 안에 들어갈 수 있는 수를 모두 구했나요?	3점

다시 점검하는 단원 평가 Level ❷

19~21쪽

1 2, 20, 200　2 ㉢　3 (선 잇기)

4 16, 1 / $5 \times 16 = 80$, $80 + 1 = 81$

5
```
    1 3
 5)6 6
   5
   1 6
   1 5
     1
```

6 >　7 ㉡

8 ㉠　9 36명

10 111

11 (위에서부터) 2, 3 / 3

12 48	**13** 53개	**14** 15개, 3개
15 2개	**16** 135	**17** 7, 6, 3, 25, 1
18 78	**19** 17, 6	**20** 180 m

2 ㉠ $50\div5=10$ ㉡ $60\div3=20$
㉢ $80\div2=40$ ㉣ $90\div9=10$

3 $60\div5=12$, $66\div6=11$, $52\div4=13$

4
$$\begin{array}{r} 16 \\ 5\overline{)81} \\ \underline{5} \\ 31 \\ \underline{30} \\ 1 \end{array}$$
나누는 수와 몫의 곱에 나머지를 더하면 나누어지는 수가 되어야 합니다.

5 십의 자리 계산에서 $66-50=16$인데 6만 내려 써서 잘못 계산했습니다.

6 $720\div4=180$, $960\div6=160$
➡ $180>160$

7 ㉠ $921\div8=115\cdots1$ ㉡ $766\div7=109\cdots3$
➡ $1<3$

8 나머지는 나누는 수보다 작아야 하므로 나머지가 5가 되려면 나누는 수는 5보다 큰 수이어야 합니다.

9 사탕은 모두 $156+132=288$(개) 있습니다.
(전체 사탕의 수)÷(한 사람에게 나누어 주는 사탕의 수)
$=288\div8=36$
따라서 사탕을 36명에게 줄 수 있습니다.

10 $4\times27=108$, $108+3=111$
➡ □$=111$

11
$$\begin{array}{r} 46 \\ ㉠\overline{)9㉡} \\ \underline{8} \\ 1㉢ \\ \underline{12} \\ 1 \end{array}$$
㉠$\times4=8$이므로 ㉠$=2$입니다.
㉢$-2=1$이므로 ㉢$=$㉡$=3$입니다.

12 $287\div3=95\cdots2$이므로 ■$=95$, ▲$=2$입니다.
$95\div2=47\cdots1$이므로 ●$=47$, ★$=1$입니다.
➡ ●$+$★$=47+1=48$

13 처음에 있던 귤의 수를 □개라고 하면
□$\div6=8\cdots5$입니다.
$6\times8=48$, $48+5=53$이므로 □$=53$입니다.
따라서 처음에 있던 귤은 모두 53개입니다.

14 호두과자는 모두 $12\times9=108$(개)입니다.
(전체 호두과자의 수)÷(나누어 주는 사람 수)
$=108\div7=15\cdots3$
따라서 호두과자를 한 명에게 15개씩 줄 수 있고, 3개가 남습니다.

15 $78\div5=15\cdots3$이므로 고구마는 15봉지가 되고 3개가 남습니다.
따라서 남는 고구마 3개도 봉지에 똑같이 나누어 담으려면 고구마는 적어도 $5-3=2$(개)가 더 있어야 합니다.

16 $3\times13=39$, $3\times14=42$, $3\times15=45$, $3\times16=48$, $3\times17=51$이므로 3으로 나누어떨어지는 수 중에서 십의 자리 수가 4인 두 자리 수는 42, 45, 48입니다.
따라서 이 수들의 합은 $42+45+48=135$입니다.

17 나누어지는 수가 가장 크고, 나누는 수가 가장 작을 때 몫이 가장 큽니다.
➡ $76\div3=25\cdots1$

18 $70\div6=11\cdots4$이고 $6\times12=72$이므로 70보다 크고 80보다 작은 수 중에서 6으로 나누어떨어지는 수는 72, $72+6=78$입니다.
이 중에서 $72\div4=18$, $78\div4=19\cdots2$이므로 4로 나누면 나머지가 2인 수는 78입니다.
따라서 조건을 모두 만족시키는 자연수는 78입니다.

서술형
19 예 어떤 수를 □라고 하면 □$\div6=26\cdots3$입니다.
$6\times26=156$, $156+3=159$이므로
□$=159$입니다.
따라서 바르게 계산하면 $159\div9=17\cdots6$이므로 몫은 17이고 나머지는 6입니다.

평가 기준	배점(5점)
어떤 수를 구했나요?	3점
바르게 계산했을 때의 몫과 나머지를 각각 구했나요?	2점

서술형
20 예 길의 한쪽에 세워져 있는 가로등의 수는
$12\div2=6$(개)이므로 가로등 사이의 간격은
$6-1=5$(군데)입니다.
따라서 가로등과 가로등 사이의 거리는
$900\div5=180$(m)입니다.

평가 기준	배점(5점)
가로등 사이의 간격이 몇 군데인지 구했나요?	2점
가로등과 가로등 사이의 거리를 구했나요?	3점

3 원

서술형 문제

22~25쪽

1 22 cm	**2** 32 cm	**3** 30 cm
4 14 cm	**5** 80 cm	**6** 10개
7 30 cm	**8** 76 cm	

1 예 시계의 중심으로부터 초바늘의 긴 쪽의 길이가 $13-2=11$(cm)이므로 초바늘이 시계를 한 바퀴 돌면서 만들어지는 큰 원의 반지름은 11 cm입니다.
따라서 만들어지는 큰 원의 지름은
$11\times2=22$(cm)입니다.

단계	문제 해결 과정
①	시계의 중심으로부터 초바늘의 긴 쪽의 길이를 구했나요?
②	만들어지는 큰 원의 지름을 구했나요?

2 예 원의 지름을 각각 구해 보면
㉠ 12 cm, ㉡ $7\times2=14$(cm),
㉢ $10\times2=20$(cm), ㉣ 18 cm이므로 가장 큰 원은 지름이 가장 긴 ㉢이고 가장 작은 원은 지름이 가장 짧은 ㉠입니다.
따라서 가장 큰 원과 가장 작은 원의 지름의 합은
$20+12=32$(cm)입니다.

단계	문제 해결 과정
①	가장 큰 원과 가장 작은 원을 각각 구했나요?
②	가장 큰 원과 가장 작은 원의 지름의 합을 구했나요?

3 예 작은 원의 반지름은 $8\div2=4$(cm)입니다.
큰 원의 반지름을 □cm라고 하면
(선분 ㄱㄴ)=(선분 ㄱㄷ)=(□+4) cm,
(선분 ㄴㄷ)=$4+4=8$(cm)이므로
(□+4)+8+(□+4)=46, □+□=30,
□=15입니다.
따라서 큰 원의 반지름이 15 cm이므로 큰 원의 지름은 $15\times2=30$(cm)입니다.

단계	문제 해결 과정
①	큰 원의 반지름을 구하는 식을 세웠나요?
②	큰 원의 지름을 구했나요?

4 예 작은 원의 반지름을 □cm라고 하면 큰 원의 반지름은 (□+□) cm입니다.
□+□+(□+□)+(□+□)=42, □×6=42이므로 □=42÷6=7입니다.
따라서 작은 원의 반지름이 7 cm이므로 작은 원의 지름은 $7\times2=14$(cm)입니다.

단계	문제 해결 과정
①	작은 원의 반지름을 구하는 식을 세웠나요?
②	작은 원의 지름을 구했나요?

5 예 직사각형의 가로는 원의 반지름의 3배이므로 $10\times3=30$(cm)입니다. 직사각형의 세로는 원의 반지름과 같으므로 10 cm입니다.
따라서 직사각형의 네 변의 길이의 합은
$30+10+30+10=80$(cm)입니다.

단계	문제 해결 과정
①	직사각형의 가로와 세로를 각각 구했나요?
②	직사각형의 네 변의 길이의 합을 구했나요?

6 예 원의 반지름은 $10\div2=5$(cm)입니다.
직사각형의 가로를 원의 반지름의 □배라고 하면
5×□=55, □=11입니다.
따라서 반지름의 수는 원의 수보다 1개 더 많으므로 그린 원은 모두 $11-1=10$(개)입니다.

단계	문제 해결 과정
①	직사각형의 가로는 원의 반지름의 몇 배인지 구했나요?
②	그린 원은 모두 몇 개인지 구했나요?

7 예 큰 원의 지름은 직사각형의 세로와 같으므로 12 cm이고 반지름은 $12\div2=6$(cm)입니다.
직사각형의 가로는 작은 원 2개의 지름과 큰 원 2개의 지름의 합과 같으므로 작은 원 2개의 지름의 합은
$40-12-12=16$(cm)입니다.
작은 원의 지름은 $16\div2=8$(cm)이고 반지름은
$8\div2=4$(cm)입니다.
따라서 선분 ㄱㄹ의 길이는
$4+6+6+4+4+6=30$(cm)입니다.

단계	문제 해결 과정
①	큰 원의 반지름과 작은 원의 반지름을 각각 구했나요?
②	선분 ㄱㄹ의 길이를 구했나요?

8 예 크기가 같은 두 원의 반지름을 □cm라고 하면
(선분 ㄴㄷ)=36 cm이므로
□+□−4=36, □+□=40, □=20입니다.
따라서 삼각형 ㄱㄴㄷ의 세 변의 길이의 합은
$20+36+20=76$(cm)입니다.

단계	문제 해결 과정
①	원의 반지름을 구했나요?
②	삼각형 ㄱㄴㄷ의 세 변의 길이의 합을 구했나요?

다시 점검하는 단원 평가 Level ❶

26~28쪽

1 점 ㄴ　　2 4 cm
3 선분 ㄱㄹ (또는 선분 ㄹㄱ)　　4 ㉡
5 선분 ㅁㅂ (또는 선분 ㅂㅁ)　　6 4군데
7 ㉡, ㉢, ㉠　　8 ㉡　　9 16 cm
10 3 cm　　11 12 cm　　12 ㉣
13 56 cm　　14 49 cm　　15 2 cm
16 8 cm　　17 16 cm　　18 17 cm
19 4 cm　　20 72 cm

3 원의 지름은 원 위의 두 점을 이은 선분 중 원의 중심을 지나는 선분이므로 선분 ㄱㄹ입니다.

4 컴퍼스의 침과 연필심 사이의 거리는 원의 반지름과 같으므로 컴퍼스의 침과 연필심 사이의 거리가 $4 \div 2 = 2$(cm)가 되도록 벌린 것을 찾습니다.

5 원 위의 두 점을 이은 선분 중 선분 ㄱㄴ과 같이 원의 중심을 지나는 선분은 원의 지름입니다.

6 컴퍼스의 침을 꽂아야 할 곳은 원의 중심이므로 모두 4군데입니다.

7 각 원의 지름을 구해 보면
㉠ 12 cm, ㉡ $5 \times 2 = 10$(cm), ㉢ 11 cm입니다.
따라서 작은 원부터 차례로 기호를 쓰면 ㉡, ㉢, ㉠입니다.

8 반지름이 같으므로 원의 크기가 모두 같은 모양을 찾습니다.

9 원의 지름은 직사각형의 세로와 같으므로 8 cm입니다.
선분 ㄱㄴ의 길이는 원의 지름의 2배이므로
$8 \times 2 = 16$(cm)입니다.

10 큰 원의 지름은 작은 원의 반지름의 4배이므로 작은 원의 반지름은 $12 \div 4 = 3$(cm)입니다.

11 (작은 원의 반지름)$= 10 \div 2 = 5$(cm)
(큰 원의 반지름)$= 14 \div 2 = 7$(cm)
➡ (선분 ㄱㄴ)$= 5 + 7 = 12$(cm)

12 원의 반지름은 같고 원의 중심을 옮겨 가며 그린 것입니다.

13 원의 지름은 직사각형의 가로와 같으므로 7 cm입니다.
직사각형의 세로는 원의 지름의 3배이므로
$7 \times 3 = 21$(cm)입니다.
➡ (직사각형의 네 변의 길이의 합)
$= 7 + 21 + 7 + 21 = 56$(cm)

14 선분 ㄱㄴ의 길이는 원의 반지름의 7배이므로
$7 \times 7 = 49$(cm)입니다.

15 큰 원의 지름은 직사각형의 세로와 같으므로 8 cm입니다.
작은 원의 지름은 $12 - 8 = 4$(cm)이므로 작은 원의 반지름은 $4 \div 2 = 2$(cm)입니다.

16 삼각형 ㄱㄴㄷ의 세 변의 길이의 합은 원의 반지름의 6배입니다.
따라서 원의 반지름은 $24 \div 6 = 4$(cm)이므로 원의 지름은 $4 \times 2 = 8$(cm)입니다.

17 직사각형의 가로는 원의 반지름의 6배, 즉 원의 지름의 3배이므로 $2 \times 3 = 6$(cm)이고 직사각형의 세로는 원의 지름과 같으므로 2 cm입니다.
➡ (직사각형의 네 변의 길이의 합)
$= 6 + 2 + 6 + 2 = 16$(cm)

18 (선분 ㄱㄴ)=(큰 원의 반지름)$= 12 \div 2 = 6$(cm)
(선분 ㄱㄷ)=(작은 원의 반지름)$= 8 \div 2 = 4$(cm)
(선분 ㄴㄷ)=(큰 원의 반지름)+(작은 원의 반지름)
$- 3$
$= 6 + 4 - 3 = 7$(cm)
➡ (삼각형 ㄱㄴㄷ의 세 변의 길이의 합)
$= 6 + 7 + 4 = 17$(cm)

서술형
19 예 큰 원의 지름은 정사각형의 한 변의 길이와 같으므로 $64 \div 4 = 16$(cm)입니다.
작은 원의 지름은 큰 원의 반지름과 같으므로
$16 \div 2 = 8$(cm)입니다.
따라서 작은 원의 반지름은 $8 \div 2 = 4$(cm)입니다.

평가 기준	배점(5점)
큰 원의 지름을 구했나요?	2점
작은 원의 반지름을 구했나요?	3점

서술형
20 예 굵은 선의 길이는 캔 음료의 지름의 12배입니다.
(굵은 선의 길이)=(캔 음료의 지름)$\times 12$
$= 6 \times 12 = 72$(cm)

평가 기준	배점(5점)
굵은 선의 길이는 캔 음료의 지름의 몇 배인지 구했나요?	2점
굵은 선의 길이를 구했나요?	3점

다시 점검하는 **단원 평가** Level ❷ 29~31쪽

1 ㉡, ㉢	**2** 선분 ㄱㄹ (또는 선분 ㄹㄱ)	
3 12 cm	**4** ㉠, ㉣, ㉡, ㉢	**5** 14 cm
6 20 cm	**7** ㉠	**8** 18 cm
9 5군데	**10** 30 cm	**11** 4 cm
12 64 cm	**13** 4 cm	**14** 20 cm
15 3 cm	**16** 12 cm	**17** 20 cm
18 15 cm	**19** 96 cm	**20** 21개

1 원의 중심 ㅇ과 원 위의 한 점을 이은 선분을 모두 찾습니다.

2 원 위의 두 점을 이은 선분 중 가장 긴 선분은 원의 중심을 지나는 지름이므로 선분 ㄱㄹ입니다.

3 원의 반지름이 6 cm이므로 지름은 $6\times2=12$(cm)입니다.

4 원의 지름을 각각 구해 보면
㉠ $4\times2=8$(cm), ㉡ 6 cm, ㉢ $2\times2=4$(cm), ㉣ 7 cm입니다.
따라서 큰 원부터 차례로 기호를 쓰면 ㉠, ㉣, ㉡, ㉢입니다.

5 원의 지름은 정사각형의 한 변의 길이와 같으므로 14 cm입니다.

6 큰 원의 지름은 작은 원의 반지름의 4배이므로
$5\times4=20$(cm)입니다.

7 ㉡ 원의 중심은 다르고 원의 반지름은 같습니다.
㉢ 원의 중심과 원의 반지름이 모두 다릅니다.

8 선분 ㄱㄴ의 길이는 세 원의 지름을 합한 것과 같습니다.
세 원의 지름은 각각 4 cm, 6 cm, 8 cm이므로
(선분 ㄱㄴ)$=4+6+8=18$(cm)입니다.

9 원의 중심은 모두 5군데이므로 컴퍼스의 침을 꽂아야 할 곳은 모두 5군데입니다.

10 선분 ㄴㄷ의 길이는 원의 반지름의 6배이므로
$5\times6=30$(cm)입니다.

11 가장 큰 원의 반지름은 $32\div2=16$(cm)이므로 중간 크기 원의 반지름은 $16\div2=8$(cm)입니다.
➡ (가장 작은 원의 반지름)$=8\div2=4$(cm)

12 정사각형의 한 변의 길이는 원의 반지름의 4배이므로
$4\times4=16$(cm)입니다.
➡ (정사각형의 네 변의 길이의 합)
$=16\times4=64$(cm)

13 직사각형의 가로는 원의 지름의 2배이므로 직사각형의 네 변의 길이의 합은 원의 지름의 6배입니다.
➡ (원의 지름)$=24\div6=4$(cm)

14 직사각형 ㄱㄴㄷㄹ의 가로는 원의 반지름의 4배, 즉 원의 지름의 2배입니다.
➡ $10\times2=20$(cm)

15 직사각형의 가로는 원의 반지름의 6배이므로 원의 반지름은 $18\div6=3$(cm)입니다.

16 (선분 ㄱㄴ)$=$(선분 ㄴㄷ)$=$(선분 ㄷㄹ)$=$(선분 ㄹㄱ)
$=$(원의 반지름)입니다.
➡ (선분 ㄱㄹ)$=48\div4=12$(cm)

17 큰 원의 지름은 작은 원의 반지름의 6배이므로 작은 원의 반지름은 $30\div6=5$(cm)입니다.
선분 ㄱㄷ의 길이는 작은 원의 반지름의 4배이므로
$5\times4=20$(cm)입니다.

18 선분 ㄱㅁ의 길이는 정사각형의 한 변의 길이와 같고 작은 원의 반지름의 4배이므로 작은 원의 반지름은
$20\div4=5$(cm)입니다.
따라서 선분 ㄴㅁ의 길이는 작은 원의 반지름의 3배이므로 $5\times3=15$(cm)입니다.

서술형
19 예 직사각형의 가로는 원의 반지름의 6배이므로
$6\times6=36$(cm)이고 세로는 원의 반지름의 2배이므로 $6\times2=12$(cm)입니다.
따라서 직사각형의 네 변의 길이의 합은
$36+12+36+12=96$(cm)입니다.

평가 기준	배점(5점)
직사각형의 가로와 세로를 각각 구했나요?	3점
직사각형의 네 변의 길이의 합을 구했나요?	2점

서술형
20 예 삼각형의 세 변의 길이의 합이 60 cm일 때 한 변의 길이는 $60\div3=20$(cm)입니다. 한 변에 그린 원이 2개, 3개, 4개, ...일 때 삼각형의 한 변의 길이는 4 cm, 8 cm, 12 cm, ...이므로 한 변의 길이가 20 cm일 때 한 변에 그린 원은 $4+1+1=6$(개)입니다. 따라서 원은 $1+2+3+4+5+6=21$(개) 그려야 합니다.

평가 기준	배점(5점)
삼각형의 한 변에 그린 원의 수를 구했나요?	3점
원은 몇 개 그려야 하는지 구했나요?	2점

4 분수

서술형 문제

32~35쪽

1 지훈 **2** 3 **3** 목요일

4 4개 **5** 42 **6** $2\frac{7}{12}$

7 72개 **8** 32개

1 예 • 수민: 9의 $\frac{1}{3}$은 $9\div3=3$입니다. ➡ 3개

• 지훈: 8의 $\frac{1}{2}$은 $8\div2=4$입니다. ➡ 4개

• 다연: 10의 $\frac{1}{5}$은 $10\div5=2$입니다. ➡ 2개

따라서 젤리를 가장 많이 먹은 사람은 지훈입니다.

단계	문제 해결 과정
①	수민, 지훈, 다연이가 먹은 젤리의 수를 각각 구했나요?
②	젤리를 가장 많이 먹은 사람은 누구인지 구했나요?

2 예 자연수가 1이고 분모가 5인 대분수는

$1\frac{1}{5}$, $1\frac{2}{5}$, $1\frac{3}{5}$, $1\frac{4}{5}$로 4개입니다. ➡ ㉠$=4$

분모가 8인 진분수는 $\frac{1}{8}$, $\frac{2}{8}$, $\frac{3}{8}$, $\frac{4}{8}$, $\frac{5}{8}$, $\frac{6}{8}$, $\frac{7}{8}$로

7개입니다. ➡ ㉡$=7$

따라서 ㉠과 ㉡에 알맞은 수의 차는 $7-4=3$입니다.

단계	문제 해결 과정
①	㉠과 ㉡에 알맞은 수를 각각 구했나요?
②	㉠과 ㉡에 알맞은 수의 차를 구했나요?

3 예 $\frac{12}{7}=1\frac{5}{7}$, $\frac{16}{7}=2\frac{2}{7}$이므로

$2\frac{2}{7}>2\frac{1}{7}>1\frac{6}{7}>1\frac{5}{7}$입니다.

따라서 축구를 가장 오래 한 날은 목요일입니다.

단계	문제 해결 과정
①	분수의 크기를 바르게 비교했나요?
②	축구를 가장 오래 한 날은 무슨 요일인지 구했나요?

4 예 $2\frac{14}{15}=\frac{44}{15}$, $3\frac{4}{15}=\frac{49}{15}$이므로

$\frac{44}{15}<\frac{\square}{15}<\frac{49}{15}$입니다.

$44<\square<49$이므로 □ 안에 들어갈 수 있는 자연수는 45, 46, 47, 48입니다.

따라서 □ 안에 들어갈 수 있는 자연수는 모두 4개입니다.

단계	문제 해결 과정
①	대분수를 가분수로 나타냈나요?
②	□ 안에 들어갈 수 있는 자연수는 모두 몇 개인지 구했나요?

5 예 어떤 수의 $\frac{5}{7}$가 45이므로 어떤 수의 $\frac{1}{7}$은

$45\div5=9$이고 어떤 수는 $9\times7=63$입니다.

따라서 63의 $\frac{1}{3}$은 $63\div3=21$이므로

63의 $\frac{2}{3}$는 $21\times2=42$입니다.

단계	문제 해결 과정
①	어떤 수를 구했나요?
②	어떤 수의 $\frac{2}{3}$는 얼마인지 구했나요?

6 예 분모는 2, 3, 4, 5, ...로 1씩 커지고, 분자는 1, 4, 7, 10, ...으로 3씩 커지는 규칙입니다.
11째에 놓이는 분수의 분모는 2부터 1씩 10번 커지므로 $2+10=12$이고 분자는 1부터 3씩 10번 커지므로 $1+30=31$입니다.

따라서 11째에 놓이는 분수는 $\frac{31}{12}$이고 대분수로 나타내면 $\frac{31}{12}=2\frac{7}{12}$입니다.

단계	문제 해결 과정
①	규칙을 찾았나요?
②	11째에 놓이는 분수를 대분수로 나타냈나요?

7 예 민주네 가족이 캔 고구마의 $\frac{2}{9}$가 16개이므로

민주네 가족이 캔 고구마의 $\frac{1}{9}$은 $16\div2=8$(개)입니다.

따라서 민주네 가족이 캔 고구마는 $8\times9=72$(개)입니다.

단계	문제 해결 과정
①	민주네 가족이 캔 고구마의 $\frac{1}{9}$은 몇 개인지 구했나요?
②	민주네 가족이 캔 고구마는 몇 개인지 구했나요?

8 예 할머니 댁에 고구마를 보내 드리고 남은 고구마는 $72-16=56$(개)이므로 이웃에 나누어 준 고구마는

56개의 $\frac{4}{7}$입니다. 56개의 $\frac{1}{7}$은 8개이므로 56개의

$\frac{4}{7}$는 $8\times4=32$(개)입니다.

따라서 이웃에 나누어 준 고구마는 32개입니다.

단계	문제 해결 과정
①	할머니 댁에 고구마를 보내 드리고 남은 고구마는 몇 개인지 구했나요?
②	이웃에 나누어 준 고구마는 몇 개인지 구했나요?

다시 점검하는 **단원 평가** Level 1 36~38쪽

1 2개	2 3	3 ①
4 ㉢	5 45	6 $3\frac{1}{6}$컵
7 4개	8 >	9 2
10 1, 2, 3	11 $\frac{3}{5}$	12 30개
13 감나무, 사과나무, 배나무		14 6개
15 7개	16 $\frac{11}{3}$, $3\frac{2}{3}$	17 $\frac{32}{5}$
18 6, 7, 8, 9	19 3자루	20 8

1 분자가 분모보다 작은 분수를 진분수라고 합니다.
따라서 진분수는 $\frac{7}{8}$, $\frac{1}{5}$로 모두 2개입니다.

2 56을 똑같이 7묶음으로 나누면 1묶음은 8이므로 24는 56을 똑같이 7묶음으로 나눈 것 중의 3묶음입니다.
따라서 □ 안에 알맞은 수는 3입니다.

3 분자가 분모와 같거나 분모보다 큰 분수를 가분수라고 합니다.

4 ㉠ 36을 똑같이 4묶음으로 나눈 것 중의 1묶음이므로 9입니다.
㉡ 48을 똑같이 6묶음으로 나눈 것 중의 1묶음이므로 8입니다.
㉢ 20을 똑같이 2묶음으로 나눈 것 중의 1묶음이므로 10입니다.
따라서 나타내는 수가 가장 큰 것은 ㉢입니다.

5 □의 $\frac{1}{5}$은 $27 \div 3 = 9$이므로 $□ = 9 \times 5 = 45$입니다.

6 밀가루 2컵을 넣고 물 1컵과 $\frac{1}{6}$컵을 넣었으므로 대분수로 나타내면 $3\frac{1}{6}$컵입니다.

7 진분수는 분자가 분모보다 작은 분수입니다.
따라서 분모가 5인 진분수는 $\frac{1}{5}$, $\frac{2}{5}$, $\frac{3}{5}$, $\frac{4}{5}$로 모두 4개입니다.

8 12의 $\frac{1}{6}$은 2이므로 12의 $\frac{5}{6}$는 $2 \times 5 = 10$입니다.
38의 $\frac{1}{19}$은 2이므로 38의 $\frac{4}{19}$는 $2 \times 4 = 8$입니다.
➡ $10 > 8$

9 8은 24를 똑같이 3묶음으로 나눈 것 중의 1묶음이므로 ㉠=3입니다.
35는 56을 똑같이 8묶음으로 나눈 것 중의 5묶음이므로 ㉡=5입니다.
따라서 ㉠과 ㉡에 알맞은 수의 차는 $5-3=2$입니다.

10 대분수는 자연수와 진분수로 이루어져 있으므로 □ 안에는 분모 4보다 작은 수가 들어가야 합니다.
따라서 □ 안에 들어갈 수 있는 자연수는 1, 2, 3입니다.

11 15를 3씩 묶으면 5묶음이 되므로 1묶음은 전체의 $\frac{1}{5}$입니다. 따라서 9개는 3묶음이므로 전체의 $\frac{3}{5}$입니다.

12 42의 $\frac{1}{7}$은 6이므로 42의 $\frac{2}{7}$는 $6 \times 2 = 12$입니다.
따라서 썩은 귤은 12개이므로 썩지 않은 귤은 $42-12=30$(개)입니다.

13 $\frac{20}{7} = 2\frac{6}{7}$이므로 $3\frac{5}{7} > 3\frac{2}{7} > 2\frac{6}{7}$입니다.
따라서 높은 나무부터 차례로 쓰면 감나무, 사과나무, 배나무입니다.

14 분모가 3일 때: $\frac{4}{3}$, $\frac{5}{3}$, $\frac{6}{3}$ ➡ 3개
분모가 4일 때: $\frac{5}{4}$, $\frac{6}{4}$ ➡ 2개
분모가 5일 때: $\frac{6}{5}$ ➡ 1개
따라서 만들 수 있는 가분수는 모두 $3+2+1=6$(개)입니다.

15 $\frac{54}{7} = 7\frac{5}{7}$이므로 $\frac{54}{7}$ m는 7 m와 $\frac{5}{7}$ m가 됩니다.
따라서 상자를 7개까지 포장할 수 있습니다.

16 분모와 분자의 합이 14인 수 중에서 분모와 분자의 차가 8인 두 수를 찾습니다.

분자	7	8	9	10	11	12
분모	7	6	5	4	3	2

따라서 구하는 가분수는 $\frac{11}{3}$이고, $\frac{11}{3}$을 대분수로 나타내면 $3\frac{2}{3}$입니다.

17 자연수 부분이 클수록 큰 분수이므로 만들 수 있는 가장 큰 대분수는 $6\frac{2}{5}$입니다. ➡ $6\frac{2}{5} = \frac{32}{5}$

18 $\frac{46}{8} = 5\frac{6}{8}$, $\frac{46}{5} = 9\frac{1}{5}$이므로 $5\frac{6}{8} < □ < 9\frac{1}{5}$이고, □ 안에 들어갈 수 있는 자연수는 6, 7, 8, 9입니다.

서술형

19 예 36의 $\frac{1}{6}$은 6이므로 유찬이가 가진 연필은 6자루이고 36의 $\frac{1}{4}$은 9이므로 혜원이가 가진 연필은 9자루입니다.

따라서 혜원이가 유찬이보다 연필을 $9-6=3$(자루) 더 많이 가졌습니다.

평가 기준	배점(5점)
유찬이와 혜원이가 가진 연필의 수를 각각 구했나요?	3점
혜원이가 유찬이보다 연필을 몇 자루 더 많이 가졌는지 구했나요?	2점

서술형

20 예 자연수가 1이고 분모가 6인 대분수는 $1\frac{1}{6}$, $1\frac{2}{6}$, $1\frac{3}{6}$, $1\frac{4}{6}$, $1\frac{5}{6}$이므로 5개입니다. ➡ ㉠=5

분모가 4인 진분수는 $\frac{1}{4}$, $\frac{2}{4}$, $\frac{3}{4}$이므로 3개입니다.

➡ ㉡=3

따라서 ㉠과 ㉡에 알맞은 수의 합은 $5+3=8$입니다.

평가 기준	배점(5점)
㉠과 ㉡에 알맞은 수를 각각 구했나요?	4점
㉠과 ㉡에 알맞은 수의 합을 구했나요?	1점

다시 점검하는 단원 평가 Level ❷

39~41쪽

1 (1) 9 (2) 4	**2** $2\frac{2}{11}$	**3** ㉢
4 $2\frac{3}{5}$	**5** ④	**6** 8개
7 $\frac{1}{6}$, $\frac{2}{6}$, $\frac{3}{6}$, $\frac{4}{6}$, $\frac{5}{6}$		**8** 18개
9 도서관	**10** 9개	**11** 9
12 36명	**13** 2개	**14** 1, 2
15 16명	**16** 44	**17** 233
18 $4\frac{2}{6}$, $4\frac{2}{8}$, $4\frac{6}{8}$		**19** 15자루
20 2개		

3 ㉠ 18의 $\frac{1}{9}$은 2이므로 18의 $\frac{8}{9}$은 $2\times8=16$입니다.

㉡ 20의 $\frac{1}{5}$은 4이므로 20의 $\frac{4}{5}$는 $4\times4=16$입니다.

㉢ 63의 $\frac{1}{7}$은 9이므로 63의 $\frac{2}{7}$는 $9\times2=18$입니다.

따라서 □ 안에 알맞은 수가 다른 하나는 ㉢입니다.

4 수직선에서 작은 눈금 한 칸의 크기는 $\frac{1}{5}$입니다.

㉠은 2에서 $\frac{1}{5}$씩 3칸을 더 갔으므로 대분수로 나타내면 $2\frac{3}{5}$입니다.

5 ① $\frac{62}{9}=6\frac{8}{9}$ ② $4\frac{1}{7}=\frac{29}{7}$

③ $\frac{24}{7}=3\frac{3}{7}$ ⑤ $\frac{53}{11}=4\frac{9}{11}$

6 20의 $\frac{1}{5}$은 4이므로 20의 $\frac{2}{5}$는 $4\times2=8$입니다.

따라서 연주네 가족이 먹은 복숭아는 8개입니다.

7 진분수는 분자가 분모보다 작은 분수입니다.

$\frac{\square}{6}$인 진분수이므로 □ 안에는 6보다 작은 수가 들어가야 합니다.

8 전체 구슬이 54개이므로 노란색 구슬 수는 54개의 $\frac{3}{9}$입니다. 54의 $\frac{1}{9}$은 6이므로 54의 $\frac{3}{9}$은 $6\times3=18$입니다. 따라서 노란색 구슬은 18개입니다.

9 $\frac{14}{3}=4\frac{2}{3}$이므로 $4\frac{1}{3}<4\frac{2}{3}$입니다.

따라서 학교에서 더 먼 곳은 도서관입니다.

10 30의 $\frac{1}{10}$은 3이므로 30의 $\frac{7}{10}$은 $3\times7=21$입니다.

따라서 민수가 먹은 체리는 21개이므로 채원이가 먹은 체리는 $30-21=9$(개)입니다.

11 어떤 수의 $\frac{1}{6}$이 12이므로 어떤 수는 $12\times6=72$입니다. 따라서 72의 $\frac{1}{8}$은 9입니다.

12 전체의 $\frac{4}{9}$가 16이므로 전체의 $\frac{1}{9}$은 $16\div4=4$이고 전체는 $4\times9=36$입니다.

따라서 서희네 반 전체 학생은 36명입니다.

13 3보다 크고 4보다 작은 대분수이므로 자연수 부분이 3입니다. 또 분모와 분자의 합이 6인 진분수는 $\frac{1}{5}$, $\frac{2}{4}$입니다.

따라서 자연수 부분이 3이고 분모와 분자의 합이 6인 대분수는 $3\frac{1}{5}$, $3\frac{2}{4}$로 모두 2개입니다.

14 $\frac{27}{8}=3\frac{3}{8}$이므로 $3\frac{\square}{8}<3\frac{3}{8}$입니다. 따라서 $\square<3$이므로 □ 안에 들어갈 수 있는 자연수는 1, 2입니다.

15 $2\frac{4}{6}=\frac{16}{6}$이고 $\frac{16}{6}$은 $\frac{1}{6}$이 16개입니다.
따라서 모두 16명이 먹을 수 있습니다.

16 • $2\frac{3}{8}=\frac{19}{8}$이므로 $\frac{1}{8}$이 19개입니다. ➡ ㉠=19
• $3\frac{4}{7}=\frac{25}{7}$이므로 $\frac{1}{7}$이 25개입니다. ➡ ㉡=25
➡ ㉠+㉡=19+25=44

17 자연수 부분이 클수록 큰 분수이므로 만들 수 있는 가장 큰 대분수는 $76\frac{2}{3}$입니다. 따라서 $76\frac{2}{3}=\frac{230}{3}$이므로 가분수의 분모와 분자의 합은 3+230=233입니다.

18 한 자리 수인 짝수는 2, 4, 6, 8입니다.
4보다 크고 5보다 작은 대분수이므로 자연수 부분은 4입니다. 나머지 짝수 2, 6, 8을 사용하여 만들 수 있는 진분수는 $\frac{2}{6}$, $\frac{2}{8}$, $\frac{6}{8}$입니다.
따라서 구하는 대분수는 $4\frac{2}{6}$, $4\frac{2}{8}$, $4\frac{6}{8}$입니다.

서술형
19 예 준호에게 준 연필은 36자루의 $\frac{1}{3}$이므로 12자루입니다.
(준호에게 주고 남은 연필의 수)=36−12=24(자루)
윤아에게 준 연필은 24자루의 $\frac{3}{8}$이므로 9자루입니다.
➡ 예진이에게 남은 연필은 24−9=15(자루)입니다.

평가 기준	배점(5점)
준호와 윤아에게 준 연필의 수를 각각 구했나요?	4점
예진이에게 남은 연필의 수를 구했나요?	1점

서술형
20 예 $2\frac{5}{12}=\frac{29}{12}$이고 $3\frac{1}{12}=\frac{37}{12}$이므로 ●에 들어갈 수 있는 자연수는 30, 31, 32, 33, 34, 35, 36입니다.
$3\frac{7}{9}=\frac{34}{9}$이고 $4\frac{5}{9}=\frac{41}{9}$이므로 ■에 들어갈 수 있는 자연수는 35, 36, 37, 38, 39, 40입니다.
따라서 ●와 ■에 공통으로 들어갈 수 있는 자연수는 35, 36으로 모두 2개입니다.

평가 기준	배점(5점)
●와 ■에 들어갈 수 있는 자연수를 각각 구했나요?	4점
●와 ■에 공통으로 들어갈 수 있는 자연수는 모두 몇 개인지 구했나요?	1점

5 들이와 무게

서술형 문제

42~45쪽

1 4 L
2 예 2 L 400 mL=2400 mL입니다.
1 L+ 500 mL+300 mL+300 mL+300 mL
=1000 mL+500 mL+900 mL=2400 mL
들이가 1 L인 그릇에 물을 가득 채워 1번 붓고, 들이가 500 mL인 그릇에 물을 가득 채워 1번 붓고, 들이가 300 mL인 그릇에 물을 가득 채워 3번 붓습니다.
3 1 L 450 mL **4** 4번
5 1 kg 800 g **6** 400 g
7 900 g **8** 10 kg 100 g

1 예 들이가 1 L인 물통으로 3번 부은 물의 양은 3 L, 들이가 300 mL인 컵으로 4번 부은 물의 양은 1200 mL=1 L 200 mL입니다.
대야에 들어 있는 물의 양은
3 L+1 L 200 mL=4 L 200 mL입니다.
따라서 4 L 200 mL는 5 L보다 4 L에 더 가까우므로 대야의 들이는 약 4 L입니다.

단계	문제 해결 과정
①	물통으로 부은 물의 양과 컵으로 부은 물의 양을 각각 구했나요?
②	대야의 들이는 약 몇 L인지 구했나요?

2

단계	문제 해결 과정
①	물을 담을 수 있는 방법을 식으로 나타냈나요?
②	물을 담을 수 있는 방법을 설명했나요?

3 예 (㈏ 물통보다 ㈎ 물통에 더 들어 있는 물의 양)
=12 L 700 mL−9 L 800 mL=2 L 900 mL
2 L 900 mL=1 L 450 mL+1 L 450 mL이므로 ㈎ 물통에서 ㈏ 물통으로 물을 1 L 450 mL만큼 옮기면 두 물통에 들어 있는 물의 양이 같아집니다.

단계	문제 해결 과정
①	㈏ 물통보다 ㈎ 물통에 더 들어 있는 물의 양을 구했나요?
②	㈎ 물통에서 ㈏ 물통으로 물을 몇 L 몇 mL만큼 옮기면 되는지 구했나요?

4 예 (주전자에 부은 물의 양)
=400 mL+400 mL=800 mL

(물을 부은 후 주전자에 들어 있는 물의 양)
$=2\text{ L }600\text{ mL}+800\text{ mL}=3\text{ L }400\text{ mL}$
(더 부어야 하는 물의 양)
$=5\text{ L}-3\text{ L }400\text{ mL}=1\text{ L }600\text{ mL}$
$1\text{ L }600\text{ mL}$
$=1600\text{ mL}$
$=400\text{ mL}+400\text{ mL}+400\text{ mL}+400\text{ mL}$이므로
들이가 400 mL인 컵으로 적어도 4번 더 부어야 합니다.

단계	문제 해결 과정
①	물을 부은 후 주전자에 들어 있는 물의 양을 구했나요?
②	들이가 400 mL인 컵으로 적어도 몇 번 더 부어야 하는지 구했나요?

5 예 (승현이가 주운 밤의 무게)
$=5\text{ kg}-3\text{ kg }700\text{ g}=1\text{ kg }300\text{ g}$
(민재가 주운 밤의 무게)
$=5\text{ kg}-2\text{ kg }250\text{ g}=2\text{ kg }750\text{ g}$
(하린이가 주운 밤의 무게)
$=3\text{ kg }700\text{ g}-2\text{ kg }750\text{ g}=950\text{ g}$
따라서 밤을 가장 많이 주운 사람은 민재이고, 가장 적게 주운 사람은 하린입니다.
➡ $2\text{ kg }750\text{ g}-950\text{ g}=1\text{ kg }800\text{ g}$

단계	문제 해결 과정
①	세 사람이 주운 밤의 무게를 각각 구했나요?
②	밤을 가장 많이 주운 사람과 가장 적게 주운 사람의 밤의 무게의 차를 구했나요?

6 예 6 kg−(한라봉 4개의 무게)=2 kg 800 g이므로
(한라봉 4개의 무게)$=6\text{ kg}-2\text{ kg }800\text{ g}$
$=3\text{ kg }200\text{ g}$
$3\text{ kg }200\text{ g}$
$=3200\text{ g}=800\text{ g}+800\text{ g}+800\text{ g}+800\text{ g}$
이므로 한라봉 1개의 무게는 800 g이고, 한라봉 7개의 무게는 $800\times7=5600$(g), 즉 5 kg 600 g입니다.
➡ (빈 바구니의 무게)$=6\text{ kg}-5\text{ kg }600\text{ g}=400\text{ g}$

단계	문제 해결 과정
①	한라봉 1개의 무게를 구했나요?
②	빈 바구니의 무게를 구했나요?

7 예 (풀 4개의 무게)=(가위 3개의 무게)
$=240\times3=720$(g)
이므로 풀 1개의 무게는 $720\div4=180$(g)입니다.
➡ (필통 1개의 무게)=(풀 5개의 무게)
$=180\times5=900$(g)

단계	문제 해결 과정
①	풀 1개의 무게를 구했나요?
②	필통 1개의 무게를 구했나요?

8 예 개의 무게를 □라고 하면 고양이의 무게는
□−5 kg 300 g이므로
□+(□−5 kg 300 g)=14 kg 900 g,
□+□=14 kg 900 g+5 kg 300 g
=20 kg 200 g
20 kg 200 g=10 kg 100 g+10 kg 100 g이므로
□=10 kg 100 g입니다.
따라서 개의 무게는 10 kg 100 g입니다.

단계	문제 해결 과정
①	개의 무게를 구하는 식을 세웠나요?
②	개의 무게를 구했나요?

다시 점검하는 단원 평가 Level ❶

46~48쪽

1 물감, 9개 **2** 나, 가, 다
3 (1) < (2) > (3) = **4** 2
5 ㉢ **6** 오늘 **7** ㉡, ㉢, ㉠, ㉣
8 9200 mL **9** (1) < (2) > **10** ㉠
11 3 L 400 mL **12** 24 kg 100 g
13 2 L 800 mL **14** (위에서부터) 450, 3
15 2 kg 180 g **16** 7 L 200 mL
17 3 kg 100 g **18** 1 kg 100 g
19 4번 **20** 750 g

1 물감은 클립 33개, 크레파스는 클립 24개의 무게와 같습니다. 따라서 물감이 크레파스보다 클립 $33-24=9$(개)만큼 더 무겁습니다.

2 들이가 적은 그릇을 사용할수록 물을 부은 횟수가 많습니다. 따라서 들이가 적은 것부터 차례로 기호를 쓰면 나, 가, 다입니다.

3 (1) 5 L=5000 mL ➡ 5000 mL < 6500 mL
(2) 3 L 70 mL=3070 mL
➡ 3700 mL > 3070 mL
(3) 2 L 90 mL=2090 mL

4 1800 kg+200 kg=2000 kg=2 t

5 ㉠ 7030 mL=7 L 30 mL ㉡ 2000 mL=2 L

6 1 L 40 mL=1040 mL이고 1040 mL < 1200 mL이므로 우유를 더 많이 마신 날은 오늘입니다.

7 ㉡ 8 kg 500 g=8500 g ㉢ 8 kg 50 g=8050 g
➡ 8500 g>8050 g>6700 g>5800 g
따라서 무게가 무거운 것부터 차례로 기호를 쓰면 ㉡, ㉢, ㉠, ㉣입니다.

8 들이가 가장 많은 것은 6 L 300 mL=6300 mL이고 가장 적은 것은 2900 mL입니다.
➡ 6300 mL+2900 mL=9200 mL

9 (1) 4 kg 600 g+2 kg 800 g=7 kg 400 g
➡ 7 kg 400 g<8 kg
(2) 5 kg 900 g+3 kg 400 g=9 kg 300 g
➡ 9 kg 300 g>9 kg

10 ㉠ 3 L 600 mL+4 L 500 mL=8 L 100 mL
㉡ 2 L 400 mL+5 L 800 mL=8 L 200 mL
➡ 8 L 100 mL<8 L 200 mL

11 (스무디의 양)
=(딸기주스의 양)+(우유의 양)
=1 L 600 mL+1 L 800 mL=3 L 400 mL

12 9800 g=9 kg 800 g입니다.
➡ 14 kg 300 g+9 kg 800 g=24 kg 100 g

13 (남아 있는 우유의 양)
=3 L 600 mL−800 mL=2 L 800 mL

14
```
   15 kg  ㉠ g
 − ㉡ kg  700 g
 ──────────────
   11 kg  750 g
```
g 단위의 계산: 1000+㉠−700=750, ㉠=450
kg 단위의 계산: 15−1−㉡=11, ㉡=3

15 3 kg보다 170 g 더 가벼운 무게는
3 kg−170 g=2 kg 830 g입니다.
(책의 무게)=2 kg 830 g−650 g=2 kg 180 g

16 (일주일 동안 마신 음료수의 양의 합)
=2500 mL+3 L+1 L 700 mL
=2 L 500 mL+3 L+1 L 700 mL
=5 L 500 mL+1 L 700 mL
=7 L 200 mL

17 (남은 고구마의 무게)
=8 kg 700 g−3 kg 500 g−2 kg 100 g
=5 kg 200 g−2 kg 100 g=3 kg 100 g

18 1 kg 250 g=1250 g입니다.
멜론 한 통의 무게를 □라고 하면
□+□+1250 g=3450 g,
□+□=3450 g−1250 g=2200 g입니다.
1100+1100=2200이므로 □=1100 g입니다.
멜론 한 통의 무게는 1100 g=1 kg 100 g입니다.

서술형
19 예 (물통의 들이)
=800 mL+800 mL+800 mL=2400 mL
㉯ 그릇에 물을 가득 채워 □번 덜어 낸다고 하면 덜어 낸 물의 양은 (600×□) mL이므로
600×□=2400, □=4입니다.
따라서 적어도 4번 덜어 내야 합니다.

평가 기준	배점(5점)
물통의 들이를 구했나요?	2점
㉯ 그릇으로 적어도 몇 번 덜어 내야 하는지 구했나요?	3점

서술형
20 예 (감 3개의 무게)=4 kg 350 g−3 kg 150 g
=1 kg 200 g
(감 6개의 무게)=1 kg 200 g+1 kg 200 g
=2 kg 400 g
(빈 상자의 무게)=3 kg 150 g−2 kg 400 g
=750 g

평가 기준	배점(5점)
감 3개의 무게를 구했나요?	2점
빈 상자의 무게를 구했나요?	3점

다시 점검하는 단원 평가 Level ❷

49~51쪽

1 ㉢
2 (1) 나 (2) 2배
3 ㉡
4 (1) 13 L 100 mL (2) 8 L 500 mL
5 1 L 510 mL
6 ②, ③
7 ㉡
8 1 kg 30 g
9 7 L 500 mL
10 2 L 400 mL
11 4 kg 500 g
12 2 kg 300 g
13 2 L 900 mL
14 2 L 200 mL
15 70 kg 300 g
16 200 g
17 3대
18 10 kg 520 g
19 2 L
20 140 g

1 양말은 1 kg보다 가볍습니다.

2 (1) 들이가 적은 컵을 사용할수록 물을 부은 횟수가 많으므로 들이가 가장 적은 컵은 물을 부은 횟수가 가장 많은 컵인 나입니다.
(2) 나 컵으로는 8번, 라 컵으로는 4번 부어야 하므로 라 컵의 들이는 나 컵의 들이의 $8\div4=2$(배)입니다.

3 ㉠ 4 kg 500 g=4500 g
㉣ 5 kg 40 g=5040 g
➡ 4010 g<4200 g<4500 g<5040 g
따라서 무게가 가장 가벼운 것은 ㉡입니다.

5 들이가 가장 많은 것은 3600 mL=3 L 600 mL이고 가장 적은 것은 2 L 90 mL입니다.
➡ 3 L 600 mL−2 L 90 mL=1 L 510 mL

6 ② 45 kg 60 g=45000 g+60 g=45060 g
③ 9 kg 50 g=9000 g+50 g=9050 g

7 ㉠ 6 L 500 mL−2 L 900 mL=3 L 600 mL
㉡ 7 L 400 mL−3 L 700 mL=3 L 700 mL
3 L 600 mL<3 L 700 mL이므로 들이가 더 많은 것은 ㉡입니다.

8 무게가 가장 무거운 것은 3 kg 100 g이고 가장 가벼운 것은 2070 g=2 kg 70 g입니다.
➡ 3 kg 100 g−2 kg 70 g=1 kg 30 g

9 (㉮ 통에 들어 있는 물의 양)+(㉯ 통에 들어 있는 물의 양)
=4 L 600 mL+2 L 900 mL
=7 L 500 mL

10 (오늘 사용한 식용유의 양)−(어제 사용한 식용유의 양)
=6 L 200 mL−3 L 800 mL
=2 L 400 mL

11 (소고기의 무게)+(돼지고기의 무게)
=2 kg 700 g+1 kg 800 g=4 kg 500 g

12 2700 g=2 kg 700 g입니다.
(남은 밀가루의 양)
=(처음에 있던 밀가루의 양)−(사용한 밀가루의 양)
=5 kg−2 kg 700 g=2 kg 300 g

13 1300 mL=1 L 300 mL입니다.
(노란색 물감의 양)
=(주황색 물감의 양)−(빨간색 물감의 양)
=4 L 200 mL−1 L 300 mL=2 L 900 mL

14 (재윤이가 마신 물의 양)
=900 mL+400 mL=1 L 300 mL
(두 사람이 마신 물의 양의 합)
=900 mL+1 L 300 mL=2 L 200 mL

15 (아버지의 몸무게)
=32 kg 700 g+32 kg 700 g+4 kg 900 g
=65 kg 400 g+4 kg 900 g
=70 kg 300 g

16 구슬 7개의 무게는
3 kg−1 kg 600 g=1 kg 400 g입니다.
구슬 7개의 무게가 1 kg 400 g=1400 g이므로 $200\times7=1400$에서 구슬 한 개의 무게는 200 g입니다.

17 사과 70상자의 무게는 $40\times70=2800$(kg)입니다.
1000 kg=1 t이므로 2800 kg=2 t 800 kg을 모두 실으려면 트럭은 적어도 3대 필요합니다.

18 (물통의 반만큼의 물의 무게)
=6 kg 340 g−2 kg 160 g=4 kg 180 g
(물을 가득 채운 후 물통의 무게)
=6 kg 340 g+4 kg 180 g=10 kg 520 g

서술형
19 예 서우가 마신 주스가 250 mL이므로 민하가 마신 주스는 250 mL+250 mL=500 mL입니다.
재우가 마신 주스는
500 mL+500 mL=1000 mL이므로
처음에 있던 주스는
1000 mL+1000 mL=2000 mL=2 L입니다.

평가 기준	배점(5점)
서우, 민하, 재우가 마신 주스의 양을 각각 구했나요?	4점
처음에 있던 주스의 양을 구했나요?	1점

서술형
20 예 (사과 1개의 무게)
=(배 1개+사과 1개+접시)−(배 1개+접시)
=1 kg 410 g−830 g=580 g
(접시만의 무게)=(사과 1개+접시)−(사과 1개)
=720 g−580 g=140 g

평가 기준	배점(5점)
사과 1개의 무게를 구했나요?	3점
접시만의 무게를 구했나요?	2점

6 그림그래프

서술형 문제

52~55쪽

1 바나나 맛 우유 **2** 15갑 **3** 11마리
4 2배 **5** 22명 **6** 4명
7 320대 **8** 610대

1 ㉔ 종류별 팔린 우유의 수는 커피 맛 우유가 26갑, 딸기 맛 우유가 33갑, 초콜릿 맛 우유가 34갑, 바나나 맛 우유가 41갑입니다.
따라서 가장 많이 팔린 우유가 바나나 맛 우유이므로 더 많이 준비해야 할 우유는 바나나 맛 우유입니다.

단계	문제 해결 과정
①	종류별 팔린 우유의 수를 각각 구했나요?
②	더 많이 준비해야 할 우유를 구했나요?

2 ㉔ 가장 많이 팔린 우유는 바나나 맛 우유이고 가장 적게 팔린 우유는 커피 맛 우유입니다.
따라서 두 우유의 수의 차는 41－26＝15(갑)입니다.

단계	문제 해결 과정
①	가장 많이 팔린 우유와 가장 적게 팔린 우유를 각각 구했나요?
②	가장 많이 팔린 우유와 가장 적게 팔린 우유의 수의 차를 구했나요?

3 ㉔ 목장별 기르는 소의 수는 가 목장이 22마리, 나 목장이 35마리, 라 목장이 32마리입니다.
따라서 다 목장의 소는
100－22－35－32＝11(마리)입니다.

단계	문제 해결 과정
①	가, 나, 라 목장의 소의 수를 각각 구했나요?
②	다 목장의 소의 수를 구했나요?

4 ㉔ 가 목장에서 기르는 소는 22마리, 다 목장에서 기르는 소는 11마리입니다.
22＝11×2이므로 가 목장에서 기르는 소의 수는 다 목장에서 기르는 소의 수의 2배입니다.

단계	문제 해결 과정
①	가, 다 목장에서 기르는 소의 수를 각각 구했나요?
②	가 목장에서 기르는 소의 수는 다 목장에서 기르는 소의 수의 몇 배인지 구했나요?

5 ㉔ 등교 방법별 학생 수는 승용차가 44명, 도보가 52명, 자전거가 22명입니다. 버스를 이용하는 학생은
148－44－52－22＝30(명)입니다.
따라서 도보를 이용하는 학생은 버스를 이용하는 학생보다 52－30＝22(명) 더 많습니다.

단계	문제 해결 과정
①	도보와 버스를 이용하는 학생 수를 각각 구했나요?
②	도보를 이용하는 학생은 버스를 이용하는 학생보다 몇 명 더 많은지 구했나요?

6 ㉔ 버스를 이용하는 학생이 자전거를 이용하는 학생보다 30－22＝8(명) 더 많으므로 버스를 이용하는 학생과 자전거를 이용하는 학생 수가 같아지려면 버스를 이용하는 학생 수는 4명 더 적어지고 자전거를 이용하는 학생 수는 4명 더 많아져야 합니다. 따라서 버스 대신에 자전거를 이용한 학생은 4명입니다.

단계	문제 해결 과정
①	버스를 이용하는 학생과 자전거를 이용하는 학생 수의 차를 구했나요?
②	버스 대신 자전거를 이용한 학생 수를 구했나요?

7 ㉔ (나 마을과 다 마을의 자동차 수의 합)
＝1200－240－270＝690(대)
다 마을의 자동차 수를 □대라고 하면 나 마을의 자동차 수는 (□＋50)대이므로 (□＋50)＋□＝690,
□＋□＝640, □＝320입니다.
따라서 다 마을의 자동차는 320대입니다.

단계	문제 해결 과정
①	나 마을과 다 마을의 자동차 수의 합을 구했나요?
②	다 마을의 자동차 수를 구했나요?

8 ㉔ (나 마을의 자동차 수)＝320＋50＝370(대)
도로의 위쪽 마을인 가 마을과 나 마을의 자동차는 모두 240＋370＝610(대)입니다.

단계	문제 해결 과정
①	나 마을의 자동차 수를 구했나요?
②	도로의 위쪽 마을의 자동차는 모두 몇 대인지 구했나요?

다시 점검하는 단원 평가 Level ❶

56~58쪽

1 가 가게, 나 가게 **2** 328개

3

마을별 가구 수

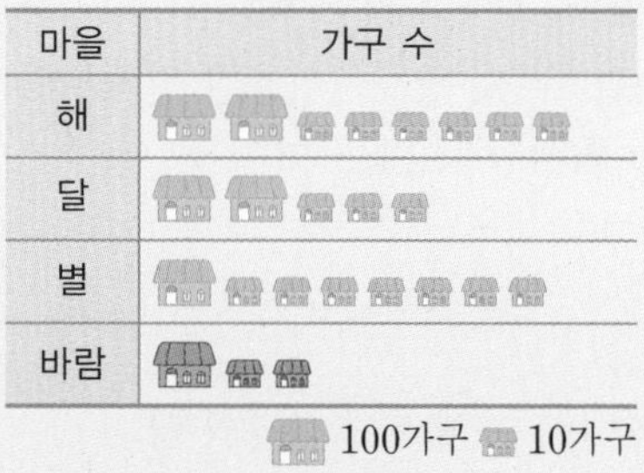

마을	가구 수
해	
달	
별	
바람	

100가구 10가구

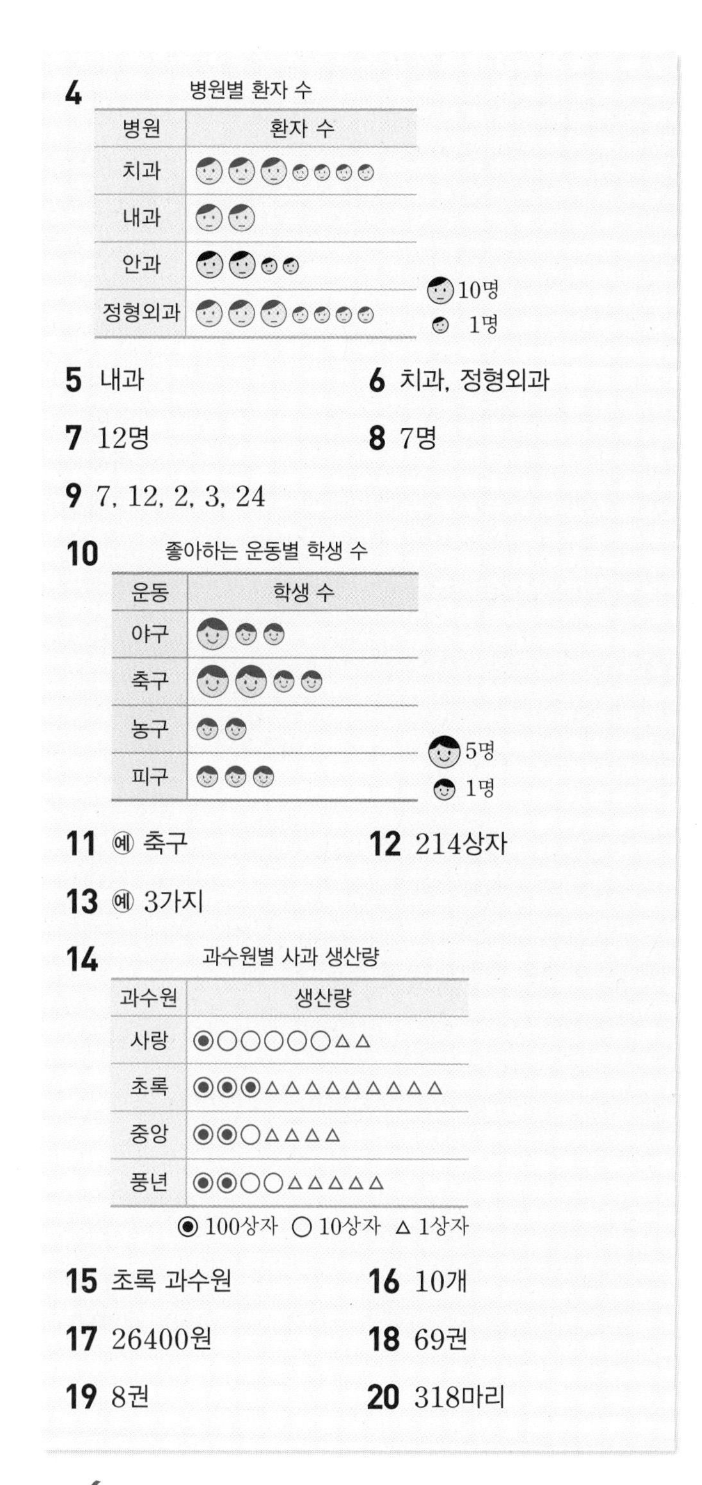

4 병원별 환자 수

병원	환자 수
치과	☺☺☺☻☻☻☻
내과	☺☺
안과	☺☺☻☻
정형외과	☺☺☺☻☻☻☻

☺10명 ☻1명

5 내과 **6** 치과, 정형외과

7 12명 **8** 7명

9 7, 12, 2, 3, 24

10 좋아하는 운동별 학생 수

운동	학생 수
야구	☺☻☻
축구	☺☺☻☻
농구	☻☻
피구	☻☻☻

☺5명 ☻1명

11 예 축구 **12** 214상자

13 예 3가지

14 과수원별 사과 생산량

과수원	생산량
사랑	◉○○○○○△△
초록	◉◉◉△△△△△△△△△
중앙	◉◉○△△△△
풍년	◉◉○○△△△△△

◉ 100상자 ○ 10상자 △ 1상자

15 초록 과수원 **16** 10개

17 26400원 **18** 69권

19 8권 **20** 318마리

1 의 수가 다 가게보다 적은 가게: 가 가게, 나 가게

2 라 가게에서 팔린 리본끈은 41 m입니다.
따라서 라 가게에서 팔린 리본끈으로 만들 수 있는 리본은 모두 $41 \times 8 = 328$(개)입니다.

3 (바람 마을의 가구 수)
$= 780 - 260 - 230 - 170 = 120$(가구)

4 치과: 34명 ➡ ☺ 3개, ☻ 4개
내과: 20명 ➡ ☺ 2개
정형외과: $110 - 34 - 20 - 22 = 34$(명)
➡ ☺ 3개, ☻ 4개

5 환자 수가 가장 적은 병원은 내과입니다.

6 환자 수가 같은 병원은 치과와 정형외과입니다.

7 안과 환자는 22명이고 정형외과 환자는 34명입니다.
따라서 안과 환자는 정형외과 환자보다
$34 - 22 = 12$(명) 더 적습니다.

9 (합계)$= 7 + 12 + 2 + 3 = 24$(명)

11 축구를 좋아하는 학생이 가장 많으므로 축구 동아리를 만들면 좋을 것 같습니다.

12 중앙 과수원의 사과 생산량은
$900 - 152 - 309 - 225 = 214$(상자)입니다.

13 과수원별 사과 생산량의 수가 세 자리 수이므로 그림을 3가지로 하는 것이 좋을 것 같습니다.

14 100상자를 ◉, 10상자를 ○, 1상자를 △로 그려서 나타내 봅니다.

15 사과를 가장 많이 생산한 과수원은 그림그래프에서 ◉이 가장 많은 초록 과수원입니다.

16 그림의 수를 더하면 은 12개, 은 10개입니다.
따라서 은 10개를 나타냅니다.

17 초코 아이스크림은 33개가 팔렸으므로 판매 금액은
$800 \times 33 = 26400$(원)입니다.

18 학생별 읽은 책 수는 수아가 22권, 다연이가 15권, 지호가 $22 + 2 = 24$(권), 재민이가 $24 \div 3 = 8$(권)입니다.
➡ $24 + 22 + 15 + 8 = 69$(권)

서술형
19 예 (3일 동안 모은 빈 병 수)$= 33 + 24 + 31 = 88$(개)
빈 병 10개를 공책 1권으로 바꾸어 주므로 빈 병 88개는 공책 8권으로 바꿀 수 있습니다.

평가 기준	배점(5점)
3일 동안 모은 빈 병 수를 구했나요?	3점
공책 몇 권으로 바꿀 수 있는지 구했나요?	2점

서술형
20 예 가 목장의 소는 다 목장의 소보다
$18 \div 3 = 6$(마리) 더 많습니다.
다 목장의 소가 312마리이므로 가 목장의 소는
$312 + 6 = 318$(마리)입니다.

평가 기준	배점(5점)
가 목장의 소는 다 목장의 소보다 몇 마리 더 많은지 구했나요?	2점
가 목장의 소는 몇 마리인지 구했나요?	3점

다시 점검하는 단원 평가 Level ❷

59~61쪽

1 나 과수원　　**2** 나, 가, 다, 라

3 (1) ○　(2) ×　(3) ○　(4) ×

4 요일별 컴퓨터를 한 시간

요일	시간
월요일	◉◉◉◉
화요일	◉◉◉◉◉○
수요일	◉◉◉◉◉◉△△
목요일	◉◉◉◉○
금요일	◉◉◉◉◉△△

◉ 10분　○ 5분　△ 1분

5 10분, 5분, 1분　　**6** 수요일

7 그림그래프　　**8** 14, 18, 12, 4, 48

9 좋아하는 과일별 학생 수

과일	학생 수
수박	☻☺☺☺☺
사과	☻☺☺☺☺☺☺☺☺
딸기	☻☺☺
포도	☺☺☺☺

☻ 10명 ☺ 1명

10 3배　　**11** 예 2가지

12 음료수별 각설탕 수

음료수	각설탕 수
가	■□□
나	■■
다	□□□□□□□
라	■□□□□□□□

■ 10개　□ 1개

13 다 음료수　　**14** 540개

15 31개

16 요일별 푼 수학 문제 수

요일	문제 수
월요일	❓❓❓??????
화요일	❓❓????
수요일	❓❓❓❓❓❓
목요일	❓❓❓?

❓ 10개　? 1개

17 월요일　　**18** 450장

19 24대　　**20** 84자루

2 가 과수원: 360상자, 나 과수원: 330상자
다 과수원: 420상자, 라 과수원: 500상자

3 (2) 그림그래프를 보고 사과의 크기를 알 수 없습니다.
(4) 그림그래프를 보고 네 과수원의 사과 생산량의 합을 쉽게 알 수 없습니다.

6 그림그래프에서 ◉이 가장 많은 수요일에 컴퓨터를 가장 오래 했습니다.

10 딸기를 좋아하는 학생은 12명, 포도를 좋아하는 학생은 4명이므로 딸기를 좋아하는 학생 수는 포도를 좋아하는 학생 수의 $12 \div 4 = 3$(배)입니다.

11 10개 그림과 1개 그림인 2가지로 하는 것이 좋을 것 같습니다.

14 나 음료수 한 개에 들어 있는 각설탕은 20개이므로 나 음료수 27개에 들어 있는 각설탕은 모두 $20 \times 27 = 540$(개)입니다.

15 (목요일에 푼 수학 문제 수)
$= 150 - 35 - 24 - 60 = 31$(개)

17 수학 문제를 많이 푼 날부터 순서대로 쓰면 수요일, 월요일, 목요일, 화요일이므로 둘째로 많이 푼 날은 월요일입니다.

18 4일 동안 푼 수학 문제는 모두 150개이므로 4일 동안 받은 칭찬 붙임딱지는 모두 $150 \times 3 = 450$(장)입니다.

서술형
19 예 32의 반은 16이므로 가 마을의 자전거는 16대입니다.
➡ (나 마을의 자전거 수) $= 72 - 16 - 32 = 24$(대)

평가 기준	배점(5점)
가 마을의 자전거 수를 구했나요?	2점
나 마을의 자전거 수를 구했나요?	3점

서술형
20 예 1점은 15명, 2점은 24명, 3점은 7명이므로 준비해야 하는 연필은 1점은 15자루, 2점은 $2 \times 24 = 48$(자루), 3점은 $3 \times 7 = 21$(자루)입니다.
따라서 연필은 모두 $15 + 48 + 21 = 84$(자루) 준비해야 합니다.

평가 기준	배점(5점)
점수별 학생 수를 각각 구했나요?	2점
준비해야 하는 연필은 모두 몇 자루인지 구했나요?	3점

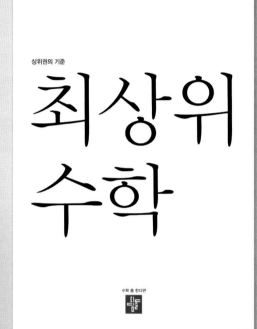

다음에는 뭐 풀지?

다음에 공부할 책을 고르기 어려우시다면, 현재 성취도를 먼저 체크해 보세요.
최상위로 가는 맞춤 학습 플랜만 있다면 내 실력에 꼭 맞는 교재를 선택할 수 있어요!
단계에 따라 내 실력을 진단해 보고, 다음 학습도 야무지게 준비해 봐요!

첫 번째, 단원평가의 맞힌 문제 수 또는 점수를 모두 더해 보세요.

단원		맞힌 문제 수 (OR)	점수 (문항당 5점)
1단원	1회		
	2회		
2단원	1회		
	2회		
3단원	1회		
	2회		
4단원	1회		
	2회		
5단원	1회		
	2회		
6단원	1회		
	2회		
합계			

※ 단원평가는 각 단원의 마지막 코너에 있는 20문항 문제지입니다.